韩中庚　主编
郭晓丽　杜剑平　宋留勇　编

实用运筹学
模型、方法与计算

清华大学出版社

北京

内容简介

本书主要是根据运筹学的学科特点,对传统运筹学的内容和方法做了较大的改革,其主要特点是:"掌握概念、介绍原理、注重方法、强调模型、突出实用"。即各章都详细讲解基本概念和数学模型,简单介绍一般原理和算法,重点讲授应用方法,淡化理论推导和计算,借助于功能强大的数学软件 MATLAB 和专业的优化软件 LINGO 来求解模型,特别突出解决实际问题的"实用性"。

主要内容包括:绪论、线性规划、运输规划、整数规划、目标规划、非线性规划、动态规划、图与网络分析、存储论、排队论、对策论和决策分析 12 个章节。其中每一章都包括问题的提出和数学模型、一般的求解方法介绍、软件求解实现、应用案例分析和应用案例练习等内容。书中的所有例题和练习题全部是实际的应用问题,共包含 60 多个应用案例分析和 100 多个应用练习题。最后给出了介绍 LINGO 和 MATLAB 软件使用方法的两个附录。

本书可作为信息与计算专业或工科各专业的本科生、非运筹学专业的研究生运筹学课程的教材,也可以作为其他专业学生相关课程的参考教材,以及从事相关研究工作的工程技术人员的参考书。

本书封面贴有清华大学出版社防伪标签,无标签者不得销售。
版权所有,侵权必究。举报: 010-62782989, beiqinquan@tup.tsinghua.edu.cn。

图书在版编目(CIP)数据

实用运筹学 模型、方法与计算/韩中庚主编. —北京: 清华大学出版社, 2007.12(2025.1 重印)
ISBN 978-7-302-16148-6

Ⅰ. 实… Ⅱ. 韩… Ⅲ. 运筹学 Ⅳ. O22

中国版本图书馆 CIP 数据核字(2007)第 144888 号

责任编辑: 刘 颖
责任校对: 焦丽丽
责任印制: 丛怀宇

出版发行: 清华大学出版社
    网　　址: https://www.tup.com.cn, https://www.wqxuetang.com
    地　　址: 北京清华大学学研大厦 A 座　　邮　　编: 100084
    社 总 机: 010-83470000　　　　　　　　邮　　购: 010-62786544
    投稿与读者服务: 010-62776969, c-service@tup.tsinghua.edu.cn
    质 量 反 馈: 010-62772015, zhiliang@tup.tsinghua.edu.cn
印 装 者: 天津鑫丰华印务有限公司
经　　销: 全国新华书店
开　　本: 185mm×230mm　　印　张: 20.5　　字　数: 419 千字
版　　次: 2007 年 12 月第 1 版　　　　　　印　次: 2025 年 1 月第 11 次印刷
定　　价: 58.00 元

产品编号: 026601-04

前言

运筹学是运用代数学、统计学等现代应用数学的方法和技术,通过建立数学模型分析研究各种(广义)资源的运用、筹划及相关决策等问题的一门新兴学科。其目的是根据实际问题的具体要求,通过定量的分析与运算,对资源运用、筹划及相关决策等问题做出综合最优的合理安排,以使有限的资源发挥更大的效益或作用。

运筹学作为一门科学最早起源于 20 世纪 30 年代末,运筹学早期的研究和应用都是围绕着军事领域的实际问题展开的,一些研究成果在第二次世界大战中取得了辉煌战果,也充分地显示出了运筹学应用的巨大威力。在第二次世界大战结束以后,随着工业的恢复与繁荣,关于运筹学的研究工作在非军事领域也得到了迅速发展。特别是在 20 世纪 60 年代以后,随着运筹学的理论和方法的不断发展和进一步的完善,使得运筹学的应用范围越来越广泛,其应用学科的地位也被牢固地确立下来。科学技术的飞速发展和研究水平的不断提高,促进了计算机技术的发展,特别是个人计算机的出现和普及,以及软件技术的快速发展,进一步推动了运筹学的发展和应用范围的日益扩大。时至今日,运筹学已经成为各行各业进行管理决策的一个基本工具。

运筹学作为一个较新的学科,经历了半个多世纪的发展里程,以较为成熟的内容形成了运筹学的理论与方法的基本框架,传统运筹学的基本内容主要包括:线性规划、整数规划、非线性规划、目标规划和动态规划(简称五规划),以及对策论、存储论、排队论、决策论和图论(简称五论)等。这"五规划"和"五论"完整的理论体系和方法内容都早已被人们普遍接受,甚至每一部分的基本概念与模型、基本理论和方法、求解算法和步骤等都形成了一定模式,多少年来变化甚少。尤其是现有的一般运筹学的教材几乎无一例外地同属于一个模式。譬如,对于线性规划的内容,总是从一般概念和解的一般理论,到单纯形法和对偶理论等,大量的时间和篇幅都是在讲单纯形法与对偶理论,特别是单纯形法的表上作业法,耗时费力。再如,对于非线性规划的内容,总是从一般概念和最优性理论出发,到无约束和有约束问题的各种求解方法,大量的时间和篇幅都是在理论推导上,既复杂又烦琐。诸如此类的问题,人们都已司空见惯,习以为常。这也就使得国内的教材无论是理科用的,还是工科用的,甚至是运筹学专业和非运筹学专业用的教材都千篇一律,同一模式,内容相近,表述也大同小异。对非运筹学相关专业的学生而言,在实际的教学中教师教得很辛苦,学生学得很累,往往效果也不理想。课下经常有学生问:"现在的计算机和专业的工具软件功能已经非常强大了，还讲这些烦琐的东西干什么？"这个问题虽然问得有点儿简单化，但也给我们教运筹学的教师一些启发，促使我们来思考一个现实的问题，运筹学作为一门实用性强、与实际联系密切的应用学科，如何体现其时代特色和实际的需求？又如何体现运筹学的实用地位和应用价值？怎么样用最短的时间教会学生用运筹学的知识和方法来解决实际中的相关问题？尤其是在轰轰烈烈的教学改革的大潮中，运筹学不能保持沉默和无动于衷。因此，我们认为大学的运筹学教材，尤其是非运筹学专业使用的教材，从内容到方法的改革应该大有作为。这也是我们为什么要写这本书的原因所在，其主导思想是："**掌握概念、介绍原理、注重方法、强调模型、突出实用。**"这也是这本书的最主要特点，即详细讲解基本概念和数学模型，简单介绍一般原理和算法，重点讲授应用方法，淡化理论推导和计算，借助于功能强大的数学软件 MATLAB 和专业优化软件 LINGO 求解模型，特别突出解决实际问题的"实用性"。据此，将这本书起名为《实用运筹学——模型、方法与计算》。

我们正是在这样的指导思想之下，针对工科（非运筹学专业）的本科生和研究生运筹学课程的教学进行了两年多的教学改革实践，实践结果证明是成功的。具体表现为在不增加学时的情况下，使得授课信息量大大增加，纯粹的求解计算内容基本不讲，具体的工作都让计算机去做了。教学过程同计算机和工具软件的使用相结合，使学生的兴趣倍增，内容的更新使教师教着省力，学生学着轻松。同时，通过大量的实际案例的分析和练习，教学更接近实际的科研工作，大大地加强了学生用所学知识和方法来解决实际问题的数学建模能力和素质，这也是培养创新人才所需要的。为此，我们认为，这应该是运筹学课程的教学内容和方法改革的一个主流方向。

本书适用于信息与计算专业或工科各专业的本科生、非运筹学专业的研究生运筹学课程的教材，授课内容可以根据具体的学时和要求进行选择。本书也可以作为其他相关专业学生的相关课程的参考教材，以及从事相关研究工作的工程技术人员参考之用。

本书由解放军信息工程大学韩中庚教授任策划，并主编，郑州轻工业学院郭晓丽副教授（博士）和解放军信息工程大学的杜剑平、宋留勇参加编写。具体分工如下：韩中庚编写绪论和第 1~6 章，郭晓丽编写第 7 章和第 9 章，杜剑平编写第 8 章、第 11 章和第 12 章，宋留勇编写第 10 章和两个附录。最后由韩中庚统稿。

本书的编写出版得到了解放军信息工程大学的支持和资助，特别是得到了信息工程大学机关、信息工程学院、郑州轻工业学院各级领导的关心和支持。在编写过程中得到了解放军信息工程大学信息工程学院指挥管理系刘向明主任的关心与鼓励，以及全体教员和郑州轻工业学院信息与计算科学系同仁们的帮助。在此，编者以诚挚的心情一并表示衷心的感谢。

由于编者的水平有限，书中肯定有不少的错漏，恳请各位同行和热心的读者不吝赐教。

编 者
2007 年 5 月于郑州

目 录

前言 ··· I

第1章 绪论 ·· 1
1.1 运筹学的由来 ··· 1
1.2 运筹学的定义 ··· 3
1.3 运筹学的研究对象和目的 ·· 4
1.4 运筹学的研究理论 ··· 5
1.5 运筹学的研究方法和步骤 ·· 7

第2章 线性规划 ·· 9
2.1 线性规划的问题及其数学模型 ·· 9
2.2 线性规划解的概念与理论 ··· 14
2.3 线性规划的求解方法 ··· 15
2.4 线性规划的对偶问题 ··· 17
2.5 线性规划的灵敏度分析 ·· 19
2.6 线性规划问题的软件求解 ··· 21
2.7 应用案例分析 ·· 23
2.8 应用案例练习 ·· 34

第3章 运输规划 ··· 40
3.1 运输规划的问题与数学模型 ·· 40
3.2 运输规划的LINGO求解方法 ··· 43
3.3 应用案例分析 ·· 43
3.4 应用案例练习 ·· 47

第4章 整数规划 ··· 51
4.1 整数规划的问题与数学模型 ·· 51

4.2 整数规划的求解方法 … 52
4.3 0-1 整数规划及求解方法 … 55
4.4 整数规划的 LINGO 求解方法 … 58
4.5 应用案例分析 … 60
4.6 应用案例练习 … 71

第 5 章 目标规划 … 76

5.1 目标规划的问题与数学模型 … 76
5.2 目标规划的求解方法 … 80
5.3 目标规划的 LINGO 求解方法 … 82
5.4 应用案例分析 … 83
5.5 应用案例练习 … 89

第 6 章 非线性规划 … 94

6.1 非线性规划的问题与数学模型 … 94
6.2 无约束非线性规划的求解方法 … 96
6.3 带约束非线性规划的最优性 … 100
6.4 带约束非线性规划的求解方法 … 101
6.5 非线性规划的软件求解方法 … 105
6.6 应用案例分析 … 107
6.7 应用案例练习 … 118

第 7 章 动态规划 … 121

7.1 动态规划的问题与数学模型 … 121
7.2 动态规划的求解方法 … 127
7.3 应用案例分析 … 129
7.4 应用案例练习 … 138

第 8 章 图与网络分析 … 144

8.1 图的基本概念 … 144
8.2 图的存储结构 … 146
8.3 最短路问题 … 147
8.4 最大流问题 … 149
8.5 旅行商问题 … 151

8.6 最小生成树问题 …… 152
8.7 匹配与指派问题 …… 154
8.8 应用案例分析 …… 155
8.9 应用案例练习 …… 166

第9章 存储论 …… 170

9.1 存储的问题与数学模型 …… 170
9.2 确定性存储模型 …… 172
9.3 随机性存储模型 …… 178
9.4 带约束的存储模型 …… 182
9.5 应用案例分析 …… 184
9.6 应用案例练习 …… 192

第10章 排队论 …… 195

10.1 排队论的基本概念与模型 …… 195
10.2 排队模型及其分类 …… 199
10.3 单服务台的排队模型与求解 …… 201
10.4 多服务台的排队模型与求解 …… 206
10.5 排队系统的最优化问题 …… 210
10.6 应用案例分析 …… 212
10.7 应用案例练习 …… 223

第11章 对策论 …… 225

11.1 对策问题与对策论的概念 …… 225
11.2 矩阵对策模型 …… 228
11.3 双矩阵对策模型 …… 238
11.4 应用案例分析 …… 241
11.5 应用案例练习 …… 247

第12章 决策分析 …… 250

12.1 决策的基本概念 …… 250
12.2 确定型决策 …… 253
12.3 不确定型决策 …… 254
12.4 风险决策 …… 256

12.5 多目标决策 …………………………………………………… 259
12.6 应用案例分析 ………………………………………………… 267
12.7 应用案例练习 ………………………………………………… 279

附录 A　LINGO 使用简介 ………………………………………… 283

附件 B　MATLAB 优化工具箱的使用简介 ……………………… 308

参考文献 …………………………………………………………… 318

第 1 章

绪 论

1.1 运筹学的由来

运筹学(operational research,缩写 O.R.)的"运筹"就是运算、筹划的意思.实际上,在现实生活中几乎在每个人的头脑中都自然地存在着一种朴素的"选优"和"求好"的思想.例如,当准备去完成一项任务或去做一件事情时,人们脑子里自然地会产生一个想法,就是在条件允许的范围内,尽可能地找出一个"最好"的办法,去把需要做的事情做好.实际上这就是运筹学的基本思想.

运筹学作为一门科学最早出现在 20 世纪 30 年代末,也就是 1938 年,第二次世界大战前夕,英国面临如何抵御德国飞机轰炸的问题.当时德国拥有一支强大的空军,而英国是一个岛国,国内任何一个地方离海岸线都不超过 100km,当时这段距离德国飞机仅需飞行 17min.英国的飞机要在 17min 内完成预警、起飞、爬高、拦截等动作,在当时技术条件下是非常困难的,因此要求及早发现目标是非常必要的.英国无线电专家沃森·瓦特研制出了雷达,但是后来在几次演习中发现,虽然雷达可以探测到 160km 以外的飞机,可是由于没有一套快速传递、处理和显示信息的设备,所探测到的信息无法提供给指挥员使用,从而不能发挥雷达的作用.当时英国的鲍德西雷达站负责人 A.P.罗威建议马上开展对雷达系统运用方面的研究.为区别于技术方面的研究,他提出了"operational research"这个术语,原意为"作战研究".他们后来的研究成果应用于实战取得了辉煌战果.此后,在英国和美国的军队中成立了一些专门的研究组织.所研究的问题涉及护航舰队保护商船队的编队与防御问题、潜艇的搜索识别问题、反潜深水炸弹的合理爆炸深度问题等.当时所研究和解决的问题都是短期的和战术性的问题,第二次世界大战结束以后,在英美两国的军队中相继成立了正式的运筹学研究组织.并以兰德公司(RAND)为首的一些部门开始着重研究战略性问题,例如,未来的武器系统的设计和其合理运用的方法,各种轰炸机系统的评价,未来的武器系统和未来战争的战略部署,以及苏联的军事能力和未来的发展预测等问题. 到了20世纪50年代,由于多种洲际导弹的出现,导弹系统到底向何处发展,在运筹学界也引起了一场争论. 进入了20世纪60年代,运筹学的研究转入了战略力量的构成和数量问题的研究,同时除了军事领域的应用研究以外,相继在工业、农业、经济和社会问题等各领域都有了应用. 与此同时,运筹学的研究进入了快速发展阶段,并形成了运筹学的许多新的应用分支.

值得一提的是,作为运筹学的早期工作,其历史可追溯到1914年,英国的工程师兰彻斯特(Lanchester)最早用微分方程来研究作战双方的兵力使用问题,被称为兰彻斯特战斗方程. 1917年丹麦工程师埃尔朗(Erlang)在哥本哈根电话公司研究电话通信系统时,提出了排队论(queuing theory)的一些著名公式,为排队论的形成和发展奠定了基础. 存储论(inventory theory)的最优批量公式是在20世纪20年代初提出的. 线性规划是丹捷格(G. D. Dantzig)1947年发表的研究成果,所解决的问题是美国空军做军事规划时提出的,并提出了求解线性规划问题的单纯形法. 事实上,前苏联的学者康托洛维奇早在1939年在解决工业生产组织和计划问题时,就已提出了类似于线性规划的模型,并给出了"解乘数法"的求解方法. 由于当时未引起领导层的重视,直到1960年康托洛维奇再次发表了《最佳资源利用的经济计算》一书后,才受到国内外科学界的一致重视. 为此康托洛维奇获得了诺贝尔经济学奖. 后来阿罗、萨谬尔逊、西蒙、多夫曼和胡尔威茨等也都是因为在这一领域的突出工作获得了诺贝尔经济学奖,并在运筹学某些领域中一直发挥着重要的作用. 由此,我们也可以清楚地看到,在历史上为运筹学的创立和发展作出突出贡献的有物理学家、经济学家、数学家、军事学家,以及各行业的专家和实际工作者.

自20世纪50年代起,虽然欧美一些国家将这种用于作战研究的理论和方法广泛用于社会和经济各领域,并且仍沿用原词(operational research),但使其含义有了很大的扩展. O. R. 传入中国后,曾一度被译为"作业研究"或"运用研究". 1956年,中国学术界通过钱学森、许国志等科学家的介绍,在了解了这门学科后,有关专家就译名问题达成共识,即译为"运筹学". 其译意恰当地反映了运筹学既源于军事决策,又军民通用的特点,并且赋予其作为一门学科的含义. 同时,相继有以华罗庚教授为首的一大批数学家加入到了运筹学的研究队伍,使中国运筹学研究的很多分支很快跟上国际水平,并结合我国的特点在国内进行了推广应用. 特别是在经济领域,关于投入产出表的研究与应用、质量控制(质量管理)等方面的应用很有特色.

随着运筹学适用于军事领域的相关理论、方法及应用的不断扩展,军事运筹理论研究工作得到了快速深入的发展,军事运筹理论逐步地成为一门独立的军事学科,亦称之为"军事运筹学".

1.2 运筹学的定义

现在,运筹学虽然是大家公认的一门重要的应用学科,对于运筹学的性质、特点和作用都没有争议,但是运筹学作为一门学科至今还没有一个统一而又确切的定义.下面给出几种关于运筹学的描述.

著名学者莫尔斯和金博尔在《运筹学方法》一书中称运筹学是"为决策机构在对其控制下业务活动进行决策时,提供以数量化为基础的科学方法".

美国1978年出版的《运筹学手册》称:"运筹学是用科学方法去了解和解释运行系统的现象,它在自然界的范围内所选择的研究对象就是这些系统."

联合国国际科学技术发展局在《系统分析和运筹学》一书中,对运筹学所下的定义是:"能帮助决策人解决那些可以用定量方法和有关理论来处理问题的方法."

运筹学的权威丘奇曼(Churchman)称:"运筹学是运用科学的方法、技术和工具来处理一个系统运行中的问题,使系统的控制得到最优的解决方法."

英国运筹学会称:"运筹学是把科学方法应用在指导和管理有关的人员、机器、物资以及工商业、政府和国防方面资金的大系统中所发生的各种问题,帮助主管人员科学地决定方针和政策."

美国运筹学会称:"运筹学所研究的问题,通常是在要求分配有限资源的条件下,科学地决定如何最好地设计和运营人机系统."

另外对运筹学还有许多不同的提法,如"应用的科学"、"定量化的常识"、"决策的科学方法"、"管理的数学方法"、"作业的科学分析"等.

在我国关于运筹学的描述也有不同的说法.

(1) 运筹学是"运用系统科学方法,经由模型的建立与测试以便得到最优的决策".

(2) "运筹学是一门应用科学,它广泛应用现有的科学技术知识和数学方法,解决实际提出的专门问题,为决策者选择最优决策提供定量依据."

(3) 在《中国管理百科全书》中写到:"运筹学是应用分析、试验、量化的方法,对经济管理系统中人力、物力、财力等资源进行统筹安排,为决策者提供有依据的最优方案,以实现最有效的管理."

(4) 在《辞海》中写到:"主要研究经济活动和军事活动中能用数量来表达的有关运用、筹划与管理等方面的问题.它根据问题的要求,通过数学的分析与运用,做出综合性的合理安排,以达到较经济、较有效地使用人力物力的目的."

上述所有关于运筹学定义的描述,均强调"最优决策",其中最优的"最"是过分理想了,在实际生活中的很多问题往往很难做到最优,通常会用"次优"、"满意"等概念代替"最优.因此,运筹学的定义又可描述为:"运筹学是一种给出问题坏的答案的艺术,否则的话问题的结果会更坏."

尽管关于运筹学定义的描述不尽相同,但都包含有共同的内容,如"科学的"、"系统的"、"最优的"、"数量化的"、"决策"等.在理解上有很大的不一致,因为运筹学是一门应用学科,涉及面太广,现在看来不可能用一两句话能够完整准确地概括出来,不可能给它下一个严格的数学定义.

1.3 运筹学的研究对象和目的

1.3.1 运筹学的研究对象

运筹学的研究对象是社会、经济、生产管理、军事等活动中的决策优化问题.在这里所说的活动泛指在社会环境、经济基础、军事力量建设和运用中,为达到一定目的而进行的资源运用活动.而决策优化则在于寻求合理有效的资源运用方案或使方案得到最大改进.其资源包括各种活动中所使用的人力、物力、财力或时间等.因此,所说的决策优化可以是相关领域的科学管理中各个方面和各个层次的问题.

运筹学与其他的应用学科不同的地方就在于它是从决策优化的角度研究各种经济和军事等活动中的问题,且力求不仅从定性的方面,而且着重从定量的方面提供可操作的决策优化理论和方法.随着科学技术的发展,尤其是高科技在各个领域的应用,各种资源的建设和运用变得更加复杂.如果不深入地从定性和定量的两个方面来研究其决策问题,那么很难实现科学的管理和决策.从这个意义上讲,运筹学以其特有的研究对象而成为一门重要的应用学科.运筹学是运用自然科学、社会科学、军事科学的相关理论,在研究分析社会、经济、军事领域问题的运用实践活动中产生的交叉学科.它与数学、物理学和计算机技术等都有密切的关系.

1.3.2 运筹学的研究目的

运筹学的研究目的包括对社会、经济、生产管理、军事等活动中决策问题的优化理论方法研究和依据研究结果提出决策方案两个方面.不论从哪一方面来说,其目的都是要实现决策的优化,即为决策者更好地做出运用各种资源的决策提供有定量依据的决策方案.这个目的也充分说明了运筹学的研究方法和适用性的特点.下面从以下四个方面进一步说明:

(1) 运筹学的研究应明确决策目标,并能紧紧围绕着这一目标,强调目标的优化和实现这一目标的行动方案的优化.

(2) 运筹学的研究成果,无论是要做出运用资源的最优行动方案,还是要做出这种行动方案的科学方法,其成效应当主要依靠改变资源的应用方式或方法,即能合理有效地运用资源.

(3) 运筹学的研究所给出的决策方案必须有定量的依据,且可操作性强.当然,在多数的决策问题中,定量的表述不一定是问题的全部,诸如政治、传统、道义等方面的因素在有些问题中也是很重要的.因此,在做出行动方案时,除了定量依据外,也要尽可能地把所涉及的某些非定量的依据考虑进去.

(4) 运筹学的研究是为决策者做决策提出建议,因此,表达研究成果的技术是运筹学研究的重要组成部分.所有的科学成果都有向其他人员传达研究成果的信息.但是运筹学的研究成果通常是要传达给非科技人员的决策者,对于研究成果的表述要尽量做到通俗易懂,当然,也要求决策者尽可能地增强对运筹学研究的了解,以便更有效地发挥运筹学在决策中的作用.

1.4 运筹学的研究理论

运筹学是与自然科学、社会科学、军事科学相结合而发展起来的一门交叉性新兴学科,它的内容十分广泛,且在不断发展.目前,关于运筹学的理论体系还没有形成统一的看法,但大体上其理论主要包括一般方法论、基础理论、基本理论和应用理论四大部分内容.

1.4.1 一般方法论

它是解决相关决策问题的研究与实践的一般方法,主要包括:问题的定量描述方法;问题研究的一般步骤;研究工作的有效组织方法;情况调查和数据搜集方法;各种备选方案的运行实验和检验方法等.

1.4.2 基础理论

运筹学的基础理论是用科学方法来研究资源的运用活动规律而建立起来的,是可以应用于各种科学领域的一般性理论.这些理论的研究对象是在一定程度上通过数学抽象而建立起来的"数学模型".按照数学模型对客观现象的反映深度,可以将基础理论分为三类:

(1) **经验模型理论** 它是由实验或观察数据而建立的经验或预测模型的理论方法.这类模型主要反映实际现象的行为特性,所用的工具主要是概率统计的知识.

(2) **解析模型理论** 它是针对专门的应用问题建立起来的解析模型及其求解的理论,能够充分地反映实际现象行为的深层机制.这类模型可以分为确定型、随机型和冲突型三类,对于确定性模型的理论有线性规划、整数规划、几何规划、非线性规划、目标规划、动态规划、图论和网络分析、最优控制理论等;对于随机模型的理论有随机过程、排队论、存储论、决策分析等;对于冲突模型的理论有对策论等.

(3) **仿真模型理论** 它是从内在机制和外部行为两方面结合对所研究的实际现象或过程进行仿真分析的理论,如网络仿真模型、系统动力学模型、蒙特卡罗仿真模型等.

1.4.3 基本理论

概率论与数理统计——它是运筹学中最基本的数学工具,在运筹学的研究中广泛应用.概率论是从定量的角度研究随机现象,从而获得相应变化规律的理论;数理统计则是研究如何有效地搜集、利用随机数据,找出随机现象数量指标的分布规律及其数字特征的理论.很多实际问题和基础数据均可运用上述理论进行描述或处理.

数学规划理论——研究如何将有限的人力、物力、财力和时间等资源进行最适当、最有效的分配和利用的理论,即研究某些可控因素在某些约束条件下寻求其决策目标(指标值)为最大(或最小)值的理论.根据问题的性质与处理方法的不同,它又可分为线性规划、非线性规划、整数规划、动态规划、多目标规划等不同的理论.

决策论——研究决策者如何有效地进行决策的理论和方法.决策论能够指导决策人员根据所获得系统的各种状态信息,按照一定的目标和衡量标准进行综合分析,使决策者的决策既符合科学原则,又能满足决策者的需求,从而促进决策的科学化.

排队论——研究关于公用服务系统的排队和拥挤现象的随机特性与规律的理论.排队论特别在军事领域常用于作战指挥、通信与后勤保障、C^4I(communication,command,control,compute,intelligence)系统的运行管理等领域的分析研究.

存储论——研究合理、经济地进行物资储备的控制策略的理论.在经济管理、军事后勤管理等领域都有广泛的应用.

网络分析——通过对系统的网络描述,应用网络优化理论研究系统并寻求系统优化方案的方法.广泛应用于交通运输、军事指挥、装备研制、后勤保障与管理等活动中的组织计划、控制协调等方面的运筹分析.

对策论——研究冲突现象和选择最优策略的一种理论.适用于各种经济行为、社会管理、军事外交等领域的对抗和冲突条件下决策策略等方面的运筹分析.

其他相关的理论与方法——在研究解决实际中有关决策的问题时,还经常用到一些相关理论和方法,如模糊数学、灰色系统理论、系统动力学、决策支持系统、计算机仿真与模拟等.

1.4.4 应用理论

随着自然科学、社会科学与军事科学的不断发展,运筹学在各相关领域中的应用研究日益广泛和深入,特别是在各专门科学领域应用实践的基础上,已经或正在形成一系列针对不同层次、面向专门领域的理论和方法.其所涉及的应用领域有管理运筹应用理论、经济运筹应用理论、控制运筹应用理论、军事运筹应用理论、工程运筹应用理论等.

1.5 运筹学的研究方法和步骤

1.5.1 运筹学模型的建立方法

用运筹学在研究解决实际问题时,按研究对象不同可构造各种不同的模型.模型是研究者对客观现实经过思维抽象后用文字、图表、符号、关系式以及实体模型描述所认识到的客观对象.利用模型可以对实际问题进行适当的定量分析、帮助决策者做出预测和决策等.通常的模型有三种基本形式:形象模型、模拟模型和数学模型.实际中,用得最多的是数学模型.数学模型的目标评价准则一般要求达到最佳(最大或最小)、适中或满意等,准则可以是单一的,也可以是多个的.约束条件可以没有,也可以有多个.当模型中无随机因素时,称它为确定性模型,否则为随机模型.随机模型的评价准则可用期望值,也可用方差,还可用某种概率分布来表示.当可控变量只取离散值时,称为离散模型,否则称为连续模型.也可按使用的数学工具将模型分为代数方程模型、微分方程模型、概率统计模型、逻辑模型等.若用求解方法来命名时,有最优化模型、数字模拟模型、启发式模型.也有按用途来命名的,如分配模型、运输模型、更新模型、排队模型、存储模型等.还可以用研究对象来命名,如能源模型、教育模型、对策模型、经济模型等.

构建数学模型的方法和思路一般认为有以下五类.

(1) **直接分析法** 按决策者对问题内在机理的认识和理解直接构造出相应的数学模型.运筹学中有很多成熟的数学模型,如线性规划模型、运输模型、分派模型、排队模型、存储模型、决策和对策模型等.这些模型都有很好的求解方法及求解的软件,但是,实际中使用这些模型研究问题时要有针对性地灵活运用,不能生搬硬套.

(2) **类比分析法** 有些问题可以用不同方法构造出模型,而这些模型的结构性质是类同的,这就可以互相类比,如物理学中的机械系统、气体动力学系统、水力学系统、热力学系统等.电路系统之间也有很多彼此类同的现象,甚至有些经济、社会及军事系统等也可以与物理系统来进行类比.在分析某些政治、经济、社会和军事的问题时,不同的国家之间、不同的团体之间、不同的组织之间在某些问题上都可能有某些可类比的现象.

(3) **数据分析法** 对于实际中有些问题的机理尚未了解清楚,如果能搜集到与此问题密切相关的大量数据信息,或者通过某些试验获得大量的数据信息,那么就可以利用统计分析方法来建立问题的数学模型.

(4) **试验分析法** 实际中,往往是有些问题的机理并不清楚,而且又不能通过大量的试验来获取数据,这时为了研究问题的需要,只能通过做某些局部的试验,采集一些相关数据,加上一定的分析来构造问题的数学模型.

(5) **逻辑分析法** 如果有些问题的机理不清,又缺少数据,同时又不能通过试验来获取数据时(例如一些政治、社会、经济、军事领域的问题),那么人们只能在已有的知识、经验和某些研究的基础上,对于系统将来可能发生的变化情况做出逻辑上合理的推断和描述.然后用已有的方法来构造相应的模型,并不断地进行修正和完善,直至比较满意为止.

1.5.2 运筹学的研究方法

运筹学的研究方法除了遵循一般的科学研究方法外,还有其特殊的研究方法,主要有以下三种方法.

(1) **实验方法** 在可控条件下的各种活动实验中,验证运筹学的某一理论符合实际问题的程度和预测方案实施的可能效果,从而丰富和发展运筹学的理论和方法,进一步研究解决更广泛的问题.

(2) **总结经验方法** 运筹学的理论和方法,大多是从社会、经济、生产和军事活动的实践中总结出来的一些定量分析理论和方法,这些理论和方法具有一定的普遍性.因此,当在现实生活中遇到同类性质的问题时,可以采用相应的理论和方法进行研究和分析.由于实际中的问题复杂多变,在利用这些理论和方法分析问题的结果时,必须通过大量的实践进行检验和修正.

(3) **人-机结合方法** 由于计算机技术的飞速发展,拓展了运筹学的研究方法和应用范围,从而出现了一些适用于运筹学理论研究的人-机结合的新方法.尤其是功能强大的工具软件的出现,使得那些原来只能用几种简单常用的研究方法而难以深入探索的一些层次较高、内容比较复杂的问题得以解决,甚至原来认为不可能解决的问题现在也可以解决.

1.5.3 运筹学的研究步骤

运筹学在解决大量实际问题的过程中,形成了自己的研究步骤.

(1) **提出问题** 首先分析实际问题背景和相关因素及其关系,弄清要解决问题的目标、可能的约束条件、问题的可控变量以及有关参数,搜集与其相关的数据资料,再综合概述为适合运筹学研究的问题.

(2) **建立模型** 把所研究的问题中可控变量、参数、目标与约束之间的关系用一定的数学模型表示出来.

(3) **求解模型** 用各种手段(主要是解析方法、数值方法,也可用其他方法)来求解数学模型.解可以是最优解,或次优解,也可是满意解.对于复杂的数学模型可以使用计算机来求解,或借助于工具软件求解,解的精度要求可由决策者提出.

(4) **解的检验** 首先检查求解步骤和程序有无错误,然后检验解是否能够较好地反映和解释现实问题.

(5) **解的控制** 通过控制解的变化过程,决定是否需要对模型和解作一定的改进和修正.

(6) **解的实施** 要将所得到的问题的解,用到实际中去,就必须考虑到解的实施问题.如向实际应用部门讲清模型和解的用法,以及在实施中可能出现的问题和解决的方法等.

第 2 章

线 性 规 划

线性规划(linear programming,LP)是运筹学的一个重要分支,早在20世纪30年代末,前苏联著名的数学家康托洛维奇就提出了线性规划的数学模型,而后于1947年由美国人丹捷格(G. B. Dantzig)给出了一般线性规划问题的求解方法——单纯形法,使得线性规划在实际中的应用日益广泛.特别是随着计算机技术的飞速发展,使得大规模线性规划的求解成为可能,从而使线性规划的应用领域更加广泛.例如在工业、农业、商业、交通运输、军事、政治、经济、社会和管理等领域的最优设计和决策问题很多都可归结为线性规划问题.实际中所研究的许多优化问题,都是在一组约束条件下,要求使问题的某一项指标"最优"的方案,这里的"最优"包括"最好"、"最大"、"最小"、"最高"、"最低"、"最多"、"最少",等等,这类问题统称为最优化问题.如果要研究问题的目标函数和约束条件的函数都是线性的,这类问题就称为线性规划问题,线性规划也是最简单的一类最优化问题.譬如像合理地分配和使用有限的资源(经济、人力、物资等资源),使能够获得"最优效益"的问题等.

2.1 线性规划的问题及其数学模型

2.1.1 问题的提出

在实际的科学管理和社会、经济与生活的各种活动中,经常会用到一类合理地分配和使用有限资源(经济、人力、物力等)使能获得"最优效益"的问题.

例 2.1 生产计划的安排问题

设某企业现有 m 种物资资源 $B_i(i=1,2,\cdots,m)$ 用于生产 n 种产品 $A_j(j=1,2,\cdots,n)$,每种资源的拥有量和每种产品所消耗的资源量,以及单位产品的利润如表2-1所示,试问如何安排生产计划使得该企业获利最大?

表 2-1 资源的拥有量和单位产品的利润

资源＼产品	A_1	A_2	$\cdots$	A_n	总量
B_1	a_{11}	a_{12}	$\cdots$	a_{1n}	b_1
B_2	a_{21}	a_{22}	$\cdots$	a_{2n}	b_2
$\vdots$	$\vdots$	$\vdots$		$\vdots$	$\vdots$
B_m	a_{m1}	a_{m2}	$\cdots$	a_{mn}	b_m
利润	c_1	c_2	$\cdots$	c_n	

建立数学模型

设产品 A_j 的产量为 $x_j(j=1,2,\cdots,n)$，称之为决策变量，所得的利润为 z，则要解决问题的目标是使得（利润）函数 $z=\sum_{j=1}^{n}c_j x_j$ 有最大值。决策变量所受的约束条件为

$$\begin{cases}\sum_{j=1}^{n}a_{ij}x_j \leqslant b_i & (i=1,2,\cdots,m), \\ x_j \geqslant 0 & (j=1,2,\cdots,n).\end{cases}$$

于是该问题可归结为求目标函数在约束条件下的最大值问题。显然，目标函数和约束条件都是决策变量的线性函数，即有下面的线性规划模型：

$$\max z=\sum_{j=1}^{n}c_j x_j$$

$$\text{s.t.}\begin{cases}\sum_{j=1}^{n}a_{ij}x_j \leqslant b_i & (i=1,2,\cdots,m), \\ x_j \geqslant 0 & (j=1,2,\cdots,n).\end{cases} \tag{2.1}$$

例 2.2 合理配餐问题

某幼儿园为了保证孩子们的健康成长，要求对每天的膳食进行合理科学的搭配，以保证孩子们对各种营养的需求。从营养学的角度，假设共有 n 种食品 $A_j(j=1,2,\cdots,n)$ 可供选择，每种食品都含有 m 种不同的营养成分 $B_i(i=1,2,\cdots,m)$，而且每单位的食品 A_j 含有营养成分 B_i 的含量为 $a_{ij}(i=1,2,\cdots,m;j=1,2,\cdots,n)$（如表 2-2 所示）。

表 2-2 各营养成分的需求量和食品单价

营养＼食品	A_1	A_2	$\cdots$	A_n	营养成分的最低需求量
B_1	a_{11}	a_{12}	$\cdots$	a_{1n}	b_1
B_2	a_{21}	a_{22}	$\cdots$	a_{2n}	b_2
$\vdots$	$\vdots$	$\vdots$		$\vdots$	$\vdots$
B_m	a_{m1}	a_{m2}	$\cdots$	a_{mn}	b_m
食品单价	c_1	c_2	$\cdots$	c_n	

(1) 如果要求每人每天对营养成分 B_i 的最低需求量为 $b_i(i=1,2,\cdots,m)$,而且已知食品 A_j 的单价为 $c_j(j=1,2,\cdots,n)$. 问如何合理科学地制定配餐方案,既可以保证孩子们的营养需求,又使每人每天所需的费用最低?

(2) 除了如上的要求之外,如果还要求各种食品的合理搭配,即要求每人每天对食品 A_j 的摄入量不少于 $d_j(j=1,2,\cdots,n)$,问配餐方案又如何?

建立数学模型

设决策变量 $x_j(\geqslant 0)$ 表示每人每天所需食品 $A_j(j=1,2,\cdots,n)$ 的配餐量,则目标函数为每人每天所需的总费用 $z=\sum_{j=1}^{n}c_j x_j$,关于各种营养成分需求的约束条件为

$$\sum_{j=1}^{n}a_{ij}x_j \geqslant b_i \quad (i=1,2,\cdots,m),$$

则问题(1)的数学模型为

$$\min z = \sum_{j=1}^{n}c_j x_j$$

$$\text{s.t.} \begin{cases} \sum_{j=1}^{n}a_{ij}x_j \geqslant b_i & (i=1,2,\cdots,m), \\ x_j \geqslant 0 & (j=1,2,\cdots,n). \end{cases}$$

对于问题(2),考虑到每人每天对食品 A_j 的摄入量不少于 d_j 的要求,则相应的约束条件为 $x_j \geqslant d_j(j=1,2,\cdots,n)$. 于是问题(2)的数学模型为

$$\min z = \sum_{j=1}^{n}c_j x_j$$

$$\text{s.t.} \begin{cases} \sum_{j=1}^{n}a_{ij}x_j \geqslant b_i & (i=1,2,\cdots,m), \\ x_j \geqslant d_j & (j=1,2,\cdots,n). \end{cases} \tag{2.2}$$

这两个问题的数学模型都是线性规划模型.

例 2.3 作战计划安排问题

某部队为了完成一项特殊的战斗任务,要组建一支特殊的战斗单位,要求各项战斗力指数都要强,而各项代价指数和成本损耗都要低. 根据实际需求,这个战斗单位将由 n 个战斗单元(不同的兵种,或武器装备等) $A_j(j=1,2,\cdots,n)$ 组成,每个战斗单元都有相应的 k 项战斗力指数 $B_i(i=1,2,\cdots,k)$、m 项代价指数 $C_i(i=k+1,k+2,\cdots,k+m)$,成本损耗为 $p_j(j=1,2,\cdots,n)$. 根据经验测算战斗单元 A_j 的战斗力指数 B_i 和代价指数 C_i 的量化值分别为 $a_{ij}(j=1,2,\cdots,n;i=1,2,\cdots,k,k+1,\cdots,k+m)$. 整个战斗单位的总体战斗力指数要求不小于 $b_i(i=1,2,\cdots,k)$,总体代价指数不大于 $c_i(i=k+1,k+2,\cdots,k+m)$(如

表 2-3 所示). 试确定出既能够完成战斗任务, 又能使得成本损耗最少的组建战斗单位的方案, 即各战斗单元需要多少?

表 2-3 各战斗单元的总体指数和成本消耗

战斗力和代价指数 \ 战斗单元	A_1	A_2	$\cdots$	A_n	总体指数
B_1	a_{11}	a_{12}	$\cdots$	a_{1n}	b_1
B_2	a_{21}	a_{22}	$\cdots$	a_{2n}	b_2
$\vdots$	$\vdots$	$\vdots$		$\vdots$	$\vdots$
B_k	a_{k1}	a_{k2}	$\cdots$	a_{kn}	b_k
C_{k+1}	$a_{k+1,1}$	$a_{k+1,2}$	$\cdots$	$a_{k+1,n}$	c_{k+1}
C_{k+2}	$a_{k+2,1}$	$a_{k+2,2}$	$\cdots$	$a_{k+2,n}$	c_{k+2}
$\vdots$	$\vdots$	$\vdots$		$\vdots$	$\vdots$
C_{k+m}	$a_{k+m,1}$	$a_{k+m,2}$	$\cdots$	$a_{k+m,n}$	c_{k+m}
成本损耗	p_1	p_2	$\cdots$	p_n	

建立数学模型

设决策变量 $x_j(\geqslant 0)$ 表示所需要的战斗单元 $A_j(j=1,2,\cdots,n)$ 的数量, 则目标函数为整个战斗单位总的成本损耗量 $z = \sum_{j=1}^{n} p_j x_j$, 关于各项战斗力指数和代价指数的约束条件分别为

$$\sum_{j=1}^{n} a_{ij} x_j \geqslant b_i \quad (i=1,2,\cdots,k)$$

和

$$\sum_{j=1}^{n} a_{k+i,j} x_j \leqslant c_{k+i} \quad (i=1,2,\cdots,m).$$

则问题的数学模型为

$$\min z = \sum_{j=1}^{n} p_j x_j$$

$$\text{s.t.} \begin{cases} \sum_{j=1}^{n} a_{ij} x_j \geqslant b_i & (i=1,2,\cdots,k), \\ \sum_{j=1}^{n} a_{k+i,j} x_j \leqslant c_{k+i} & (i=1,2,\cdots,m), \\ x_j \geqslant 0 & (j=1,2,\cdots,n). \end{cases} \quad (2.3)$$

这也是一个线性规划模型.

一般地, 如果问题的目标函数和约束条件关于决策变量都是线性的, 则称该问题为**线**

性规划问题,其模型称为**线性规划模型**.

2.1.2 线性规划模型的一般形式

线性规划模型的一般形式为

$$\max(\min) z = \sum_{j=1}^{n} c_j x_j$$

$$\text{s.t.} \begin{cases} \sum_{j=1}^{n} a_{ij} x_j \leqslant (\geqslant, =) b_i & (i=1,2,\cdots,m), \\ x_j \geqslant 0 & (j=1,2,\cdots,n). \end{cases} \quad (2.4)$$

也可表示为矩阵形式

$$\max(\min) z = \boldsymbol{c} \cdot \boldsymbol{x}$$

$$\text{s.t.} \begin{cases} \boldsymbol{Ax} \leqslant (\geqslant, =) \boldsymbol{b}, \\ \boldsymbol{x} \geqslant \boldsymbol{0}. \end{cases}$$

或向量形式

$$\max(\min) z = \boldsymbol{c} \cdot \boldsymbol{x}$$

$$\text{s.t.} \begin{cases} \sum_{j=1}^{n} \boldsymbol{p}_j x_j \leqslant (\geqslant, =) \boldsymbol{b}, \\ \boldsymbol{x} \geqslant \boldsymbol{0}. \end{cases}$$

其中称 $\boldsymbol{c}=(c_1,c_2,\cdots,c_n)$ 为目标函数的**系数向量**;称 $\boldsymbol{x}=(x_1,x_2,\cdots,x_n)^\mathrm{T}$ 为**决策向量**;称 $\boldsymbol{b}=(b_1,b_2,\cdots,b_m)^\mathrm{T}$ 为约束方程组的**常数向量**;称 $\boldsymbol{A}=(a_{ij})_{m \times n}$ 为约束方程组的**系数矩阵**;称 $\boldsymbol{p}_j=(a_{1j},a_{2j},\cdots,a_{mj})^\mathrm{T}(j=1,2,\cdots,n)$ 为约束方程组的**系数向量**.

2.1.3 线性规划模型的标准型

从上面的模型可以看出,线性规划的目标函数可以是最大化问题,也可以是最小化问题;约束条件有的是"$\leqslant$",有的是"$\geqslant$",实际上也可以是"$=$";而对于决策变量可以是非负的,也可以是非正的,甚至可以是无约束(即可以取任何值).为了便于研究,在此规定线性规划模型的标准型为

$$\max z = \boldsymbol{c} \cdot \boldsymbol{x} \quad (2.5)$$

$$\text{s.t.} \begin{cases} \boldsymbol{Ax} = \boldsymbol{b}, \\ \boldsymbol{x} \geqslant \boldsymbol{0}. \end{cases} \quad (2.6)$$

对于非标准型的线性规划模型都可以化为标准型,其方法如下:

(1) 目标函数为最小化问题:令 $z'=-z$,则 $\max z' = -\min z = -\boldsymbol{c} \cdot \boldsymbol{x}$;

(2) 约束条件为不等式:对于不等号"$\leqslant(\geqslant)$"的约束条件,则可在"$\leqslant(\geqslant)$"的左端

加上(或减去)一个非负变量(称为松弛变量)使其变为等式.

(3) 对于非正的决策变量 $x(\leqslant 0)$,则令 $x'=-x(\geqslant 0)$ 代入模型即可;而对于无约束的决策变量:譬如 $x\in(-\infty,+\infty)$,则令 $x=x'-x''$,使得 $x',x''\geqslant 0$,代入模型即可.

2.2 线性规划解的概念与理论

2.2.1 线性规划解的概念

(1) **解** 称满足约束条件((2.6)式)的解 $\boldsymbol{x}=(x_1,x_2,\cdots,x_n)^\mathrm{T}$ 为线性规划问题的**可行解**;可行解的全体构成的集合称为**可行域**,记为 D;使目标函数((2.5)式)达到最大的可行解称为**最优解**.

(2) **基** 设系数矩阵 $\boldsymbol{A}=(a_{ij})_{m\times n}$ 的秩为 m,则称 $\boldsymbol{A}$ 的某个 $m\times m$ 非奇异子矩阵 $\boldsymbol{B}(|\boldsymbol{B}|\neq 0)$ 为线性规划问题的一个**基**. 不妨设 $\boldsymbol{B}=(a_{ij})_{m\times m}=(\boldsymbol{p}_1,\boldsymbol{p}_2,\cdots,\boldsymbol{p}_m)$,则称向量 $\boldsymbol{p}_j=(a_{1j},a_{2j},\cdots,a_{mj})^\mathrm{T}(j=1,2,\cdots,m)$ 为**基向量**,矩阵 $\boldsymbol{A}$ 的其他列向量称为非基向量;与基向量对应的决策变量 $x_j(j=1,2,\cdots,m)$ 称为**基变量**,其他的变量称为**非基变量**.

(3) **基解** 设问题的基为 $\boldsymbol{B}=(a_{ij})_{m\times m}=(\boldsymbol{p}_1,\boldsymbol{p}_2,\cdots,\boldsymbol{p}_m)$,将约束方程组变为

$$\sum_{j=1}^{m}\boldsymbol{p}_j x_j = \boldsymbol{b}-\sum_{j=m+1}^{n}\boldsymbol{p}_j x_j. \tag{2.7}$$

在方程组(2.7)的解中令 $x_j=0(j=m+1,m+2,\cdots,n)$,则称解向量 $\boldsymbol{x}=(x_1,x_2,\cdots,x_m,0,\cdots,0)^\mathrm{T}$ 为问题的**基解**.

(4) **基可行解** 满足非负约束条件的基解称为**基可行解**.

(5) **可行基** 对应于基可行解的基称为**可行基**.

2.2.2 线性规划解的基本理论

在介绍线性规划的几个重要结论之前,先引入凸集和顶点的概念.

假设 K 为 n 维欧氏空间 E^n 中的点集,如果对于任意两点 $\boldsymbol{x}^{(1)},\boldsymbol{x}^{(2)}\in K$,其连线上一切点 $\boldsymbol{x}=\lambda\boldsymbol{x}^{(1)}+(1-\lambda)\boldsymbol{x}^{(2)}\in K(0\leqslant\lambda\leqslant 1)$,则称 K 为凸集.

设 $\boldsymbol{x}^{(1)},\boldsymbol{x}^{(2)},\cdots,\boldsymbol{x}^{(k)}$ 是 n 维欧氏空间 E^n 中的 k 个点,如果存在 $\lambda_i: 0\leqslant\lambda_i\leqslant 1(i=1,2,\cdots,k)$,且 $\sum_{i=1}^{k}\lambda_i=1$,使得

$$\boldsymbol{x}=\lambda_1\boldsymbol{x}^{(1)}+\lambda_2\boldsymbol{x}^{(2)}+\cdots+\lambda_k\boldsymbol{x}^{(k)},$$

则称 $\boldsymbol{x}$ 为 $\boldsymbol{x}^{(1)},\boldsymbol{x}^{(2)},\cdots,\boldsymbol{x}^{(k)}$ 的凸组合.

对于凸集 K 中的点 $\boldsymbol{x}$,如果 $\boldsymbol{x}$ 不能用相异的两点 $\boldsymbol{x}^{(1)},\boldsymbol{x}^{(2)}\in K$ 的凸组合表示为

$$\boldsymbol{x}=\lambda\boldsymbol{x}^{(1)}+(1-\lambda)\boldsymbol{x}^{(2)}\in K \quad (0\leqslant\lambda\leqslant 1),$$

则称 x 为凸集 K 的一个**顶点**(或**极点**).

由上述的概念,下面不加证明地给出线性规划的几个重要定理,这是解决线性规划问题的理论基础.

定理 2.1 如果线性规划问题(2.5),(2.6)存在可行域 D,则其可行域

$$D = \left\{ x \;\middle|\; \sum_{j=1}^{n} p_j x_j = b, x_j \geqslant 0 \right\}$$

一定是凸集.

定理 2.2 线性规划问题(2.5),(2.6)的任一个基可行解 x 必对应于可行域 D 的一个顶点.

定理 2.3 (1) 如果线性规划问题(2.5),(2.6)的可行域有界,则问题的最优解一定在可行域的顶点上达到.

(2) 如果线性规划问题(2.5),(2.6)的可行域无界,则问题可能无最优解;若有最优解也一定在可行域的某个顶点上达到.

2.3 线性规划的求解方法

根据线性规划的解的概念和基本理论,求解线性规划问题可采用下面的方法:求一个基可行解(即对应可行域的一个顶点);检查该基可行解是否为最优解;如果不是,则设法再求另一个没有检查过的基可行解(可行域的另一个顶点),如此进行下去,直到得到某一个基可行解为最优解为止.现在要解决的问题:如何求出第一个基可行解?如何判断基可行解是否为最优解?如何由一个基可行解过渡到另一个基可行解?解决这些问题的方法称为**单纯形法**.下面主要介绍单纯形法的基本步骤.

2.3.1 初始基可行解的确定

如果线性规划问题为标准型(即约束方程全为等式),则从系数矩阵 $A = (a_{ij})_{m \times n}$ 中总可以得到一个 m 阶单位阵 E_m.如果问题的约束条件的不等号均为"$\leqslant$",则引入 m 个松弛变量,可化为标准型,并将变量重新排序编号,即可得到一个 m 阶单位阵 E_m;如果问题的约束条件的不等号为"$\geqslant$"和"$=$",则首先引入松弛变量化为标准型,再通过人工变量法(人工加上一个系数为 1 的变量)总能得到一个 m 阶单位阵 E_m.综上所述,取如上 m 阶单位阵 E_m 为初始可行基,即 $B = E_m$,将相应的约束方程组变为

$$x_i = b_i - a_{i,m+1} x_{m+1} - \cdots - a_{in} x_n \quad (i = 1, 2, \cdots, m).$$

令 $x_j = 0 (j = m+1, \cdots, n)$,则可得一个初始基可行解

$$x^{(0)} = (x_1^{(0)}, x_2^{(0)}, \cdots, x_m^{(0)}, 0, \cdots, 0)^T = (b_1, b_2, \cdots, b_m, 0, \cdots, 0)^T.$$

2.3.2 寻找另一个基可行解

当一个基可行解不是最优解或不能判断时,需要过渡到另一个基可行解,即从基可行解 $\boldsymbol{x}^{(0)} = (x_1^{(0)}, x_2^{(0)}, \cdots, x_m^{(0)}, 0, \cdots, 0)^{\mathrm{T}}$ 对应的可行基 $\boldsymbol{B} = (\boldsymbol{p}_1, \boldsymbol{p}_2, \cdots, \boldsymbol{p}_m)$ 中替换一个列向量,用来替换的列向量与原向量组未被替换的向量线性无关,譬如用非基变量 $\boldsymbol{p}_{m+t}$ ($1 \leqslant t \leqslant n-m$) 替换基变量 $\boldsymbol{p}_l$ ($1 \leqslant l \leqslant m$),就可得到一个新的可行基 $\boldsymbol{B}_1 = (\boldsymbol{p}_1, \cdots, \boldsymbol{p}_{l-1}, \boldsymbol{p}_{m+t}, \boldsymbol{p}_{l+1}, \cdots, \boldsymbol{p}_m)$,从而可以求出一个新的基可行解 $\boldsymbol{x}^{(1)} = (x_1^{(1)}, x_2^{(1)}, \cdots, x_m^{(1)}, 0, \cdots, 0)^{\mathrm{T}}$. 此方法称为**基变换法**. 事实上

$$x_i^{(1)} = \begin{cases} x_i^{(0)} - \theta \beta_{i,m+t}, & i \neq l \\ \theta, & i = l \end{cases} \begin{pmatrix} i = 1,2,\cdots,m, \\ 1 \leqslant l \leqslant m, 1 \leqslant t \leqslant n-m \end{pmatrix},$$

其中 $\theta = \dfrac{x_l^{(0)}}{\beta_{l,m+t}} = \min\limits_{1 \leqslant i \leqslant m} \left\{ \dfrac{x_i^{(0)}}{\beta_{i,m+t}} \bigg| \beta_{i,m+t} > 0 \right\}, \boldsymbol{p}_{m+t} = \sum\limits_{i=1}^{m} \beta_{i,m+t} \boldsymbol{p}_i.$

如果 $\boldsymbol{x}^{(1)} = (x_1^{(1)}, x_2^{(1)}, \cdots, x_m^{(1)}, 0, \cdots, 0)^{\mathrm{T}}$ 仍不是最优解,则可以重复利用这种方法,直到得到最优解为止.

2.3.3 最优性检验的方法

假设要检验基可行解 $\boldsymbol{x}^{(1)} = (x_1^{(1)}, x_2^{(1)}, \cdots, x_m^{(1)}, 0, \cdots, 0)^{\mathrm{T}} = (b_1', b_2', \cdots, b_m', 0, \cdots, 0)^{\mathrm{T}}$ 的最优性. 由约束方程组对任意的 $\boldsymbol{x} = (x_1, x_2, \cdots, x_n)^{\mathrm{T}}$ 有

$$x_i = b_i' - \sum_{j=m+1}^{n} a_{ij}' x_j \quad (i = 1,2,\cdots,m).$$

将基可行解 $\boldsymbol{x}^{(1)}$ 和任意的 $\boldsymbol{x} = (x_1, x_2, \cdots, x_n)^{\mathrm{T}}$ 分别代入目标函数得

$$z^{(0)} = \sum_{i=1}^{m} c_i x_i^{(1)} = \sum_{i=1}^{m} c_i b_i',$$

$$\begin{aligned} z^{(1)} &= \sum_{i=1}^{n} c_i x_i = \sum_{i=1}^{m} c_i x_i + \sum_{i=m+1}^{n} c_i x_i \\ &= \sum_{i=1}^{m} c_i \left(b_i' - \sum_{j=m+1}^{n} a_{ij}' x_j \right) + \sum_{j=m+1}^{n} c_j x_j \\ &= \sum_{i=1}^{m} c_i b_i' + \sum_{j=m+1}^{n} \left(c_j - \sum_{i=1}^{m} c_i a_{ij}' \right) x_j \\ &= z^{(0)} + \sum_{j=m+1}^{n} (c_j - z_j) x_j, \end{aligned}$$

其中 $z_j = \sum\limits_{i=1}^{m} c_i a_{ij}'$ ($j = m+1, \cdots, n$). 记 $\sigma_j = c_j - z_j$ ($j = m+1, \cdots, n$),则

$$z^{(1)} = z^{(0)} + \sum_{j=m+1}^{n} \sigma_j x_j. \tag{2.8}$$

注意到当 $\sigma_j > 0 (j=m+1,\cdots,n)$ 时就有 $z^{(1)} > z^{(0)}$；当 $\sigma_j \leqslant 0 (j=m+1,\cdots,n)$ 时就有 $z^{(1)} \leqslant z^{(0)}$. 为此，$\sigma_j = c_j - z_j$ 的符号是判别 $\boldsymbol{x}^{(1)}$ 是否为最优解的关键所在，故称之为**检验数**. 于是由(2.8)式可以有下面的结论：

(1) 如果 $\sigma_j \leqslant 0 (j=m+1,\cdots,n)$，则 $\boldsymbol{x}^{(1)}$ 是问题的最优解，最优值为 $z^{(0)}$；

(2) 如果 $\sigma_j \leqslant 0 (j=m+1,\cdots,n)$，且至少存在一个 $\sigma_{m+k} = 0 (1 \leqslant k \leqslant n-m)$，则问题有无穷多个最优解，$\boldsymbol{x}^{(1)}$ 是其中之一，最优值为 $z^{(0)}$；

(3) 如果 $\sigma_j < 0 (j=m+1,\cdots,n)$，则 $\boldsymbol{x}^{(1)}$ 是问题的唯一的最优解，最优值为 $z^{(0)}$；

(4) 如果存在某个检验数 $\sigma_{m+k} > 0 (1 \leqslant k \leqslant n-m)$，并且对应的系数向量 $\boldsymbol{p}_{m+k}$ 的各分量 $a_{i,m+k} \leqslant 0 (i=1,2,\cdots,m)$，则问题具有无界解（即无最优解）.

2.4 线性规划的对偶问题

2.4.1 对偶问题的提出

将 2.1.1 节中提出的实际问题从相反的角度提出：假设有 B 企业要将 A 企业的资源和生产权全部收买过来，问题是 B 企业至少应付多少代价，才能使 A 企业愿意转让所有的资源和生产权？

事实上，要让 A 企业转让的条件是：对同等数量的资源出让的代价不应低于 A 企业自己生产的产值，即若用 y_i 表示 B 企业收买 A 企业的一个单位第 i 种资源时付出的代价，则 A 企业出让生产一个单位第 j 种产品资源的价值不应低于生产一个单位第 j 种产品的产值 c_j 元，即

$$\sum_{i=1}^m a_{ij} y_i \geqslant c_j \quad (j=1,2,\cdots,n).$$

对 B 企业，希望花最小的代价将 A 企业的所有资源及生产权收买过来，即问题为

$$\min w = \sum_{i=1}^m b_i y_i$$

$$\text{s.t.} \begin{cases} \sum_{i=1}^m a_{ij} y_i \geqslant c_j & (j=1,2,\cdots,n), \\ y_i \geqslant 0 & (i=1,2,\cdots,m), \end{cases} \tag{2.9}$$

或

$$\{\min w = \boldsymbol{y} \cdot \boldsymbol{b} \mid \boldsymbol{yA} \geqslant \boldsymbol{c}, \boldsymbol{y} \geqslant \boldsymbol{0}\}.$$

这也是一个线性规划问题，问题(2.9)称为问题(2.4)的对偶问题，问题(2.4)称为对偶问题(2.9)的原问题，即二者为相互对偶的问题.

2.4.2 原问题与对偶问题的关系

原问题与对偶问题的关系如表 2-4. 正面看是原问题，顺时针旋转 90°看是对偶问题.

如果约束条件中的不等号反向或为等式，对偶问题的变化情况如表 2-5 所示.

表 2-4　原问题与对偶问题的关系

$y_i \backslash x_j$	x_1	x_2	$\cdots$	x_n	原关系	$\min w$
y_1	a_{11}	a_{12}	$\cdots$	a_{1n}	$\leqslant$	b_1
y_2	a_{21}	a_{22}	$\cdots$	a_{2n}	$\leqslant$	b_2
$\vdots$	$\vdots$	$\vdots$		$\vdots$	$\vdots$	$\vdots$
y_m	a_{m1}	a_{m2}	$\cdots$	a_{mn}	$\leqslant$	b_m
对偶关系	$\geqslant$	$\geqslant$	$\cdots$	$\geqslant$	\multicolumn{2}{c}{$\max z = \min w$}
$\max z$	c_1	c_2	$\cdots$	c_n		

表 2-5　对偶问题的变化情况

原问题($\max z$)		对偶问题($\min w$)	
约束条件 (m 个)	$\leqslant$	变量符号 (m 个)	$\geqslant 0$
	$\geqslant$		$\leqslant 0$
	$=$		无约束
变量符号 (n 个)	$\geqslant 0$	约束条件 (n 个)	$\geqslant$
	$\leqslant 0$		$\leqslant$
	无约束		$=$

注意　使用表 2-5 时总是视最大化问题为原问题，最小化问题视为对偶问题，否则容易出错.

设线性规划的原问题为 $\{\max z = \boldsymbol{c} \cdot \boldsymbol{x} | \boldsymbol{Ax} \leqslant \boldsymbol{b}, \boldsymbol{x} \geqslant \boldsymbol{0}\}$，相应的对偶问题为 $\{\min w = \boldsymbol{y} \cdot \boldsymbol{b} | \boldsymbol{yA} \geqslant \boldsymbol{c}, \boldsymbol{y} \geqslant \boldsymbol{0}\}$，则有如下性质：

(1) 对偶问题的对偶问题是原问题.

(2) 如果原问题(对偶问题)为无界解，则其对偶问题(原问题)无可行解，反之不然.

(3) 设 $\hat{\boldsymbol{x}}$ 是原问题的可行解，$\hat{\boldsymbol{y}}$ 是对偶问题的可行解，且 $\boldsymbol{c} \cdot \hat{\boldsymbol{x}} = \hat{\boldsymbol{y}} \cdot \boldsymbol{b}$，则 $\hat{\boldsymbol{x}}$ 和 $\hat{\boldsymbol{y}}$ 分别是原问题和对偶问题的最优解.

(4) 如果原问题有最优解，则其对偶问题也一定有最优解，且有 $\max z = \min w$.

2.4.3　对偶单纯形法

根据对偶问题的性质和原问题与对偶问题的解之间的关系，原问题的检验数是对偶问题的基解，求解中通过若干步的迭代后，当原问题检验数为对偶问题的基可行解时，也就得到了原问题和对偶问题的最优解. 迭代中主要是根据检验数的符号判断是否得到了最优解.

对偶单纯形法的步骤：

(1) 根据所给问题化为标准型，并写出相应的对偶问题.

注　无需引入人工变量，初始解可以不是可行解，在迭代的过程中可逐步靠近可行解，最后达到可行解，即为最优解.

(2) 检验是否得到最优解. 即检验 $(\boldsymbol{B}^{-1}\boldsymbol{b})_i$ 和检验数 σ_j 的符号($i = 1, 2, \cdots, m; j = m+1, \cdots, n$).

如果 $(\boldsymbol{B}^{-1}\boldsymbol{b})_i \geqslant 0$，且 $\sigma_j \leqslant 0$，则已得到最优解，停止计算.

如果存在 $(\boldsymbol{B}^{-1}\boldsymbol{b})_i < 0$，且 $\sigma_j \leqslant 0$，则进行下一步.

(3) 确定换出变量. 求 $\min\limits_{i}\{(B^{-1}b)_i \mid (B^{-1}b)_i < 0\} = (B^{-1}b)_l (1 \leqslant l \leqslant m)$,对应的基变量 x_l 为换出变量.

(4) 确定换入变量. 检查 x_l 所在行的各个系数 $a_{lj}(j=1,2,\cdots,n)$ 的符号.

如果 $a_{lj} \geqslant 0(j=1,2,\cdots,n)$,则问题无可行解,停止计算;

如果至少存在一个 $a_{lj} < 0$,则计算 $\theta = \min\limits_{j}\left\{\dfrac{\sigma_j}{a_{lj}} \middle| a_{lj} < 0\right\} = \dfrac{\sigma_k}{a_{lk}}(m+1 \leqslant k \leqslant n)$,对应的非基变量 x_k 为换入变量.

(5) 以 a_{lk} 为主元素,用初等变换法,将系数矩阵中的 k 列元素与 l 列元素对换(即将第 k 列中除 l 行元素为 1 外,其他都消为 0),即得到新的矩阵.

重复上面的步骤(2)~(5),直到得到最优解为止.

对偶单纯形的特点:

(1) 原问题的初始解不需要是可行解,因此,不必引进人工变量,使计算简化;

(2) 当变量多于约束条件时,用对偶单纯形法可大大减少工作量,因此,当问题中的变量少,而约束条件多时,可以将问题转化为对偶问题,然后用对偶单纯形法;

(3) 要在对偶单纯形法中找到一个可行的初始解较困难,因此,一般对偶单纯形法不单独使用,多用于整数规划和灵敏度分析中.

2.5 线性规划的灵敏度分析

在线性规划模型

$$\max z = c \cdot x$$
$$\text{s.t.} \begin{cases} Ax = b, \\ x \geqslant 0 \end{cases}$$

中,我们总是假设 A, b, c 都是常数,但这些数值在许多情况都是由试验或测量得到的,特别是在迭代计算中也都是近似值. 在实际问题中,一般 A 表示工艺条件,b 表示资源条件,c 表示市场条件,实际中可能有多种原因引起它们的变化,现在的问题是:这些系数在什么范围内变化时,使线性规划问题最优解不变?这就是灵敏度分析要研究的问题.

2.5.1 市场条件(价值系数) c 的变化分析

设 c 中的第 k 个元素 c_k 发生变化,即 $c'_k = c_k + \Delta c_k$,其他不变,问题是:当 c_k 在什么范围变化时最优解不变?

(1) 若 c_k 是非基变量 x_k 的系数,则对应的检验数为 $\sigma_k = c_k - c_B B^{-1} p_k$,于是 $\sigma'_k = c_k + \Delta c_k - c_B B^{-1} p_k$. 当 $\sigma'_k \leqslant 0$ 时,

$$\sigma \Delta c_k \leqslant c_B B^{-1} p_k - c_k.$$

(2) 若 c_k 是基变量 x_k 的系数,当 c_k 有改变量 Δc_k,即 $c_k' = c_k + \Delta c_k$ 时,则

$$c_B' = c_B + \Delta c_B, \quad \Delta c_B = (0, 0, \cdots, \Delta c_k, \cdots, 0),$$

其相应的检验数为

$$\begin{aligned}\sigma' &= c - c_B' B^{-1} A = c - c_B B^{-1} A - \Delta c_B B^{-1} A \\ &= c - c_B B^{-1} A - (0, 0, \cdots, \Delta c_k, \cdots, 0) B^{-1} A.\end{aligned}$$

即

$$\sigma_j' = c_j - c_B B^{-1} p_j - \Delta c_k \bar{a}_{kj} \quad (j = 1, 2, \cdots, n).$$

当 $\sigma_j' \leqslant 0$ 时,问题的最优解不变,故有 $c_j - c_B B^{-1} p_j - \Delta c_k \bar{a}_{kj} \leqslant 0$,即 $\sigma_j - \Delta c_k \bar{a}_{kj} \leqslant 0$.

于是,当 $\bar{a}_{kj} < 0$ 时,有 $\Delta c_k \leqslant \dfrac{\sigma_j}{\bar{a}_{kj}} (j = 1, 2, \cdots, n)$;当 $\bar{a}_{kj} > 0$ 时,有 $\Delta c_k \geqslant \dfrac{\sigma_j}{\bar{a}_{kj}} (j = 1, 2, \cdots, n)$. 故 Δc_k 的允许变化范围为

$$\max_j \left\{ \dfrac{\sigma_j}{\bar{a}_{kj}} \,\Big|\, \bar{a}_{kj} > 0 \right\} \leqslant \Delta c_k \leqslant \min_j \left\{ \dfrac{\sigma_j}{\bar{a}_{kj}} \,\Big|\, \bar{a}_{kj} < 0 \right\}.$$

2.5.2 资源条件 b 变化的分析

设 b 中的第 k 个元素 b_k 发生变化,即 $b_k' = b_k + \Delta b_k$,其他系数均不变,则问题的解变化为 $x_B' = B^{-1}(b + \Delta b), \Delta b = (0, 0, \cdots, \Delta b_k, \cdots, 0)^T$.

当 $x_B' \geqslant 0$ 时,检验数不变,则最优基(最优解对应的基)不变,但最优解的值要发生变化. 下面考查 Δb_k 在什么范围变化时,最优解变化不大.

因为新的最优解为 $x_B' = B^{-1}(b + \Delta b) = B^{-1} b + B^{-1} \Delta b$,所以

$$\begin{aligned}B^{-1} \Delta b &= B^{-1}(0, 0, \cdots, \Delta b_k, \cdots, 0)^T \\ &= (\bar{a}_{1k} \Delta b_k, \cdots, \bar{a}_{ik} \Delta b_k, \cdots, \bar{a}_{mk} \Delta b_k)^T \\ &= \Delta b_k (\bar{a}_{1k}, \cdots, \bar{a}_{ik}, \cdots, \bar{a}_{mk})^T.\end{aligned}$$

则最后求得的 b 列元素为 $\bar{b}_i + \bar{a}_{ik} \Delta b_k \geqslant 0$,即 $\bar{a}_{ik} \Delta b_k \geqslant -\bar{b}_i (i = 1, 2, \cdots, m)$,其中 $\bar{b}_i$ 为 $B^{-1} b$ 的元素. 注意到当 $\bar{a}_{ik} > 0$ 时,$\Delta b_k \geqslant -\dfrac{\bar{b}_i}{\bar{a}_{ik}} (i = 1, 2, \cdots, m)$;当 $\bar{a}_{ik} < 0$ 时,$\Delta b_k \leqslant -\dfrac{\bar{b}_i}{\bar{a}_{ik}} (i = 1, 2, \cdots, m)$. 故 Δb_k 的允许变化范围为

$$\max_i \left\{ -\dfrac{\bar{b}_i}{\bar{a}_{ik}} \,\Big|\, \bar{a}_{ik} > 0 \right\} \leqslant \Delta b_k \leqslant \min_i \left\{ -\dfrac{\bar{b}_i}{\bar{a}_{ik}} \,\Big|\, \bar{a}_{ik} < 0 \right\}.$$

2.5.3 工艺条件(技术系数)A 的变化分析

设 A 的 l 行 k 列元素 a_{lk} 有改变量 Δa_{lk}.

(1) 当 a_{lk} 所在的列向量为非基向量时,Δa_{lk} 不影响解的可行性,只要对应的检验数

$\sigma'_k = \sigma_k - c_B \cdot \beta_k \Delta a_{lk} \leqslant 0$,则可得 $c_B \cdot \beta_k \Delta a_{lk} \geqslant \sigma_k$,其中 $B^{-1} = (\beta_1, \cdots, \beta_k, \cdots, \beta_m)$.

于是,当 $c_B \cdot \beta_k > 0$ 时,$\Delta a_{lk} \geqslant \dfrac{\sigma_k}{c_B \cdot \beta_k}$;当 $c_B \cdot \beta_k < 0$ 时,$\Delta a_{lk} \leqslant \dfrac{\sigma_k}{c_B \cdot \beta_k}$.

(2) 当 a_{lk} 所在的列为基变量时,由于 Δa_{lk} 不仅影响解的可行性,而且会影响解的最优性,情况比较复杂,对具体问题只能具体分析了.

2.6 线性规划问题的软件求解

计算机技术的飞速发展,促进了数学工具软件技术的发展,特别是 MATLAB 和 LINGO 软件包无论是从技术水平和应用性能方面都已达到非常高的境界和人性化水平.用它们来求解线性规划问题非常方便,也可以避免大量烦琐的计算过程,从而使得解决实际中和工程上的大规模线性规划问题成为现实.它们现已成为广大工程技术人员和管理工作者的一种方便高效的工具.值得注意的是:如果用工具软件来求解具有多组最优解的问题,则只能求得其中的一组最优解.下面介绍一下用这两个工具软件求解线性规划问题的基本方法.

2.6.1 应用 MATLAB 求解线性规划问题

应用 MATLAB 优化工具箱中的函数 linprog 来求解线性规划问题是十分简单快捷的,也不需要把线性规划模型化为标准型,但有统一的要求,基本模型为

$$\min c \cdot x$$
$$\text{s.t.} \begin{cases} A_1 x \leqslant b_1, \\ A_2 x = b_2, \\ x_1 \leqslant x \leqslant x_2. \end{cases}$$

其中 x, x_1, x_2 均为列向量,A_1, A_2 为常数矩阵,c^T, b_1, b_2 为常数列向量.即要求目标函数为最小化问题,约束条件为小于等于或等于两种情形,具体的函数调用格式如下:

```
x = linprog(C',A1,b1,A2,b2);              %决策变量无上下界约束,默认为非负.
x = linprog(C',A1,b1,A2,b2,x1,x2);        %决策变量有上下界约束.
x = linprog(C',A1,b1,A2,b2,x1,x2,opt);    %设置可选参数值,而不是采用默认值.
x = linprog(C',A1,b1,A2,b2,x1,x2,x0,opt); %x0 为初始解,默认值为 0.
[x,fv] = linprog(...);           %要求在迭代中同时返回目标函数值.
[x,fv,ef] = linprog(...);        %要求返回程序结束标志.
[x,fv,ef,out] = linprog(...);    %要求返回程序的优化信息.
[x,fv,ef,out,lambda] = linprog(...); %要求返回在程序停止时的拉格朗日乘子.
```

参数说明：

C 为目标函数的系数向量；A1,A2 分别为不等式约束条件和等式约束条件的系数矩阵；b1,b2 分别为不等式约束条件和等式约束条件的常数向量；x1,x2 分别为决策变量的下界和上界；x0 为初始解，可以是标量，也可以是向量，或者是矩阵，省略此项默认为 0 值；opt(options)是一个系统控制参数，现由 30 多个元素组成，每个元素都有确定的默认值，实际中可以根据需要改变定义；fv(fval)为要求返回函数值；ef(exitflag)为要求返回程序结束标志；out(output)为一个结构变量，返回程序中的一些优化信息，包括迭代次数、函数求值次数、使用的算法、最终的计算步数和优化尺度等.lambda 是一个结构变量，包含四个字段，分别对应于程序终止时相应约束的拉格朗日乘子，即表明相应的约束是否为有效约束.

2.6.2 应用 LINGO 求解线性规划问题

LINGO 是求解优化问题的一个专业工具软件，它包含了内置的建模语言，允许用户以简练、直观的形式描述较大规模的优化模型，对于模型中所需要的数据可以以一定的格式保存在独立的文件中，读取方便快捷.在这里先给出问题(2.1)求解的 LINGO 模型：

```
MODEL:
sets:
row/1..m/:b;                !m 表示数组的维数,是一个具体的正整数;
arrange/1..n/:x,c;          !n 表示数组的维数,是一个具体的正整数;
link(row,arrange):a;
endsets
data:
b = b(1),b(2),...,b(m);     !约束条件右端项的实际数值;
c = c(1),c(2),...,c(n);     !目标函数系数的实际数值;
a = a(1,1),a(1,2),...,a(1,n),
    a(2,1),a(2,2),...,a(2,n),
    ...
    a(m,1),a(m,2),...,a(m,n);  !约束条件系数矩阵的实际数值;
enddata
[OBJ]max = @sum(arrange(j):c(j) * x(j));
@for(row(i):@sum(arrange(j):a(i,j) * x(j)) <= b(i); );
@for(arrange(j):x(j) >= 0; );
END
```

一般说来，在 LINGO 中建立优化模型都是由 MODEL 语句开始，由 END 语句结束.模型中包含四个部分，或称为四段：集合段(SETS)、数据段(DATA)、初始段(INIT)和目标约束段.

(1) 集合段：它是以 SETS：语句开始，ENDSETS 结束，其作用是定义必要的集合变量及元素（类似于数组的下标），以及相应的属性（类似于数组）.例如在上述模型中定义了三个集合，集合 row（行下标数组 i）的元素为 1,2,…,m（数组的取值，m 必须为具体数值），属性为 b，即 b 是一个 m 维的数组（或 m 维列向量）；类似的集合 arrange（列下标数组 j）的元素为 1,2,…,n（数组的取值）属性为 x 和 c，即 x 和 c 都是 n 维的数组（或 n 维的列向量）；集合 link 中的元素是由集合 row 和 arrange 的元素生成的笛卡积，即

$$link = \{(i,j) | i \in row, j \in arrange\}$$

其属性为 a，即 a 是一个 m×n 维的数组，即是一个 m×n 的矩阵.如果数组取常数值都要在数据段中定义.

(2) 数据段：它是以 DATA：语句开始，ENDDATA 语句结束，其作用是对在集合段中定义的属性（数组）赋值（常数）.注意所赋值必须都是具体数值，数据和数据之间可以用逗号分开，也可以用空格分开，效果等价.

(3) 初始段：它是以 INIT：语句开始，ENDINIT 语句结束，其作用是对在集合段中定义的属性（变量数组）赋迭代初始值.在上述模型中无此部分，将会在后面的问题中遇到.

(4) 目标与约束段：在此段中主要是定义问题的目标函数和约束条件，一般要用到 LINGO 的内部函数（详见附录 A），具体的功能将在实际例子中说明，注意体会使用的方法和技巧.

实际应用中，首先根据要求解的线性规划问题在 LINGO 命令窗口中输入 LINGO 模型（程序），然后就可以在 LINGO 菜单中选择 SOLVE 命令，即可运行该程序，则很快就可以得到求解结果.为了便于以后的再次查询、修改使用，在 LINGO 菜单下选择 SAVE 命令将该程序保存下来，下次就可以直接打开使用.LINGO 命令不区分大小写.

关于 LINGO 使用方法的进一步介绍可参考附录 A.

2.7 应用案例分析

例 2.4 下料问题

某单位需要加工制作 100 套工架，每套工架需用长为 2.9m，2.1m 和 1.5m 的圆钢各一根.已知原材料长 7.4m，现在的问题是如何下料使得所用的原材料最省？

解 简单分析可知，在每一根原材料上各截取一根 2.9m，2.1m 和 1.5m 的圆钢做成一套工架，每根原材料剩下料头 0.9m，要完成 100 套工架，就需要用 100 根原材料，共剩余 90m 料头.若采用套截方案，则可以节省原材料，下面给出了几种可能的套截方案，如表 2-6 所示.

表 2-6　几种可能的方案

长度/m \ 方案	A	B	C	D	E
2.9	1	2	0	1	0
2.1	0	0	2	2	1
1.5	3	1	2	0	3
合计/m	7.4	7.3	7.2	7.1	6.6
料头/m	0	0.1	0.2	0.3	0.8

实际中,为了保证完成这 100 套工架,使所用原材料最省,可以混合使用各种下料方案.

设按方案 A,B,C,D,E 下料的原材料数分别为 x_1,x_2,x_3,x_4,x_5,根据表 2-6 可以得到下面的线性规划模型

$$\min z = 0x_1 + 0.1x_2 + 0.2x_3 + 0.3x_4 + 0.8x_5$$

$$\text{s.t.} \begin{cases} x_1 + 2x_2 + x_4 = 100, \\ 2x_3 + 2x_4 + x_5 = 100, \\ 3x_1 + x_2 + 2x_3 + 3x_5 = 100, \\ x_1, x_2, x_3, x_4, x_5 \geq 0. \end{cases}$$

(1) 用 MATLAB 求解

```
C = [0,0.1,0.2,0.3,0.8]';
b1 = [0,0,0,0,0]';
b2 = [100,100,100]';
A1 = [-1,0,0,0,0; 0,-1,0,0,0; 0,0,-1,0,0; 0,0,0,-1,0; 0,0,0,0,-1];
A2 = [1,2,0,1,0; 0,0,2,2,1; 3,1,2,0,3];
[x,fv] = linprog(C,A1,b1,A2,b2)
```

运行该程序后,立即可以得到最优解为 $\boldsymbol{x}=(12.8243,27.1757,17.1757,32.8243,0)^T$,按四舍五入的方法取整得 $\boldsymbol{x}=(13,27,17,33,0)^T$,最优值为 $z=16$. 即按方案 A 下料 13 根,方案 B 下料 27 根,方案 C 下料 17 根,方案 D 下料 33 根,共需原材料 90 根就可以制作完成 100 套工架,剩余料头最少为 16m.

(2) 用 LINGO 求解

```
MODEL:
sets:
row/1,2,3/: b;
arrange/1..5/: x,c;
link(row,arrange):a;
endsets
data:
```

```
b = 100,100,100;
c = 0,0.1,0.2,0.3,0.8;
a = 1,2,0,1,0,0,0,2,2,1,3,1,2,0,3;
enddata
[OBJ]min = @sum(arrange(j):c(j) * x(j));
@for(row(i):@sum(arrange(j):a(i,j) * x(j)) = b(i); );
@for(arrange(j):x(j) >= 0; );
END
```

运行该程序后,立即可以得到最优解为 $x = (0,40,30,20,0)$,最优值为 $z = 16$. 即按方案 B 下料 40 根,方案 C 下料 30 根,方案 D 下料 20 根,共需原材料 90 根就可以制作完成 100 套工架,剩余料头最少为 16m.

这两种求解方法的结果是不同的,这个问题的最优解显然不是唯一的,用其他的方法求解还会得到另外的最优解. 但用 MATLAB 求解不能保证得到整数解,一般说来用四舍五入的方法处理也是不恰当的. 所以,这类问题还是用 LINGO 求解为好.

例 2.5 连续投资问题

某投资公司拟制定今后 5 年的投资计划,初步考虑下面的四个投资项目.

项目 A:从第 1 年到第 4 年每年年初需要投资,于次年年末收回成本,并可获利润 15%;

项目 B:第 3 年年初需要投资,到第 5 年年末可以收回成本,并获得利润 25%,但为了保证足够的资金流动,规定该项目的投资金额上限为不超过总金额的 40%;

项目 C:第 2 年年初需要投资,到第 5 年年末可以收回成本,并获得利润 40%,但公司规定该项目的最大投资金额不超过总金额的 30%;

项目 D:5 年内每年年初可以购买公债,于当年年末可以归还本金,并获利息 6%.

该公司现有投资金额 100 万元,请你帮助该公司制定这些项目每年的投资计划,使公司到第 5 年年末能够获得最大的利润.

解 虽然这是一个连续投资问题,即属于动态优化问题,但是在这里可以用静态优化的方法来解决. 用决策变量 $x_{i1}, x_{i2}, x_{i3}, x_{i4}$ ($i = 1, 2, \cdots, 5$) 分别表示第 i 年年初为项目 A,B,C,D 的投资额,根据问题的要求各变量的对应关系如表 2-7 所示. 表中空白处表示当年不能为该项目投资,也可认为投资额为 0.

表 2-7 各变量的对应关系

项目 \ 年份	1	2	3	4	5
A	x_{11}	x_{21}	x_{31}	x_{41}	
B			x_{32}		
C		x_{23}			
D	x_{14}	x_{24}	x_{34}	x_{44}	x_{54}

首先注意到，项目 D 每年都可以投资，并且当年末就能收回本息，所以公司每年应把全部资金都投出去. 因此，投资方案应满足下面的条件.

第 1 年：将 100 万元资金全部用于项目 A 和项目 D 的投资，即
$$x_{11} + x_{14} = 1000000.$$

第 2 年：因为第 1 年用于项目 A 的投资到第 2 年年末才能收回，所以能用于第 2 年年初的投资金额只有项目 D 的第 1 年收回的本息总额 $x_{14}(1+0.06)$. 于是第 2 年的投资分配为
$$x_{21} + x_{23} + x_{24} = 1.06 x_{14}.$$

第 3 年：第 3 年投资金额应是项目 A 第 1 年及项目 D 第 2 年收回的本利总和，即 $x_{11}(1+0.15) + x_{24}(1+0.06)$. 于是第 3 年的投资分配为
$$x_{31} + x_{32} + x_{34} = 1.15 x_{11} + 1.06 x_{24}.$$

第 4 年：类似地，有
$$x_{41} + x_{44} = 1.15 x_{21} + 1.06 x_{34}.$$

第 5 年：只能将第 4 年收回的资金全部用于项目 D 投资，即
$$x_{54} = 1.15 x_{31} + 1.06 x_{44}.$$

另外，对项目 B 和项目 C 的投资金额有上额限制，即
$$x_{32} \leqslant 400000, \quad x_{23} \leqslant 300000.$$

问题的目标是要求到第 5 年年末公司收回四个项目的全部资金总和最大，即
$$\max z = 1.15 x_{41} + 1.25 x_{32} + 1.40 x_{23} + 1.06 x_{54}.$$

于是可以得到问题的线性规划模型为
$$\max z = 1.15 x_{41} + 1.25 x_{32} + 1.40 x_{23} + 1.06 x_{54}$$

$$\text{s.t.} \begin{cases} x_{11} + x_{14} = 1000000, \\ -1.06 x_{14} + x_{21} + x_{23} + x_{24} = 0, \\ -1.15 x_{11} - 1.06 x_{24} + x_{31} + x_{32} + x_{34} = 0, \\ -1.15 x_{21} - 1.06 x_{34} + x_{41} + x_{44} = 0, \\ -1.15 x_{31} - 1.06 x_{44} + x_{54} = 0, \\ x_{32} \leqslant 400000, \\ x_{23} \leqslant 300000, \\ x_{i1}, x_{i2}, x_{i3}, x_{i4} \geqslant 0 \quad (i = 1, 2, \cdots, 5). \end{cases}$$

考虑到这个问题的实际情况，这里只用 LINGO 来求解，建立 LINGO 模型如下：

```
MODEL:
sets:
row/1..5/;
arrange/1..4/;
```

```
link(row,arrange):c,x;
endsets
data:
c = 0,0,0,0,0,0,1.40,0,0,1.25,0,0,1.15,0,0,0,0,0,1.06;
enddata
[OBJ]max = @sum(link(i,j):c(i,j) * x(i,j));
x(1,1) + x(1,4) = 1000000;
-1.06 * x(1,4) + x(2,1) + x(2,3) + x(2,4) = 0;
-1.15 * x(1,1) - 1.06 * x(2,4) + x(3,1) + x(3,2) + x(3,4) = 0;
-1.15 * x(2,1) - 1.06 * x(3,4) + x(4,1) + x(4,4) = 0;
-1.15 * x(3,1) - 1.06 * x(4,4) + x(5,4) = 0;
x(3,2) <= 400000;
x(2,3) <= 300000;
@for(link(i,j):x(i,j) >= 0; );
END
```

运行该程序后,立即可以得到最优解为 $x_{11}=716981.1$, $x_{14}=283018.9$, $x_{23}=300000$, $x_{31}=424528.3$, $x_{32}=400000$, $x_{54}=488207.5$,其他的均为 0,最优值为 $z=1437500$。即连续投资方案为:第 1 年用于投资项目 A 的金额为 716981.1 元,项目 D 的金额为 283018.9 元;第 2 年用于项目 C 的投资金额为 300000 元;第 3 年用于项目 A 的投资金额为 424528.3 元,项目 B 的金额为 400000 元;第 5 年用于投资项目 D 的金额为 488207.5。到第 5 年年末该公司拥有总资金为 1437500 元,收益率为 43.75%。

例 2.6 作战计划的具体安排

作为例 2.3 作战计划安排问题的一个特例,在这里假设 5 个战斗单元 $A_j(j=1,2,\cdots,5)$ 的成本损耗为 $(p_1,p_2,p_3,p_4,p_5)=(16,13,15,20,20)$(万元),每个战斗单元都有相应的 4 项战斗力指数 $B_i(i=1,2,3,4)$ 和 3 项代价指数 $C_i(i=5,6,7)$ 的量化矩阵为

$$\begin{bmatrix} a_{11} & a_{12} & a_{13} & a_{14} & a_{15} \\ a_{21} & a_{22} & a_{23} & a_{24} & a_{25} \\ a_{31} & a_{32} & a_{33} & a_{34} & a_{35} \\ a_{41} & a_{42} & a_{43} & a_{44} & a_{45} \\ a_{51} & a_{52} & a_{53} & a_{54} & a_{55} \\ a_{61} & a_{62} & a_{63} & a_{64} & a_{65} \\ a_{71} & a_{72} & a_{73} & a_{74} & a_{75} \end{bmatrix} = \begin{bmatrix} 7 & 1 & 3 & 5 & 2 \\ 3 & 4 & 4 & 2 & 5 \\ 3 & 2 & 3 & 5 & 3 \\ 2 & 5 & 6 & 3 & 5 \\ 1 & 2 & 3 & 1 & 2 \\ 2 & 1 & 3 & 1 & 1 \\ 2 & 1 & 2 & 1 & 2 \end{bmatrix}.$$

整个战斗单位的总体战斗力指数要求不小于 $(b_1,b_2,b_3,b_4)=(30,35,30,40)$,总体代价指数不大于 $(c_5,c_6,c_7)=(20,25,20)$。试确定既能够完成战斗任务,又能使得成本损耗最少的组建战斗单位的方案,即各战斗单元需要多少?

解 由例 2.3 中的一般模型 (2.3) 式可以得到问题的线性规划模型为

$$\min z = \sum_{j=1}^{5} p_j x_j$$

$$\text{s. t.} \begin{cases} \sum_{j=1}^{5} a_{ij} x_j \geqslant b_i & (i=1,2,3,4), \\ \sum_{j=1}^{5} a_{4+i,j} x_j \leqslant c_{4+i} & (i=1,2,3), \\ x_j \geqslant 0 & (j=1,2,\cdots,5). \end{cases}$$

下面给出用 LINGO 求解的程序：

```
MODEL:
sets:
row/1..4/:b;
arrange/1..5/:x,p;
numb/1,2,3/:c;
link1(row,arrange):a1;
link2(numb,arrange):a2;
endsets
data:
p = 16,13,15,20,20;
b = 30,35,30,40;
c = 20,25,20;
a1 = 7,1,3,5,2,3,4,4,2,5,3,2,3,5,3,2,5,6,3,5;
a2 = 1,2,3,1,2,2,2,1,3,1,2,1,2,1,2;
enddata
[OBJ]min = @sum(arrange(j):p(j) * x(j));
@for(row(i):@sum(arrange(j):a1(i,j) * x(j)) >= b(i); );
@for(numb(i):@sum(arrange(j):a2(i,j) * x(j)) <= c(i); );
@for(arrange(j):x(j) >= 0; );
END
```

运行该程序可以得到最优解为 $(x_1,x_2,x_3,x_4,x_5)=(1,4,3,2,0)$，最优值为 $z=153$. 即 5 个战斗单元的数量分别为 1,4,3,2,0 是最佳的战斗单元组建方案，其最少的成本消耗为 153.

例 2.7 南水北调水指标的分配问题

南水北调中线工程建成后，预计 2010 年年调水量为 110 亿 m³，主要用来解决京、津、冀、豫四省(市)的沿线 20 个大中城市的生活用水、工业用水和综合服务业的用水，分配比例分别为 40%、38% 和 22%. 这样可以改善我国中部地区的生态环境和投资环境，推动经济发展.用水指标的分配总原则是：改善区域的缺水状况、提高城市的生活水平、促进经济发展、提高用水效益、改善城市环境.根据2000年的统计数据,各城市的人口数量差异大,基本状况和经济情况也不相同.各城市现有的生活、工业和综合服务业的用水情况不同,缺水程度也不同(表2-8).

表 2-8 现有的基本情况

序号	城市名称	城市人口		工业产值		综合服务业总产值		人均生活用水量/(L/日)	万元综合服务业用水量/m³	万元工业增加值用水量/m³
		总数/万人	年自然增长率/‰	增加值/亿元	年增长率/%	人均产值/万元	年增长率/%			
1	北京	1285	2.04	737	11.1	1.16	13.2	354	160	143
2	天津	682	3.03	739	11.7	0.83	12.2	209	140	72
3	廊坊	56	9.15	193	10.0	0.30	10.0	245	180	102
4	保定	87	5.9	268	12.5	0.23	12.1	325	360	96
5	沧州	46	5.87	480	9.8	0.22	8.6	185	315	110
6	衡水	78	6.12	256	7.6	0.2	7.6	178	318	120
7	石家庄	218	5.41	464	10.2	0.44	11.8	267	235	86
8	邢台	52	4.5	189	10.9	0.15	12.0	165	315	131
9	邯郸	81	3.69	721	10.0	0.22	11.4	230	320	126
10	安阳	83	6.61	110	6.9	0.16	11.7	320	310	186
11	鹤壁	42	8.0	36	9.6	0.18	12.3	220	320	210
12	濮阳	41	6.1	97	8.7	0.14	13.5	174	352	170
13	焦作	72	6.01	104	10.3	0.22	8.9	160	280	205
14	新乡	128	6.92	67	8.0	0.19	9.4	250	310	180
15	郑州	220	5.12	310	12.9	0.53	10.2	164	220	88
16	许昌	78	6.56	72	11.1	0.17	9.2	180	320	210
17	平顶山	90	6.61	114	8.8	0.19	8.4	155	310	189
18	周口	32	6.44	106	10.0	0.12	11.3	165	340	210
19	漯河	58	4.6	83	9.0	0.15	10.3	148	280	200
20	南阳	121	5.9	211	10.4	0.13	8.8	202	320	180
全国平均值		—	10.7	—	9.9	0.23	7.8	219	610	288

要研究的问题是：

(1) 请你综合考虑各种情况,给出2010年每个城市的调水分配指标,使得各城市的总用水情况尽量均衡.

(2) 由于各城市的基本状况和自然条件不同,对相同的供水量所产生的经济效益不同,请从经济效益的角度,给出调水指标的分配方案.但是,要注意到,每个城市的工业和综合服务业的发展受产业规模的限制,不可能在短时间内无限地增长.

解 为了解决这个问题,先给出如下必要的假设:

(1) 原有供水量基本保持不变;

(2) 人口自然增长率、工业增加值年增长率和综合服务业人均产值年增长率基本保持不变;

(3) 所给工业增加值年增长率、综合服务业人均产值年增长率是在现有的供水条件下的值,即投入的水量按当年的万元用水量产生经济效益.

在此对所使用的符号给出规定:$P_i^{(0)}$ 和 $P_i^{(1)}$ 分别表示第 i 个城市的 2000 年和 2010 年的人口总数;Pr_i 表示第 i 个城市人口自然增长率;$I_i^{(0)}$ 和 $I_i^{(1)}$ 分别表示第 i 个城市 2000 年和 2010 年的工业增加值;Ir_i 表示第 i 个城市工业年增长率;$S_i^{(0)}$ 和 $S_i^{(1)}$ 分别表示第 i 个城市 2000 年和 2010 年的综合服务业人均产值;Sr_i 表示第 i 个城市综合服务业年增长率;W_i 表示第 i 个城市 2010 年的分配用水量;$X_i^{(0)}$ 和 $X_i^{(1)}$ 分别表示第 i 个城市 2000 年和 2010 年的人均生活用水量;$Y_i^{(0)}$ 和 $Y_i^{(1)}$ 分别表示第 i 个城市 2000 年和 2010 年的万元工业增加值用水量;$Z_i^{(0)}$ 和 $Z_i^{(1)}$ 分别表示第 i 个城市的 2000 年和 2010 年的万元综合服务业用水量;x_i 表示分配给第 i 个城市的生活用水总量指标;y_i 表示分配给第 i 个城市的工业用水总量指标;z_i 表示分配给第 i 个城市的综合服务业用水总量指标;a,b,c 分别表示生活用水、工业用水、综合服务业用水的分配比例.

问题(1) 要求各城市的总用水情况尽量"均衡",而各城市现有的三项用水指标各不相同,因此,我们把"均衡"定义为各城市新增加供水量与原有供水量的比例相等.

首先确定 2010 年受益城市的生活用水、工业用水、综合服务业平均增长的比例分别为 $\lambda_1,\lambda_2,\lambda_3$. 由假设可有:

生活用水 $\quad \sum_{i=1}^{20} X_i^{(0)} P_i^{(0)} + 110 \times 10^8 \times 0.4 = \sum_{i=1}^{20} X_i^{(0)} P_i^{(0)} (1+\lambda_1);$

工业用水 $\quad \sum_{i=1}^{20} Y_i^{(0)} I_i^{(0)} + 110 \times 10^8 \times 0.38 = \sum_{i=1}^{20} Y_i^{(0)} I_i^{(0)} (1+\lambda_2);$

综合服务业用水 $\quad \sum_{i=1}^{20} Z_i^{(0)} S_i^{(0)} + 110 \times 10^8 \times 0.22 = \sum_{i=1}^{20} Z_i^{(0)} S_i^{(0)} (1+\lambda_3).$

则求解得

$$\lambda_1 = \frac{110 \times 10^8 \times 0.4}{\sum_{i=1}^{20} X_i^{(0)} P_i^{(0)}}, \quad \lambda_2 = \frac{110 \times 10^8 \times 0.38}{\sum_{i=1}^{20} Y_i^{(0)} I_i^{(0)}}, \quad \lambda_3 = \frac{110 \times 10^8 \times 0.22}{\sum_{i=1}^{20} Z_i^{(0)} S_i^{(0)}},$$

经计算可得 $\lambda_1 = 1.3011, \lambda_2 = 0.63169, \lambda_3 = 0.56856$. 然后,按照"均衡"原则可以计算出各城市的生活用水、工业用水、综合服务业用水的分配指标,即

$$x_i = X_i^{(0)} P_i^{(0)} \lambda_1 \quad (i=1,2,\cdots,20),$$

$$y_i = Y_i^{(0)} I_i^{(0)} \lambda_2 \quad (i=1,2,\cdots,20),$$

$$z_i = Z_i^{(0)} S_i^{(0)} \lambda_3 \quad (i=1,2,\cdots,20).$$

故分配用水总量为 $W_i = x_i + y_i + z_i$ $(i=1,2,\cdots,20)$，计算结果如表 2-9。

表 2-9 问题(1)的调水分配方案　　　　　　　　　单位：亿 m³

水指标＼城市序号	1	2	3	4	5	6	7	8	9	10
生活用水 x_i	21.15	6.769	0.652	1.343	0.404	0.659	2.764	0.407	0.885	1.261
工业用水 y_i	6.657	3.361	1.244	1.625	3.335	1.941	2.521	1.564	5.739	1.292
服务业用水 z_i	13.28	4.506	0.172	0.41	0.181	0.282	1.282	0.14	0.324	0.234
总用水量 W_i	41.440	14.640	2.068	3.379	3.92	2.882	6.567	2.111	6.948	2.787

水指标＼城市序号	11	12	13	14	15	16	17	18	19	20
生活用水 x_i	0.439	0.339	0.547	1.52	1.714	0.667	0.662	0.251	0.408	1.161
工业用水 y_i	0.478	1.042	1.347	0.762	1.723	0.955	1.361	1.406	1.046	2.399
服务业用水 y_i	0.138	0.115	0.252	0.406	1.459	0.241	0.286	0.074	0.139	0.286
总用水量 W_i	1.055	1.494	2.146	2.688	4.896	1.863	2.314	1.731	1.593	3.846

问题（2） 需要给出一个供水指标的优化分配方案，这可以通过建立线性规划模型来实现。首先，根据各城市的实际数据，可以计算出 2010 年的每个城市的工业和综合服务业万元产值用水量。工业万元增加值用水量为

$$Y_i^{(1)} = \frac{Y_i^{(0)} I_i^{(0)}}{I_i^{(0)}(1+Ir_i)^{10}} = \frac{Y_i^{(0)}}{(1+Ir_i)^{10}} \quad (i=1,2,\cdots,20),$$

即 2010 年工业万元增加值用水量等于 2000 年的工业用水总量除以 2010 年的预计工业增加值(不考虑调水的情况下)。那么，调水后用于工业产生的经济效益等于工业的调水总量除以万元增加值用水量，即 $GI_i = \dfrac{y_i}{Y_i^{(1)}}$ $(i=1,2,\cdots,20)$。对于综合服务业可得到类似的结果：

$$GS_i = \frac{z_i}{Z_i^{(1)}} \quad (i=1,2,\cdots,20),$$

其中

$$Z_i^{(1)} = \frac{Z_i^{(0)} S_i^{(0)}}{S_i^{(0)}(1+Sr_i)^{10}(1+Pr_i)^{10}} = \frac{Z_i^{(0)}}{(1+Sr_i)^{10}(1+Pr_i)^{10}} \quad (i=1,2,\cdots,20).$$

然后，以调水量产生的工业和综合服务业效益总值为最大化目标，调水总量为主要约束，建立线性规划模型。

注意到，工业和综合服务业的发展受产业规模的限制，不可能在短时间内无限制的增长。因此，要适当考虑各城市的工业和综合服务业的均衡发展，即调水量不应过分集中。参照问题(1)，引入各城市调水量与原有供水量的比值(工业和综合服务业)作为衡量指标，

并限制每个城市的用于工业和综合服务业的调水指标都不能低于平均值(问题(1)的计算结果)的 50%. 将这一约束加入到线性规划模型中,即可求得分配方案.

根据上面对问题的分析,生活用水指标与问题(1)相同,只需讨论工业和综合服务业的调水指标. 由于各城市的基本状况和自然条件的差异,对相同的供水量所产生的经济效益不同,从经济效益的角度力求对调水指标有最高的经济效益. 同时注意到,每个城市的工业和综合服务业的发展受产业规模的限制,不可能在短时间内无限制地增长. 由此可知,对每个城市的调水指标都应有上限和下限的约束. 于是,2010 年最优的调水分配指标应满足下面的线性规划模型,目标函数为总的经济效益最大,即

$$\max G = \sum_{i=1}^{20} GI_i + \sum_{i=1}^{20} GS_i = \sum_{i=1}^{20} \frac{y_i}{Y_i^{(1)}} + \sum_{i=1}^{20} \frac{z_i}{Z_i^{(1)}}$$

$$\text{s.t.} \begin{cases} \sum_{i=1}^{20} y_i = 0.38 \times 110 \times 10^8, \\ \sum_{i=1}^{20} z_i = 0.22 \times 110 \times 10^8, \\ 0.5\lambda_2 \leqslant \dfrac{y_i}{Y_i^{(0)} I_i^{(0)}} \leqslant 1.5\lambda_2 \quad (i=1,2,\cdots,20), \\ 0.5\lambda_3 \leqslant \dfrac{z_i}{Z_i^{(0)} S_i^{(0)} P_i^{(0)}} \leqslant 1.5\lambda_3 \quad (i=1,2,\cdots,20), \\ y_i, z_i \geqslant 0 \quad (i=1,2,\cdots,20). \end{cases}$$

其中

$$Y_i^{(1)} = \frac{Y_i^{(0)}}{(1+Ir_i)^{10}}, \quad Z_i^{(1)} = \frac{Z_i^{(0)}}{(1+Sr_i)^{10}(1+Pr_i)^{10}} \quad (i=1,2,\cdots,20).$$

这是一个较复杂的线性规划模型,利用 LINGO 求解,给出 LINGO 模型如下:

```
MODEL:
sets:
numb/1..20/:y,z,Y0,Z0,I0,S0,P0,Ir,Sr,Pr;
endsets
data:
P0 = 1285,682,56,87,46,78,218,52,81,83,42,41,72,128,220,78,90,32,58,121;
Pr = 0.00204,0.00303,0.00915,0.0059,0.00587,0.00612,0.00541,0.0045,0.00369,0.00661,
     0.0080,0.0061,0.00601,0.00692,0.00512,0.00656,0.00661,0.00644,0.0046,0.0059;
I0 = 737,739,193,268,480,256,464,189,721,110,36,97,104,67,310,72,114,106,83,211;
Ir = 11.1,11.7,10.0,12.5,9.8,7.6,10.2,10.9,10.0,6.9,9.6,8.7,10.3,8.0,12.9,11.1,8.8,
     10.0,9.0,10.4;
S0 = 1.16,0.83,0.30,0.23,0.22,0.2,0.44,0.15,0.22,0.16,0.18,0.14,0.22,0.18,0.53,0.17,
     0.18,0.12,0.15,0.13;
```

```
Sr = 13.2,12.2,10.0,12.1,8.6,7.6,11.8,12.0,11.4,11.7,12.3,13.5,8.9,9.4,10.2,9.2,8.4,
    11.3,10.3,8.8;
Z0 = 160,140,180,360,315,318,235,315,320,310,320,352,280,310,220,320,310,340,280,320;
Y0 = 143,72,102,96,110,120,86,131,126,186,210,170,205,180,88,210,189,210,200,180;
enddata
[OBJ]max = @sum(numb(j):(((y(j) * (1 + Ir(j))^10)/Y0(j))
        + (((Z(j) * (1 + Sr(j))^10) * (1 + Pr(j))^10)/Z0(j))));
@sum(numb(j):y(j)) = 0.38 * 110e8;
@sum(numb(j):z(j)) = 0.22 * 110e8;
@for(numb(j):y(j)/(Y0(j) * I0(j) * 10^4) >= 0.5 * 0.63169;);
@for(numb(j):y(j)/(Y0(j) * I0(j) * 10^4) <= 1.5 * 0.63169;);
@for(numb(j):z(j)/(Z0(j) * S0(j) * P0(j) * 10^4) >= 0.5 * 0.56856;);
@for(numb(j):z(j)/(Z0(j) * S0(j) * P0(j) * 10^4) <= 1.5 * 0.56856;);
@for(numb(j):y(j) >= 0;);
@for(numb(j):z(j) >= 0;);
END
```

运行该程序可得问题的最优值为 $G = 7.375806 \times 10^{18}$ 万元. 具体的调水分配方案如表 2-10 所示.

表 2-10 问题(2)的调水分配方案 单位：亿 m³

水指标＼城市序号	1	2	3	4	5	6	7	8	9	10
生活用水量 x_i	21.150	6.769	0.652	1.343	0.404	0.659	2.764	0.407	0.885	1.261
工业用水量 y_i	9.986	5.042	1.865	2.438	1.668	0.970	3.781	2.346	2.869	0.646
服务业用水量 z_i	18.737	2.253	0.086	0.205	0.090	0.141	0.641	0.070	0.162	0.117
总用水量 W_i	49.873	14.064	2.603	3.986	2.162	1.77	7.186	2.823	3.916	2.024

水指标＼城市序号	11	12	13	14	15	16	17	18	19	20
生活用水量 x_i	0.439	0.339	0.547	1.520	1.714	0.667	0.662	0.251	0.408	1.161
工业用水量 y_i	0.239	0.521	0.673	0.381	2.585	1.433	0.680	0.703	0.524	2.449
服务业用水量 z_i	0.069	0.057	0.126	0.203	0.729	0.121	0.143	0.037	0.069	0.143
总用水量 W_i	0.747	0.917	1.346	2.104	5.028	2.221	1.485	0.991	1.001	3.753

对比两个问题的结果，当以均衡为目标时，调水分配方案（表 2-9）仅与各城市 2000 年的用水量有关．当以经济效益最大为目标时，调水分配方案（表 2-10）明显偏向北京、天津、石家庄、郑州等几个大城市．进一步分析表 2-8 中这几个城市和其他城市的区别，有以下规律：

（1）万元工业（综合服务业）用水量越低，获得的调水量越高；

(2) 工业(综合服务业)增长率越高,获得的调水量越高.

结合实际,万元用水量较低说明水资源的利用率较高,增长率较高说明有较大的发展空间.从可持续发展的角度出发,这样的产业应该得到优先发展,这个结果正是反映了这一趋势.当然,实际中此问题可能还有一些其他相关的因素,例如像现有的供水条件、城市环境建设、排污处理等,严格讲都是应该考虑的条件,在这里仅仅是反映了实际问题的主要侧面.

该问题的求解也可用 MATLAB 中的 linprog 函数实现,可以得到类似的结果,请读者做练习.

2.8 应用案例练习

练习 2.1 聘用临时工问题

某单位因工作需求,在一周中每天需要聘用不同数量的临时工,周一至少需要 16 人,周二至少需要 15 人,周三至少需要 16 人,周四至少需要 19 人,周五至少需要 14 人,周六至少需要 12 人,周日至少需要 18 人,并规定每个人每周必须连续工作 5 天,休息两天,每人每天的工资均为 100 元.问题是该单位在保证工作需求的情况下,每天需聘用多少人才能使聘用总费用最少?

练习 2.2 生产计划问题

已知某工厂计划生产Ⅰ,Ⅱ,Ⅲ三种产品,各种产品需要在 A,B,C 三种设备上加工生产,具体相关数据如表 2-11.试研究下列问题:

(1) 如何充分发挥已有设备的能力,使生产盈利最大?

(2) 如果为了增加产量,可租用其他厂家设备 B,每月可租用 60 台时,租金为 1.8 万元,试问租用设备 B 是否合算?

(3) 如果该工厂拟增加生产两种新产品Ⅳ和Ⅴ,其中产品Ⅳ需用 A 设备 12 台时,B 设备 5 台时,C 设备 10 台时,单位产品盈利 21000 元;产品Ⅴ需用 A 设备 4 台时,B 设备 4 台时,C 设备 12 台时,单位产品盈利 1870 元.假如 A,B,C 三种设备台时不增加,试分别考虑这两种新产品的投产在经济上是否合算?

表 2-11 生产计划的相关数据

产品 设备	Ⅰ	Ⅱ	Ⅲ	设备有效台时/每月
A	8	2	10	300
B	10	5	8	400
C	2	13	10	420
单位产品利润/元	3000	2000	2900	

(4) 如果工厂对产品的生产工艺进行重新设计改造,使改造后生产每件产品 I 需用 A 设备 9 台时,B 设备 12 台时,C 设备 4 台时,单位产品盈利 4500 元,试问这种改造方案对原计划有何影响?

练习 2.3 租用仓库问题

某部队因战备训练任务需要,在今后半年内需租用地方仓库存放军事物资.已知每个月所需仓库的面积大小不同,多租了不用造成浪费,少租了会影响训练任务的完成.根据租用条件要求,仓库租用费用是随合同期限而定的,期限越长折扣越大,具体每月的仓库需求量和租金额如表 2-12 和表 2-13 所示.租用仓库的合同每月初都可办理,每份合同具体规定租用面积数量和期限.因此,该部队可以根据实际需求在任何一个月初办理租用合同,每次办理时可签一份,也可以签若干份租用面积和期限不同的合同.试问该部队在保障训练任务需求的情况下,如何办理仓库的租用合同使总的租金最少?

表 2-12 每个月的仓库需求数量

月份	1	2	3	4	5	6
所需仓库面积/100m²	15	10	20	15	18	25

表 2-13 仓库的租期与租金

租用期限	1 个月	2 个月	3 个月	4 个月	5 个月	6 个月
合同期限内的租金/(元/100m²)	2800	4500	6000	7300	8400	9300

练习 2.4 轮船配货问题

现有一艘轮船,分前、中、后三个舱位,相应的容积与最大允许载重量如表 2-14 所示.现有一批 A,B,C 三种货物待运,已知相关数据如表 2-15 所示.

表 2-14 各船舱的容积和最大载重量

	前 舱	中 舱	后 舱
容积/m³	4000	5400	1500
最大允许载重量/t	2000	3000	1500

表 2-15 三种货物的相关数据

货物	数量/件	体积/(m³/件)	重量/(t/件)	运价/(元/件)
A	600	10	8	1000
B	1000	5	6	700
C	800	7	5	600

为了保证航运安全,要求前、中、后舱在实际载重量上大体保持各船舱最大允许载重量的比例关系,具体要求前、后舱分别与中舱之间载重量比例上偏差不超过15%,前、后舱之间不超过10%.问题是在保证航运安全要求的条件下,轮船应装载 A,B,C 三种货物各多少件,可使运费收入最大?

练习 2.5 快餐店用工问题

某快餐店坐落在远离城市的风景区,平时游客较少,而每到双休日游客数量猛增,快餐店主要是为游客提供快餐服务.该快餐店雇用了两名正式职工,主要负责管理工作,每天需要工作 8h.其余的工作都由临时工担任,临时工每天要工作 4h.双休日的营业时间为 11:00 到 22:00,根据游客的就餐情况,在双休日的每天营业小时所需的职工数(包括正式工和临时工)如表 2-16 所示.

表 2-16 营业时间与所需职工数量

营业时间	所需职工数量/人	营业时间	所需职工数量/人
11:00~12:00	9	17:00~18:00	6
12:00~13:00	9	18:00~19:00	12
13:00~14:00	9	19:00~20:00	12
14:00~15:00	3	20:00~21:00	7
15:00~16:00	3	21:00~22:00	7
16:00~17:00	3		

已知一名正式职工 11:00 开始上班,工作 4h 后休息 1h,而后再工作 4h;另一名正式职工 13:00 开始上班,工作 4h 后休息 1h,而后再工作 4h.又知临时工每小时工资为 4 元.

(1) 在满足对职工需求的条件下,如何安排临时工的班次,使得使用临时工的成本最小?

(2) 如果临时工每班工作时间可以为 3h,也可以为 4h,那么应该如何安排临时工的班次,使得使用临时工的总成本最小? 这样比方案(1)能节省多少费用? 此时需要安排多少临时工班次?

练习 2.6 轰炸方案问题

某战略轰炸机群奉命摧毁敌人军事目标,已知该目标有四个要害部位,只要摧毁其中之一即可达到目的.为完成此项轰炸任务的汽油消耗量限制为 48000L,重型炸弹 48 枚,轻型炸弹 32 枚.飞机携带重型炸弹时每升汽油可飞行 2km,带轻型炸弹时每升汽油可飞行 3km,空载时每升汽油可飞行 4km.又知每架飞机每次只能装载一枚炸弹,每起飞轰炸一次除来回路途汽油消耗外,起飞和降落每次各消耗 100L 汽油.其他相关数据如表 2-17 所示.为了保证以最大的可能性摧毁敌方军事目标,应该如何确定飞机的轰炸方案.

表 2-17 轰炸方案问题的相关数据

敌要害部位	距机场的距离/km	摧毁目标的可能性	
		每枚重型炸弹	每枚轻型炸弹
1	450	0.10	0.08
2	480	0.20	0.16
3	540	0.15	0.12
4	600	0.25	0.20

练习 2.7 食品加工问题

某食品公司下设 3 个工厂，分别生产熟食品、罐头食品和冷冻食品。由于市场销售情况的变化影响产品价格波动，该公司需要不断修正各种产品的产量，以便充分利用其生产能力来获取最大利润。3 个工厂一共生产 8 种产品，消耗 10 种原材料。其中有两种原材料是 3 个工厂都要用到的，由于市场供应短缺，公司不得不从外地进货，其余 8 种原材料每个工厂分别用其中若干种，互不影响。表 2-18～表 2-21 分别给出 3 个工厂生产的有关数据。现在的问题是公司如何制定原材料的供应计划使公司获利最大？

表 2-18 熟食品厂的相关数据　　　　　　　　　　　　　　　　　　单位：t

原材料＼产品	Ⅰ	Ⅱ	Ⅲ	原材料每天供应量
A	2	4	3	10
B	7	3	6	15
C	5	0	3	12
单位产品的利润/万元	8	5	6	

表 2-19 罐头厂的相关数据　　　　　　　　　　　　　　　　　　　单位：t

原材料＼产品	Ⅳ	Ⅴ	Ⅵ	原材料每天供应量
D	3	1	2	7
E	2	4	3	9
单位产品的利润/万元	8	5	6	

表 2-20 冷冻食品厂的相关数据　　　　　　　　　　　　　　　　　单位：t

原材料＼产品	Ⅶ	Ⅷ	原材料每天供应量
F	8	5	25
G	7	9	30
H	6	4	20
单位产品的利润/万元	6	5	

表 2-21　3 个厂都用的原材料数据　　　　　　　　　　　　　　　　　单位：t

原材料＼产品	Ⅰ	Ⅱ	Ⅲ	Ⅳ	Ⅴ	Ⅵ	Ⅶ	Ⅷ	原材料每天供应量
J	5	3	0	2	0	3	4	6	30
K	2	0	4	3	7	0	1	0	20

练习 2.8　木材的储存问题

某木材储运公司有一个很大的仓库用以储运出售木材。由于木材季度价格的变化,该公司于每季度初购进木材,一部分于本季度内出售,一部分储存起来以后出售。

已知该公司仓库的最大储存量为 20 万 m^3。储存费用为 $(a+bu)$ 元/万 m^3,其中 $a=70$,$b=100$,u 为储存时间(季度数)。已知每季度的买进卖出价及预计的销售量如表 2-22 所示。由于木材不宜久贮,所有库存木材应于每年秋末售完,试问该公司应采用什么储存策略使之能获最大利润。

表 2-22　每季度的买进卖出价与销售量数据

季　度	买进价/(万元/万 m^3)	卖出价/(万元/万 m^3)	预计销售量/万 m^3
冬	410	425	100
春	430	440	140
夏	460	465	200
秋	450	455	160

练习 2.9　生产、储存与设备维修计划安排问题

某机械加工厂有 2 台车床、1 台钻床、1 台磨床,承担 4 种产品的生产任务。已知生产各种产品所需的设备台时及生产单位产品的售价如表 2-23 所示。

表 2-23　设备台时和产品售价　　　　　　　　　　　　　　　　　　　　单位：台时

设备＼产品	Ⅰ	Ⅱ	Ⅲ	Ⅳ
车床	0.5	0.7	—	0.5
钻床	0.1	0.2	0.6	—
磨床	0.2	—	0.2	0.6
售价/(元/件)	80	60	50	40

对各产品今后三个月的市场最大需求(当小于最大需求量时认为可全部销售出)及各产品在今后三个月的生产成本分别如表 2-24 和表 2-25 所示。

表 2-24 市场的最大需求量　　　　　　　　　　　　单位：件

月份 \ 产品	I	II	III	IV
1	200	300	200	200
2	300	200	0	300
3	300	100	400	0

表 2-25 产品的成本　　　　　　　　　　　　单位：元/件

月份 \ 产品	I	II	III	IV
1	50	46	40	28
2	55	45	38	32
3	58	47	42	36

上述设备在 1～3 月内各需要进行一次维修，具体安排为 2 台车床于 2 月份、3 月份各维修一台，钻床安排在 2 月份维修，磨床安排在 3 月份维修。各设备每月工作 22 天，每天 2 班，每班 8h，每次维修占用半个月时间。又生产出来的产品当月销售不出去（超过最大需求量）时，可以在以后各月销售，但需要付每件月储存费 5 元。但规定每个月底各种产品储存量均不得超过 100 件。1 月初各产品无库存，要求 3 月底各产品均库存 50 件。问题是该如何安排生产、储存和维修计划，可使总的利润最大。

第 3 章

运 输 规 划

3.1 运输规划的问题与数学模型

在社会、经济和军事等领域中,经常会遇到大宗物资的调运问题.如煤、钢铁、木材、粮食、军事装备等,如果有若干个生产或储存地,则根据已有的交通网,应如何制定调运方案将这些物资运到消费(或使用)地,使总的运输费用最少,或运输路线最短? 这类问题的数学模型就是运输规划模型.事实上,运输规划是一类特殊的线性规划.

3.1.1 产销平衡的运输问题

问题的提出:已知有 m 个工厂 $A_i(i=1,2,\cdots,m)$,可供应某种物资,其供应量(产量)分别为 $a_i(i=1,2,\cdots,m)$,有 n 个销售地 $B_j(j=1,2,\cdots,n)$,其需要量分别为 $b_j(j=1,2,\cdots,n)$,从 A_i 到 B_j 运输单位物资的运价(单价)为 $c_{ij}(i=1,2,\cdots,m;j=1,2,\cdots,n)$. 假设总产量等于总销量,即产销是平衡的,其数据如表 3-1 所示.

表 3-1 相关数据

销地 产地	B_1	B_2	$\cdots$	B_n	产 量
A_1	c_{11}	c_{12}	$\cdots$	c_{1n}	a_1
A_2	c_{21}	c_{22}	$\cdots$	c_{2n}	a_2
$\vdots$	$\vdots$	$\vdots$		$\vdots$	$\vdots$
A_m	c_{m1}	c_{m2}	$\cdots$	c_{mn}	a_m
销量	b_1	b_2	$\cdots$	b_n	

如果用 x_{ij} 表示从 A_i 到 $B_j(i=1,2,\cdots,m;j=1,2,\cdots,n)$ 的运量,那么在产销平衡的条件下,要求使总运费最小的调动方案,则可以得到下面的数学模型:

$$\min z = \sum_{i=1}^{m}\sum_{j=1}^{n} c_{ij}x_{ij}$$

$$\text{s. t.} \begin{cases} \sum_{j=1}^{n} x_{ij} = a_i & (i=1,2,\cdots,m), \\ \sum_{i=1}^{m} x_{ij} = b_j & (j=1,2,\cdots,n), \\ x_{ij} \geq 0 & (i=1,2,\cdots,m;\ j=1,2,\cdots,n). \end{cases} \quad (3.1)$$

其中包含 $m\times n$ 个变量,$m+n$ 个约束条件,其系数矩阵是 $m+n$ 行,$m\times n$ 列的矩阵,即 x_{ij} 的系数向量

$$\boldsymbol{p}_{ij} = (0,\cdots,\underset{i\text{行}}{1},\cdots,\underset{m+j\text{行}}{1}\cdots,0)^{\mathrm{T}},$$

分量中除第 i 个和第 $m+j$ 个元素为 1 外,其余都为 0.

对于产销平衡的运输问题有

$$\sum_{i=1}^{m} a_i = \sum_{i=1}^{m}\Big(\sum_{j=1}^{n} x_{ij}\Big) = \sum_{j=1}^{n}\Big(\sum_{i=1}^{m} x_{ij}\Big) = \sum_{j=1}^{n} b_j,$$

所以模型中最多有 $m+n-1$ 个独立的约束方程,即系数矩阵的秩不超过 $m+n-1$.

3.1.2 产销不平衡的运输问题

实际中许多问题都是产销不平衡的问题,既可以产大于销,也可以销大于产. 实际上不平衡的问题都可化为平衡的问题来解决.

(1) 当产大于销时,即有

$$\sum_{j=1}^{n} b_j < \sum_{i=1}^{m} a_i,$$

则问题的模型为

$$\min z = \sum_{i=1}^{m}\sum_{j=1}^{n} c_{ij}x_{ij}$$

$$\text{s. t.} \begin{cases} \sum_{j=1}^{n} x_{ij} \leqslant a_i & (i=1,2,\cdots,m), \\ \sum_{i=1}^{m} x_{ij} = b_j & (j=1,2,\cdots,n), \\ x_{ij} \geqslant 0 & (i=1,2,\cdots,m;\ j=1,2,\cdots,n). \end{cases} \quad (3.2)$$

此时,要将多余的物资

$$\sum_{i=1}^{m} a_i - \sum_{j=1}^{n} b_j = b_{n+1}$$

在生产地就地储存起来,即假设有一个虚拟的销售地,其运费为零,即设 $x_{i,n+1}$ 表示产地 A_i 多生产(需要储存)的物资数量,运费为 $x_{i,n+1}=0(i=1,2,\cdots,m)$,其目标函数不变. 于是问题的模型变为

$$\min z = \sum_{i=1}^{m}\sum_{j=1}^{n} c_{ij} x_{ij}$$

$$\text{s.t.} \begin{cases} \sum_{j=1}^{n} x_{ij} + x_{i,n+1} = a_i & (i=1,2,\cdots,m), \\ \sum_{i=1}^{m} x_{ij} = b_j & (j=1,2,\cdots,n), \\ \sum_{i=1}^{m} x_{i,n+1} = \sum_{i=1}^{m} a_i - \sum_{j=1}^{n} b_j = b_{n+1}, \\ x_{ij}, x_{i,n+1} \geqslant 0 & (i=1,2,\cdots,m; j=1,2,\cdots,n). \end{cases} \quad (3.3)$$

即转化为产销平衡的问题了.

(2) 当销大于产时,即有

$$\sum_{j=1}^{n} b_j > \sum_{i=1}^{m} a_i,$$

则问题的数学模型为

$$\min z = \sum_{i=1}^{m}\sum_{j=1}^{n} c_{ij} x_{ij}$$

$$\text{s.t.} \begin{cases} \sum_{j=1}^{n} x_{ij} = a_i & (i=1,2,\cdots,m), \\ \sum_{i=1}^{m} x_{ij} \leqslant b_j & (j=1,2,\cdots,n), \\ x_{ij} \geqslant 0 & (i=1,2,\cdots,m; j=1,2,\cdots,n). \end{cases}$$

此时,实际中即出现了供不应求的情况,可假设有一个虚拟的产地供应所缺少的物资

$$\sum_{j=1}^{n} b_j - \sum_{i=1}^{m} a_i = a_{m+1},$$

即设 $x_{m+1,j}$ 表示产地 B_j 所缺少的物资数量,其运费为 $x_{m+1,j}=0(j=1,2,\cdots,n)$,其目标函数不变.于是问题的数学模型变为

$$\min z = \sum_{i=1}^{m}\sum_{j=1}^{n} c_{ij} x_{ij}$$

$$\text{s.t.} \begin{cases} \sum_{j=1}^{n} x_{ij} = a_i & (i=1,2,\cdots,m), \\ \sum_{i=1}^{m} x_{ij} + x_{m+1,j} = b_j & (j=1,2,\cdots,n), \\ \sum_{j=1}^{n} x_{m+1,j} = \sum_{j=1}^{n} b_j - \sum_{i=1}^{m} a_i = a_{m+1}, \\ x_{ij}, x_{m+1,j} \geqslant 0 & (i=1,2,\cdots,m; j=1,2,\cdots,n). \end{cases} \quad (3.4)$$

即为产销平衡的问题了.

3.2 运输规划的 LINGO 求解方法

首先,针对产销平衡的运输问题模型(3.1)给出一般的 LINGO 模型如下:

```
MODEL:
sets:
row/1..m/: a;                    !m 表示数组的维数,即为生产地的个数;
arrange/1..n/: b;                !n 表示数组的维数,即为销售地的个数;
link(row,arrange): c,x;
endsets
data:
a = a(1),a(2),...,a(m);
b = b(1),b(2),...,b(n);          !约束条件右端项的实际数值;
c = c(1,1),c(1,2),...,c(1,n),
    c(2,1),c(2,2),...,c(2,n),
    ...
    c(m,1),c(m,2),...,c(m,n);    !目标函数系数矩阵的实际数值
enddata
[OBJ]min = @sum(link(i,j): c(i,j) * x(i,j));
@for(row(i): @sum(arrange(j): x(i,j)) = a(i); );
@for(arrange(j): @sum(row(i): x(i,j)) = b(j); );
@for(link(i,j): x(i,j) >= 0; );
END
```

对于产销不平衡情况的模型(3.2)、模型(3.3)和模型(3.4),类似地可以给出 LINGO 求解模型.

3.3 应用案例分析

例 3.1 战备物资的调运问题

某部队需要紧急调运一批战备物资,现在所掌握的情况是,共有位于 m 个不同地方的仓库存有该种物资,并且第 i 个仓库的储存量为 $a_i(i=1,2,\cdots,m)$. 根据实际需求,所属部队共有 n 个单位需要这种物资,第 j 个单位需求量为 $b_j(j=1,2,\cdots,n)$,且 $\sum_{i=1}^{m}a_i \geqslant \sum_{j=1}^{n}b_j$.

已知要将这批战备物资从各仓库运送到各需求单位中途都需要经过 p 个中转站之一,每启用一次第 k 个中转站(无论转运量多少)均发生固定费用 $f_k(k=1,2,\cdots,p)$,且已知在要求的时间内第 k 个中转站的最大转运量为 $c_k(k=1,2,\cdots,p)$. 用 d_{ik} 和 e_{kj} 分别表示从第 i 个仓库到第 k 个中转站和从第 k 个中转站到第 j 个单位的运输费用. 试确定一个调运这批战备物资的方案,使得总的运费最少. 要求建立这个问题的优化模型.

解 由题意可知,这个问题属于一个运输问题,下面来建立这个问题的数学模型.

设 x_k 为 0-1 变量,当启用第 k 个中转站时取值为 1,当不启用第 k 个中转站时取值为 0;x_{ik} 表示从第 i 个仓库至第 k 个中转站的转运物资数量;y_{kj} 表示从第 k 个中转站至第 j 个单位的运输物资数量.则根据题目所给条件,问题的总费用是由中转站的转运费用和两个阶段的运输费用三部分组成,即问题的目标函数为

$$z = \sum_{k=1}^{p} f_k x_k + \sum_{i=1}^{m}\sum_{k=1}^{p} d_{ik} x_{ik} + \sum_{k=1}^{p}\sum_{j=1}^{n} e_{kj} y_{kj}.$$

各个仓库的库存量的约束为

$$\sum_{k=1}^{p} x_{ik} \leqslant a_i \quad (i=1,2,\cdots,m);$$

各中转站的转运能力的约束为

$$\sum_{i=1}^{m} x_{ik} \leqslant c_k x_k \quad (k=1,2,\cdots,p);$$

各单位的需求量的约束为

$$\sum_{k=1}^{p} y_{kj} = b_j \quad (j=1,2,\cdots,n);$$

供求平衡的条件约束为

$$\sum_{i=1}^{m} x_{ik} = \sum_{j=1}^{n} y_{kj} \quad (k=1,2,\cdots,p).$$

于是问题的数学模型为

$$\min z = \sum_{k=1}^{p} f_k x_k + \sum_{i=1}^{m}\sum_{k=1}^{p} d_{ik} x_{ik} + \sum_{k=1}^{p}\sum_{j=1}^{n} e_{kj} y_{kj}$$

$$\text{s.t.} \begin{cases} \sum_{k=1}^{p} x_{ik} \leqslant a_i & (i=1,2,\cdots,m), \\ \sum_{i=1}^{m} x_{ik} \leqslant c_k x_k & (k=1,2,\cdots,p), \\ \sum_{k=1}^{p} y_{kj} = b_j & (j=1,2,\cdots,n), \\ \sum_{i=1}^{m} x_{ik} = \sum_{j=1}^{n} y_{kj} & (k=1,2,\cdots,p), \\ x_k = 0 \text{ 或 } 1 & (k=1,2,\cdots,p), \\ x_{ik} \geqslant 0 & (i=1,2,\cdots,m; k=1,2,\cdots,p), \\ y_{kj} \geqslant 0 & (j=1,2,\cdots,n; k=1,2,\cdots,p). \end{cases}$$

例 3.2 设备的生产计划问题

设某制造企业根据合同要求,从当年起连续三年在年末各提供三套型号规格相同的大型设备.已知该厂今后三年的生产能力及生产成本如表 3-2 所示.

表 3-2 生产能力与生产成本

年 度	正常生产时可完成的设备数量/套	加班生产时可完成的设备数量/套	正常生产时每套设备的成本费/万元
第一年	2	3	500
第二年	4	2	600
第三年	1	3	550

已知在加班生产的情况下,每套设备成本比正常生产时要高出 70 万元. 又知所制造出的设备如果当年不能交货,每套设备每积压一年将增加维护保养等费用 40 万元. 在签订合同时,该厂现库存两套该种设备,该厂希望在第三年末完成合同任务后还能存储一套该设备留作备用. 问该厂应如何安排生产计划,使在满足上述要求的条件下,总的支出费用最小.

解 这是一个生产计划的安排问题,以满足合同需求作为基本条件,来寻求最小费用的生产方案. 可将该问题归结为一个运输规划问题,每年正常生产、加班生产及初始库存都视为产地要素(即 3 个生产地),而把每一年的需求视为销地要素(即 3 个销售地). 为此引入下列符号:

x_j 表示初始存货用于第 j 年交货的设备数量;

y_{ij} 表示第 i 年正常生产用于第 j 年交货的设备数量;

z_{ij} 表示第 i 年加班生产用于第 j 年交货的设备数量;

c_j 表示初始库存一套设备到第 j 年交货的维护保养费;

a_{ij} 表示第 i 年正常生产一套设备到第 j 年交货的成本费;

b_{ij} 表示第 i 年加班生产一套设备到第 j 年交货的成本费.

由题意可以得到该问题的运输规划模型为

$$\min z = \sum_{j=1}^{3} c_j x_j + \sum_{i=1}^{3}\sum_{j=1}^{3} a_{ij} y_{ij} + \sum_{i=1}^{3}\sum_{j=1}^{3} b_{ij} z_{ij}$$

$$\text{s.t.} \begin{cases} x_1 + x_2 + x_3 = 2, \\ y_{11} + y_{12} + y_{13} \leqslant 2, \\ z_{11} + z_{12} + z_{13} \leqslant 3, \\ y_{22} + y_{23} \leqslant 4, \\ z_{22} + z_{23} \leqslant 2, \\ y_{33} \leqslant 1, \\ z_{33} \leqslant 3, \\ x_1 + y_{11} + z_{11} = 3, \\ x_2 + y_{12} + z_{12} + y_{22} + z_{22} = 3, \\ x_3 + y_{13} + z_{13} + y_{23} + z_{23} + y_{33} + z_{33} = 4, \\ x_j \geqslant 0, \ y_{ij} \geqslant 0, \ z_{ij} \geqslant 0 \quad (i,j=1,2,3). \end{cases}$$

记

$$\boldsymbol{A} = (a_{ij})_{3\times 3} = \begin{bmatrix} 500 & 540 & 580 \\ 0 & 600 & 640 \\ 0 & 0 & 550 \end{bmatrix}, \quad \boldsymbol{B} = (b_{ij})_{3\times 3} = \begin{bmatrix} 570 & 610 & 650 \\ 0 & 670 & 710 \\ 0 & 0 & 620 \end{bmatrix},$$

$$\boldsymbol{c}^{\mathrm{T}} = \begin{bmatrix} c_1 \\ c_2 \\ c_3 \end{bmatrix} = \begin{bmatrix} 0 \\ 40 \\ 80 \end{bmatrix}.$$

下面给出求解该问题的 LINGO 模型如下:

```
MODEL:
sets:
row/1,2,3/;
arrange/1,2,3/: c,x;
link(row,arrange): a,b,y,z;
endsets
data:
c = 0,40,80;
a = 500,540,580,0,600,640,0,0,550;
b = 570,610,650,0,670,710,0,0,620;
enddata
[OBJ]min = @sum(arrange(j): c(j)*x(j)) + @sum(link(i,j): a(i,j)*y(i,j)) + @sum(link(i,j): b(i,j)*z(i,j));
@sum(arrange(j): x(j)) = 2;
@sum(arrange(j): y(1,j)) <= 2;
@sum(arrange(j): z(1,j)) <= 3;
y(2,2) + y(2,3) <= 4;
z(2,2) + z(2,3) <= 2;
y(3,3) <= 1;
z(3,3) <= 3;
x(1) + y(1,1) + z(1,1) = 3;
x(2) + y(1,2) + z(1,2) + y(2,2) + z(2,2) = 3;
x(3) + y(1,3) + z(1,3) + y(2,3) + z(2,3) + y(3,3) + z(3,3) = 4;
@for(arrange(j): x(j) >= 0; );
@for(link(i,j): y(i,j) >= 0; );
@for(link(i,j): z(i,j) >= 0; );
END
```

运行该程序得求解结果为 $x_1=2, y_{11}=y_{12}=1, y_{22}=2, y_{33}=1, z_{33}=3$,其他变量均为 0,最优值为 $z=4650$ 万元. 故此结果说明最优的生产方案是:

第一年将初始库存的 2 套设备全部交出,再正常生产 2 套,当年交出 1 套,保存 1 套;

第二年将上一年保存下来的 1 套设备交出,再正常生产 2 套当年交出;

第三年正常生产 1 套储存备用,加班生产的 3 套设备当年交出.

3.4　应用案例练习

练习 3.1　用煤的运输问题

某学校有 A,B,C 三个校区,每年冬天分别需要取暖用煤 3000t,2000t,1000t,根据实际情况,拟从甲地和乙地两处煤矿调运用煤.已知两处煤矿的煤的质量相同,售价也相同,两处煤矿能够供应的数量分别为 4000t 和 1500t,其单位运价如表 3-3 所示.由于供给小于需求,经学校研究决定 A 校区供应量可以减少 0~300t,B 校区供应量不少于 1500t, C 校区按需求供应.试给出该学校总运费最低的取暖用煤调运方案.

表 3-3　调运价格表

供应地	运价/(百元/t)　校区	A	B	C
甲		1.80	1.55	1.70
乙		1.60	1.75	1.50

练习 3.2　生产资料的调拨问题

设有甲、乙、丙三家工厂负责供应 A,B,C,D 四个地区的农用生产资料,等量的生产资料在这些地区所起的作用相同.各工厂的年产量、各地区的年需求量和单位运价如表 3-4 所示.试求出总的运费最少的生产资料调拨方案.

表 3-4　调运价格表

供应地	运价/(百元/t)　地区	A	B	C	D	产量/万 t
甲		16	13	22	17	50
乙		14	13	19	15	60
丙		19	20	23	—	50
最低需求/万 t		30	70	0	10	
最高需求/万 t		50	70	30	不限	

练习 3.3　采购问题

某公司拟去外地采购 A,B,C,D 四种规格的商品,数量分别为 1500 个,2000 个,3000

个,3500 个. 现有甲、乙、丙三个城市的供应商可以供应这些商品,供应数量分别为 2500 个,2500 个,5000 个. 由于这三个供应商的商品质量、运价不同,使销售情况有差异,预计售出后的利润(元/个)也不同,详见表 3-5 所示. 请帮助该公司制定一个预期盈利最大的采购方案.

表 3-5 预计销售利润表

供应商	商品 利润/(元/个)	A	B	C	D
甲		10	5	6	7
乙		8	2	7	6
丙		9	3	4	8

练习 3.4 确定生产与储存方案问题

某机械制造厂按合同规定需要于当年每个季度末分别提供 10,15,25,20 台同型号的拖拉机,已知该厂各季度的生产能力及生产每台拖拉机的成本费用如表 3-6 所示.

表 3-6 生产能力与成本费用

季度	生产能力/台	单位成本/万元	季度	生产能力/台	单位成本/万元
1	25	10.8	3	30	11.0
2	35	11.1	4	10	11.3

又如果生产出来的拖拉机当季不交货,每台每积压一个季度需储存和维护保养等费用 0.15 万元. 要求在完成合同的情况下,做出使该厂全年生产(包括储存、维护)费用为最小的决策方案.

练习 3.5 生产、运输、储存方案问题

某工厂是生产某种电子仪器的专业厂家,该厂是以销量来确定产量的. 1~6 月份各个月生产能力、合同销量和单台仪器平均生产费用如表 3-7 所示.

表 3-7 生产、销售和成本费用表

月份	正常生产能力/台	加班生产能力/台	销量/台	单台生产费用/万元
1	60	10	104	15
2	50	10	75	14
3	90	20	115	13.5
4	100	40	160	13
5	100	40	103	13
6	80	40	70	13.5

又知上年末积压库存 103 台该仪器没售出.如果生产出的仪器当月不交货,则需要运到分厂库房储存,每台仪器需增加运输成本 0.1 万元,每台仪器每月的平均仓储费、维护费 0.2 万元.在 7~8 月份销售淡季,全厂停产 1 个月,因此在 6 月份完成销售合同后还要留出库存 80 台.加班生产仪器每台增加成本 1 万元.试问应该如何安排 1~6 月份的生产,使总的生产成本(包括运输、仓储和维护)费用最少?

练习 3.6 港口运输问题

某国际港口航运公司承担六个港口城市 A,B,C,D,E,F 之间的四条固定航线的货运任务.已知各条航线的起点、终点及每天航班数如表 3-8 所示.假设各航线使用相同型号的船只运输,各港口间航程天数如表 3-9 所示.又知每条船只在港口装卸货的时间各需 1 天,为维修等所需要备用船只数占总船只数的 20%,问该航运公司至少应配备多少条船,才能满足所有航线的货运要求?

表 3-8 起、终点的航班数

航线	起点城市	终点城市	每天的航班数	航线	起点城市	终点城市	每天的航班数
1	E	D	5	3	A	F	1
2	B	C	2	4	D	B	1

表 3-9 各港口间的航程天数

起点\终点	B	C	D	E	F
A	1	2	14	7	7
B		3	13	8	8
C			15	5	5
D				17	20
E					3

练习 3.7 转运问题

某公司要从 A_1,A_2 两地为在 C_1,C_2,C_3,C_4 四地的分公司配送某种电子设备,运输中要经过 B_1,B_2 两个中转站,从 A_2 地也可以不经过中转站直接为 C_4 送货.A_1 地每月可供货 600 台,A_2 地每月可供货 400 台.C_1,C_2,C_3,C_4 四地的分公司每月的需求量分别为 200 台,150 台,350 台,300 台.各地的运输费用如图 3-1 所示,两地之间连线上的数字表示每台电子设备的运费,单位为百元.试问该公司应该如何调运这种电子设备,在满足各分公司需求的情况下使得总的运输费用最少?

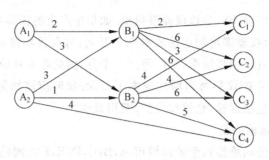

图 3-1 各地之间的运输线路与费用

练习 3.8 蔬菜市场的调运问题

H 市是一个人口不到 15 万的小城市. 根据该市的蔬菜种植情况,市政府分别在市区 A,B,C 处设立 3 个蔬菜收购点,每天清晨菜农将新鲜的蔬菜送至这 3 个收购点,再由各收购点分送到全市的 8 个农贸市场销售. 该市的道路、各路段的距离(单位:100m)及各收购点、农贸市场①,②,…,⑧的具体位置如图 3-2 所示. 按常年的情况,A,B,C 这 3 个收购点每天的收购量分别为 200、170、160(单位:100kg),各农贸市场每天的需求量及发生供应短缺时带来的损失(元/100kg),如表 3-10 所示. 设从收购点至各农贸市场的蔬菜调运费为 1 元(100kg·100m).

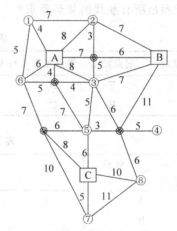

图 3-2 H 市道路及各站点位置示意图

现在要解决的问题是:

(1) 试为该市设计一个从各收购点至各农贸市场的定点供应方案,使用于蔬菜调运及预期的短缺损失最小;

(2) 若规定各农贸市场短缺量一律不超过需求量的 20%,重新设计定点供应方案;

(3) 为了很好地满足城市居民的蔬菜供应,该市政府规划增加蔬菜的种植面积,试问增产的蔬菜每天应分别向 A,B,C 这 3 个收购点各供应多少最经济合理.

表 3-10 各市场的需求和短缺损失

农贸市场	每天的需求量 /100kg	短缺的损失 /(元/100kg)	农贸市场	每天的需求量 /100kg	短缺的损失 /(元/100kg)
①	75	10	⑤	100	10
②	60	8	⑥	55	8
③	80	5	⑦	90	5
④	70	10	⑧	80	8

第 4 章

整 数 规 划

在前面所研究的线性规划问题中,一般问题的最优解都是非整数,即为分数或小数.但对于实际中的具体问题的解常常要求必须取整数,即称为整数解.例如,问题的解表示的是人数、机器设备的台数、机械车辆数等,分数或小数解显然就不符合实际了.为了求整数解,我们设想把所求得的非整数解采用"舍入取整"的方法处理,似乎是变成了整数解,但事实上这样得到的结果未必是可行的.因为取整以后就不一定是原问题的可行解了,或者虽然是可行解,但也不一定是最优解.因此,对于要求最优整数解的问题,需要寻求直接的求解方法,这就是整数规划的问题.

4.1 整数规划的问题与数学模型

如果一个数学规划的某些决策变量或全部决策变量要求必须取整数,则这样的问题称为**整数规划问题**,相应的模型称为**整数规划模型**.在整数规划中,如果所有的决策变量都为非负整数,则称之为**纯整数规划问题**;否则称之为**混合整数规划问题**.如果整数规划的目标函数和约束都是线性的,则称此问题为**整数线性规划问题**.

例 4.1 固定资源分配问题

设某企业有 n 个生产车间需要 m 种资源,对于第 i 个生产车间分别利用第 j 种资源 x_{ij} 进行生产,单位资源可以获得利润为 $r_{ij}(i=1,2,\cdots,n;j=1,2,\cdots,m)$. 若第 j 种资源的单位价格为 $a_j(j=1,2,\cdots,m)$,该企业现有资金 M 元,那么试问该企业应购买多少第 j 种资源(设总量为 $X_j(j=1,2,\cdots,m)$),又如何分配给所属的 n 个生产车间,使得总利润最大?

解 根据这个问题的实际要求,设决策变量为 $x_{ij}(i=1,2,\cdots,n;j=1,2,\cdots,m)$,表示分配给第 i 个生产车间的第 j 种资源的资源量,它们均为非负整数,第 j 种资源的需求总量 $X_j(j=1,2,\cdots,m)$ 也都为整数.则问题的目标函数是该企业的总利润最大,即求目

标函数

$$z = \sum_{i=1}^{n}\sum_{j=1}^{m} r_{ij}x_{ij}$$

的最大值. 于是问题的数学模型为

$$\max z = \sum_{i=1}^{n}\sum_{j=1}^{m} r_{ij}x_{ij}$$

$$\text{s. t.} \begin{cases} \sum_{i=1}^{n} x_{ij} = X_j & (j=1,2,\cdots,m), \\ \sum_{j=1}^{m} a_j X_j \leqslant M, \\ x_{ij} \geqslant 0 \text{ 且为整数} & (i=1,2,\cdots,n;\ j=1,2,\cdots,m), \\ X_j \geqslant 0 \text{ 且为整数} & (j=1,2,\cdots,m). \end{cases}$$

上述例 4.1 中的数学模型是一个整数线性规划模型,我们在这里主要讨论整数线性规划问题. 整数线性规划模型的一般形式为

$$\max(\min) z = \sum_{j=1}^{n} c_j x_j$$

$$\text{s. t.} \begin{cases} \sum_{j=1}^{n} a_{ij}x_j \leqslant (=,\geqslant) b_i & (i=1,2,\cdots,m), \\ x_j \geqslant 0,\ x_j \text{ 为整数} & (j=1,2,\cdots,n). \end{cases} \tag{4.1}$$

4.2 整数规划的求解方法

对于实际中的某些整数规划问题,可以设想先略去决策变量整数约束的条件,即变为一个线性规划问题,利用单纯形法求解,然后对其最优解进行取整处理,这种方法虽不可取,但实际上,可借鉴于这种思想来分析解决整数规划的求解问题.

整数规划求解方法总的基本思想是:松弛模型(4.1)中的约束条件(譬如去掉整数约束条件),使构成易于求解的新问题——松弛问题(A),即

$$\max(\min) z = \sum_{j=1}^{n} c_j x_j$$

(A)
$$\text{s. t.} \begin{cases} \sum_{j=1}^{n} a_{ij}x_j \leqslant (=,\geqslant) b_i & (i=1,2,\cdots,m), \\ x_j \geqslant 0 & (j=1,2,\cdots,n). \end{cases}$$

如果这个问题(A)的最优解是原问题(4.1)的可行解,则就是原问题(4.1)的最优解;否则,在保证不改变松弛问题(A)的可行性的条件下,修正松弛问题(A)的可行域(增加

新的约束),变成新的问题(B),再求问题(B)的解,重复这一过程直到修正问题的最优解在原问题(4.1)的可行域内为止,即得到了原问题的最优解.

注意 如果每个松弛问题的最优解不是原问题的可行解,则这个解对应的目标函数值 $\bar{z}$ 一定是原问题最优值 z^* 的上界(最大化问题),即 $z^* \leqslant \bar{z}$;或下界(最小化问题),即 $z^* \geqslant \bar{z}$.

4.2.1 分枝定界法

1. 分枝定界法的基本思想

将原问题(4.1)中整数约束去掉变为问题(A),求出问题(A)的最优解,如果不是原问题(4.1)的可行解,则通过附加线性不等式约束(整型),将问题(A)分枝变为若干子问题 $(A_i)(i=1,2,\cdots,I)$,即对每一个非整变量附加两个互相排斥(不交叉)的整型约束,就得两个子问题,继续求解定界,重复下去,直到得到最优解为止.

2. 分枝定界法的一般算法

步骤 1 将原整数规划问题(4.1)去掉所有的整数约束变为线性规划问题(A),用线性规划的方法求解问题(A),则有

(1) 问题(A)无可行解,则原问题(4.1)也无可行解,停止计算;

(2) 问题(A)有最优解 x^*,并是原问题(4.1)的可行解,则此解就是问题(4.1)的最优解,计算结束;

(3) 问题(A)有最优解 x^*,但不是原问题(4.1)的可行解,转下一步.

步骤 2 将 x^* 代入目标函数,其值记为 $\bar{z}$,并用观察法找出原问题(4.1)的任一个可行解(整数解,开始不妨可取 $x_j=0(j=1,2,\cdots,n)$),求得目标函数值(即最优值的下界),记为 $\underline{z}$,记问题(4.1)的最优值为 z^*,即有 $\underline{z} \leqslant z^* \leqslant \bar{z}$,转下一步.

步骤 3 分枝与定界.

(1) **分枝** 在问题(A)的最优解中任选一个不满足整数约束的变量 $x_j=b_j$(非整数),附加两个整数不等式约束: $x_j \leqslant [b_j]$ 和 $x_j \geqslant [b_j]+1$,分别加入到问题(A)中,构成两个新的子问题 (A_1) 和 (A_2),仍不考虑整数约束,求问题 (A_1) 和 (A_2) 的解.

(2) **定界** 对每一子问题的求解结果,找出最优值的最大者为新的上界 $\bar{z}$,从所有符合整数约束条件的分枝中找出使目标函数值最大的一个为新下界 $\underline{z}$.

步骤 4 比较与剪枝.

将各分枝问题的最优值同下界值 $\underline{z}$ 比较,如果其值小于 $\underline{z}$,则这个分枝可以剪掉,以后不再考虑. 如果其值大于 $\underline{z}$,且又不是原问题(4.1)的可行解,则返回第 3 步,继续分枝. 直到最后得到子问题的最优解使 $z^*=\underline{z}$,即相应的 $x_j^*(j=1,2,\cdots,n)$ 为原问题(4.1)的最优解.

4.2.2 割平面法

1. 割平面法的基本思想

对原整数规划问题(4.1)同样地去掉整数约束条件变为线性规划问题(A),引入线性约束条件(称为 Gomory 约束,其几何术语为割平面)使问题(A)的可行域逐步缩小(即切割掉一部分),每次切割掉的是问题的非整数解的一部分,不切掉任何整数解,直到最后使目标函数达到最优的整数解(点)成为可行域的一个顶点时,这就是问题的最优解.即利用线性规划的求解方法逐步缩小可行域,最后找到整数规划的最优解.

2. 割平面法的一般算法

设原问题(4.1)中有 n 个决策变量,m 个松弛变量,共 $n+m$ 个变量,略去整数约束后得线性规划问题(A),求解问题(A)得到最优解. 如果用 $x_i(i=1,2,\cdots,m)$ 表示最优解中的基变量,$y_j(j=1,2,\cdots,n)$ 表示非基变量,则算法的步骤如下:

步骤 1 在问题(A)的最优解中任取一个具有分数值的基变量,不妨就是 $x_i(1 \leqslant i \leqslant m)$,由此可知 $x_i + \sum_{j=1}^{n} \bar{a}_{ij} y_j = \bar{b}_i$,即

$$x_i = \bar{b}_i - \sum_{j=1}^{n} \bar{a}_{ij} y_j \quad (1 \leqslant i \leqslant m). \tag{4.2}$$

步骤 2 将 $\bar{b}_i$ 和 $\bar{a}_{ij}$(为假分数)分为整数部分和非负的真分数,即

$$\bar{b}_i = N_i + f_i, \quad \bar{a}_{ij} = N_{ij} + f_{ij} \quad (j=1,2,\cdots,n),$$

其中 N_i 和 N_{ij} 表示整数,而 $f_i(0<f_i<1)$ 和 $f_{ij}(0 \leqslant f_{ij}<1)$ 表示真分数,代入(4.2)式,并将整数放在一边,分数放在一边,即

$$x_i + \sum_{j=1}^{n} N_{ij} y_j - N_i = f_i - \sum_{j=1}^{n} f_{ij} y_j. \tag{4.3}$$

步骤 3 要使 x_i 和 y_j 都为整数,(4.3)式的左端必为整数,右端也是整数. 由于 $f_{ij} \geqslant 0$,y_j 是非负整数,故 $\sum_{j=1}^{n} f_{ij} y_j \geqslant 0$,又因 $f_i > 0$ 是真分数,于是有

$$f_i - \sum_{j=1}^{n} f_{ij} y_j \leqslant f_i < 1,$$

则必有

$$f_i - \sum_{j=1}^{n} f_{ij} y_j \leqslant 0. \tag{4.4}$$

这就是所要求的一个切割方程(Gomory 约束条件).

步骤 4 对(4.4)式引入一个松弛变量 S_i,则(4.4)式变为

$$S_i - \sum_{j=1}^{n} f_{ij} y_j = -f_i,$$

将其加入问题(A)中去,求解新的线性规划问题.

步骤 5 应用对偶单纯形法求解,直到最优解为整数解为止,否则继续构造 Gomory 约束条件.

说明 为什么要用对偶单纯形法求解呢?

这主要是在 Gomory 方程 $S_i - \sum_{j=1}^{n} f_{ij} y_j = -f_i$ 中,当非基变量 $y_j = 0$ 时,条件变为 $S_i = -f_i$ 为负数,即为不可行了,用单纯形法无法求解. 而用对偶单纯形法从不可行到可行,即可得到最优解.

4.3 0-1 整数规划及求解方法

4.3.1 0-1 整数规划的模型

如果整数规划问题中的所有决策变量 $x_i (i=1,2,\cdots,n)$ 仅限于取 0 或 1 两个值,则称此问题为 0-1 整数规划,简称为 0-1 规划. 其变量 $x_i (i=1,2,\cdots,n)$ 称为 0-1 变量,或二进制变量. 相应的决策变量取值的约束变为 $x_i = 0$ 或 1,等价于 $x_i \geqslant 0$ 和 $x_i \leqslant 1$,且为整数. 如果整数规划问题中的一部分决策变量为 0-1 变量,则称为 0-1 混合整数规划. 0-1 规划可以是线性的,也可以是非线性的,0-1 线性规划的一般模型为

$$\max(\min) z = \sum_{j=1}^{n} c_j x_j$$

$$\text{s.t.} \begin{cases} \sum_{j=1}^{n} a_{ij} x_j \leqslant (=, \geqslant) b_i & (i=1,2,\cdots,m), \\ x_j = 0 \text{ 或 } 1 & (j=1,2,\cdots,n). \end{cases} \quad (4.5)$$

例 4.2 一般的指派问题(或分派问题)

在实际生产管理中,总希望把有限的资源(人员、资金等)最佳地指派,以发挥其最高的工作效率,创造最大的价值.

例如,某科研部门有 n 项任务,正好需要 n 个人去完成,由于任务的性质和每个人的专长不同,每个人完成各项任务的效率(时间或成本)如表 4-1 所示. 如果指派每个人仅能完成一项任务,每项任务仅要一个人去完成. 如何分派使完成这 n 项任务的总效率(效益量化)为最高,这是典型的标准指派问题.

表 4-1 指派问题的人员完成各项任务的效率

人员 \ 项目	1	2	⋯	n
1	c_{11}	c_{12}	⋯	c_{1n}
2	c_{21}	c_{22}	⋯	c_{2n}
⋮	⋮	⋮		⋮
n	c_{n1}	c_{n2}	⋯	c_{nn}

解 设指派问题的效益矩阵为$(c_{ij})_{n\times n}$,其元素c_{ij}表示指派第i个人去完成第j项任务时的效率($\geqslant 0$),或者说:以c_{ij}表示给定的第i单位资源分派用于第j项活动时的有关效益.设问题的决策变量为x_{ij},是 0-1 变量,即

$$x_{ij} = \begin{cases} 1, & \text{当指派第 } i \text{ 个人去完成第 } j \text{ 项任务时}, \\ 0, & \text{当不指派第 } i \text{ 个人去完成第 } j \text{ 项任务时}. \end{cases}$$

则其数学模型为

$$\max(\min) z = \sum_{i=1}^{n}\sum_{j=1}^{n} c_{ij} x_{ij}$$

$$\text{s.t.} \begin{cases} \sum_{j=1}^{n} x_{ij} = 1 & (i=1,2,\cdots,n), \\ \sum_{i=1}^{n} x_{ij} = 1 & (j=1,2,\cdots,n), \\ x_{ij} = 0 \text{ 或 } 1 & (i,j=1,2,\cdots,n). \end{cases} \quad (4.6)$$

4.3.2 0-1 规划的求解方法

1. 0-1 规划的隐枚举法

显枚举法(又称为穷举法) 是把所有可能的组合情况(共 2^n 种组合)列举出后进行比较,找到所需要的解.

隐枚举法 是从实际出发,从所有可能的组合取值中利用过滤条件排除一些不可能是最优解的情况,只需考查一部分的组合就可以得到最优解.因此,隐枚举法又称为部分枚举法.

2. 指派问题的匈牙利方法

基本思想 因为每一个指派问题都有一个相应的效益矩阵,通过初等变换修改效益矩阵的行或列,使得在每一行或列中至少有一个零元素,直到在不同行不同列中至少有一个零元素为止,从而得到与这些零元素相对应的一个完全分派方案,这个方案对原问题而言是一个最优的分派方案.先给出下面的定理.

定理 4.1(指派问题的最优性) 如果对效益矩阵$(c_{ij})_{n\times n}$的第i行、第j列中每个元素分别减去一个常数a,b得到新的矩阵$(b_{ij})_{n\times n}$和相应的目标函数,则以新效益矩阵$(b_{ij})_{n\times n}$及新的目标函数所求得的最优解与以原矩阵$(c_{ij})_{n\times n}$及原目标函数求得的最优解相同,最优值只差一个常数.

证明 只要证明新目标函数和原目标函数值相差一个常数即可.

事实上,新目标函数为

$$z' = \sum_{i=1}^{n}\sum_{j=1}^{n} b_{ij} x_{ij} = \sum_{i=1}^{n}\sum_{j=1}^{n} c_{ij} x_{ij} - a\sum_{j=1}^{n} x_{ij} - b\sum_{i=1}^{n} x_{ij}$$

$$= \sum_{i=1}^{n}\sum_{j=1}^{n} c_{ij}x_{ij} - (a+b) = z - (a+b).$$

故二者相差一个常数 $a+b$,最优解相同.

匈牙利方法的基本步骤

根据指派问题的最优性定理,"若从效益矩阵 $C=(c_{ij})_{n\times n}$ 的一行(或列)各元素分别减去该行(列)的最小元素,得到新矩阵 $D=(d_{ij})_{n\times n}$,那么以 D 为效益矩阵所对应问题的最优解与原问题的最优解相同". 此时求最优解的问题可转化为求效益矩阵的最大1元素组的问题.

下面给出一般的匈牙利方法的计算步骤:

步骤1 对效益矩阵进行变换,使每行每列都出现0元素.

(1) 从效益矩阵 C 中每一行减去该行的最小元素;

(2) 再在所得矩阵中每一列减去该列的最小元素,所得矩阵记为 $D=(d_{ij})_{n\times n}$.

步骤2 将矩阵 D 中0元素置为1元素,非零元素置为0元素,记此矩阵为 E.

步骤3 确定独立1元素组.

(1) 在矩阵 E 含有1元素的各行中选择1元素最少的行,比较该行中各1元素所在的列中1元素的个数,选择1元素的个数最少的一列的那个1元素;

(2) 将所选的1元素所在的行和列清0;

(3) 重复第2步和第3步,直到没有1元素为止,即得到一个独立1元素组.

步骤4 判断是否为最大独立1元素组.

(1) 如果所得独立1元素组是原效益矩阵的最大独立1元素组(即1元素的个数等于矩阵的阶数),则已得到最优解,停止计算.

(2) 如果所得独立1元素组还不是原效益矩阵的最大独立1元素组,那么利用寻找可扩路的方法对其进行扩张,进行下一步.

步骤5 利用寻找可扩路方法确定最大独立1元素组.

(1) 做最少的直线覆盖矩阵 D 的所有0元素;

(2) 在没有被直线覆盖的部分找出最小元素,在没有被直线覆盖的各行减去此最小元素,在没被直线覆盖的各列加上此最小元素,得到一个新的矩阵,返回第2步.

说明 上面的算法是按最小化问题给出的,如果问题是最大化问题,即模型(4.6)中的目标函数换为 $\max z = \sum_{i=1}^{n}\sum_{j=1}^{n} c_{ij}x_{ij}$. 此令 $M = \max_{i,j}(c_{ij})$ 和 $b_{ij} = M - c_{ij} \geqslant 0$,则效益矩阵变为 $B = (b_{ij})_{n\times n}$. 于是考虑目标函数为 $\min z = \sum_{i=1}^{n}\sum_{j=1}^{n} b_{ij}x_{ij}$ 的问题,仍用上面的方法步骤求解所得最小解也就是对应原问题的最大解.

4.4 整数规划的 LINGO 求解方法

4.4.1 一般整数规划的解法

目前,利用 LINGO 软件求解整数规划模型是一种比较有效的方法. 针对一般的整数规划模型(4.1)给出 LINGO 模型如下:

```
MODEL:
sets:
num_i/1..m/: b;
!m 表示数组的维数,是一个具体的正整数;
num_j/1..n/: x,c;
!n 表示数组的维数,是一个具体的正整数;
link(num_i,num_j): a;
endsets
data:
b = b(1),b(2),...,b(m);
!约束条件右端项的实际数值;
c = c(1),c(2),...,c(n);
!目标函数系数的实际数值;
a = a(1,1),a(1,2),...,a(1,n),
    a(2,1),a(2,2),...,a(2,n),
    ...
    a(m,1),a(m,2),...,a(m,n);
!约束条件系数矩阵的实际数值;
enddata
[OBJ]max = @sum(num_j(j): c(j) * x(j));
@for(num_i(i): @sum(num_j(j): a(i,j) * x(j)) <= b(i); );
@for(num_j(j): x(j) >= 0; );
@for(num_j(j): @GIN(x(j)); );
END
```

注 LINGO 模型中的目标函数是按最大化问题,约束条件都是按"小于等于"的情况给出的,实际中要根据具体情况修正.

4.4.2 一般 0-1 规划的解法

针对一般的 0-1 规划模型(4.2)给出 LINGO 模型,在这里仍假设目标函数为最大化问题,约束条件都为"小于等于"的情况.

```
MODEL:
sets:
num_i/1..m/: b;
!m 表示数组的维数,是一个具体的正整数;
num_j/1..n/: x,c;
!n 表示数组的维数,是一个具体的正整数;
link(num_i,num_j): a;
endsets
data:
b = b(1),b(2),...,b(m);
!约束条件右端项的实际数值;
c = c(1),c(2),...,c(n);
!目标函数系数的实际数值;
a = a(1,1),a(1,2),...,a(1,n),
    a(2,1),a(2,2),...,a(2,n),
    ...
    a(m,1),a(m,2),...,a(m,n);
!约束条件系数矩阵的实际数值;
enddata
[OBJ]max = @sum(num_j(j): c(j)*x(j));
@for(num_i(i): @sum(num_j(j): a(i,j)*x(j)) <= b(i); );
@for(num_j(j): @BIN(x(j)); );
END
```

4.4.3 一般指派问题的解法

针对一般指派问题的模型(4.3)给出 LINGO 模型,在这里以目标函数最大化问题为例给出.

```
MODEL:
sets:
num_i/1..n/;
!n 表示数组的维数,是一个具体的正整数;
num_j/1..n/;
!n 表示数组的维数,是一个具体的正整数;
link(num_i,num_j): x,c;
endsets
data:
c = c(1,1),c(1,2),...,c(1,n),
    c(2,1),c(2,2),...,c(2,n),
```

```
        ...
    c(n,1),c(n,2),...,c(n,n);
!约束条件系数矩阵的实际数值;
enddata
[OBJ]max = @sum(link(i,j): c(i,j) * x(i,j));
@for(num_i(i): @sum(num_j(j): c(i,j) * x(i,j)) = 1;);
@for(num_j(j): @sum(num_i(i): c(i,j) * x(i,j)) = 1;);
@for(link(i,j): @BIN(x(i,j)););
END
```

4.5 应用案例分析

例 4.3 动态生产计划安排问题

某工厂配套生产某种专业电子产品,今年前6个月收到的该产品的订货数量分别为 3000 件,4500 件,3500 件,4000 件,4000 件和 5000 件. 已知该厂的正常生产能力为每月 3000 件,利用加班生产还可以生产 1500 件. 正常生产的成本为每件 5000 元,加班生产还要增加 1500 元的成本,库存成本为每件每月 200 元. 试问该厂如何组织安排生产才能在保证完成生产计划的情况下使生产成本最低?

解 根据这个问题的实际情况,设 x_i 表示第 i 个月正常生产的产品数量;y_i 表示第 i 个月加班生产的产品数量;z_i 表示第 i 个月月初产品的库存数量. d_i 表示第 i 个月的需求量 $(i=1,2,\cdots,6)$,并且第 1 个月月初的库存为 0. 则问题的生产成本为

$$\sum_{i=1}^{6}(5000x_i + 6500y_i + 200z_i).$$

注意到决策变量 $x_i, y_i, z_i (i=1,2,\cdots,6)$ 都为非负整数,于是该问题的数学模型为

$$\min z = \sum_{i=1}^{6}(5000x_i + 6500y_i + 200z_i)$$

$$\text{s.t.} \begin{cases} x_1 + y_1 - z_2 = 3000, \\ x_2 + y_2 + z_2 - z_3 = 4500, \\ x_3 + y_3 + z_3 - z_4 = 3500, \\ x_4 + y_4 + z_4 - z_5 = 4000, \\ x_5 + y_5 + z_5 - z_6 = 4000, \\ x_6 + y_6 + z_6 = 5000, \\ 0 \leqslant x_i \leqslant 3000 \quad (i=1,2,\cdots,6), \\ 0 \leqslant y_i \leqslant 1500 \quad (i=1,2,\cdots,6), \\ x_i, y_i, z_i \geqslant 0 \text{ 且都为整数} \quad (i=1,2,\cdots,6). \end{cases}$$

下面给出 LINGO 求解程序：

```
MODEL:
sets:
num_i/1..6/: b,x,y,z;
endsets
data:
b = 3000,4500,3500,4000,4000,5000;
enddata
[OBJ]min = @sum(num_i(i): (5000 * x(i) + 6500 * y(i) + 200 * z(i)); );
x(1) + y(1) - z(2) = b(1);
x(2) + y(2) + z(2) - z(3) = b(2);
x(3) + y(3) + z(3) - z(4) = b(3);
x(4) + y(4) + z(4) - z(5) = b(4);
x(5) + y(5) + z(5) - z(6) = b(5);
x(6) + y(6) + z(6) = b(6);
@for(num_i(i): x(i) <= 3000; );
@for(num_i(i): y(i) <= 1500; );
@for(num_i(i): x(i) >= 0; );
@for(num_i(i): y(i) >= 0; );
@for(num_i(i): z(i) >= 0; );
@for(num_i(i): @gin(x(i)); @gin(y(i)); @gin(z(i)); );
END
```

运行该程序得到求解结果如下：$x_1=x_2=x_3=x_4=x_5=x_6=3000$，$y_1=0$，$y_2=1500$，$y_3=500$，$y_4=1000$，$y_5=y_6=1500$，$z_1=z_2=z_3=z_4=z_5=0$，$z_6=500$。其目标函数值为 1.291×10^8。

由此可以得到问题的生产计划方案，即每个月都要正常生产 3000 件；2 月加班生产 1500 件，3 月加班生产 500 件，4 月加班生产 1000 件，5 月和 6 月加班生产 1500 件；1 月至 5 月当月生产当月交出，无需储存，6 月份要储存 500 件。总的成本费用为 12910 万元。

例 4.4 服装加工问题

设某服装加工厂有 5 个生产车间，可以用 6 种不同的成品布料（单位为 m）加工成不同的服装销售。对于第 i 个生产车间分别利用第 j 种布料进行加工生产后，可以获得利润为 r_{ij}（元/m）($i=1,2,\cdots,5$；$j=1,2,\cdots,6$)，第 j 种布料的价格为 a_j（元/m）($j=1,2,\cdots,6$)，具体的数据如表 4-2 所示。

该工厂现有资金 40 万元，为了充分利用这些有限的资金，根据各车间的实际生产需求，工厂要求每个车间每种布料至少加工 1000m，每个车间的总加工能力最多 10000m。那么试问该工厂每种布料应购买多少米，又如何分配给所属的 5 个车间，使得总利润最大？

表 4-2 布料的单价及加工利润

车间＼利润/元＼布料	1	2	3	4	5	6
车间一	4	3	4	4	5	6
车间二	3	4	5	3	4	5
车间三	5	3	4	5	5	4
车间四	3	3	4	4	6	6
车间五	3	3	3	4	5	7
布料单价/(元/m)	6	6	7	8	9	10

解 根据这一问题的实际,不难看出该问题是例 4.1 固定资源分配问题的一个具体情况. 为此,不妨设第 i 个生产车间分别利用第 j 种布料 x_{ij}(m)进行加工生产后可获得利润 r_{ij}(元/m)($i=1,2,\cdots,5$; $j=1,2,\cdots,6$),该工厂应购买第 j 种布料的总量为 y_j(m) ($j=1,2,\cdots,6$),其变量均为整数,则问题的利润矩阵和单价向量为

$$(r_{ij})_{5\times 6} = \begin{bmatrix} 4 & 3 & 4 & 4 & 5 & 6 \\ 3 & 4 & 5 & 3 & 4 & 5 \\ 5 & 3 & 4 & 5 & 5 & 4 \\ 3 & 3 & 4 & 4 & 6 & 6 \\ 3 & 3 & 3 & 4 & 5 & 7 \end{bmatrix}, \quad \boldsymbol{a} = \begin{bmatrix} 6 \\ 6 \\ 7 \\ 8 \\ 9 \\ 10 \end{bmatrix}.$$

于是,由例 4.1 的模型可以得到下面的整数规划模型:

$$\max z = \sum_{i=1}^{5}\sum_{j=1}^{6} r_{ij} x_{ij}$$

$$\text{s.t.} \begin{cases} \sum_{i=1}^{5} x_{ij} = y_j & (j=1,2,\cdots,6), \\ \sum_{j=1}^{6} x_{ij} \leq 10000 & (i=1,2,\cdots,5), \\ \sum_{j=1}^{6} a_j y_j \leq 400000, \\ x_{ij} \geq 1000 \text{ 且为整数} & (i=1,2,\cdots,5;\ j=1,2,\cdots,6), \\ y_j \geq 0 \text{ 且为整数} & (j=1,2,\cdots,6). \end{cases}$$

利用 LINGO 软件求解,程序如下:

```
MODEL:
sets:
```

```
num_i/1..5/;
num_j/1..6/: a,y;
link(num_i,num_j): r,x;
endsets
data:
a = 6,6,7,8,9,10;
r = 4,3,4,4,5,6, 3,4,5,3,4,5, 5,3,4,5,5,4, 3,3,4,4,6,6, 3,3,3,4,5,7;
enddata
[OBJ]max = @sum(link(i,j): r(i,j) * x(i,j));
@for(num_j(j): @sum(num_i(i): x(i,j)) = y(j););
@for(num_i(i): @sum(num_j(j): x(i,j)) <= 10000;);
@sum(num_j(j): a(j) * y(j)) <= 400000;
@for(link(i,j): @gin(x(i,j)); x(i,j) >= 1000;);
@for(num_j(j): @gin(y(j)); y(j) >= 0;);
END
```

运行该程序可以得到求解结果：$x_{16}=5000, x_{23}=5000, x_{31}=5000, x_{45}=3000, x_{46}=3000, x_{56}=5000$，其他的 $x_{ij}=1000$；$y_1=9000, y_2=5000, y_3=9000, y_4=5000, y_5=7000, y_6=15000$. 最优值为 $z=243000$. 即说明该工厂 6 种布料的购买总量及各车间的分配数量如表 4-3 所示. 全工厂可获最高利润 24.3 万元.

表 4-3 6 种布料的购买总量和各车间的分配数量

车间 \ 布料 分配数量/m	1	2	3	4	5	6
车间一	1000	1000	1000	1000	1000	5000
车间二	1000	1000	5000	1000	1000	1000
车间三	5000	1000	1000	1000	1000	1000
车间四	1000	1000	1000	1000	3000	3000
车间五	1000	1000	1000	1000	1000	5000
购买总量/m	9000	5000	9000	5000	7000	15000

例 4.5 战勤值班安排问题

设某部队为了完成某项特殊任务，需要昼夜 24h 不间断值班，但每天不同的时段所需要的人数不同，具体情况如表 4-4 所示. 假设值班人员分别在各时间段开始时上班，并连续工作 8h. 现在的问题是该部队要完成这项任务至少需要配备多少名值班人员？

解 根据题意，假设用 $x_i (i=1,2,\cdots,6)$ 分别表示第 i 个班次开始上班的人数，每个人都要连续值班 8h. 于是根据问题的要求问题可归结为如下的整数规划模型：

表 4-4 各班次的值班时间段和人数

班次	时间段	需要人数	班次	时间段	需要人数
1	6:00～10:00	60	4	18:00～22:00	50
2	10:00～14:00	70	5	22:00～2:00	20
3	14:00～18:00	60	6	2:00～6:00	30

$$\min z = \sum_{i=1}^{6} x_i$$

$$\text{s.t.} \begin{cases} x_6 + x_1 \geqslant 60, \\ x_1 + x_2 \geqslant 70, \\ x_2 + x_3 \geqslant 60, \\ x_3 + x_4 \geqslant 50, \\ x_4 + x_5 \geqslant 20, \\ x_5 + x_6 \geqslant 30, \\ x_i \geqslant 0, \text{且为整数} \quad (i=1,2,\cdots,6). \end{cases}$$

下面给出求解该模型的 LINGO 程序：

```
MODEL:
sets:
num/1..6/: b,x;
endsets
data:
b = 60,70,60,50,20,30;
enddata
[OBJ] min = @sum(num(i): x(i));
x(1) + x(6) >= 60;
x(1) + x(2) >= 70;
x(2) + x(3) >= 60;
x(3) + x(4) >= 50;
x(4) + x(5) >= 20;
x(5) + x(6) >= 30;
@for(num(i): @GIN(x(i)); x(i) >= 0; );
END
```

运行该程序可得到求解结果 $x_1=60, x_2=10, x_3=50, x_4=0, x_5=30, x_6=0$. 即各班次值班安排如下：

第一班开始上班 60 人；第二班开始上班 10 人；第三班开始上班 50 人；第四班开始无

需新上班的人；第五班开始上班 30 人；第六班开始也无需新人上班. 即共计需要 150 人.

例 4.6 分配游泳队员问题

某游泳队拟选用 A, B, C, D 四名游泳运动员组成一个 4×100m 混合泳接力队, 参加大型运动会. 他们的 100m 自由泳, 蛙泳, 蝶泳, 仰泳的成绩如下表 4-5 所示. A, B, C, D 四名运动员各自游什么姿势, 才最有可能取得最好成绩.

表 4-5 队员的游泳成绩

队员 \ 姿势 成绩/s	自由泳	蛙泳	蝶泳	仰泳
A	56	74	61	63
B	63	69	65	71
C	57	77	63	67
D	55	76	62	62

解 根据题意, 假设问题的决策变量为

$$x_{ij} = \begin{cases} 1, & \text{让 } i \text{ 名队员游第 } j \text{ 种姿势}, \\ 0, & \text{不让 } i \text{ 名队员游第 } j \text{ 种姿势}, \end{cases}$$

其中 $i=1,2,3,4$ 分别表示运动员 A, B, C, D, $j=1,2,3,4$ 分别表示自由泳, 蛙泳, 蝶泳, 仰泳. 根据问题的要求可知, 四名运动员的成绩矩阵为

$$\boldsymbol{A} = (a_{ij})_{4\times 4} = \begin{bmatrix} 56 & 74 & 61 & 63 \\ 63 & 69 & 65 & 71 \\ 57 & 77 & 63 & 67 \\ 55 & 76 & 62 & 62 \end{bmatrix}.$$

以 4×100m 混合泳所用的总时间最小为目标, 以每名运动员游一个项目, 每一个项目只能有一名运动员来完成为约束, 这是一个标准的分派问题. 4×100m 混合泳所用的总时间为 $T = \sum_{i=1}^{4}\sum_{j=1}^{4} a_{ij} x_{ij}$, 于是问题的优化模型如下:

$$\min T = \sum_{i=1}^{4}\sum_{j=1}^{4} a_{ij} x_{ij}$$

$$\text{s.t.} \begin{cases} \sum_{i=1}^{4} x_{ij} = 1 & (j=1,2,3,4), \\ \sum_{j=1}^{4} x_{ij} = 1 & (i=1,2,3,4), \\ x_{ij} = 0 \text{ 或 } 1 & (i,j=1,2,3,4). \end{cases}$$

该模型为一个 0-1 整数规划模型,下面给出求解该模型的 LINGO 程序:

```
MODEL:
sets:
num_i/1..4/;
num_j/1..4/;
link(num_i,num_j): a,x;
endsets
data:
a = 56,74,61,63,63,69,65,71,57,77,63,67,55,76,62,62;
enddata
[OBJ] min = @sum(link(i,j): a(i,j) * x(i,j));
@for(num_i(i): @sum(num_j(j): x(i,j)) = 1; );
@for(num_j(j): @sum(num_i(i): x(i,j)) = 1; );
@for(link(i,j): @BIN(x(i,j)); x(i,j) >= 0; );
END
```

运行该程序可以得到问题的求解结果为 $x_{13}=x_{22}=x_{31}=x_{44}=1$,其他的 $x_{ij}=0$。由此结果可以得到下面的游泳运动员的分配方案:

运动员 A 游蝶泳姿势,时间为 61s;

运动员 B 游蛙泳姿势,时间为 69s;

运动员 C 游自由泳姿势,时间为 57s;

运动员 D 游仰泳姿势,时间为 62s。

4×100m 混合泳所用总时间为 $T=249$s。

例 4.7 兼职值班员问题

某部队后勤值班室准备聘请 4 名兼职值班员(代号为 1,2,3,4)和 2 名兼职带班员(代号为 5,6)值班。已知每人从周一到周日每天最多可以安排的值班时间及每人每小时值班的报酬如下表 4-6 所示。

表 4-6 每人每天可值班的时间和报酬

值班员代号	报酬/(元/h)	每天最多可安排的值班时间/h						
		周一	周二	周三	周四	周五	周六	周日
1	10	6	0	6	0	7	12	0
2	10	0	6	0	6	0	0	12
3	9	4	8	3	0	5	12	12
4	9	5	5	6	0	4	0	12
5	15	3	0	4	8	0	12	0
6	16	0	6	0	6	3	0	12

该值班室每天需要值班的时间为早上 8:00 至晚上 22:00,值班时间内须有且仅有一名值班员值班.要求兼职值班员每周值班不少于 10h,兼职带班员每周值班不少于 8h.每名值班员每周值班不超过 4 次,每次值班不少于 2h,每天安排值班的值班员不超过 3 人,且其中必须有一名兼职带班员值班.试为该值班室安排一张人员的值班表,使总支付的报酬为最少.

解 根据题意,用 x_{ij} 为值班员 i 在周 j 的值班时间,记

$$y_{ij} = \begin{cases} 1, & \text{当安排值班员 } i \text{ 在周 } j \text{ 值班时}, \\ 0, & \text{否则} \end{cases} (i=1,2,\cdots,6; j=1,2,\cdots,7).$$

用 a_{ij} 代表值班员 i 在周 j 最多可值班的值班时间,用 c_i 为值班员 i 的每小时的报酬.其中 $i=1,2,\cdots,6; j=1,2,\cdots,7$.根据问题的要求,则问题可归结为如下的 0-1 整数规划模型:

$$\min z = \sum_{i=1}^{6} \sum_{j=1}^{7} c_i x_{ij}$$

$$\text{s.t.} \begin{cases} 2y_{ij} \leqslant x_{ij} \leqslant a_{ij} y_{ij} & (i=1,2,\cdots,6; j=1,2,\cdots,7), \\ \sum_{j=1}^{7} x_{ij} \geqslant 10 & (i=1,2,3,4), \\ \sum_{j=1}^{7} x_{ij} \geqslant 8 & (i=5,6), \\ \sum_{i=1}^{6} x_{ij} = 14 & (j=1,2,\cdots,7), \\ \sum_{j=1}^{7} y_{ij} \leqslant 5 & (i=1,2,\cdots,6), \\ \sum_{i=1}^{6} y_{ij} \leqslant 3 & (j=1,2,\cdots,7), \\ y_{5j} + y_{6j} \geqslant 1 & (j=1,2,\cdots,7), \\ x_{ij} \geqslant 0, y_{ij} = 0 \text{ 或 } 1 & (i=1,2,\cdots,6; j=1,2,\cdots,7). \end{cases}$$

用 LINGO 软件求解,给出程序如下:

```
MODEL:
sets:
num_i/1..6/: c;
num_j/1..7/;
link(num_i,num_j): a,x,y;
num_k/1..4/;
endsets
data:
```

```
c = 10,10,9,9,15,16;
a = 6,0,6,0,7,12,0,0,6,0,6,0,0,12,4,8,3,0,5,12,12,5,5,6,0,4,0,12,3,0,4,8,0,12,0,0,6,
    0,6,3,0,12;
enddata
[OBJ] min = @sum(link(i,j): c(i) * x(i,j));
@for(link(i,j): 2 * y(i,j) <= x(i,j) <= a(i,j) * y(i,j); );
@for(num_k(k): @sum(num_j(j): x(k,j)) >= 10; );
@sum(num_j(j): x(5,j)) >= 8;
@sum(num_j(j): x(6,j)) >= 8;
@for(num_j(j): @sum(num_i(i): x(i,j)) = 14; );
@for(num_i(i): @sum(num_j(j): y(i,j)) <= 5; );
@for(num_j(j): @sum(num_i(i): y(i,j)) <= 3; );
@for(num_j(j): y(5,j) + y(6,j) >= 1; );
@for(link(i,j): @GIN(x(i,j)); x(i,j) >= 0; );
@for(link(i,j): @BIN(y(i,j)); y(i,j) >= 0; );
END
```

运行该程序可以得到结果如下：

$x_{11}=6, x_{13}=6, x_{15}=7; x_{22}=4, x_{24}=6; x_{32}=8, x_{35}=5, x_{36}=12;$
$x_{41}=5, x_{43}=6, x_{47}=12; x_{51}=3, x_{53}=2, x_{54}=6, x_{56}=2; x_{62}=2,$
$x_{64}=2, x_{65}=2, x_{67}=2;$ 其他的 $x_{ij}=0$。

$y_{11}=y_{13}=y_{15}=1; y_{22}=y_{24}=1; y_{32}=y_{35}=y_{36}=1; y_{41}=y_{43}=y_{47}=1;$
$y_{51}=y_{53}=y_{54}=y_{56}=1; y_{62}=y_{64}=y_{65}=y_{67}=1;$ 其他的 $y_{ij}=0$。

最优值 $z=1045$。

对求解结果进行分析，可以得到该部队聘用兼职值班员的值班表如表 4-7 所示。

表 4-7 兼职值班员的值班安排表

值班员代号	值班时间/h	每天安排的值班员及时间/h						
		周一	周二	周三	周四	周五	周六	周日
1	19	6		6		7		
2	10		4		6			
3	25		8			5	12	
4	23	5		6				12
5	13	3		2	6		2	
6	8		2		2		2	2

由此可以看出，求解结果完全符合实际的要求，每周所需要的总费用为 1045 元，是最低的安排方案。

例 4.8 招聘公务员问题

我国公务员制度已实施多年,1993 年 10 月 1 日颁布施行的《国家公务员暂行条例》规定:"国家行政机关录用担任主任科员以下的非领导职务的国家公务员,采用公开考试、严格考核的办法,按照德才兼备的标准择优录用".目前,我国招聘公务员的程序一般分三步进行:公开考试(笔试)、面试考核、择优录取.现有某市直属单位因工作需要,拟向社会公开招聘 8 名公务员分配到 7 个不同的用人部门.经过笔试从高分到低分选择 16 名应聘者进行面试考核,面试工作由 7 个用人部门的相应专家组成,因为各用人部门工作性质不同,每个应聘者也都有不同特长,为此各个部门的面试专家对应聘者有不同的偏好,所以给出的面试分也不同,从而也有不同的排序.考虑 16 名应聘的笔试得分和各部门的面试专家所给出的面试得分按某种原则综合评分结果与排序如表 4-8 所示.

按照择优按需录用的原则,试帮助招聘领导小组设计一种录用及分配方案.

表 4-8 各用人部门对应聘者的综合评分与排序结果

应聘者	1	2	3	4	5	6	7	8
部门 1 的评分与排序	83.28	72.84	65.03	79.56	72.25	60.85	76.07	73.06
	1	8	12	3	9	15	5	7
部门 2,3 的评分与排序	87.00	83.50	68.53	83.50	79.78	72.03	79.78	83.28
	1	3	12	2	7	11	8	4
部门 4,5 的评分与排序	81.20	76.56	56.81	80.38	72.84	76.07	72.84	76.56
	2	5	16	3	9	7	10	4
部门 6,7 的评分与排序	84.10	73.06	64.49	80.60	75.74	72.03	76.88	79.24
	2	11	16	3	9	13	6	5
应聘者	9	10	11	12	13	14	15	16
部门 1 的评分与排序	76.88	58.09	60.99	79.78	65.03	65.63	76.07	72.25
	4	16	14	2	13	11	6	10
部门 2,3 的评分与排序	83.28	63.75	60.85	80.60	65.63	67.24	79.78	79.78
	5	15	16	6	14	13	9	10
部门 4,5 的评分与排序	83.28	68.53	72.57	76.56	63.75	76.07	72.84	72.84
	1	14	13	6	15	8	11	12
部门 6,7 的评分与排序	83.28	68.53	72.57	80.60	68.53	76.07	76.88	75.74
	1	14	12	4	15	8	7	10

解 根据"择优按需录用"的原则,来确定录用分配方案."择优"就是选择综合分数较高者,"按需"就是录取分配方案使得用人单位的评分尽量高. 为此,我们用 c_{ij} 表示第 i 个部门对第 j 个应聘者的最后综合得分,具体的分值如表 4-8 所示;用 $x_{ij}(i=1,2,\cdots,7;j=1,2,\cdots,16)$ 表示决策变量,即

$$x_{ij} = \begin{cases} 1, & \text{当录用第 } j \text{ 个应聘者,并将其分配给第 } i \text{ 个部门时;} \\ 0, & \text{当不录用第 } j \text{ 个应聘者,或不分配给第 } i \text{ 个部门时.} \end{cases}$$

于是问题就转化为求下面的优化模型:

$$\max z = \sum_{i=1}^{7} \sum_{j=1}^{16} c_{ij} x_{ij},$$

$$\text{s.t.} \begin{cases} \sum_{i=1}^{7} \sum_{j=1}^{16} x_{ij} = 8, \\ \sum_{i=1}^{7} x_{ij} \leqslant 1 & (j = 1, 2, \cdots, 16), \\ 1 \leqslant \sum_{j=1}^{16} x_{ij} \leqslant 2 & (i = 1, 2, \cdots, 7), \\ x_{ij} = 0 \text{ 或 } 1 & (i = 1, 2, \cdots, 7; j = 1, 2, \cdots, 16). \end{cases}$$

这是一个不完全的分派问题,即是一个 0-1 规划. 用 LINGO 编程求解. 其 LINGO 程序如下:

```
MODEL:
sets:
num_i/1..7/;
num_j/1..16/;
link(num_i,num_j): c,x;
endsets
data:
c = 83.28,72.84,65.03,79.56,72.25,60.85,76.07,73.06,76.88,58.09,60.99,79.78,65.03,
    65.63,76.07,72.25,87.00,83.50,68.53,83.50,79.78,72.03,79.78,83.28,83.28,63.75,
    60.85,80.60,65.63,67.24,79.78,79.78,87.00,83.50,68.53,83.50,79.78,72.03,79.78,
    83.28,83.28,63.75,60.85,80.60,65.63,67.24,79.78,79.78,81.20,76.56,56.81,80.38,
    72.84,76.07,72.84,76.56,83.28,68.53,72.57,76.56,63.75,76.07,72.84,72.84,81.20,
    76.56,56.81,80.38,72.84,76.07,72.84,76.56,83.28,68.53,72.57,76.56,63.75,76.07,
    72.84,72.84,84.10,73.06,64.49,80.60,75.74,72.03,76.88,79.24,83.28,68.53,72.57,
    80.60,68.53,76.07,76.88,75.74,84.10,73.06,64.49,80.60,75.74,72.03,76.88,79.24,
    83.28, 68.53,72.57,80.60,68.53,76.07,76.88,75.74;
enddata
[OBJ]max = @sum(link(i,j): c(i,j) * x(i,j));
@sum(link(i,j): x(i,j)) = 8;
@for(num_j(j): @sum(num_i(i): x(i,j)) <= 1;);
@for(num_i(i): @sum(num_j(j): x(i,j)) >= 1;
@sum(num_j(j): x(i,j)) <= 2;);
@for(link(i,j): @BIN(x(i,j)); x(i,j) >= 0;);
END
```

运行该程序,求解得结果如下:
$$x_{1,15}=x_{21}=x_{22}=x_{38}=x_{49}=x_{54}=x_{67}=x_{7,12}=1,其他\ x_{ij}=0,$$
目标函数值为 $z=650.99$. 即录取的 8 名应聘公务员为 1,2,4,7,8,9,12,15 号,总的录取分数之和最大值为 650.99. 相应的最佳分配方案如表 4-9 所示.

表 4-9 录用及分配方案

部门	1	2	3	4	5	6	7
应聘者	15	1,2	8	9	4	7	12
部门评分	76.07	87.00,83.50	83.28	83.28	80.38	76.88	80.60

4.6 应用案例练习

练习 4.1 "背包问题"(或"载货问题")

一个旅行者要在背包里装一些最有用的东西,但限制最多只能带 b kg 物品,每件物品只能是整件携带,对每件物品都规定了一定的"使用价值"(有用的程度),如果共有 n 件物品,第 j 件物品重 a_j kg,其价值为 $c_j(j=1,2,\cdots,n)$,问题是:在携带的物品总重量不超过 b kg 的条件下,携带哪些物品可使总价值最大?

练习 4.2 武器装备的存放问题

某部队现有 5 种武器装备储存管理,存放量分别为 $a_i(i=1,2,\cdots,5)$. 为了安全起见,拟分为 8 个仓库存放,各仓库的最大允许存放量为 $b_j(j=1,2,\cdots,8)$,且有 $\sum_{i=1}^{5}a_i<\sum_{j=1}^{8}b_j$. 一种武器装备可以分多个仓库存放,但每个仓库只能存放一种,也只能整件存放. 已知第 i 种武器装备每单位在第 j 个仓库存放一年的费用为 $c_{ij}(i=1,2,\cdots,5;j=1,2,\cdots,8)$. 第 j 个仓库固定费用为每年 d_j 元,但若该仓库不存放,则没有费用,即 $d_j=0(j=1,2,\cdots,8)$. 要求设计一个使总费用最小的储存方案,试建立相应的优化模型.

练习 4.3 指派问题(或分配问题)

设有甲、乙、丙、丁四个人,各有能力去完成 A,B,C,D,E 五项科研任务中的任一项,由于四个人的能力和经验不同,所需完成各项任务的时间如表 4-10 所示. 由于任务数多于人数,要求考虑如下问题:

(1) 任务 E 必须要完成,其他四项中可任选三项完成;

(2) 要求有一个人完成两项任务,其他人各完成一项任务;

(3) 要求任务 A 可由甲或丙完成,任务 C 可由丙或丁完成,任务 E 可由甲、乙或丁完成,且规定四个人中丙或丁能够完成两项任务,其他人完成一项任务.

试分别确定最优的分配方案,使得完成任务的总时间最少.

表 4-10 每个人完成各项任务的能力　　　　　　　　　　　　　　　　单位：天

人员＼项目	A	B	C	D	E
甲	25	29	31	42	37
乙	39	38	26	20	33
丙	34	27	28	40	32
丁	24	42	36	23	45

练习 4.4　污水厂的选址问题

为了减少污水对环境的污染，某市拟修建一个污水处理厂，备选的厂址有三个，分别为 A，B，C. 相应的预算投资金额、处理能力和成本等指标如表 4-11 所示. 根据环保部门的要求，污水厂建成后每年要从污水中清除 8 万 t 污染物 Ⅰ 和 6 万 t 污染物 Ⅱ. 请建立优化模型分析在保证满足环保要求的前提下，确定在何处建厂使投资和运行费用最小？

表 4-11 投资金额、处理能力和成本等指标

厂址＼指标	投资金额/万元	处理能力/(万 t/年)	处理成本/(元/万 t)	污水处理指标/(t/万 t)	
				污染物 Ⅰ	污染物 Ⅱ
厂址 A	400	800	300	80	60
厂址 B	300	500	300	50	40
厂址 C	250	400	400	40	50

练习 4.5　服装厂的生产计划安排问题

某小型服装加工厂可以生产 A，B，C 三种不同服装，生产不同种类的服装需要租用不同的加工设备，设备的租金、生产成本、销售价格等指标如表 4-12 所示. 如果各类服装都有足够的市场需求，该厂每月可用人工工时为 2000h，那么该厂应如何安排生产计划可使每月有最大的利润？

表 4-12 服装厂设备租金、生产成本和销售价格等指标

服装种类	设备租金/元	生产成本/(元/件)	销售价格/(元/件)	人工工时/(h/件)	设备工时/(h/件)	设备可用工时/h
A	5000	280	400	5	3	300
B	2000	30	40	1	0.5	300
C	2000	200	300	4	2	300

练习 4.6　包装箱的订购问题

某食品加工厂为了满足不同类型顾客的需求，对所生产的产品需要用不同规格的包装箱进行包装供应市场. 根据市场调查，下一年度拟使用 6 种不同规格的外包装箱，每种包装箱的需求量和每生产一个的可变费用如表 4-13 所示.

表 4-13 每种包装箱的需求量及可变费用

包装箱的种类代号	1	2	3	4	5	6
需求量/个	500	550	700	900	450	400
可变费用/(元/个)	5.00	8.00	10.00	12.10	16.30	18.20

由于生产厂家在加工生产不同规格的包装箱时需要进行专门的设计、下料和制作等工作,因此生产某一规格的包装箱的固定费用均为 1500 元. 实际中,如果某一规格的包装箱不够用时可以用高规格的替代(规格从低到高依次排列),反之则不然. 试问该食品厂应该订购哪几种规格的包装箱,各为多少个可以使费用最节省?

练习 4.7 救护站的设置问题

某市由 8 个行政区组成,各之间的救护车辆的行车时间(单位:min)如表 4-14 所示. 市政府拟在市区内建立公共救护中心,设计要求从各区到救护中心的行车时间都不超过 10min. 该市政府请你提供可行的设计方案:全市至少要建几个救护中心,具体建在哪个区?

表 4-14 各区之间的行车时间表

起始区＼终点区	2	3	4	5	6	7	8
1	10	11	13	15	16	10	17
2		12	14	15	13	19	16
3			9	9	10	14	12
4				10	9	12	11
5					10	16	18
6						12	9
7							14

练习 4.8 工厂的扩建计划安排问题

某企业在 A 地已有一个工厂,其产品的生产能力为 30 千箱,根据市场的需求,该企业拟在 B,C,D,E 地中再选择几个地方建分厂. 据预测分析在 B,C,D,E 四地建分厂的成本分别为 175 千元,300 千元,375 千元,500 千元. 另外,现有在 A 地工厂的产量和未来在 B,C,D,E 地建成工厂后的产量,以及届时销售地的销量和产地到销地的单位运价(千元/千箱)如表 4-15 所示. 请考虑下面的问题:

(1) 应该在哪几个地方建分厂? 在满足销售需求的前提下,使得其总的固定成本和总的运输费用之和最小;

(2) 如果要求必须在 B 地和 C 地各建一个分厂,应在哪几个地方建分厂?

表 4-15 各厂的产量、销售量和单位运费等

产地	销地 运输单价/ （万元/千箱）	I	II	III	产量/千箱
A		8	4	3	30
B		5	2	3	10
C		4	3	4	20
D		9	7	5	30
E		10	4	2	40
销售量/千箱		30	20	20	

练习 4.9　连续投资问题

某公司现有资金 10 万元，拟在今后五年内考虑用于下列项目的投资：

项目 A：从第一年到第四年每年年初需要投资，并于次年收回本利 115%，但要求第一年投资最低金额为 4 万元，第二、三、四年不限。

项目 B：第三年初需要投资，到第五年末能收回本利 128%，但规定最低投资金额为 3 万元，最高金额为 5 万元。

项目 C：第二年初需要投资，到第五年末能收回本利 140%，但规定其投资额或为 2 万元，或为 4 万元，或为 6 万元，或为 8 万元。

项目 D：五年内每年初都可购买公债，于当年末归还，并获利息 6%，此项投资金额不限。

试问该公司应如何确定这些项目的每年投资金额，使到第五年末拥有最大的资金收益。

练习 4.10　消防站问题

某城市的消防总部将全市划分为 11 个防火区，现有 4 个消防（救火）站，图 4-1 给出的是该城市各防火区域和消防站的位置示意图，其中，①，②，③，④表示消防站，1，2，…，11 表示防火区域。根据历史的资料证实，各消防站可在事先规定允许的时间内对所负责的区域内的火灾予以扑灭。图中的虚线即表示各地区由哪个消防站负责，没有虚线连接的就表示不负责。现在总部提出：能否减少消防站的数目，仍能保证负责各地区的防火任务？如果可以的话，应当关闭哪个？

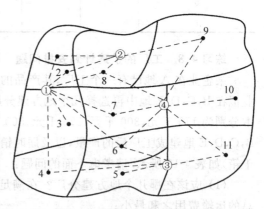

图 4-1　各城区和消防站示意图

4.6 应用案例练习

练习 4.11　航空公司的飞行方案问题

某航空公司主要经营 A,B,C 三个大城市之间的航线飞行,这些航线每天航班起飞与到达时间如表 4-16 所示. 假设飞机在机场停留损失费用大致与停留时间的平方成正比,又知每架飞机从降落到下一班次起飞至少需要 2h 的准备时间. 试分析确定一个使总的停留损失费用最小的飞行方案.

表 4-16　每天航班起飞与到达的时间表

航班号	出发城市	起飞时间	到达城市	到达时间
101	A	9:00	B	2:00(次日)
102	A	10:00	B	12:00
103	A	15:00	B	13:00
104	A	20:00	C	18:00
105	A	22:00	C	24:00
106	B	4:00	A	7:00
107	B	11:00	A	14:00
108	B	15:00	A	18:00
109	C	7:00	A	11:00
110	C	15:00	A	19:00
111	B	13:00	C	18:00
112	B	18:00	C	23:00
113	C	15:00	B	20:00
114	C	7:00	B	12:00

第 5 章

目 标 规 划

在前面所讨论的线性规划、运输规划和整数规划的共同特点是只有一个确定的目标函数,例如,求利润最大、成本最小、用料最省、时间最少、效率最高等问题.但实际中很多的决策问题往往都需要同时考虑多个不同目标的优化问题,而且问题中的各目标之间有时是彼此矛盾的,或是互不相容的,对此用经典的单目标规划方法难以处理如此复杂的问题,这就属于多目标决策问题,对此美国的运筹学家 A. Charnes 和 W. W. Coope 于 1961 年提出了目标规划的概念和数学模型,用以研究解决了经济管理中的多目标决策问题.目标规划在处理多目标决策问题时,并不是直接寻求满足这些目标的最优解,而是通过引入"偏差变量"将目标转化为约束处理,以各目标的偏差量尽可能地小构造一个新的目标函数,继而求解以此新的目标函数为单目标的约束极小化问题.事实上,目标规划是在寻求最大限度地满足所有目标的解,为此,目标规划是处理多目标决策问题最有效的方法之一.

目标规划实际上也是在线性规划的基础上发展而来的,目标规划与线性规划相比有以下特点:

(1) 线性规划只能处理一个目标的问题,而目标规划能够统筹兼顾多个目标的关系,求得更切合实际的解.

(2) 线性规划立足于求满足所有约束条件的可行解,而实际中的问题往往存在相互矛盾的约束条件.目标规划可在相互矛盾的约束条件下找到满意解,即满意方案.

(3) 目标规划找到的最优解是指尽可能达到或接近一个或多个已给定指标值的满意解.

(4) 线性规划对约束条件是不分主次地同等对待,而目标规划可根据实际需要给予轻重缓急的考虑.

5.1 目标规划的问题与数学模型

在社会生活、经济管理、工程技术和军事等领域中,经常会遇到多目标的决策问题.例如,在设计一种导弹时,一般既要求射程最远,又要求燃料最省,费用最低等.再例如,一个企业在生产经营中,总是希望花最小代价(成本),获得最大利润(效益).有时候还希望投入最少人力,用最短的时间完成某项任务.诸如此类问题都是属于多目标决策问题.

5.1.1 目标规划问题的提出

例 5.1 轿车生产问题

某汽车制造厂根据市场需求拟生产 A,B,C 三种型号的家用轿车,具体的相关数据如表 5-1 所示.生产线每天工作 8h,试问该厂如何安排生产计划可使每月(按 30 天计)所获利润最大?

表 5-1 相关数据

数据 车型	工时/(h/辆)	市场需求/(辆/月)	利润/(万元/辆)
A	8	10	2.5
B	10	15	3.5
C	12	9	4

解 如果用 $x_i(i=1,2,3)$ 分别表示 A,B,C 三种车型的生产数量,一个月正常生产工时为 240h.则问题可以归结为下面的数学模型

$$\max z = 2.5x_1 + 3.5x_2 + 4x_3$$

$$\text{s. t.} \begin{cases} x_1 \leqslant 10, \\ x_2 \leqslant 15, \\ x_3 \leqslant 9, \\ 8x_1 + 10x_2 + 12x_3 \leqslant 240, \\ x_i \geqslant 0 \quad (i=1,2,3). \end{cases} \tag{5.1}$$

这是一个单目标的线性规划模型,直接求解得最优解为 $x_1^* = 2, x_2^* = 14, x_3^* = 7$,最优值为 $z^* = 82$.即每月正常分别生产 A,B,C 型轿车 2 辆,14 辆,7 辆,可以获得最大利润 82 万元.

注意,上述的市场需求是根据以往的销售数据预测得到的结果,但实际中的销售情况未必就是这样,要充分考虑市场条件的变化和实际生产能力的限制条件等因素,来调整具体的生产方案.比如可能有下列情况出现:

(1) 根据市场情况,车型 B 的销售量有下降的趋势,车型 C 有上升的趋势,故应考虑车型 B 的产量不应大于车型 C 的产量.

(2) 车型 A 的原材料成本增加,使得利润下降,应适当降低其产量.

(3) 应尽量充分利用原有的设备台时,而不要加班生产.

(4) 应尽可能达到或超过原计划利润指标 82 万元.

综合考虑上述的几种情况,重新调整生产方案,即是一个多(4 个)目标的决策问题了.这就是目标规划要解决的一类问题,下面给出目标规划的概念.

5.1.2 目标规划的一般概念

我们还是针对例 5.1 的问题来讨论,首先考虑单目标的问题.

1. 单目标的目标规划

由于在实际生产过程中,可能受到各种外界环境因素的影响,实际生产和销售的利润可能与预期指标值 82 万元有些偏差,这种偏差称为**偏差量**,其值可以为正,也可以为负,分别用 d^+ 和 d^- 表示,并规定 $d^+, d^- \geqslant 0$. 于是有

d^+ 表示超额完成指标值的偏差量,即 $d^+=$ 实际值－指标值;

d^- 表示未完成指标值的偏差量,即 $d^-=$ 指标值－实际值.

事实上,如果是超额完成指标值,则有 $d^+>0, d^-=0$;如果是未完成指标值,则有 $d^+=0, d^->0$;如果是恰好完成指标值,则有 $d^+=0, d^-=0$. 于是,可以得到 $d^+ \cdot d^- = 0$. 因此,模型(5.1)中的目标函数就可以等价写为

$$2.5x_1 + 3.5x_2 + 4x_3 + d^- - d^+ = 82,$$

也可将其视为一个约束条件,在此称为**目标约束**(是软约束),模型中原来的约束条件称为**系统约束**,或**绝对约束**(是硬约束).

现在的问题是:如何安排生产才能使得工厂能够获得最大利润的 82 万元呢? 事实上,只要求目标函数 $z = d^+ + d^-$ 有最小值 0. 因此,模型(5.1)可以等价地写成

$$\min z = d^+ + d^-$$

$$\text{s.t.} \begin{cases} x_1 \leqslant 10, \\ x_2 \leqslant 15, \\ x_3 \leqslant 9, \\ 8x_1 + 10x_2 + 12x_3 \leqslant 240, \\ 2.5x_1 + 3.5x_2 + 4x_3 + d^- - d^+ = 82, \\ d^-, \quad d^+ \geqslant 0, \quad x_i \geqslant 0 \quad (i=1,2,3). \end{cases} \tag{5.2}$$

这里的模型(5.2)是单目标问题的目标规划模型,此与模型(5.1)是完全等价的.

2. 多目标的目标规划

针对例 5.1 的问题,由于受市场销售、原材料价格和生产设备的利用等情况的影响,适当调整生产计划,但尽量保证利润不减小. 依次考虑上面的四个目标:

(1) 应尽可能达到或超过原计划利润指标 82 万元,即

$$2.5x_1 + 3.5x_2 + 4x_3 + d_1^- - d_1^+ = 82;$$

(2) 车型 B 的产量不应大于车型 C 的产量,即

$$x_2 - x_3 + d_2^- - d_2^+ = 0;$$

(3) 车型 A 的原材料成本增加,使得利润下降,应适当降低其产量,即

$$x_1 + d_3^- - d_3^+ \leqslant 10;$$

(4) 应尽量充分利用原有的设备台时,而不要加班生产,即
$$8x_1 + 10x_2 + 12x_3 + d_4^- - d_4^+ \leqslant 240.$$

对于以上四个目标一般不可能同时达到,不妨假设优先等级(重要程度)是依次排列的. 在这里用**优先因子**来区分,排在第一位的目标赋予优先因子为 p_1,第二位的优先因子为 p_2,依此类推,第 k 位的优先因子为 $p_k (k=1,2,3,4)$.并规定 $p_k \gg p_{k+1}(k=1,2,3)$. 于是,我们可以得到该问题的多目标规划模型为

$$\min z = p_1 d_1^- + p_2 d_2^+ + p_3 d_3^+ + p_4 (d_4^- + d_4^+),$$

$$\text{s.t.} \begin{cases} x_1 \leqslant 10, x_2 \leqslant 15, x_3 \leqslant 9, \\ 2.5x_1 + 3.5x_2 + 4x_3 + d_1^- - d_1^+ = 82, \\ x_2 - x_3 + d_2^- - d_2^+ = 0, \\ x_1 + d_3^- - d_3^+ \leqslant 10, \\ 8x_1 + 10x_2 + 12x_3 + d_4^- - d_4^+ \leqslant 240, \\ d_j^-, \quad d_j^+ \geqslant 0 \quad (j=1,2,3,4), \\ x_i \geqslant 0 \quad (i=1,2,3). \end{cases} \tag{5.3}$$

模型(5.3)是针对例 5.1 的轿车生产问题而得到的一个目标规划模型,进一步可以给出多目标决策问题一般的数学模型.

5.1.3 目标规划的一般模型

一般说来,对于任一个多目标决策问题中多个目标总能有主次之分,即可根据各个目标的主次排出优先等级. 不妨设问题有 $L(\geqslant 1)$ 个目标,可分为 $K(K \leqslant L)$ 个优先等级,排在第一位的目标赋予最高的优先因子 p_1,第二位的赋予优先因子 p_2,依此类推,第 k 位的赋予优先因子 $p_k(k \geqslant 1)$. 且规定 $p_k \gg p_{k+1}(k=1,2,\cdots,K-1)$. 如果要区别相同等级的两个目标,通过加权系数来决定其主次,如同一等级目标的偏差量 d_k^-, d_k^+ 赋予加权系数 w_k^-, w_k^+,这些都是根据实际问题来确定的. 因此,可以给出多目标决策问题的一般的目标规划模型:

$$\min z = \sum_{k=1}^{K} p_k \left[\sum_{l=1}^{L} (w_{kl}^- d_l^- + w_{kl}^+ d_l^+) \right]$$

$$\text{s.t.} \begin{cases} \sum_{j=1}^{n} c_{lj} x_j + d_l^- - d_l^+ = g_l \quad (l=1,2,\cdots,L), \\ \sum_{j=1}^{n} a_{ij} x_j \leqslant (\geqslant, =) b_i \quad (i=1,2,\cdots,m), \\ x_j \geqslant 0 \quad (j=1,2,\cdots,n), \\ d_l^-, \quad d_l^+ \geqslant 0 \quad (l=1,2,\cdots,L). \end{cases} \tag{5.4}$$

其中 $c_{lj}(j=1,2,\cdots,n; l=1,2,\cdots,L)$ 为各目标的相关参数值,$g_l(l=1,2,\cdots,L)$ 为第 l 个目标的指标值,$a_{ij}, b_i(j=1,2,\cdots,n; i=1,2,\cdots,m)$ 为系统约束的相关系数,均为已知常数.

注意:

(1) 在由实际问题建立目标规划的数学模型时,对于目标的选择、优先等级和加权系数的确定一般都与决策者的主观性有关,因此,实际中可以采用专家评定法或相应的科学方法来决定.

(2) 由于目标约束是软约束,实际中不一定要求绝对满足,因此,所得问题的解不一定是可行解,但是满意解.

(3) 根据问题各目标的要求来确定目标函数,一般原则是:

如果要求恰好达到目标值,即要求目标的正负偏差都尽可能地小,则取 $\min z = f(d_k^- + d_k^+)$;

如果要求超过指标值,即要求目标的正偏差不限,而负偏差越小越好,则取 $\min z = f(d_k^-)$;

如果要求不超过指标值,即要求目标的负偏差不限,而正偏差越小越好,则取 $\min z = f(d_k^+)$.

按照以上原则先确定各目标的目标函数,再根据各目标的优先级赋予相应优先因子和加权系数,最后构成目标函数的最小化问题.

(4) 在模型(5.4)中,如果某个目标(如第 l_0 个)不属于第 k_0 个优先等级,则在模型中相应的加权系数 $w_{k_0 l_0}^-, w_{k_0 l_0}^+ (1 \leqslant k_0 \leqslant K; 1 \leqslant l_0 \leqslant L)$ 都为 0.

5.2 目标规划的求解方法

5.2.1 目标规划的单纯形法

从目标规划的数学模型结构来看,它与线性规划的数学模型结构没有什么本质的区别,所以可用单纯形法的思想来求解. 但是,考虑到目标规划模型的特点,需要做以下两点说明:

(1) 因为目标规划问题的目标函数都是最小化问题,所以以检验数 $\sigma_j = c_j - z_j \geqslant 0$ $(j = 1, 2, \cdots, n)$ 为最优解的判别准则.

(2) 因非基变量的检验数中一般含有不同等级的优先因子,即

$$\sigma_j = c_j - z_j = \sum_{k=1}^{K} \alpha_{kj} p_k \quad (1 \leqslant j \leqslant n).$$

注意到优先因子 $p_k \gg p_{k+1} (k=1,2,\cdots,K-1)$,从而检验数的正、负首先由 p_1 的系数 α_{1j} 的正、负确定; 如果 $\alpha_{1j} = 0$,则该检验数的正、负就应由 p_2 的系数 α_{2j} 的正、负确定,依此类推.

因为优先因子 p_k 都是很大的数,只要把正负偏差量 d_k^+, d_k^- 视为线性规划中松弛变量,结合目标规划的特点,则可对求解线性规划的单纯形法进行修正. 于是目标规划的单纯形法计算步骤如下:

(1) 确定初始基可行解：选用负偏差量或松弛变量、人工变量为初始基可行解，按目标函数中优先因子的顺序计算非基变量的检验数，并按优先因子的排列顺序排列成 K 行，置 $k:=1$.

(2) 判别检验数的符号：因 $p_k \gg p_{k+1}(k=1,2,\cdots,K-1)$，所以，按优先因子的级别顺序依次考查检验数中 p_k 的系数 $a_{kj}(k=1,2,\cdots,K)$ 的符号。如果 $\sigma_j \geqslant 0$，则转入(4)。

如果存在某些 $\sigma_j < 0$，取 $\min_j\{\sigma_j | \sigma_j < 0\} = \sigma_l$，并取对应的 x_l 为换入变量，转下一步.

(3) 确定换出变量，进行基变换(同前)，得到新的基可行解，返回(2).

(4) $k:=k+1$，当 $k=K$ 时停止计算，得到满意解，否则返回(2).

5.2.2 目标规划的序贯算法

求解目标规划问题的序贯算法是一种较早的传统算法，"序贯"一词的含义就是"顺序地多次进行"。因此，序贯算法也可以称为动态求解算法．目标规划的序贯算法的基本思想是：将目标规划模型按照各目标的优先等级次序，依次分解为若干个单目标的规划问题分别来求其最优解，最后得到的就是原目标规划问题的最优解(满意解)．下面就目标规划的一般模型(5.4)来说明．

首先，求解第一优级 p_1 的规划模型：

$$\min z_1 = \sum_{l=1}^{L}(w_{1l}^- d_l^- + w_{1l}^+ d_l^+)$$

$$\text{s.t.} \begin{cases} w_{1l}^-\left(\sum_{j=1}^{n} c_{lj} x_j + d_l^- - d_l^+\right) = w_{1l}^- g_l & (l=1,2,\cdots,L), \\ \sum_{j=1}^{n} a_{ij} x_j \leqslant (\geqslant, =) b_i & (i=1,2,\cdots,m), \\ x_j \geqslant 0 & (j=1,2,\cdots,n), \\ d_l^-, d_l^+ \geqslant 0 & (l=1,2,\cdots,L). \end{cases} \quad (5.5)$$

通过求解得到问题的最优值记为 z_1^*，然后再求解第二优先级 p_2 的规划模型：

$$\min z_2 = \sum_{l=1}^{L}(w_{2l}^- d_l^- + w_{2l}^+ d_l^+)$$

$$\text{s.t.} \begin{cases} w_{2l}^-\left(\sum_{j=1}^{n} c_{lj} x_j + d_l^- - d_l^+\right) = w_{2l}^- g_l & (l=1,2,\cdots,L), \\ \sum_{j=1}^{n} a_{ij} x_j \leqslant (\geqslant, =) b_i & (i=1,2,\cdots,m), \\ \sum_{l=1}^{L}(w_{1l}^- d_l^- + w_{1l}^+ d_l^+) \leqslant z_1^*, \\ x_j \geqslant 0 & (j=1,2,\cdots,n), \\ d_l^-, d_l^+ \geqslant 0 & (l=1,2,\cdots,L). \end{cases}$$

通过求解得到问题的最优值记为 z_2^*. 依此类推,可有下面的一般情况,即求解模型

$$\min z_k = \sum_{l=1}^{L}(w_{kl}^- d_l^- + w_{kl}^+ d_l^+)$$

$$\text{s.t.} \begin{cases} w_{kl}^-\left(\sum_{j=1}^{n} c_{lj}x_j + d_l^- - d_l^+\right) = w_{kl}^- g_l & (l=1,2,\cdots,L), \\ \sum_{j=1}^{n} a_{ij}x_j \leqslant (\geqslant, =) b_i & (i=1,2,\cdots,m), \\ \sum_{l=1}^{L}(w_{sl}^- d_l^- + w_{sl}^+ d_l^+) \leqslant z_s^* & (s=1,2,\cdots,k-1), \\ x_j \geqslant 0 & (j=1,2,\cdots,n), \\ d_l^-, d_l^+ \geqslant 0 & (l=1,2,\cdots,L). \end{cases} \quad (5.6)$$

通过求解得到问题的最优值记为 z_k^*. 直到 $k=K$ 时计算结束,对应的最优解 $\boldsymbol{x}^* = (x_1^*, x_2^*, \cdots, x_n^*)$ 即为原目标规划问题的最优解(满意解).

5.3 目标规划的 LINGO 求解方法

在这里我们按目标规划的序贯算法来实现用 LINGO 软件求解目标规划模型. 首先给出模型(5.5)的 LINGO(形式)模型如下:

```
MODEL:
!此模型只是一个通用的形式,在 LINGO 系统中不能直接运行;
sets:
num_i/1..m/: b;
num_j/1..n/: x;
num_k/1..K/: p,f,z;
num_l/1..L/: d1,d2,g;
!上述的参数 m,n,K,L 都应是具体的数值;
link_ij(num_i,num_j): a,x;
link_kl(num_k,num_l): w1,w2;
link_lj(num_l,num_j): c
endsets
data:
b = b(1),b(2),...,b(m);
p = ??...?;
z = ??...?;
!参数优先因子 p 和单目标问题的最优值 z 需在每一步求解输入实际数值;
a = a(1,1),a(1,2),...,a(1,n),
```

```
        a(2,1),a(2,2),...,a(2,n),
        ...
        a(m,1),a(m,2),...,a(m,n);
    c = c(1,1),c(1,2),...,c(1,n),
        c(2,1),c(2,2),...,c(2,n),
        ...
        c(L,1),c(L,2),...,c(L,n);
    g = g(1),g(2),...,g(L);
    w1 = w1(1,1),w1(1,2),...,w1(1,L),
         w1(2,1),w1(2,2),...,w1(2,L),
         ...
         w1(K,1),w1(K,2),...,w1(K,L);
    w2 = w2(1,1),w2(1,2),...,w2(1,L),
         w2(2,1),w2(2,2),...,w2(2,L),
         ...
         w2(K,1),w2(K,2),...,w2(K,L);
    !以上的参数在具体的程序中必须赋予实际数值;
enddata
[OBJ]min = @sum(num_k: p * f);
@for(num_k(k): f(k) = @sum(num_l(l): (w1(k,l) * d1(l) + w2(k,l) * d2(l))); );
@for(num_l(l): @sum(num_j(j): c(l,j) * x(j)) + d1(l) - d2(l) = g(l); );
@for(num_i(i): @sum(num_j(j): a(i,j) * x(j)) <= b(i); );
@for(num_l(k)| k #lt# @size(num_k): @bnd(0,f(k),z(k)); );
@for(num_j(j): x(j) >= 0; @gin(x(j)); );
@for(num_l(l): d1(l) >= 0; d2(l) >= 0; );
END
```

说明:在上面的程序中,d1 和 d2 分别表示正负偏差量,w1 和 w2 分别表示正负偏差的加权系数.

5.4 应用案例分析

例 5.2 轿车生产问题的目标规划模型求解

试针对例 5.1 的目标规划模型(5.3)用 LINGO 软件进行求解.

解 先针对例 5.1 的问题所建立的目标规划模型(5.3)建立 LINGO 模型如下:

```
MODEL:
sets:
num_i/1..3/: b;
```

```
num_j/1..3/: x;
num_k/1..4/: p,z,f;
num_l/1..4/: d1,d2,g;
link_ij(num_i,num_j): a;
link_kl(num_k,num_l): w1,w2;
link_lj(num_l,num_j): c;
endsets
data:
b = 10,15,9;
p = ????;
z = ???0;
!参数优先因子 p 和单目标问题的最优值 z 需在每一步求解输入实际数值;
a = 1,0,0,0,1,0,0,0,1;
c = 2.5,3.5,4,0,1,-1,1,0,0,8,10,12;
g = 82,0,10,240;
w1 = 1,0,0,0,0,0,0,0,0,0,0,0,0,0,0,1;
w2 = 0,0,0,0,1,0,0,0,0,1,0,0,0,0,1;
enddata
[OBJ]min = @sum(num_k: p * f);
@for(num_k(k): f(k) = @sum(num_l(l): (w1(k,l) * d1(l) + w2(k,l) * d2(l))); );
@for(num_l(l): @sum(num_j(j): c(l,j) * x(j)) + d1(l) - d2(l) = g(l); );
@for(num_i(i): @sum(num_j(j): a(i,j) * x(j)) <= b(i); );
@for(num_l(k)| k #lt# @size(num_k): @bnd(0,f(k),z(k)); );
@for(num_j(j): x(j) >= 0; @gin(x(j)); );
@for(num_l(l): d1(l) >= 0; d2(l) >= 0; );
END
```

说明：在程序运行时,将要弹出一个对话窗口,要求输入优先因子 $p(1), p(2), p(3), p(4)$ 的数值和相应的目标最优值 $z(1), z(2), z(3)$ 的取值. 第一次运行时 $p(1), p(2), p(3), p(4)$ 分别输入 1,0,0,0,$z(1)$,而 $z(2)$ 和 $z(3)$ 都输入较大的数值,即表明关于这三个有关的约束不起作用. 运行后可以得到结果为 $x_1=10, x_2=15, x_3=9$,最优偏差值为 0.

第二次运行时 $p(1), p(2), p(3), p(4)$ 分别输入 0,1,0,0,$z(1)$ 输入 0 值,$z(2)$ 和 $z(3)$ 输入较大的数值,即表明关于这两个有关的约束不起作用. 运行后可以得到结果为 $x_1=10, x_2=6, x_3=9$,最优偏差值为 0.

第三次运行时 $p(1), p(2), p(3), p(4)$ 分别输入 0,0,1,0,$z(1)$ 和 $z(2)$ 都输入 0 值,$z(3)$ 输入较大的数值,即表明关于这个有关的约束不起作用. 运行后可以得到结果为 $x_1=10, x_2=6, x_3=9$,最优偏差值为 0.

第四次运行时 $p(1), p(2), p(3), p(4)$ 分别输入 0,0,0,1,$z(1), z(2)$ 和 $z(3)$ 都输入 0

值,即表明所有的约束都起作用.运行后可以得到结果为 $x_1=6, x_2=9, x_3=9$,最优偏差值为 6.即问题的最优解(满意解)为车型 A 生产 6 辆,B 和 C 均生产 9 辆,则有最大利润为 82.5 万元,比原来的指标值 82 万元还多了 0.5 万元,但要加班生产 6h.

例 5.3 VCD 销售问题

某音像销售公司现有 5 名全职销售员和 4 名兼职销售员,全职销售员每月工作 160h,兼职销售员每月工作 80h.根据过去的销售记录,全职销售员平均每小时销售 VCD 25 张,平均工资 15 元/h,加班工资 22.5 元/h.兼职销售员平均每小时销售 VCD 10 张,平均工资 10 元/h,加班工资也是 10 元/h.现在预测下月 VCD 的销售量为 27500 张,公司每周营业 6 天,所以销售员可能需要加班才能完成任务.已知每出售一张 VCD 盈利 1.5 元.

公司经理认为,保持稳定的就业水平加上必要的加班,比不加班但就业水平不稳定要好.但全职销售员如果加班过多,就会因为疲劳过度而使得工作效率下降,因此,不允许每月加班超过 100h.试建立数学模型分析研究该公司的工作安排方案.

解 根据问题的实际情况,首先分析确定问题的目标及优先级:

最高优先级目标:VCD 销售量不少于 27500 张,赋予优先因子 p_1;

第二优先级目标:限制全职销售员加班时间不超过 100h,赋予优先因子 p_2;

第三优先级目标:保持全体销售员的充分就业,要加倍优先考虑全职销售员.赋予优先因子 p_3;

第四优先级目标:尽量减少销售员的加班时间,必要时要对两类销售员有所区别,优先权因子由他们对利润的贡献大小而定,赋予优先因子 p_4.

然后建立相应的目标约束,在此,假设决策变量 x_1, x_2 分别表示所有全职销售员和兼职销售员的工作时间.

(1) 关于销售量的目标约束

用 d_1^- 表示达不到销售目标的偏差量,d_1^+ 表示超过销售目标的偏差量.公司希望下月的销售量不少于 27500 张 VCD,因此问题为

$$\min z_1 = d_1^-$$
$$\text{s. t. } 25x_1 + 10x_2 + d_1^- - d_1^+ = 27500.$$

(2) 关于正常工作时间的目标约束

用 d_2^- 和 d_2^+ 分别表示所有全职销售员的停工时间和加班时间的偏差量;d_3^- 和 d_3^+ 分别表示所有兼职销售员的停工时间和加班时间的偏差量.由于公司希望所有销售员充分就业,同时加倍优先考虑全职销售员.因此问题为

$$\min z_2 = 2d_2^- + d_3^-$$
$$\text{s. t. } \begin{cases} x_1 + d_2^- - d_2^+ = 5 \times 160, \\ x_2 + d_3^- - d_3^+ = 4 \times 80. \end{cases}$$

(3) 关于加班时间限制的目标约束

用 d_4^- 和 d_4^+ 分别表示所有全职销售员加班时间不足 100h 和超过 100h 的偏差量. 由于公司要求全职销售员每月加班时间不得超过 100h, 于是问题为

$$\min z_3 = d_4^+$$
$$\text{s.t.} \; x_1 + d_4^- - d_4^+ = 9 \times 100.$$

注意,因为全职销售员加班 1h 公司获利 15 元(即 $25 \times 1.5 - 22.5 = 15$),兼职销售员加班 1h 公司获利 5 元(即 $10 \times 1.5 - 10 = 5$),即加班 1h 公司获利全职销售员是兼职销售员的 3 倍. 所以相应的加权系数之比为 $w_2^+ : w_3^+ = 1 : 3$. 因此可以得到关于加班工作的另一个目标约束问题为

$$\min z_4 = d_2^+ + 3d_3^+$$
$$\text{s.t.} \begin{cases} x_1 + d_2^- - d_2^+ = 5 \times 160, \\ x_2 + d_3^- - d_3^+ = 4 \times 80. \end{cases}$$

综上所述,我们可以得这个问题的目标规划模型为

$$\min z = p_1 d_1^- + p_2 d_4^+ + p_3(2d_2^- + d_3^-) + p_4(d_2^+ + 3d_3^+)$$
$$\text{s.t.} \begin{cases} 25x_1 + 10x_2 + d_1^- - d_1^+ = 27500, \\ x_1 + d_2^- - d_2^+ = 5 \times 160, \\ x_2 + d_3^- - d_3^+ = 4 \times 80, \\ x_1 + d_4^- - d_4^+ = 9 \times 100, \\ x_1, x_2, d_i^-, d_i^+ \geqslant 0 \quad (i = 1,2,3,4). \end{cases}$$

下面给出 LINGO 求解程序如下:

```
MODEL:
sets:
num_j/1..2/: x;
num_k/1..4/: p,z,f;
num_l/1..4/: d1,d2,g;
link_lj(num_l,num_j): c;
link_kl(num_k,num_l): w1,w2;
endsets
data:
p = ????;
z = ???0;
!参数优先因子 p 和单目标问题的最优值 z 需在每一步求解输入实际数值;
c = 25,10,1,0,0,1,1,0;
g = 27500,800,320,900;
w1 = 0,0,0,0,   0,0,0,1,   0,0,0,0,   0,1,3,0;
```

```
w2 = 1,0,0,0,   0,0,0,0,   0,2,1,0,   0,0,0,0;
enddata
[OBJ]min = @sum(num_k: p * f);
@for(num_k(k): f(k) = @sum(num_l(l): (w1(k,l) * d1(l) + w2(k,l) * d2(l))); );
@for(num_l(l): @sum(num_j(j): c(l,j) * x(j)) + d1(l) - d2(l) = g(l); );
@for(num_l(k)| k #lt# @size(num_k): @bnd(0,f(k),z(k)); );
@for(num_j(j): x(j) >= 0; @gin(x(j)); );
@for(num_l(l): d1(l) >= 0; d2(l) >= 0; );
END
```

依照例 5.2 中的说明分步运行该程序得到求解结果：

第一次：$x_1=12011, x_2=0$，最优偏差值为 0；

第二次：$x_1=0, x_2=2750$，最优偏差值为 0；

第三次：$x_1=900, x_2=500$，最优偏差值为 0；

第四次：$x_1=900, x_2=500$，最优偏差值为 640.

最优解（满意解）说明全职销售员总工作时间为 900h（即需要加班 100h），兼职销售员总工作时间为 500h（即需要加班 180h），该公司就可完成 27500 张 VCD 的销售任务，公司总共可以获得利润为

$$27500 \times 1.5 - (800 \times 15 + 100 \times 22.5 + 500 \times 10) = 22000(元).$$

例 5.4 节能灯具生产问题

最近，某节能灯具厂接到了订购 16000 套 A 型和 B 型节能灯具的订货合同，合同中没有对这两种灯具各自的数量做要求，但合同要求工厂在一周内完成生产任务并交货. 根据该厂的生产能力，一周内可以利用的生产时间为 20000min，可利用的包装时间为 36000min. 生产完成和包装完成一套 A 型节能灯具各需要 2min；生产完成和包装完成一套 B 型节能灯具分别需要 1min 和 3min. 每套 A 型节能灯具成本为 7 元，销售价为 15 元（即利润为 8 元）；每套 B 型节能灯具成本为 14 元，销售价为 20 元（即利润为 6 元）. 厂长首先要求必须要按合同完成订货任务，并且既不要有不足量，也不要有超过量. 其次要求满意的销售额尽量达到或接近 275000 元. 最后要求在生产总时间和包装总时间上可以有所增加，但超过量尽量地小，同时注意到增加生产时间要比增加包装时间困难得多. 试为该节能灯具厂制定生产计划.

解 根据问题的实际情况，首先分析确定问题的目标及优先级：

第一优先级目标：恰好生产和包装完成节能灯具 16000 套，赋予优先因子 p_1；

第二优先级目标：完成或尽量接近销售额为 175000 元，赋予优先因子 p_2；

第三优先级目标：生产时间和包装时间的增加量尽量地小，赋予优先因子 p_3.

然后建立相应的目标约束，在此，假设决策变量 x_1, x_2 分别表示 A 型，B 型节能灯具的数量.

(1) 关于生产数量的目标约束

用 d_1^- 和 d_1^+ 分别表示未达到和超额完成订货指标 16000 套的偏差量，因此问题为
$$\min z_1 = d_1^- + d_1^+$$
$$\text{s.t.} \quad x_1 + x_2 + d_1^- - d_1^+ = 16000.$$

(2) 关于销售额的目标约束

用 d_2^- 和 d_2^+ 分别表示未完成和超额完成满意销售指标值 275000 元的偏差量. 因此问题为
$$\min z_2 = d_2^-$$
$$\text{s.t.} \begin{cases} x_1 + x_2 + d_1^- - d_1^+ = 16000, \\ 15x_1 + 20x_2 + d_2^- - d_2^+ = 275000. \end{cases}$$

(3) 关于生产和包装时间的目标约束

用 d_3^- 和 d_3^+ 分别表示减少和增加生产时间的偏差量，用 d_4^- 和 d_4^+ 分别表示减少和增加包装时间的偏差量. 由于增加生产时间要比增加包装时间困难得多，可取二者的加权系数为 0.6 和 0.4. 因此问题为
$$\min z_3 = 0.4 d_3^+ + 0.6 d_4^+$$
$$\text{s.t.} \begin{cases} 2x_1 + x_2 + d_3^- - d_3^+ = 20000, \\ 2x_1 + 3x_2 + d_4^- - d_4^+ = 36000, \\ x_1 + x_2 + d_1^- - d_1^+ = 16000. \end{cases}$$

综上所述，我们可以得这个问题的目标规划模型：
$$\min z = p_1(d_1^- + d_1^+) + p_2 d_2^- + p_3(0.4 d_3^+ + 0.6 d_4^+)$$
$$\text{s.t.} \begin{cases} x_1 + x_2 + d_1^- - d_1^+ = 16000, \\ 15x_1 + 20x_2 + d_2^- - d_2^+ = 275000, \\ 2x_1 + x_2 + d_3^- - d_3^+ = 20000, \\ 2x_1 + 3x_2 + d_4^- - d_4^+ = 36000, \\ x_1, x_2, d_i^-, d_i^+ \geqslant 0 \quad (i = 1, 2, 3, 4). \end{cases}$$

下面给出该目标规划模型的 LINGO 求解程序如下：

```
MODEL:
sets:
num_j/1..2/: x;
num_k/1..3/: p,z,f;
num_l/1..4/: d1,d2,g;
link_lj(num_l,num_j): c;
link_kl(num_k,num_l): w1,w2;
endsets
```

```
data:
p = ???;
z = ??0;
!参数优先因子 p 和单目标问题的最优值 z 需在每一步求解输入实际数值;
c = 1,1,15,20,2,1,2,3;
g = 16000,275000,20000,36000;
w1 = 1,0,0,0,   0,1,0,0,   0,0,0,0;
w2 = 1,0,0,0,   0,0,0,0,   0,0,0.4,0.6;
enddata
[OBJ]min = @sum(num_k: p * f);
@for(num_k(k): f(k) = @sum(num_l(l): (w1(k,l) * d1(l) + w2(k,l) * d2(l))); );
@for(num_l(l): @sum(num_j(j): c(l,j) * x(j)) + d1(l) - d2(l) = g(l); );
@for(num_l(k)| k #lt# @size(num_k): @bnd(0,f(k),z(k)); );
@for(num_j(j): x(j) >= 0; @gin(x(j)); );
@for(num_l(l): d1(l) >= 0; d2(l) >= 0; );
END
```

依照例 5.2 中的说明分步运行该程序得到求解结果:

第一次: $x_1=0, x_2=16000$,最优偏差值为 0;

第二次: $x_1=0, x_2=16000$,最优偏差值为 0;

第三次: $x_1=9000, x_2=7000$,最优偏差值为 3800(即 $0.4\times5000+0.6\times3000$).

最优解(满意解)说明该节能灯具厂生产 A 型灯具 9000 套,B 型灯具 7000 套,生产时间需增加 5000min,而包装时间需增加 3000min,该工厂就可完成 16000 套节能灯具的任务,工厂可以预期的销售总额 $9000\times15+7000\times20=275000$(元),可以获得利润 114000 元.

5.5 应用案例练习

练习 5.1 工资调整问题

某公司经理拟为员工加薪,在考虑加薪方案时依次遵循以下四条原则:

(1) 月工资不超过 6000 元;

(2) 每个等级的人数不超过定编规定的人数;

(3) 第Ⅱ、Ⅲ级的升级面尽其所有可能达到现有人数的 20%;

(4) 第Ⅲ级不足编制的人数可以录用新员工,又第Ⅰ级的员工中有 10% 要退休.

该问题的相关资料数据汇总于表 5-2 所示,试为该公司经理拟定一份满意的加薪方案.

表 5-2 公司现有员工的资料数据

等级	现有工资额/(元/月)	现有人数	编制人数
Ⅰ	2000	10	12
Ⅱ	1500	12	15
Ⅲ	1000	15	15
合计		37	42

练习 5.2 衬衫厂的生产安排问题

某衬衫厂拟生产 A,B 两种型号的衬衫,已知每件 A 型号的衬衫可以获利 10 元,每件 B 型号的衬衫可以获利 8 元.每生产一件 A 型和 B 型衬衫分别需要 3h 和 2.5h,每周总的有效时间为 120h.若加班生产,则每一件 A 型和 B 型衬衫分别降低利润 1.5 元和 1 元.决策者希望在允许的工作及加班时间内取得最大利润,试为该衬衫厂制定一份满意的生产计划.

练习 5.3 纺织厂的生产安排问题

某纺织厂拟生产 A,B 两种布料,平均生产能力为 1km/h,工厂正常生产能力是 80h/周.又 A 布料的销售利润为 2500 元/km,B 布料的销售利润为 1500 元/km.已知 A,B 两种布料每周的市场需求量分别为 70km 和 45km.现在该厂要制定一周的生产计划,所提出的要求依次是:

(1) 避免生产开工不足;
(2) 加班时间不超过 10h;
(3) 根据市场需求达到最大的销售量;
(4) 尽可能地减少加班时间.

试为该纺织厂制定满意的一周生产计划.

练习 5.4 白酒的兑制问题

某商标的白酒是采用 A、B、C 三个等级的酒兑制而成的,若这三种等级的酒日供应量分别为 1500kg,2000kg,1000kg,相应的单位成本分别为 16 元/kg,14.5 元/kg,13 元/kg.设该种品牌的酒分红、黄、蓝三种商标,各种商标的酒对原料酒的混合比及售价如表 5-3 所示,酒厂的决策者规定:首先是必须严格按规定的比例兑制各种商标的酒;其次是获利最大;再次是红商标的酒每天至少生产 2000kg.试为酒厂的决策者制定满意的白酒兑制方案.

表 5-3 白酒的兑制要求和售价

商标	兑制比例要求	单位售价/(元/kg)
红	C 少于 10%,A 多于 50%	15.5
黄	C 少于 70%,A 多于 20%	15.0
蓝	C 少于 50%,A 多于 10%	14.8

练习 5.5　调运方案的确定问题

设有三个产品的生产地给四个销售地供应某种产品,产销地之间的供需量和单位运价如表 5-4 所示.

表 5-4　各产销地的相关数据

产地 \ 销地 运价/(千元/t)	B_1	B_2	B_3	B_4	产量/t
A_1	5	2	6	7	300
A_2	3	5	4	6	300
A_3	4	5	2	3	400
销量/t	200	100	450	250	1000 / 1000

有关部门在研究调运方案时依次考虑以下七项目标:

(1) 销地 B_4 是重点保障单位,必须全部满足其需求;

(2) 产地 A_3 向销地 B_1 提供的产量不少于 100 个单位;

(3) 每个销地的供应量不小于其需求量的 80%;

(4) 调运方案的总运费不超过最小运费方案的 10%;

(5) 因路段的问题,尽量避免安排将产地 A_2 的产品运往产地 B_4;

(6) 给销地 B_1 和 B_3 的供应率要相同;

(7) 力求总运费最省.

试为该部门制定满意的调运方案.

练习 5.6　电脑的生产与销售问题

某电脑公司现生产 A,B,C 三种不同型号的电脑,这三种型号的电脑需要在复杂的装配线上生产,生产 1 台 A,B,C 型号的电脑分别需要 5h,8h,12h,公司装配线正常生产时间为每月 1700h.公司销售部门预测 A,B,C 三种型号的电脑的销售利润分别是 1000, 1440,2520(元/台),而公司预测这个月生产的电脑能够全部销售出去.公司经理在考虑制定生产方案时依次考虑以下几个原则:

(1) 充分利用正常的生产能力,避免开工不足;

(2) 优先满足老客户的需求,A,B,C 三种型号的电脑分别需要 50,50,100(台),同时要考虑三种电脑的利润因素的影响;

(3) 限制装配线的加班时间不超过 200h;

(4) 满足各种型号电脑的销售目标,A,B,C 型号销售目标分别为 100,120,100(台),还要适当考虑三种型号电脑的销售利润的影响;

(5) 装配线的加班时间尽可能地少.

电脑公司经理请你帮助制定满意的月电脑生产和销售方案.

练习 5.7 不平衡的调运问题

某军需供应部门负责把一种军事装备从 2 个仓库运送到 3 个下属部队处,储存量、需求量和仓库到各部队的运输单价费用如表 5-5 所示.

表 5-5 储存量、需求量和运费

仓库 \ 运价/(千元/t) \ 部队	1	2	3	储存量/t
1	10	4	12	3000
2	8	10	3	4000
需求量/t	2000	1500	5000	

由数据可知,这是一个供求不平衡的问题,军事装备缺少 1500t. 因此,军需部门在决定运送方案时依次提出下列要求:

(1) 部队 1 为重要部门,需求量必须全部满足;
(2) 满足其他两个部队至少 75% 的需求量;
(3) 使运费尽量少;
(4) 从仓库 2 到部队 1 的运量至少要有 1000t.

请你建立目标规划模型,并给出一个满意的调运方案.

练习 5.8 公益项目投资问题

某市政府拟投入一笔资金和一定数量的劳动力建设两类公益项目 A 和 B,目的是方便市民的生活,提高城市的生活质量. 根据预测投入 1 万元资金和 1 百个劳动力·h(即每个劳动力用 1h),分别可以建成 1 个项目 A 和 2 个项目 B. 如果平均投入 1 个劳动力·h 需要支出 10 元,市政府为了用有限的资金和劳动力,并用最快的时间建设成这批项目,服务于社会,服务于人民. 市政府依次提出下面的四条要求:

(1) 至少要建 50 个项目 A;
(2) 至多建设 60 个项目 B;
(3) 至少要利用 80 万元资金和 10000 个劳动力·h;
(4) 总投入资金不超过预算 120 万元.

试为该市政府制定一个满意的项目建设方案.

练习 5.9 洗衣机的生产安排问题

某洗衣机厂现生产 A,B,C 三种型号的洗衣机,每生产一台 A,B,C 这种型号的洗衣机分别需要工时 3,2,1(h/台),根据市场的需求每周生产的最大限量分别为 25,10,30(台/周). 为了制定合理的生产计划厂长提出五条要求依次为:

(1) 保证生产正常运行;
(2) 满足某客户的订货:10 台 A 型和 10 台 C 型;

(3) 生产线每周加班不超过 15h;

(4) 尽量达到最大的销售指标;

(5) 生产线加班时间越少越好.

试建立该问题的目标规划模型,并为该洗衣机厂制定合理的生产计划.

练习 5.10　电视机的生产问题

某电视机制造厂现生产 A,B 两种型号的电视机分别经由甲,乙两个车间生产完成. 已知除了部分外购部件外,生产一台 A 型号的电视机甲车间加工生产 2h,乙车间装配生产 1h;生产一台 B 型号的电视机甲车间加工生产 1h,乙车间装配生产 3h. 电视机生产出来后都需要经过检验合格后才能出厂销售,每台 A 型电视机和 B 型电视机检验费用分别需要 50 元和 30 元. 甲车间和乙车间每月的生产工时分别为 120h 和 150h,两车间的日常管理成本费分别为 80 元/h 和 20 元/h. 根据市场预测每台 A 型和 B 型电视机销售利润分别为 100 元和 75 元,同时预测这两种型号的电视机平均月销售量分别为 50 台和 80 台.

工厂想要制订月度生产计划的目标要求依次为:

(1) 检验总费用每月不超过 4600 元;

(2) 每月销售出的 A 型电视机不少于 50 台;

(3) 甲、乙两车间的生产工时得到充分利用,区别在于适当考虑两个车间的费用因素;

(4) 甲车间加班不得超过 20h;

(5) 每月销售 B 型电视机不少于 80 台;

(6) 两个车间加班的总时间要有控制,区别在于适当考虑两个车间的费用因素.

试为该厂确定满足以上目标要求的最优(满意)的生产计划方案.

第 6 章 非线性规划

实际中许多问题都可归结为非线性规划(non-linear programming,NLP)的问题,即如果目标函数和约束条件中包含有非线性函数,则这样的规划问题称为**非线性规划问题**. 非线性规划问题的研究始于 20 世纪 40 年代末,计算机技术的飞速发展,促进了这一科学分支的发展和广泛的应用. 特别是 1951 年著名的 Kuhn-Tucker 条件的出现,无论是在非线性规划的基础理论还是在实用算法方面都进入了快速而具有成效的发展阶段,并取得丰硕的成果,从而使得数学规划成为一个新的研究领域. 但是,由于非线性规划固有的特点,解决这类问题要用非线性的方法. 一般说来,解决非线性的问题要比解决线性的问题困难得多,不像解线性规划问题那样有适用于一般情况的单纯形法. 同时,我们知道线性规划的可行域一般是一个凸集,若线性规划问题存在最优解,则其最优解一定在可行域的边界上达到(特别是在可行域的顶点上达到). 而若一个非线性规划问题存在最优解,则其最优解可能在可行域的任何点达到. 因此,对于非线性规划到目前为止还没有一种适用于一般情况的求解方法,现有的各种方法都有自己特定的适用范围,为此,这仍是需要进一步研究和发展的一个学科领域.

6.1 非线性规划的问题与数学模型

6.1.1 非线性规划问题的数学模型

例 6.1 资源分配问题

设有 A 和 B 两种资源,数量分别为 a 和 b,用于生产 n 种产品,如果 A 种资源以数量 x_k,B 种资源以数量 y_k 用于生产第 k 种产品,其收益为 $g_k(x_k,y_k)$,问如何分配这两种资源用于 n 种产品的生产可使总收益最大?

解 由题意,以 x_k 和 $y_k(k=1,2,\cdots,n)$ 为决策变量,以生产 n 种产品的总收益为目标函数,资源的总量为约束条件,则问题的优化模型为

$$\max z = g_1(x_1,y_1) + g_2(x_2,y_2) + \cdots + g_n(x_n,y_n)$$
$$\text{s.t.} \begin{cases} x_1 + x_2 + \cdots + x_n = a, \\ y_1 + y_2 + \cdots + y_n = b, \\ x_k \geqslant 0, y_k \geqslant 0 \quad (k=1,2,\cdots,n). \end{cases}$$

例 6.2 复合系统的可靠性问题

设有 n 个部件组成的工作系统,只要有一个部件失灵,整个系统也就不能工作,为了提高系统的可靠性,在每个部件上均装有备用件,并可自动替换.实际上,备用件越多整个系统正常工作的可靠性越大,但系统的成本、重量、体积均相应增加,工作精度会相应降低.设装一个第 k 种备用件的费用为 c_k,重量为 w_k,要求总费用不超过 c,总重量不超过 w;若第 k 种部件装有 x_k 个备件,则系统正常工作的概率为 $p_k(x_k)$.因此,现在的问题是在上述的条件之下,应如何选择各部件的备用件数,使整个系统的工件可靠性最大?

解 由题意,以第 k 种部件需要装备的备件数量 x_k 为决策变量,以系统的工作可靠性(整个系统正常工作的概率)最大为目标函数,即

$$p = \prod_{k=1}^{n} p_k(x_k) \quad (\text{衡量系统正常工作的可靠性的指标}),$$

则问题的优化模型为

$$\max p = \prod_{k=1}^{n} p_k(x_k)$$
$$\text{s.t.} \begin{cases} \sum_{k=1}^{n} c_k x_k \leqslant c, \\ \sum_{k=1}^{n} w_k x_k \leqslant w, \\ x_k \geqslant 0 \text{ 且为整数} \quad (k=1,2,\cdots,n). \end{cases}$$

注意,上述两个问题中的目标函数都是关于决策变量的非线性函数,所以模型都是非线性规划模型.

非线性规划的一般模型为

$$\min f(x_1,x_2,\cdots,x_n)$$
$$\text{s.t.} \begin{cases} h_i(x_1,x_2,\cdots,x_n) = 0 \quad (i=1,2,\cdots,m), \\ g_j(x_1,x_2,\cdots,x_n) \geqslant 0 \quad (j=1,2,\cdots,l). \end{cases} \tag{6.1}$$

若记 $\boldsymbol{x} = (x_1,x_2,\cdots,x_n)^T \in E^n$ 是 n 维欧氏空间中的向量(点),则其模型为

$$\min f(\boldsymbol{x})$$
$$\text{s.t.} \begin{cases} h_i(\boldsymbol{x}) = 0 \quad (i=1,2,\cdots,m), \\ g_j(\boldsymbol{x}) \geqslant 0 \quad (j=1,2,\cdots,l). \end{cases} \tag{6.2}$$

说明：

(1) 若目标函数为最大化问题，由 $\max f(\boldsymbol{x}) = -\min[-f(\boldsymbol{x})]$，令 $F(\boldsymbol{x}) = -f(\boldsymbol{x})$，则 $\min F(\boldsymbol{x}) = -\max f(\boldsymbol{x})$；

(2) 若约束条件为 $g_j(\boldsymbol{x}) \leqslant 0$，则 $-g_j(\boldsymbol{x}) \geqslant 0$；

(3) $h_i(\boldsymbol{x}) = 0$ 等价于 $h_i(\boldsymbol{x}) \geqslant 0$ 且 $-h_i(\boldsymbol{x}) \geqslant 0$。

于是可将非线性规划的一般模型写成如下形式：

$$\begin{aligned} & \min f(\boldsymbol{x}) \\ & \text{s. t. } g_j(\boldsymbol{x}) \geqslant 0 \quad (j=1,2,\cdots,m). \end{aligned} \tag{6.3}$$

6.1.2 几种特殊情况

1. 无约束的非线性规划

当问题无约束条件时，则此问题称为**无约束的非线性规划**问题，即求多元函数的极值问题。无约束非线性规划问题的一般模型为

$$\begin{aligned} & \min_{\boldsymbol{x} \in R \subset E^n} f(\boldsymbol{x}) \\ & \text{s. t. } \boldsymbol{x} \geqslant \boldsymbol{0} \end{aligned} \tag{6.4}$$

2. 二次规划

如果目标函数是 $\boldsymbol{x}$ 的二次函数，约束条件都是线性的，则称此规划为**二次规划**。二次规划的一般模型为

$$\begin{aligned} & \min f(\boldsymbol{x}) = \sum_{j=1}^{n} c_j x_j + \sum_{j=1}^{n} \sum_{k=1}^{n} c_{jk} x_j x_k \\ & \text{s. t.} \begin{cases} \sum_{j=1}^{n} a_{ij} x_j + b_i \geqslant 0 & (i=1,2,\cdots,m), \\ x_j \geqslant 0, c_{jk} = c_{kj} & (j,k=1,2,\cdots,n). \end{cases} \end{aligned} \tag{6.5}$$

3. 凸规划

如果 $\boldsymbol{x}^{(1)}, \boldsymbol{x}^{(2)}$ 是凸集 D 内的任意两点，对于实数 $\alpha(0 < \alpha < 1)$ 都有

$$f[\alpha \boldsymbol{x}^{(1)} + (1-\alpha) \boldsymbol{x}^{(2)}] \leqslant \alpha f(\boldsymbol{x}^{(1)}) + (1-\alpha) f(\boldsymbol{x}^{(2)}).$$

则称 $f(\boldsymbol{x})$ 是 D 内的**凸函数**。

当模型(6.3)中的目标函数 $f(\boldsymbol{x})$ 为凸函数，$g_j(\boldsymbol{x})(j=1,2,\cdots,m)$ 均为凹函数（即 $-g_j(\boldsymbol{x})$ 为凸函数），则这样的非线性规划称为**凸规划**。

6.2 无约束非线性规划的求解方法

6.2.1 一般迭代法

迭代法是求解非线性规划问题的最常用的一种数值方法，其基本思想是：对于问题

(6.4)而言,给出 $f(x)$ 的极小点的初始值 $x^{(0)}$,按某种规律计算出一系列的 $x^{(k)}$($k=1$, $2,\cdots$),希望点列$\{x^{(k)}\}$的极限 x^* 就是 $f(x)$ 的一个极小点.

现在的问题是:如何来产生这个点列$\{x^{(k)}\}$?即如何由一个解向量 $x^{(k)}$ 求出另一个新的解向量 $x^{(k+1)}$?

实际上,向量总是由方向和长度确定,即向量 $x^{(k+1)}$ 总可以写成

$$x^{(k+1)} = x^{(k)} + \lambda_k p^{(k)} \quad (k=1,2,\cdots),$$

其中 $p^{(k)}$ 为一个向量,λ_k 为一个实数,称为**步长**,即 $x^{(k+1)}$ 可由 λ_k 及 $p^{(k)}$ 唯一确定.

实际中,各种迭代法的区别就在于寻求 λ_k 和 $p^{(k)}$ 方式的不同,特别是方向向量 $p^{(k)}$ 的确定是问题的关键,称为**搜索方向**.选择 λ_k 和 $p^{(k)}$ 的一般原则是使目标函数在这些点列上的值逐步减小,即

$$f(x^{(0)}) \geqslant f(x^{(1)}) \geqslant \cdots \geqslant f(x^{(k)}) \geqslant \cdots.$$

为此,这种算法称为**下降算法**.最后要检验$\{x^{(k)}\}$是否收敛于最优解,即对于给定的精度 $\varepsilon>0$,是否有 $\|\nabla f(x^{(k+1)})\| \leqslant \varepsilon$,决定迭代过程是否结束.

6.2.2 一维搜索法

沿着一系列的射线方向 $p^{(k)}$ 寻求极小化点列$\{x^{(k)}\}$的方法称为**一维搜索法**,按不同的方向 $p^{(k)}$ 可以得到不同的点列$\{x^{(k)}\}$,因此这是一类方法.

对于确定的方向 $p^{(k)}$,在射线 $x^{(k)}+\lambda p^{(k)}$($\lambda \geqslant 0$)上选取步长 λ_k 使 $f(x^{(k)}+\lambda_k p^{(k)})<f(x^{(k)})$,则可以确定一个新的点 $x^{(k+1)}=x^{(k)}+\lambda_k p^{(k)}$,即为沿射线 $x^{(k)}+\lambda p^{(k)}$ 求函数 $f(x)$ 的最小值问题.即等价于求一元函数 $\phi(\lambda)=f(x^{(k)}+\lambda p^{(k)})$ 在点集 $L=\{x|x=x^{(k)}+\lambda p^{(k)}, -\infty<\lambda<\infty\}$ 上的极小点 λ_k.

一维搜索法是对某一个确定方向 $p^{(k)}$ 来进行的,现在的问题是如何选择搜索方向 $p^{(k)}$ 呢?下面介绍常用的几种算法.

6.2.3 梯度法(最速下降法)

选择一个使函数值下降速度最快的方向.考虑到 $f(x)$ 在点 $x^{(k)}$ 处沿着方向 p 的方向导数为 $f_p(x^{(k)})=\nabla f(x^{(k)})^T p$,其意义是指 $f(x)$ 在点 $x^{(k)}$ 处沿方向 p 的变化率.当 $f(x)$ 连续可微,且方向导数为负时,说明函数值沿该方向下降,方向导数越小,表明下降的速度就越快.因此,可以把 $f(x)$ 在 $x^{(k)}$ 点的方向导数最小的方向(即梯度的负方向)作为搜索方向,即令 $p^{(k)}=-\nabla f(x^{(k)})$,这就是**梯度法**,或**最速下降法**.

梯度法的计算步骤:

(1) 选定初始点 $x^{(0)}$ 和给定精度要求 $\varepsilon>0$,令 $k=0$;

(2) 若 $\|\nabla f(x^{(k)})\| \leqslant \varepsilon$,则停止计算,$x^*=x^{(k)}$,否则令 $p^{(k)}=-\nabla f(x^{(k)})$;

(3) 在 $x^{(k)}$ 处沿方向 $p^{(k)}$ 作一维搜索得 $x^{(k+1)}=x^{(k)}+\lambda_k p^{(k)}$,令 $k:=k+1$,返回第(2)

步,直到求得最优解为止.实际上,可以求得
$$\lambda_k = \frac{\nabla f(\boldsymbol{x}^{(k)})^{\mathrm{T}} \nabla f(\boldsymbol{x}^{(k)})}{\nabla f(\boldsymbol{x}^{(k)})^{\mathrm{T}} \boldsymbol{H}(\boldsymbol{x}^{(k)}) \nabla f(\boldsymbol{x}^{(k)})}.$$

其中 $\nabla f(\boldsymbol{x}^{(k)})$ 是函数 $f(\boldsymbol{x})$ 在点 $\boldsymbol{x}^{(k)}$ 的梯度,即
$$\nabla f(\boldsymbol{x}^{(k)}) = \left(\frac{\partial f(\boldsymbol{x}^{(k)})}{\partial x_1}, \frac{\partial f(\boldsymbol{x}^{(k)})}{\partial x_2}, \cdots, \frac{\partial f(\boldsymbol{x}^{(k)})}{\partial x_n} \right)^{\mathrm{T}},$$

$\boldsymbol{H}(\boldsymbol{x}^{(k)})$ 为函数 $f(\boldsymbol{x})$ 在点 $\boldsymbol{x}^{(k)}$ 的黑塞(Hesse)矩阵,即

$$\boldsymbol{H}(\boldsymbol{x}^{(k)}) = \nabla^2 f(\boldsymbol{x}^{(k)}) = \begin{bmatrix} \frac{\partial^2 f(\boldsymbol{x}^{(k)})}{\partial x_1^2} & \frac{\partial^2 f(\boldsymbol{x}^{(k)})}{\partial x_1 \partial x_2} & \cdots & \frac{\partial^2 f(\boldsymbol{x}^{(k)})}{\partial x_1 \partial x_n} \\ \frac{\partial^2 f(\boldsymbol{x}^{(k)})}{\partial x_2 \partial x_1} & \frac{\partial^2 f(\boldsymbol{x}^{(k)})}{\partial x_2^2} & \cdots & \frac{\partial^2 f(\boldsymbol{x}^{(k)})}{\partial x_2 \partial x_n} \\ \vdots & \vdots & & \vdots \\ \frac{\partial^2 f(\boldsymbol{x}^{(k)})}{\partial x_n \partial x_1} & \frac{\partial^2 f(\boldsymbol{x}^{(k)})}{\partial x_n \partial x_2} & \cdots & \frac{\partial^2 f(\boldsymbol{x}^{(k)})}{\partial x_n^2} \end{bmatrix}.$$

6.2.4 共轭梯度法

共轭梯度法仅适用于正定二次函数的极小值问题:
$$\min f(\boldsymbol{x}) = \frac{1}{2} \boldsymbol{x}^{\mathrm{T}} \boldsymbol{A} \boldsymbol{x} + \boldsymbol{b}^{\mathrm{T}} \boldsymbol{x} + c,$$

其中 $\boldsymbol{A}$ 为 $n \times n$ 实对称正定阵,$\boldsymbol{x}, \boldsymbol{b} \in E^n$,$c$ 为常数.

从任意初始点 $\boldsymbol{x}^{(1)}$ 和向量 $\boldsymbol{p}^{(1)} = -\nabla f(\boldsymbol{x}^{(1)})$ 出发,由

$$\begin{cases} \boldsymbol{x}^{(k+1)} = \boldsymbol{x}^{(k)} + \lambda_k \boldsymbol{p}^{(k)}, \\ \lambda_k = \min_{\lambda} f(\boldsymbol{x}^{(k)} + \lambda \boldsymbol{p}^{(k)}) = -\frac{(\nabla f(\boldsymbol{x}^{(k)}))^{\mathrm{T}} \boldsymbol{p}^{(k)}}{(\boldsymbol{p}^{(k)})^{\mathrm{T}} \boldsymbol{A} \boldsymbol{p}^{(k)}}, \\ \boldsymbol{p}^{(k+1)} = -\nabla f(\boldsymbol{x}^{(k+1)}) + \beta_k \boldsymbol{p}^{(k)}, \\ \beta_k = \frac{(\boldsymbol{p}^{(k)})^{\mathrm{T}} \boldsymbol{A} \nabla f(\boldsymbol{x}^{(k+1)})}{(\boldsymbol{p}^{(k)})^{\mathrm{T}} \boldsymbol{A} \boldsymbol{p}^{(k)}} \quad (k = 1, 2, \cdots, n-1). \end{cases} \quad (6.6)$$

可以得到 $(\boldsymbol{x}^{(2)}, \boldsymbol{p}^{(2)}), (\boldsymbol{x}^{(3)}, \boldsymbol{p}^{(3)}), \cdots, (\boldsymbol{x}^{(n)}, \boldsymbol{p}^{(n)})$. 能够证明向量 $\boldsymbol{p}^{(1)}, \boldsymbol{p}^{(2)}, \cdots, \boldsymbol{p}^{(n)}$ 是线性无关的,且关于 $\boldsymbol{A}$ 是两两共轭的 $((\boldsymbol{p}^{(i)})^{\mathrm{T}} \boldsymbol{A} \boldsymbol{p}^{(j)} = 0 (i, j = 1, 2, \cdots, n; i \neq j))$. 从而可以得到 $\nabla f(\boldsymbol{x}^{(n)}) = \boldsymbol{0}$,则 $\boldsymbol{x}^{(n)}$ 为 $f(\boldsymbol{x})$ 的极小点. 这就是共轭梯度法. 其计算步骤如下:

(1) 对任意初始点 $\boldsymbol{x}^{(1)} \in E^n$ 和向量 $\boldsymbol{p}^{(1)} = -\nabla f(\boldsymbol{x}^{(1)})$,取 $k = 1$.

(2) 若 $\nabla f(\boldsymbol{x}^{(k)}) = \boldsymbol{0}$,即得到最优解,停止计算;否则由(6.6)式求得
$$\boldsymbol{x}^{(k+1)} = \boldsymbol{x}^{(k)} + \lambda_k \boldsymbol{p}^{(k)}, \quad \lambda_k = \min_{\lambda} f(\boldsymbol{x}^{(k)} + \lambda \boldsymbol{p}^{(k)}),$$
$$\boldsymbol{p}^{(k+1)} = -\nabla f(\boldsymbol{x}^{(k+1)}) + \beta_k \boldsymbol{p}^{(k)} (k = 1, 2, \cdots, n-1).$$

(3) 令 $k := k + 1$;返回(2).

注意,对于一般的二阶可微函数 $f(x)$,在每一点的局部可以近似地视为二次函数

$$f(x) \approx f(x^{(k)}) + \nabla f(x^{(k)})^\mathrm{T}(x-x^{(k)}) + \frac{1}{2}(x-x^{(k)})^\mathrm{T} \nabla^2 f(x^{(k)})(x-x^{(k)}).$$

类似地可以用共轭梯度法处理.

6.2.5 牛顿(Newton)法

对于无约束的非线性规划问题

$$\min f(x) = \frac{1}{2} x^\mathrm{T} A x + b^\mathrm{T} x + c,$$

由于 $\nabla f(x) = Ax + b$,且当 A 为正定矩阵时,A^{-1} 存在,则由最优性条件 $\nabla f(x) = 0$,得 $x^* = -A^{-1}b$ 为问题的最优解.

6.2.6 拟牛顿法

对于一般的二阶可微函数 $f(x)$,在 $x^{(k)}$ 点的局部有

$$f(x) \approx f(x^{(k)}) + \nabla f(x^{(k)})^\mathrm{T}(x-x^{(k)}) + \frac{1}{2}(x-x^{(k)})^\mathrm{T} \nabla^2 f(x^{(k)})(x-x^{(k)}),$$

当黑塞矩阵 $\nabla^2 f(x^{(k)})$ 正定时,也可应用上面的牛顿法,这就是**拟牛顿法**. 其计算步骤如下:

(1) 任取 $x^{(1)} \in E^n$, $k=1$.

(2) 计算 $g_k = \nabla f(x^{(k)})$,若 $g_k = 0$,则停止计算,否则计算 $H(x^{(k)}) = \nabla^2 f(x^{(k)})$,令 $x^{(k+1)} = x^{(k)} - (H(x^{(k)}))^{-1} g_k$.

(3) 令 $k := k+1$;返回(2).

这种方法虽然简单,但选取初始值是比较困难的,选取不好可能不收敛. 另外,对于一般的目标函数很复杂,或 x 的维数很高时,要计算二阶导数和求逆矩阵也是很困难的,或根本不可能. 为了解决这个问题对上面的方法进行修正,即修正搜索方向,避免求二阶导数和逆矩阵,其他的都与拟牛顿法相同,这就是下面的变尺度法.

6.2.7 变尺度法

变尺度法的计算步骤如下:

(1) 任取 $x^{(0)} \in E^n$ 和 $H^{(0)}$(一般取 $H^{(0)} = I$ 为单位阵),计算 $p^{(0)} = -H^{(0)} \nabla f(x^{(0)})$,$k=0$.

(2) 若 $\nabla f(x^{(k)}) = 0$,则停止计算,否则令 $x^{(k+1)} = x^{(k)} + \lambda_k p^{(k)}$,其中 λ_k 为最佳步长,可以由 $\min_\lambda f(x^{(k)} + \lambda p^{(k)}) = f(x^{(k)} + \lambda_k p^{(k)})$ 确定.

(3) 计算 $\delta_{k+1} = x^{(k+1)} - x^{(k)}$, $\gamma_{k+1} = \nabla f(x^{(k+1)}) - \nabla f(x^{(k)})$,

$$H^{(k+1)} = H^{(k)} + \frac{\delta_{k+1} \delta_{k+1}^{\mathrm{T}}}{\delta_{k+1}^{\mathrm{T}} \gamma_{k+1}} - \frac{H^{(k)} \gamma_{k+1} \gamma_{k+1}^{\mathrm{T}} H^{(k)}}{\gamma_{k+1}^{\mathrm{T}} H^{(k)} \gamma_{k+1}},$$

$$p^{(k+1)} = -H^{(k+1)} \nabla f(x^{(k+1)}).$$

(4) 令 $k:=k+1$；返回(2)．

6.3 带约束非线性规划的最优性

6.3.1 最优性的基本概念

在给出非线性规划的最优性条件之前，为了说明方便，我们首先引入两个概念．

定义 6.1 设 $x^{(0)}$ 是非线性规划问题(6.3)的一个可行解，它使得某个 $g_j(x) \geqslant 0(1 \leqslant j \leqslant l)$，具体有下面两种情况：

(1) 如果使 $g_j(x^{(0)}) > 0$，则称约束条件 $g_j(x) \geqslant 0(1 \leqslant j \leqslant l)$ 是 $x^{(0)}$ 点的**无效约束**（或**不起作用的约束**）．

(2) 如果使 $g_j(x^{(0)}) = 0$，则称约束条件 $g_j(x) \geqslant 0(1 \leqslant j \leqslant l)$ 是 $x^{(0)}$ 点的**有效约束**（或**起作用的约束**）．

实际上，如果 $g_j(x) \geqslant 0(1 \leqslant j \leqslant l)$ 是 $x^{(0)}$ 点的无效约束，则说明 $x^{(0)}$ 位于可行域的内部，不在边界上，即当 $x^{(0)}$ 有微小变化时，此约束条件不会有什么影响．而对于有效约束则说明 $x^{(0)}$ 位于可行域的边界上，即当 $x^{(0)}$ 有微小变化时，此约束条件起着限制作用．

定义 6.2 设 $x^{(0)}$ 是非线性规划问题(6.3)的一个可行解，即可行域 R 内的一点，d 是过此点的某一个方向，如果：

(1) 存在实数 $\lambda_0 > 0$，使对任意 $\lambda \in [0, \lambda_0]$ 均有 $x^{(0)} + \lambda d \in R$，则称此方向 d 是 $x^{(0)}$ 点一个**可行方向**；

(2) 存在实数 $\lambda_0 > 0$，使对任意 $\lambda \in [0, \lambda_0]$ 均有 $f(x^{(0)} + \lambda d) < f(x^{(0)})$，则称此方向 d 是 $x^{(0)}$ 点一个**下降方向**；

(3) 方向 d 既是 $x^{(0)}$ 点的可行方向，又是下降方向，则称它是 $x^{(0)}$ **点可行下降方向**．

实际中，如果某个 $x^{(0)}$ 不是极小点(最优解)，就继续沿着 $x^{(0)}$ 点的可行下降方向去搜索．显然，若 $x^{(0)}$ 点存在可行下降方向，它就不是极小点；另一方面，若 $x^{(0)}$ 为极小点，则该点就不存在可行下降方向．

6.3.2 最优性的条件

下面针对非线性规划问题(6.3)给出最优性条件．

定理 6.1(Kuhn-Tucker) 如果 x^* 是问题(6.3)的极小点，且与点 x^* 的有效约束的梯度线性无关，则必存在向量 $\gamma^* = (\gamma_1^*, \gamma_2^*, \cdots, \gamma_m^*)^{\mathrm{T}}$ 使下述条件成立：

$$\begin{cases} \nabla f(\boldsymbol{x}^*) - \sum_{j=1}^{m}\gamma_j^*\nabla g_j(\boldsymbol{x}^*) = \boldsymbol{0}, \\ \gamma_j^* g_j(\boldsymbol{x}^*) = 0 \quad (j=1,2,\cdots,m), \\ \gamma_j^* \geqslant 0 \quad (j=1,2,\cdots,m). \end{cases}$$

此条件称为**库恩-塔克（Kuhn-Tucker）条件**，简称为 **K-T 条件**。满足 K-T 条件的点称 **K-T点**。

类似地，如果 $\boldsymbol{x}^*$ 是问题(6.2)的极小点，且与点 $\boldsymbol{x}^*$ 所有有效约束的梯度 $\nabla h_i(\boldsymbol{x}^*)$ ($i=1,2,\cdots,m$)和 $\nabla g_j(\boldsymbol{x}^*)$ ($j=1,2,\cdots,l$)线性无关，则必存在向量 $\boldsymbol{\lambda}^* = (\lambda_1^*,\lambda_2^*,\cdots,\lambda_m^*)^T$ 和 $\boldsymbol{\gamma}^* = (\gamma_1^*,\gamma_2^*,\cdots,\gamma_l^*)^T$ 使下面的 K-T 条件成立：

$$\begin{cases} \nabla f(\boldsymbol{x}^*) - \sum_{i=1}^{m}\lambda_i^*\nabla h_i(\boldsymbol{x}^*) - \sum_{j=1}^{l}\gamma_j^*\nabla g_j(\boldsymbol{x}^*) = \boldsymbol{0}, \\ \gamma_j^* g_j(\boldsymbol{x}^*) = 0 \quad (j=1,2,\cdots,l), \\ \gamma_j^* \geqslant 0 \quad (j=1,2,\cdots,l). \end{cases}$$

将满足 K-T 条件的点也称为 **K-T 点**。其中 $\lambda_1^*,\lambda_2^*,\cdots,\lambda_m^*$ 和 $\gamma_1^*,\gamma_2^*,\cdots,\gamma_l^*$ 称为**广义 Lagrange 乘子**。

库恩-塔克条件是非线规划最重要的理论基础，是确定某点是否为最优解(点)的必要条件，但一般不是充分条件，即满足这个条件的点不一定是最优解。但对于凸规划它一定是最优解的充要条件。

6.4 带约束非线性规划的求解方法

6.4.1 非线性规划的可行方向法

考虑非线性规划问题(6.3)，假设 $\boldsymbol{x}^{(k)}$ 是该问题的一个可行解，但不是最优解。为了进一步寻找最优解，在它的可行下降方向中选取其一个方向 $\boldsymbol{d}^{(k)}$，并确定最佳步长 λ_k 使得

$$\begin{cases} \boldsymbol{x}^{(k+1)} = \boldsymbol{x}^{(k)} + \lambda_k \boldsymbol{d}^{(k)} \in R, \\ f(\boldsymbol{x}^{(k+1)}) < f(\boldsymbol{x}^{(k)}) \quad (k=0,1,2,\cdots). \end{cases}$$

反复进行这一过程，直到得到满足精度要求的可行解为止，这种方法称为**可行方向法**。

可行方向法的主要特点是：因为迭代过程中所采用的搜索方向总为可行方向，所以产生的迭代点列 $\{\boldsymbol{x}^{(k)}\}$ 始终在可行域 R 内，且目标函数值不断地单调下降。可行方向法实际上是一类方法，最典型的是 Zoutendijk 可行方向法。

定理 6.2 设 $\boldsymbol{x}^*$ 是问题(6.3)的一个局部极小点，函数 $f(\boldsymbol{x})$ 和 $g_j(\boldsymbol{x})$ 在 $\boldsymbol{x}^*$ 处均可微，则在 $\boldsymbol{x}^*$ 点不存在可行下降的方向，从而不存在向量 $\boldsymbol{d}$ 同时满足

$$\begin{cases} \nabla f(\boldsymbol{x}^*)^{\mathrm{T}}\boldsymbol{d} < 0, \\ \nabla g_j(\boldsymbol{x}^*)^{\mathrm{T}}\boldsymbol{d} > 0 \quad (j=1,2,\cdots,m). \end{cases}$$

实际上,由

$$\begin{cases} f(\boldsymbol{x}^* + \lambda \boldsymbol{d}) = f(\boldsymbol{x}^*) + \lambda \nabla f(\boldsymbol{x}^*)^{\mathrm{T}}\boldsymbol{d} + o(\lambda), \\ g_j(\boldsymbol{x}^* + \lambda \boldsymbol{d}) = g_j(\boldsymbol{x}^*) + \lambda \nabla g_j(\boldsymbol{x}^*)^{\mathrm{T}}\boldsymbol{d} + o(\lambda), \end{cases}$$

可知这个定理的结论是显然的,否则就与 $\boldsymbol{x}^*$ 是极小点矛盾.

Zoutendijk 可行方向法 设 $\boldsymbol{x}^{(k)}$ 点的有效约束集非空,则 $\boldsymbol{x}^{(k)}$ 点的可行下降方向 $\boldsymbol{d} = (d_1, d_2, \cdots, d_n)^{\mathrm{T}}$ 必满足

$$\begin{cases} \nabla f(\boldsymbol{x}^{(k)})^{\mathrm{T}}\boldsymbol{d} < 0, \\ \nabla g_j(\boldsymbol{x}^{(k)})^{\mathrm{T}}\boldsymbol{d} > 0 \quad (j \in J). \end{cases}$$

又等价于

$$\begin{cases} \nabla f(\boldsymbol{x}^{(k)})^{\mathrm{T}}\boldsymbol{d} \leqslant \eta, \\ -\nabla g_j(\boldsymbol{x}^{(k)})^{\mathrm{T}}\boldsymbol{d} \leqslant \eta, \\ \eta < 0, j \in J, \end{cases}$$

其中 J 是有效约束的下标集. 此问题可以转化为求下面的线性规划问题:

$$\min \eta$$
$$\text{s. t.} \begin{cases} \nabla f(\boldsymbol{x}^{(k)})^{\mathrm{T}}\boldsymbol{d} \leqslant \eta, \\ -\nabla g_j(\boldsymbol{x}^{(k)})^{\mathrm{T}}\boldsymbol{d} \leqslant \eta \quad (j \in J), \\ -1 \leqslant d_i \leqslant 1 \quad (i=1,2,\cdots,n). \end{cases}$$

其中最后一个约束是为了求问题的有限解,即只需要确定 $\boldsymbol{d}$ 的方向,这只要确定其单位向量即可.

如果求得 $\eta = 0$,则在 $\boldsymbol{x}^{(k)}$ 点不存在可行下降方向,$\boldsymbol{x}^{(k)}$ 就是 K-T 点. 如果求得 $\eta < 0$,则可以得到可行下降方向 $\boldsymbol{d}^{(k)}$. 这就是 **Zoutendijk 可行方向法**.

实际中,利用 Zoutendijk 可行方向法得到可行下降方向 $\boldsymbol{d}^{(k)}$ 后,用求一维极值的方法求出最佳步长 λ_k,则再进行下一步的迭代:

$$\begin{cases} \boldsymbol{x}^{(k+1)} = \boldsymbol{x}^{(k)} + \lambda_k \boldsymbol{d}^{(k)} \in R, \\ f(\boldsymbol{x}^{(k+1)}) < f(\boldsymbol{x}^{(k)}) \quad (k=0,1,2,\cdots). \end{cases}$$

6.4.2 带约束非线性规划的制约函数法

制约函数法的基本思想是:将求解非线性规划的问题转化为一系列无约束极值问题来求解,故此方法也称为**序列无约束最小化方法**(sequential unconstrained minimization technique,简记为 SUMT). 在无约束问题的求解过程中,对企图违反约束的那些点给出相应的惩罚约束,迫使这一系列的无约束问题的极小点不断地向可行域靠近(若在可行域外部),或者一直在可行域内移动(若在可行域内部),直到收敛到原问题的最优解为止.

常用的制约函数可分为两类：**惩罚函数**(简称罚函数)和**障碍函数**，从方法来讲分为外点法(或外部惩罚函数法)和内点法(或内部惩罚函数法，即障碍函数法)。

外点法 对违反约束条件的点在目标函数中加入相应的"惩罚约束"，而对可行点不予惩罚，此方法的迭代点一般在可行域的外部移动。

内点法 对企图从内部穿越可行域边界的点在目标函数中加入相应的"障碍约束"，距边界越近，障碍越大，在边界上给以无穷大的障碍，从而保证迭代一直在可行域内部进行。

1. 罚函数法(外点法)

对于等式约束问题

$$\begin{aligned} \min\ & f(\boldsymbol{x}) \\ \text{s.t.}\ & h_i(\boldsymbol{x}) = 0 \quad (i=1,2,\cdots,m) \end{aligned} \tag{6.7}$$

作辅助函数

$$P_1(\boldsymbol{x},M) = f(\boldsymbol{x}) + M\sum_{j=1}^{m}[h_j(\boldsymbol{x})]^2.$$

取 M 为充分大的正数，则问题(6.7)可以转化为求无约束问题 $\min\limits_{\boldsymbol{x}} P_1(\boldsymbol{x},M)$ 的解的问题。如果其最优解 $\boldsymbol{x}^*$ 满足或近似满足 $h_j(\boldsymbol{x}^*)=0(j=1,2,\cdots,m)$，即是原问题(6.7)的可行解或近似可行解，则 $\boldsymbol{x}^*$ 就是原问题(6.7)的最优解或近似最优解。

由于 M 是充分大的数，在求解的过程中使对求 $\min\limits_{\boldsymbol{x}} P_1(\boldsymbol{x},M)$ 起着限制作用，即限制 $\boldsymbol{x}^*$ 成为极小点，因此，称 $P_1(\boldsymbol{x},M)$ 为**惩罚函数**，其中第二项 $M\sum\limits_{j=1}^{m}[h_j(\boldsymbol{x})]^2$ 称为**惩罚项**，M 称为**惩罚因子**。

对于不等式约束的问题(6.3)，同样可构造惩罚函数，即对充分大的正数 M 作辅助函数

$$P_2(\boldsymbol{x},M) = f(\boldsymbol{x}) + M\sum_{j=1}^{m}[\min\{0,g_j(\boldsymbol{x})\}]^2,$$

则问题(6.3)可以转化为求 $\min\limits_{\boldsymbol{x}} P_2(\boldsymbol{x},M)$ 的问题，其解之间的关系同问题(6.7)的情况类似。

对于一般的问题(6.2)也可构造出惩罚函数，即对于充分大的正数 M 作辅助函数

$$P_3(\boldsymbol{x},M) = f(\boldsymbol{x}) + MP(\boldsymbol{x}),$$

其中 $P(\boldsymbol{x}) = \sum\limits_{i=1}^{m}[h_i(\boldsymbol{x})]^2 + \sum\limits_{j=1}^{l}[\min\{0,g_j(\boldsymbol{x})\}]^2$，则可将原问题(6.2)化为求解 $\min\limits_{\boldsymbol{x}} P_3(\boldsymbol{x},M)$ 的问题。

在实际中，惩罚因子 M 的选择十分重要，一般的策略是取一个趋向于无穷大的严格递增正数列 $\{M_k\}$，逐个求解

$$\min_{\boldsymbol{x}} P_3(\boldsymbol{x},M_k) = f(\boldsymbol{x}) + M_k P(\boldsymbol{x}),$$

于是可得到一个极小点的序列 $\{x_k^*\}$，在一定的条件下，这个序列收敛于原问题的最优解．因此，这种方法又称为**序列无约束极小化方法**，简称为 **SUMT 方法**．

SUMT 方法的迭代步骤如下：

(1) 取 $M_1>0$（例如 $M_1=1$），允许误差 $\varepsilon>0$，并取 $k=1$；

(2) 以 $x^{(k-1)}$ 为初始值，求解无约束问题：

$$\min_{x} P_i(x, M_k) = f(x) + M_k P_i(x) \quad (1 \leqslant i \leqslant 3),$$

其中 $P_1(x) = \sum_{j=1}^{m}[h_j(x)]^2$，$P_2(x) = \sum_{j=1}^{m}[\min\{0, g_j(x)\}]^2$，$P_3(x) = \sum_{i=1}^{m}[h_i(x)]^2 + \sum_{j=1}^{l}[\min\{0, g_j(x)\}]^2$；

(3) 若 $M_k P_i(x^{(k)}) < \varepsilon$，则停止计算，即得到近似解 $x^{(k)}$；否则令 $M_{k+1} = cM_k$（例如 $c=5$ 或 10），令 $k := k+1$，转回 (2)．

2. 障碍函数法（内点法）

由于内点法总是在可行域内进行的，并一直保持在可行域内进行搜索，因此这种方法只适用于不等式约束的问题 (6.3)．作辅助函数（障碍函数）

$$Q(x, r) = f(x) + rB(x),$$

其中 $B(x)$ 是连续函数，$rB(x)$ 称为**障碍项**；r 为充分小的正数，称之为**障碍因子**．

注意，当点 x 趋向于可行域 R 的边界时，要使 $B(x)$ 趋向于正无穷大，则 $B(x)$ 的最常用的两种形式为

$$B(x) = \sum_{j=1}^{m} \frac{1}{g_j(x)} \quad \text{和} \quad B(x) = -\sum_{j=1}^{m} \log[g_j(x)].$$

由于 $B(x)$ 的存在，在可行域 R 的边界上形成了"围墙"，对迭代点的向外移动起到了阻挡作用，而越靠近边界阻力就越大．这样，当点 x 趋向于可行域 R 的边界时，障碍函数 $Q(x, r)$ 趋向于正无穷大；否则，$Q(x, r) \approx f(x)$．因此，问题可以转化为求解问题

$$\min_{x \in R_0} Q(x, r),$$

其中 $R_0 = \{x \mid g_j(x) > 0, j=1,2,\cdots,m\}$ 表示可行域 R 的内部．

根据 $Q(x, r)$ 的定义，显然障碍因子越小，$\min\limits_{x \in R_0} Q(x, r)$ 的解就越接近于原问题的解，因此，在实际计算中，也采用 SUMT 方法，即取一个严格单调减少且趋于零的障碍因子数列 $\{r_k\}$，对于每一个 r_k，从 R_0 内的某点出发，求解 $\min\limits_{x \in R_0} Q(x, r_k)$．

内点法的计算步骤如下：

(1) 取 $r_1>0$（例如 $r_1=1$），允许误差 $\varepsilon>0$，并取 $k=1$；

(2) 以 $x^{(k-1)} \in R_0$ 为初始值，求解无约束问题：

$$\min_{x \in R_0} Q(x, r_k) = f(x) + r_k B(x),$$

不妨设极小点为 $x^{(k)}$；

(3) 若 $r_k B(x^{(k)}) < \varepsilon$，则停止计算，即得到近似解 $x^{(k)}$；否则令 $r_{k+1} = \beta r_k$（例如 $\beta = 1/5$ 或 $1/10$ 称为缩小系数），令 $k := k+1$，转回(2)。

6.5 非线性规划的软件求解方法

6.5.1 非线性规划的 MATLAB 求解方法

1. 要求问题 $\min f(x)$

对于这个问题的求解步骤如下：

第一步　利用文件编辑器编写 M 文件，即定义函数，并存为 *.M 文件。

```
function f = fun(x)
f = f(x); % 表达式
```

第二步　在命令窗口中调用优化程序 fmin，

```
x = x0; % 取初始值
x = fmin('fun',x)
```

回车后输出最优解 x，输入 option(8) 输出最优值。

2. 要求问题 $\min\limits_{[a,b]} f(x)$

只要指定搜索区间，调用优化程序 constr. 即在命令窗口输入：

```
x = x0;
vlb = a;
vub = b;
x = constr('fun',x,options,vlb,vub)
```

回车后即执行并输出解，输入 option(8) 输出最优值。

3. 要求无约束的非线性规划问题 $\min\limits_{x \in E^n} f(x)$

对于这个问题的求解步骤如下：

第一步　定义函数

```
function f = fun(x)
f = f(x); % 表达式
```

第二步　在命令窗口输入

```
X0 = [x1,x2,...,xn]; % 给出初始值
options = [ ]; % 使用默认值
```

[X,options] = fmin('fun',X0,options)   %调用优化函数

回车输出最优解,输入 option(8)输出最优值,输入 options(10)输出计算次数.

6.5.2 非线性规划的 LINGO 求解方法

1. 非线性规划模型(6.2)的 LINGO 模型

```
MODEL:
sets:
num_i/1..m/;                  !m 为具体数值
mum_j/1..L/;                  !L 为具体数值
num_k/1..n/: x0,x;            !n 为具体数值
endsets
init:
x0 = x0(1),x0(2),...,x0(n);   !赋初始值;
endinit
[OBJ]min = f(x);              !目标函数的表达式
@for(num_i(i): hi(x) = 0; );  !等式约束条件
@for(num_j(j): gj(x) >= 0; ); !不等式约束条件
@for(num_k(k): x(k) >= 0; );
END
```

2. 二次规划模型(6.5)的 LINGO 模型

```
MODEL:
sets:
num_i/1..m/: b;               !m 为具体数值
mum_j/1..n/: c,x;             !n 为具体数值
num_k/1..n/;
link_ij(num_i,num_j)/: a;
link_jk(num_j,num_k)/: C;
endsets
data:
!以下赋值语句中的参数均为具体数值;
c = c(1),c(2),...,c(n);
b = b(1),b(2),...,b(m);
a = a(1,1),a(1,2),...,a(1,n),a(2,1),...,a(m,n);
C = C(1,1),C(1,2),...,C(1,n),C(2,1),...,C(n,n);
enddata
init:
x0 = x0(1),x0(2),...,x0(n);   !赋初始值;
```

```
endinit
[OBJ]min = @sum(num_j(j): c(j) * x(j)) + @sum(link_jk(j,k): C(j,k) * x(j) * x(k));
@for(num_i(i): @sum(num_j(j): a(i,j) * x(j)) + b(i) >= 0; );
@for(num_j(j): x(j) >= 0; );
END
```

6.6 应用案例分析

例 6.3 风险投资问题

某公司现有 5 千万元资金,拟全部用于下一年度 A,B 两个项目的投资,如果用 x_1, x_2 分别表示用于 A,B 两个项目的投资额. 根据历史资料分析,投资 A,B 两个项目的收益分别为 20% 和 16%. 同时,投资后可能的总风险损失为 $2x_1^2 + x_2^2 + (x_1+x_2)^2$. 试问该公司应如何分配投资金额,才能使期望收益最大,同时使风险损失最小?

解 由题意可知,设 x_1, x_2 为决策变量,问题有期望收益 $20x_1 + 16x_2$ 最大和期望风险损失 $2x_1^2 + x_2^2 + (x_1+x_2)^2$ 最小两个目标,即收益和风险并存,两者不可能同时满足. 在此,我们将两者合并统一处理为一个目标函数,即求目标函数

$$z = 20x_1 + 16x_2 - \lambda[2x_1^2 + x_2^2 + (x_1+x_2)^2]$$

的最大值. 其中 $\lambda \geq 0$ 为平衡收益与风险的权系数,当 $\lambda=0$ 时意味着不计风险,即属于喜好风险型;当 $\lambda=1$ 时意味着收益和风险同等考虑;当 $\lambda>1$ 时意味着重于考虑风险,即属于厌恶风险型. 在此,我们取 $\lambda=1$,即对收益和风险同等对待,于是可以得到问题的数学模型为

$$\max z = 20x_1 + 16x_2 - [2x_1^2 + x_2^2 + (x_1+x_2)^2]$$

$$\text{s.t.} \begin{cases} x_1 + x_2 \leq 5, \\ x_1, x_2 \geq 0. \end{cases}$$

应用 LINGO 求解,程序如下:

```
MODEL:
sets:
num_i/1,2/: x;
endsets
[OBJ]max = 20 * x(1) + 16 * x(2) - 2 * x(1)^2 - x(2)^2 - (x(1) + x(2))^2;
x(1) + x(2) <= 5;
@for(num_i(i): x(i) >= 0; );
END
```

运行该程序,所得结果为 $x_1 = 2.3333333, x_2 = 2.6666667$,其最优值为 $z = 46.333333$. 即用于投资项目 A,B 的金额分别为 23333333, 26666667(元)时,使得公司获利最大、风

险最小.

例 6.4 股票的组合投资问题

一个投资者拟选择 A,B,C 三支业绩好的股票来进行长期组合投资.通过对这三支股票的市场分析和统计预测得到相关数据如表 6-1 所示.

表 6-1 股票的相关数据表

股票名称	五年期望收益率/%	五年的协方差/%		
		A	B	C
A	92	180	36	110
B	64	36	120	−30
C	41	110	−30	140

请你从两个方面分别给出三支股票的投资比例:

(1) 希望将投资组合中的股票收益的标准差降到最小,以降低投资风险,并希望五年后的期望收益率不少于 65%.

(2) 希望在标准差最大不超过 12% 的情况下,获得最大的收益.

解 设 x_1,x_2,x_3 分别表示 A,B,C 三支股票的投资比例,其五年的期望收益率分别记为 r_1,r_2,r_3,即为随机变量.则五年后投资组合的总收益率为

$$R = x_1 r_1 + x_2 r_2 + x_3 r_3,$$

由概率统计的知识可得投资组合的方差为

$$\text{var}(R) = x_1^2 \text{var}(r_1) + x_2^2 \text{var}(r_2) + x_3^2 \text{var}(r_3) + 2x_1 x_2 \text{cov}(r_1, r_2) \\ + 2x_1 x_3 \text{cov}(r_1, r_3) + 2x_2 x_3 \text{cov}(r_2, r_3).$$

根据表 6-1 中的数据计算得到

$$\text{var}(R) = 180 x_1^2 + 120 x_2^2 + 140 x_3^2 + 72 x_1 x_2 + 220 x_1 x_3 - 60 x_2 x_3.$$

则投资组合的标准差为

$$D = [180 x_1^2 + 120 x_2^2 + 140 x_3^2 + 72 x_1 x_2 + 220 x_1 x_3 - 60 x_2 x_3]^{\frac{1}{2}}.$$

(1) 根据投资者第(1)项的要求,则问题的模型为

$$\min D = [180 x_1^2 + 120 x_2^2 + 140 x_3^2 + 72 x_1 x_2 + 220 x_1 x_3 - 60 x_2 x_3]^{\frac{1}{2}}$$

$$\text{s.t.} \begin{cases} x_1 + x_2 + x_3 = 1, \\ 0.92 x_1 + 0.64 x_2 + 0.41 x_3 \geqslant 0.65, \\ x_1, x_2, x_3 \geqslant 0. \end{cases}$$

用 LINGO 求解,程序如下:

```
MODEL:
sets:
num_i/1,2,3/: r,x;
```

```
endsets
data:
r = 0.92,0.64,0.41;
enddata
[OBJ]min = (180 * x(1)^2 + 120 * x(2)^2 + 140 * x(3)^2
            + 72 * x(1) * x(2) + 220 * x(1) * x(3) - 60 * x(2) * x(3))^(1/2);
x(1) + x(2) + x(3) = 1;
@sum(num_i(i): r(i) * x(i)) >= 0.65;
@for(num_i(i): x(i) >= 0; );
END
```

运行该程序可得到结果 $x_1=0.2350713, x_2=0.5222332, x_3=0.2426955$,其目标函数的最优值为 $D=8.043967$. 即在保证风险最小,五年总收益率 65% 的要求下,A,B,C 三支股票的组合投资比例分别为 23.51%,52.22%,24.27%,其最小标准差为 8.044%.

(2) 根据投资者第(2)项的要求,则问题的模型为

$$\max R = 0.92x_1 + 0.64x_2 + 0.41x_3$$

$$\text{s.t.} \begin{cases} x_1 + x_2 + x_3 = 1, \\ [180x_1^2 + 120x_2^2 + 140x_3^2 + 72x_1x_2 + 220x_1x_3 - 60x_2x_3]^{\frac{1}{2}} \leqslant 12, \\ x_1, x_2, x_3 \geqslant 0. \end{cases}$$

用 LINGO 求解,程序如下:

```
MODEL:
sets:
num_i/1,2,3/: r,x;
endsets
data:
r = 0.92,0.64,0.41;
enddata
[OBJ]max = @sum(num_i(i): r(i) * x(i));
x(1) + x(2) + x(3) = 1;
(180 * x(1)^2 + 120 * x(2)^2 + 140 * x(3)^2 + 72 * x(1) * x(2) + 220 * x(1) * x(3)
    - 60 * x(2) * x(3))^(1/2) <= 12;
@for(num_i(i): x(i) >= 0; );
END
```

运行该程序可得到结果 $x_1=0.8593357, x_2=0.1406643, x_3=0.000000$,其目标函数的最优值为 $R=0.8806140$. 即在保证标准差不超过 12% 的条件下,五年有最大收益率的A,B,C 三支股票的组合投资比例分别为 85.93%,14.07%,0%,其最高收益率可达到 88.06%.

例 6.5 发电机组的功率分配问题

某发电厂现有三台发电机组并联运行,每台机组的发电功率可以在 30~1600kW 的范围内调节,但功率越大,发电费用越高. 试验表明,如果记三台机组的发电功率分别为 x_1, x_2, x_3(单位:kW),则相应的发电费用分别为 $f_1(x_1)=2x_1^2+3x_1+1$,$f_2(x_2)=x_2^2+4x_2+2$,$f_3(x_3)=x_3^2+x_3+6$. 现要求三台发电机组的总功率为 3500kW,试问各发电机组应如何分配负荷(功率),使得总发电费用最低?

解 设三台机组的发电功率 x_1, x_2, x_3 为决策变量,以三台机组的发电总费用为目标函数,考虑到所需要的总功率和各机组的功率范围作为约束,建立如下的优化模型

$$\min f = \sum_{i=1}^{3} f_i(x_i)$$

$$\text{s.t.} \begin{cases} x_1+x_2+x_3=3500, \\ 30 \leqslant x_1, x_2, x_3 \leqslant 1600. \end{cases}$$

该模型是一个非线性规划模型. LINGO 求解程序如下:

```
MODEL:
sets:
num_i/1,2,3/: x;
endsets
[OBJ]min = 2*x(1)^2 + 3*x(1) + x(2)^2 + 4*x(2) + x(3)^2 + x(3) + 9;
x(1) + x(2) + x(3) = 3500;
@for(num_i(i): x(i) >= 30; );
@for(num_i(i): x(i) <= 1600; );
END
```

运行该程序可得结果为 $x_1=699.9$,$x_2=1399.3$,$x_3=1400.8$,最优值为 4909108. 即三台发电机组负荷(功率)分配分别为 699.9kW,1399.3kW 和 1400.8kW,最小发电总费用为 4909108.

例 6.6 制定轰炸方案问题

设一个战略轰炸机群奉命携带 A,B 两种型号的炸弹轰炸敌军的四个重要目标. 为完成好此项任务,要求飞机的耗油量不超过 2700L,炸弹 A 和 B 都不超过 4 枚. 已知飞机携带 A 型炸弹时每升油料可飞行 2km,携带 B 型炸弹时每升油料可飞行 3km,空载时每升油料可飞行 4km,每次起降各耗油 100L. 又知每架飞机每次只能携带一枚炸弹. 有关参数如表 6-2 所示. 现在的问题是如何制定轰炸方案,使摧毁所有目标的可能性最大?

解 设 x_{ij} 表示飞机将第 i($i=1,2$)种炸弹(炸弹 A 和 B)投到第 j($j=1,2,3,4$)个目标的炸弹数量,并记到四个目标的距离为 s_j($j=1,2,3,4$),炸弹 A 摧毁四个目标的可能性为 a_j($j=1,2,3,4$),炸弹 B 摧毁四个目标的可能性为 b_j($j=1,2,3,4$). 问题要求摧毁所

有的四个目标的可能性最大,即要求每一个目标不被摧毁的可能性最小,于是目标函数为

$$\min z = \sum_{j=1}^{4}\left[(1-a_j)^{x_{1j}} + (1-b_j)^{x_{2j}}\right].$$

表 6-2 轰炸方案问题的相关数据

目标	距离/km	摧毁目标的可能性	
		A	B
I	640	0.65	0.76
II	850	0.50	0.70
III	530	0.56	0.72
IV	72	0.68	0.66

由于飞机携带 A 型炸弹飞行一个来回每千米的耗油量为 $\frac{1}{2}+\frac{1}{4}=\frac{3}{4}$(L),飞机携带 B 型炸弹飞行一个来回每千米的耗油量为 $\frac{1}{3}+\frac{1}{4}=\frac{7}{12}$(L),飞机一次起降需要 100L,所以关于耗油量的约束为

$$\frac{3}{4}\sum_{j=1}^{4}s_j x_{1j} + \frac{7}{12}\sum_{j=1}^{4}s_j x_{2j} + 100\sum_{j=1}^{4}(x_{1j}+x_{2j}) \leqslant 2700.$$

两种类型炸弹的数量约束为

$$x_{i1}+x_{i2}+x_{i3}+x_{i4} \leqslant 4 \quad (i=1,2).$$

注意,每枚炸弹摧毁目标的可能性都在 50% 以上,因此,要摧毁所有目标,每一个目标至少需要 1 枚炸弹,至多需要两枚,于是有相应的约束条件

$$1 \leqslant x_{1j}+x_{2j} \leqslant 2 \quad (j=1,2,3,4).$$

于是可以得到优化模型:

$$\min z = \sum_{j=1}^{4}\left[(1-a_j)^{x_{1j}} + (1-b_j)^{x_{2j}}\right]$$

$$\text{s.t.}\begin{cases} \frac{3}{4}\sum_{j=1}^{4}s_j x_{1j} + \frac{7}{12}\sum_{j=1}^{4}s_j x_{2j} + 100\sum_{j=1}^{4}(x_{1j}+x_{2j}) \leqslant 2700, \\ x_{i1}+x_{i2}+x_{i3}+x_{i4} \leqslant 4 \quad (i=1,2), \\ 1 \leqslant x_{1j}+x_{2j} \leqslant 2 \quad (j=1,2,3,4), \\ x_{ij} \geqslant 0, \text{且为整数} \quad (i=1,2;\ j=1,2,3,4). \end{cases}$$

这是一个非线性规划模型,用 LINGO 求解程序如下:

```
MODEL:
sets:
num_i/1..4/: a,b,s;
```

```
    num_j/1,2;
    link_ij(num_j,num_i): x;
endsets
data:
    s = 640,850,530,720;
    a = 0.65,0.50,0.56,0.68;
    b = 0.76,0.70,0.72,0.66;
enddata
[OBJ]min = @sum(num_i(i): (1-a(i))^(x(1,i)) + (1-b(i))^(x(2,i)));
(3/4) * @sum(num_i(i): s(i) * x(1,i)) + (7/12) * @sum(num_i(i): s(i) * x(2,i))
    + 100 * @sum(link_ij(j,i): x(j,i)) <= 2700;
x(1,1) + x(1,2) + x(1,3) + x(1,4) <= 4;
x(2,1) + x(2,2) + x(2,3) + x(2,4) <= 4;
@for(num_i(i): x(1,i) + x(2,i) >= 1; x(1,i) + x(2,i) <= 2; );
@for(link_ij(j,i): x(j,i) >= 0; @GIN(x(j,i)); );
END
```

运行该程序可得结果为 $x_{14}=x_{21}=x_{22}=x_{23}=x_{24}=1$，其他 $x_{ij}=0$，目标函数值为 $z=4.48$. 即四个目标分别投入 1 枚 B 型炸弹，然后再向目标Ⅳ投 1 枚 A 型炸弹. 可以使得所有目标都被摧毁的可能性最大.

例 6.7 采购加工计划安排问题

某食品加工厂需要用两种主要的原材料(A 和 B)加工生产成甲和乙两种食品，甲和乙两种食品需要原料 A 的最低比例分别为 50% 和 60%，每吨售价分别为 6000 元和 7000 元. 该厂现有原材料 A 和 B 的库存量分别为 500t 和 1000t，因生产的需要，现拟从市场上购买不超过 1500t 的原材料 A，其市场价格为：购买量不超过 500t 时单价为 10000 元/t；超过 500t 但不超过 1000t 时，超过 500t 的部分单价为 8000 元/t；购买量超过 1000t 时，超过 1000t 的部分单价为 6000 元/t. 生产加工费用均为 500 元/t. 现在的问题是该工厂应如何安排采购和加工生产计划，使得利润最大？

解 首先设原料 A 的购买量为 x（单位：t），根据题意可知，采购单价费用与采购数量有关，即为采购量 x 的分段函数，记为 $c(x)$（单位：千元/t），则有

$$c(x) = \begin{cases} 10x, & 0 \leqslant x \leqslant 500, \\ 5000 + 8x, & 500 < x \leqslant 1000, \\ 9000 + 6x, & 1000 < x \leqslant 1500. \end{cases}$$

设原材料 A 用于生产甲、乙两种食品数量分别为 x_{11}, x_{12}(t)，原材料 B 用于生产甲、乙两种食品的数量分别为 x_{21}, x_{22}(t)，则总收入为

$$6(x_{11} + x_{21}) + 7(x_{12} + x_{22})(千元).$$

于是问题的目标是总的利润

$$z = 6(x_{11}+x_{21}) + 7(x_{12}+x_{22}) - c(x) - 0.5(x_{11}+x_{21}+x_{12}+x_{22})$$

最大.

问题的约束条件是两种原材料的库存量的限制,原材料 A 的购买量的限制和两种原材料的加工比例限制.即

$$\begin{cases} x_{11}+x_{12} \leqslant 500+x, \\ x_{21}+x_{22} \leqslant 1000, \\ x \leqslant 1500, \\ \dfrac{x_{11}}{x_{11}+x_{21}} \geqslant 0.5, \\ \dfrac{x_{12}}{x_{12}+x_{22}} \geqslant 0.6, \\ x_{11},x_{12},x_{21},x_{22},x \geqslant 0. \end{cases}$$

注意,目标函数中的函数 $c(x)$ 是一个分段函数,为了便于求解,将其做一个等价的转化,可用 x_1,x_2,x_3 分别表示以价格 10 千元/t、8 千元/t、6 千元/t 购买原材料 A 的数量(t),即 $x=x_1+x_2+x_3$,则 $c(x)=10x_1+8x_2+6x_3$. 同时注意到,只有当以 10 千元/t 的价格购买了 $x_1=500$t 之后才能再以 8 千元/t 的价格购买 $x_2(>0)$,于是有约束条件

$$(500-x_1)x_2 = 0.$$

类似地有

$$(500-x_2)x_3 = 0,$$

且 $0 \leqslant x_1,x_2,x_3 \leqslant 500$.

综上所述,得到问题的优化模型如下:

$$\max z = 6(x_{11}+x_{21}) + 7(x_{12}+x_{22}) - (10x_1+8x_2+6x_3) \\ - 0.5(x_{11}+x_{21}+x_{12}+x_{22})$$

$$\text{s.t.} \begin{cases} x_{11}+x_{12} \leqslant 500+x_1+x_2+x_3, \\ x_{21}+x_{22} \leqslant 1000, \\ (500-x_1)x_2 = 0, \\ (500-x_2)x_3 = 0, \\ 0.5x_{11} - 0.5x_{21} \geqslant 0, \\ 0.4x_{12} - 0.6x_{22} \geqslant 0, \\ x_{11},x_{12},x_{21},x_{22} \geqslant 0, \\ 0 \leqslant x_1,x_2,x_3 \leqslant 500. \end{cases}$$

这是一个非线性规划问题,用 LINGO 求解,程序如下:

```
Model:
[OBJ]max = 5.5 * (x11 + x21) + 6.5 * (x12 + x22) - (10 * x1 + 8 * x2 + 6 * x3);
```

```
x11 + x12 - x1 - x2 - x3 <= 500;
x21 + x22 <= 1000;
(500 - x1) * x2 = 0;
(500 - x2) * x3 = 0;
0.5 * x11 - 0.5 * x21 >= 0;
0.4 * x12 - 0.6 * x22 >= 0;
x11 >= 0; x12 >= 0; x21 >= 0; x22 >= 0;
@bnd(0,x1,500);
@bnd(0,x2,500);
@bnd(0,x3,500);
end
```

运行该程序可求得结果为 $x_{11}=x_{21}=0, x_{12}=2000, x_{22}=1000, x_1=x_2=x_3=500$，目标函数值为 $z=7500$。即将原有的 1500t 原材料 A 和 B，以及再购买的 1500t 原材料 A，全部用于生产食品 B，可以获得最大利润 7500 千元。

例 6.8　奶制品的加工计划问题

一奶制品加工厂用牛奶生产 A_1, A_2 两种初级奶制品，它们可以直接出售，也可以分别加工成 B_1, B_2 两种高级奶制品再出售。按目前技术每桶牛奶可加工成 2kg A_1 和 3kg A_2，每桶牛奶的买入价为 10 元，加工费为 5 元，加工时间为 15h。每千克 A_1 可深加工成 0.8kg B_1，加工费为 4 元，加工时间为 12h；每千克 A_2 可深加工成 0.7kg B_2，加工费为 3 元，加工时间为 10h。初级奶制品 A_1, A_2 的售价分别为 10 元/kg 和 9 元/kg，高级奶制品 B_1, B_2 的售价分别为 30 元/kg 和 20 元/kg。工厂现有的加工能力为每周总共 2000h。根据市场状况，高级奶制品的需求量占全部奶制品需求量的 20% 至 40%。试在供需平衡的条件下为该厂制定(一周的)生产计划，使利润最大，并进一步研究如下问题：

(1) 工厂拟拨一笔资金用于技术革新，据估计可实现下列革新中的某一项：总加工能力提高 10%；各项加工费用均减少 10%；初级奶制品 A_1, A_2 的产量提高 10%，高级奶制品 B_1, B_2 的产量提高 10%。问将资金用于哪一项革新，这笔资金的上限(对于一周)应为多少？

(2) 该厂的技术人员又提出一项技术革新，将原来的每桶牛奶可加工成品 2kg A_1 和 3kg A_2 变为每桶牛奶可加工成 4kg A_1 或 6.5kg A_2。假设其他条件都不变，问是否采用这项革新，若采用，生产计划如何？

(3) 根据市场经济规律，初级奶制品 A_1, A_2 的售价都要随着二者销售量的增加而减少，同时，在深加工过程中，单位成本会随着它们各自加工数量的增加而减小。在高级奶制品的需求量占全部奶制品需求量 20% 的情况下，市场调查得到如下一批数据(如表 6-3)。试根据此市场实际情况对该厂的生产计划进行修订(设其他条件不变)。

表 6-3 奶制品市场调查数据

A_1 售量	20	25	50	55	65	65	80	70	85	90
A_2 售量	210	230	170	190	175	210	150	190	190	190
A_1 售价	15.2	14.4	14.2	12.7	12.2	11	11.9	11.5	10	9.6
A_2 售价	11	9.6	13	10.8	11.5	8.5	13	10	9.2	9.1
A_1 深加工量	40	50	60	65	70	75	80	85	90	100
A_1 深加工费	5.2	4.5	4.0	3.9	3.6	3.6	3.5	3.5	3.3	3.2
A_2 深加工量	60	70	80	90	95	100	105	110	115	120
A_2 深加工费	3.8	3.3	3.0	2.9	2.9	2.8	2.8	2.8	2.7	2.7

注：表中数量单位是 kg，费用单位是元/kg．

解 这是一个对实际生产计划经过简化的加工方案优化设计问题，主要可以利用线性规划和非线性规划的方法来研究．首先将题目给出的奶制品的加工和销售的过程用图 6-1 来描述．

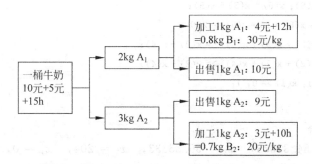

图 6-1 奶制品的加工和销售

由题意可知：A_1，B_1，A_2，B_2 的售价分别为 $p_1=10$ 元/kg，$p_2=30$ 元/kg，$p_3=9$ 元/kg，$p_4=20$ 元/kg．牛奶的购入和加工费用为 $q_1=10+5=15$（元/桶），深加工 A_1，A_2 的费用分别为 $q_2=4$ 元/kg，$q_3=3$ 元/kg．每桶牛奶可加工成 $a=2$kg A_1 和 $b=3$kg A_2，每千克 A_1 可深加工成 $c=0.8$kg B_1，每千克 A_2 可深加工成 $d=0.7$kg B_2．每桶牛奶的加工时间为 15h，每千克 A_1，A_2 的深加工时间分别为 12h，10h，工厂的总加工能力为 $S=2000$h．B_1，B_2 的销售量（即产量）占全部奶制品的比例为 20%～40%．

记出售 A_1，B_1 的数量分别为 x_1，x_2（kg），出售 A_2，B_2 的数量分别为 x_3，x_4（kg），生产的 A_1，A_2 的数量分别为 x_5，x_6（kg），购入和加工牛奶的数量为 x_7 桶，深加工的 A_1，A_2 的数量分别为 x_8，x_9（kg）．

根据上面的分析，在供需平衡的条件下，使得利润最大的生产计划的优化规划模型如下：

$$\max z = 10x_1 + 30x_2 + 9x_3 + 20x_4 - 15x_7 - 4x_8 - 3x_9$$

$$\text{s.t.} \begin{cases} x_5 = 2x_7, x_6 = 3x_7, x_2 = 0.8x_8, x_4 = 0.7x_9, \\ x_5 = x_1 + x_8, x_6 = x_3 + x_9, \\ 15x_7 + 12x_8 + 10x_9 \leqslant 2000, \\ 0.2(x_1 + x_2 + x_3 + x_4) \leqslant x_2 + x_4 \leqslant 0.4(x_1 + x_2 + x_3 + x_4), \\ x_i \geqslant 0 \quad (i = 1, 2, \cdots, 9), x_7 \text{ 为整数}. \end{cases} \quad (6.8)$$

由于要购入和加工牛奶的桶数 x_7 为整数,那么优化规划模型(6.8)为混合整数线性规划模型,在这里用 LINGO 求解,相应的程序如下:

```
Model:
sets:
num_i/1..9/: x;
endsets
[OBJ]max = 10*x(1) + 30*x(2) + 9*x(3) + 20*x(4) - 15*x(7) - 4*x(8) - 3*x(9);
x(5) = 2*x(7); x(6) = 3*x(7); x(2) = 0.8*x(8); x(4) = 0.7*x(9);
x(5) = x(1) + x(8); x(6) = x(3) + x(9);
15*x(7) + 12*x(8) + 10*x(9) <= 2000;
0.2*(x(1) + x(2) + x(3) + x(4)) <= x(2) + x(4);
0.4*(x(1) + x(2) + x(3) + x(4)) >= x(2) + x(4);
@for(num_i(i): x(i) >= 0; );
end
```

运行该程序得

$$x_1 = 54.33333, \quad x_2 = 65.33333, \quad x_3 = 204, \quad x_4 = 0,$$
$$x_5 = 136, \quad x_6 = 204, \quad x_7 = 68, \quad x_8 = 81.66667, \quad x_9 = 0.$$

其目标函数的最优值为 $z=2992.7$. 即分别出售 A_1 的数量为 45.33333kg,B_1 的数量为 65.33333kg,出售 A_2 的数量为 204kg,不出售 B_2. 生产 A_1,A_2 的数量分别为 136kg,204kg,购入和加工牛奶的数量为 68 桶,深加工 A_1 的数量为 81.66667kg,A_2 不做深加工. 可以获得最大利润 2992.7 元.

由结果分析可知,加工能力 2000h 已用足,且每增加 1h 可获利 1.4992 元;高级奶制品的产量占全部奶制品产量达到下限 20%. 按上述的加工计划实施可算出加工能力为 1992h,高级奶制品的产量比例为 20.01%,因此,此加工计划是可行的.

问题(1) 合理使用革新资金

① 总加工能力提高 10%,即 $S=2200\text{h}$,由(6.8)式求解得最大利润为 $z=3298.2$ 元.

② 各项加工费用均减少 10%,即 $q_1=14.5$ 元/桶,$q_2=3.6$ 元/kg,$q_3=2.7$ 元/kg,由(6.8)式得最大利润为 $z=3065$ 元.

③ 初级奶制品 A_1,A_2 的产量提高 10%,即 $a=2.2\text{kg}$,$b=3.3\text{kg}$,由(6.8)式得最大

利润为 $z=3242.5$ 元.

④ 高级奶制品 B_1,B_2 的产量提高 10%,即 $c=0.88$kg,$d=0.77$kg,由(6.8)式得最大利润为 $z=3233.8$ 元.

比较以上四项革新项目所得的利润可知,应将资金用于提高加工能力上,一周最大获利为 3298.2 元,比原获利增加 $3298.2-2998.4=299.8$ 元,所以这笔资金的上限(对于一周)应为 300 元.

问题(2) 论证新的革新方案

题目给出的又一技术革新,是将原来的每桶牛奶可加工成品 2kg A_1 和 3kg A_2 变为每桶牛奶可加工 4kgA_1 或 6.5kgA_2. 只要将模型(6.8)中的约束条件 $x_5=2x_7$,$x_6=3x_7$ 改为 $\dfrac{x_5}{4}+\dfrac{x_6}{6.5}=x_7$,相应的再利用 LINGO 求解得

$x_1=0$, $x_2=69.33333$, $x_3=275.1667$, $x_4=0$, $x_5=86.66667$,
$x_6=275.1667$, $x_7=64$, $x_8=86.66667$, $x_9=0$.

其目标函数的最优值为 $z=3249.833$. 即购入和加工 64 桶牛奶,加工成 86.66667kg A_1 和 275.1667kg A_2,86.66667kg A_1 全部再加工成 69.33333kg B_1 出售,而 275.1667kg A_2 则全部直接出售,这样可以获得利润为 3249.833 元,大于原来的 2992.7 元,加工时间为 2000h,高级奶制品的产量比例为 19.16%.因此应该采用这项技术革新.

问题(3) 修订生产计划

根据市场规律和题意要求,A_1,A_2 的销售价格都要随着二者销售量的增加而减少,为此,设 A_1,A_2 的单价 $p_1(x_1,x_3)$,$p_3(x_1,x_3)$ 均是 x_1,x_3 的减函数,且由所给数据作如下线性函数拟合:

$$p_1(x_1,x_3)=a_1+b_1x_1+c_1x_3, \quad p_3(x_1,x_3)=a_2+b_2x_1+c_2x_3. \qquad (6.9)$$

类似地,A_1,A_2 深加工的单位成本均随着它们各自产量的增加而减少,为此,设 A_1,A_2 深加工的单位成本 $q_2(x_8)$,$q_3(x_9)$ 均是减函数,且根据所给数据作图容易看出,它们都是近似的二次函数.因此,可用如下的二次函数作拟合:

$$q_2(x_8)=e_1x_8^2+f_1x_8+g_1, \quad q_3(x_9)=e_2x_9^2+f_2x_9+g_2. \qquad (6.10)$$

用 MATLAB 作最小二乘拟合和统计分析可得到结果为

$a_1=24.7299$, $b_1=-0.0937$, $c_1=-0.0356$, $R^2=0.9933$;
$a_2=29.9575$, $b_2=-0.0563$, $c_2=-0.0839$, $R^2=0.9873$;
$e_1=0.000553$, $f_1=-0.1084$, $g_1=8.5879$, $R^2=0.9849$;
$e_2=0.000368$, $f_2=-0.0822$, $g_2=7.3272$, $R^2=0.9626$.

由相关系数 R 值可以看出,拟合结果是令人满意的.

将拟合结果(6.9)式和(6.10)式代入模型(6.8)的目标函数中,并对约束条件做相应的修改,则可以得到一个非线性规划模型:

$$\max z = (a_1 + b_1 x_1 + c_1 x_3)x_1 + 30x_2 + (a_2 + b_2 x_1 + c_2 x_3)x_3 + 20x_4$$
$$- 15x_7 - (e_1 x_8^2 + f_1 x_8 + g_1)x_8 - (e_2 x_9^2 + f_2 x_9 + g_2)x_9$$

$$\text{s.t.} \begin{cases} x_5 = 2x_7, \quad x_6 = 3x_7, \quad x_2 = 0.8x_8, \quad x_4 = 0.7x_9, \\ x_5 = x_1 + x_8, \quad x_6 = x_3 + x_9, \\ 15x_7 + 12x_8 + 10x_9 \leqslant 2000, \\ 0.2(x_1 + x_2 + x_3 + x_4) = x_2 + x_4, \\ x_i \geqslant 0 \quad (i = 1, 2, \cdots, 9). \end{cases} \quad (6.11)$$

将拟合系数代入(6.11)式中,利用 LINGO 软件求解得

$$x_1 = 46.95238, \quad x_2 = 55.2381, \quad x_3 = 174, \quad x_4 = 0, \quad x_5 = 116,$$
$$x_6 = 174, \quad x_7 = 58, \quad x_8 = 69.04762, \quad x_9 = 0.$$

其目标函数的最优值为 $z=3405.147$. 由此可以得到一周的生产计划的修订方案如下:

购入加工 58 桶牛奶,加工成 116kg A_1,174kg A_2,其中 46.98238kg A_1 直接销售,69.04762kg A_1 再加工成 55.2381kg B_1 出售,而 174kg A_2 全部直接出售,这样可以获得最大利润为 3405.15 元,并且可算得加工时间为 1698.57h,高级奶制品的产量比例为 19.05%。

与原方案比较,购入牛奶桶数、加工时间均减少,获利反而增加. 其原因是根据市场规律和所给数据,采用这个新的销量和加工量,使 A_1 的售价 p_1 将由 10 元/kg 增为 14.04548 元/kg,A_2 的售价 p_2 由 9 元/kg 增为 12.56805 元/kg,而 A_1 的深加工费用 q_2 由 4 元/kg 降为 3.720887 元/kg,显然这一方案要优于原来的方案.

6.7 应用案例练习

练习 6.1 货物供应中心的选址问题

某商业公司现有 5 家销售专卖网点,相应的分布位置坐标和每天的货物销售量如表 6-4 所示. 该公司决定根据这 5 家专卖店的分布位置和销售量,选择一个合适的位置建造一个货物供应中心,负责向这 5 家销售专卖店运送货物. 根据城市规划要求,货物供应中心只能建在以四个顶点坐标分别为(8,10),(12,6),(18,6)和(18,10)的四边形范围内. 问题是在单位运费一定(不妨设为 1 元/km)的情况下,货物供应中心应建在何处才能使得每天的总运输费用最少?

表 6-4 销售专卖店的数据

销售专卖店	位置坐标	每天货物销售量/kg	销售专卖店	位置坐标	每天货物销售量/kg
A	(3,12)	18	D	(18,12)	16
B	(6,6)	11	E	(12,14)	9
C	(10,2)	5			

练习 6.2　模具的生产安排问题

某工厂专门生产甲、乙两种型号模具,根据现有生产条件,生产甲种模具 100 套需要 6h;生产乙种模具 100 套需要 5h,每周安排生产 60h,而把每周生产的产品存放在仓库里,其最大存放空间为 15000m^3,每 100 套甲种模具要占用仓库空间 10m^3,而每 100 套乙种模具要占用仓库空间 20m^3. 每 100 套甲种模具收益 6000 元,但该种模具每周的销售量不超过 800 套;每 100 套乙种模具收益 8000 元,该产品市场需求量大,处于供不应求的状态. 如果接近或达到实际的生产能力时,要加班生产,就会增加产品的成本,从而降低单位产品的收益. 经验表明,满负荷加班生产会使每套甲、乙两种模具收益分别降低 5 元和 4 元. 问该厂每周应各生产两种型号的模具多少套,才能使得总收益最大?

练习 6.3　纺织厂的生产安排问题

某纺织厂拟生产 A,B,C 三种不同的布料,根据工厂的实际条件,每天安排两班生产,每周总生产时间为 90h. 为了降低成本,工厂要求每周的能耗最多不超过 150t 标准煤. 其他有关的生产能力、利润、销售量、能耗等指标如表 6-5 所示. 问该纺织厂每周这三种布料各生产多少米,才能使得该厂的经济效益(总利润/总能耗)最大.

表 6-5　纺织厂的生产安排问题的相关数据

布料名称	生产量/(m/h)	利润/(元/m)	最大销量/(m/周)	能耗/(t/km)
A	400	2.5	40000	1.2
B	500	2.0	48000	1.3
C	360	3.0	30000	1.4

练习 6.4　部队装备供应问题

某军工厂专为部队生产某种装备配套设备,通常这种装备每年的需求量都是固定的. 已知第一季度末需要 40 套,第二季度末需要 60 套,第三季度需要 80 套. 该工厂每季度的最大生产能力为 100 套,每季度的生产成本费用是生产数量 x 的函数,即 $f(x)=50x+0.2x^2$(元). 如果工厂生产数量多于部队使用量,多余的设备可以储存到下一个季度交货,但该工厂每套设备需要支付储存费用 4 元. 问该军工厂每季度要生产多少套这种设备,既要保障部队的需求,又要使工厂所花费的总费用最少? 不妨假设在每年的第一季度开始时无存货.

练习 6.5　产品的促销问题

某公司的营销管理员因经营需要,正在考虑如何安排两种不相关产品的促销活动,已知在两种产品促销水平上的决策变量要受到资源的约束,假设用 x_1, x_2 表示两种产品促销活动的水平,则相应的约束为 $4x_1+x_2 \leqslant 20$ 和 $x_1+4x_2 \leqslant 20$. 随着广告促销水平的增加,广告活动的回报会减少,从而要想取得同样程度销售增加量,就必须付出更多的广告成本. 为此,营销管理员经过分析发现,对于产品 I,当广告促销水平为 x_1 时,对应的收入为 $3x_1-(x_1-1)^2$(百万元);

而产品Ⅱ相应的收入为 $3x_2-(x_2-2)^2$（百万元）. 试为该公司确定两种产品广告促销水平的最优组合.

练习 6.6 综合投资组合问题

已知有 A,B,C 三种股票在过去近 12 年的价值每年的增长情况(包括分红收益在内)及相应的 500 种股票的价格综合指数增长情况(最后一列)如表 6-6 所示.

表 6-6 三种股票的收益数据

年份	A 的价值/元	B 的价值/元	C 的价值/元	综合指数
1	1.300	1.225	1.149	1.258997
2	1.103	1.290	1.260	1.197526
3	1.216	1.216	1.419	1.364361
4	0.954	0.728	0.922	0.919287
5	0.929	1.144	1.169	1.057080
6	1.056	1.107	0.965	1.055012
7	1.038	1.321	1.133	1.187925
8	1.089	1.305	1.732	1.317120
9	1.090	1.195	1.021	1.240164
10	1.083	1.390	1.131	1.183675
11	1.035	0.928	1.006	0.990108
12	1.176	1.715	1.908	1.526236

现在某投资公司准备用一笔资金投资这三种股票,并期望年收益率至少达到 15%,那么该公司应如何进行投资组合,请你给出最佳的投资组合方案. 并分析讨论当期望的年收益率变化时,投资组合方案和相应的风险如何变化?

第 7 章

动 态 规 划

　　动态规划(dynamic programming)是运筹学的一个重要的分支,它是一种将复杂的多阶段决策问题转化为一系列比较简单的最优化问题的方法,它的基本特征是优化过程的多阶段性.

　　动态规划是求解某一类问题的一种方法,是考查问题的一种途径,而不是一种算法,它没有标准的数学表达式和具体的标准求解算法,必须具体问题具体分析、处理.因此,在学习这部分内容时要注重对动态规划基本概念和方法的理解,重点掌握动态规划模型的建立方法和特点,学会用创造性的方法和技巧求解模型.

　　动态规划是一种用于处理多阶段决策问题的数学方法,主要是先将一个复杂的问题分解成相互联系的若干阶段,每个阶段即为一个子问题,然后逐个解决,当每个阶段的决策确定之后,整个过程的决策也就确定了.阶段一般用时间段来表示(即与时间有关),这就是"动态"的含义,把这种处理问题的方法称为**动态规划方法**.动态规划是 1951 年美国数学家贝尔曼(R. E. Bellman)等人在研究一类多阶段决策问题时提出的.随着研究工作的不断深入和发展,现在,动态规划已广泛应用于工程技术、工业生产、军事及经济管理等各个领域,并取得了显著的效果,尤其是近些年来,动态规划的方法被广泛用于解决最优控制的问题.对于许多复杂的问题(特别是离散型优化问题),采用动态规划方法来解决是一种非常有效的方法和工具.

7.1 动态规划的问题与数学模型

7.1.1 动态规划的基本问题

例 7.1　最短路线问题

　　假设从 A 地到 G 地要铺设一条管道,如图 7-1 所示,中间经过 5 个中转站,第一个中转站可以在$\{B_1, B_2\}$中任选一个,第二、三、四、五个中转站分别在$\{C_1, C_2, C_3, C_4\}$,$\{D_1,$

$D_2, D_3\}, \{E_1, E_2, E_3\}, \{F_1, F_2\}$ 中任选一个. 由于地理条件的限制, 有些站点之间不可直接铺设管道(图中无连线的站点), 连线上的数据表示相应管道的成本(距离、费用等). 试求从 A 到 G 使得成本最低的一条管道铺设线路.

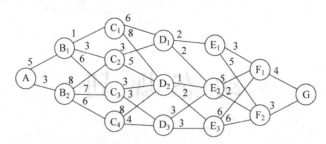

图 7-1 最短路问题的示意图

解 由题意可知, 从 A 到 G 可以将其分为 6 个阶段:
$$A \xrightarrow{1} B \xrightarrow{2} C \xrightarrow{3} D \xrightarrow{4} E \xrightarrow{5} F \xrightarrow{6} G,$$
共有 48 条可能的路线, 现在的问题是求每一个阶段成本的最小值.

在这里分步来考虑这个问题, 不妨按逆序方法进行.

(1) 求一个阶段最优选择

从 F 到 G: $d(F_1, G) = 4, d(F_2, G) = 3$, 最优选择为 $f_6(F_1) = d(F_1, G) = 4, f_6(F_2) = d(F_2, G) = 3$, 所以最优路线为 $F_2 \to G$.

(2) 求两个阶段最优选择

从 E 到 G, 有三个出发点 E_1, E_2, E_3: 最优选择分别为
$$f_5(E_1) = \min\{d(E_1, F_1) + f_6(F_1), d(E_1, F_2) + f_6(F_2)\}$$
$$= \min\{3+4, 5+3\} = 7,$$
对应的路线为 $E_1 \to F_1 \to G$;
$$f_5(E_2) = \min\{d(E_2, F_1) + f_6(F_1), d(E_2, F_2) + f_6(F_2)\}$$
$$= \min\{5+4, 2+3\} = 5,$$
对应的路线为 $E_2 \to F_2 \to G$;
$$f_5(E_3) = \min\{d(E_3, F_1) + f_6(F_1), d(E_3, F_2) + f_6(F_2)\}$$
$$= \min\{6+4, 6+3\} = 9,$$
对应的路线为 $E_3 \to F_2 \to G$. 所以两个阶段的最优路线为 $E_2 \to F_2 \to G$.

(3) 求三个阶段最优选择

从 D 到 G, 有三个出发点 D_1, D_2, D_3, 最优选择分别为
$$f_4(D_1) = \min\{d(D_1, E_1) + f_5(E_1), d(D_1, E_2) + f_5(E_2)\}$$
$$= \min\{2+7, 2+5\} = 7,$$

对应的路线为 $D_1 \to E_2 \to F_2 \to G$；
$$f_4(D_2) = \min\{d(D_2,E_2) + f_5(E_2), d(D_2,E_3) + f_5(E_3)\}$$
$$= \min\{1+5, 2+9\} = 6,$$
对应的路线为 $D_2 \to E_2 \to F_2 \to G$；
$$f_4(D_3) = \min\{d(D_3,E_2) + f_5(E_2), d(D_3,E_3) + f_5(E_3)\}$$
$$= \min\{3+5, 3+9\} = 8,$$
对应的路线为 $D_3 \to E_2 \to F_2 \to G$. 所以最短路线为 $D_2 \to E_2 \to F_2 \to G$.

(4) 求四个阶段最优选择

从 C 到 G 有四个出发点 C_1, C_2, C_3, C_4，最优选择分别为
$$f_3(C_1) = \min\{d(C_1,D_1) + f_4(D_1), d(C_1,D_2) + f_4(D_2)\}$$
$$= \min\{6+7, 8+6\} = 13,$$
对应的路线为 $C_1 \to D_1 \to E_2 \to F_2 \to G$；
$$f_3(C_2) = \min\{d(C_2,D_1) + f_4(D_1), d(C_2,D_2) + f_4(D_2)\}$$
$$= \min\{3+7, 5+6\} = 10,$$
对应的路线为 $C_2 \to D_1 \to E_2 \to F_2 \to G$；
$$f_3(C_3) = \min\{d(C_3,D_2) + f_4(D_2), d(C_3,D_3) + f_4(D_3)\}$$
$$= \min\{3+6, 3+8\} = 9,$$
对应的路线为 $C_3 \to D_2 \to E_2 \to F_2 \to G$；
$$f_3(C_4) = \min\{d(C_4,D_2) + f_4(D_2), d(C_4,D_3) + f_4(D_3)\}$$
$$= \min\{8+6, 4+8\} = 12,$$
对应的路线为 $C_4 \to D_3 \to E_2 \to F_2 \to G$. 所以四个阶段的最优路线为 $C_3 \to D_2 \to E_2 \to F_2 \to G$.

(5) 求五个阶段最优选择

从 B 到 G 有两个出发点 B_1, B_2，最优选择分别为
$$f_2(B_1) = \min_{1 \leqslant i \leqslant 3}\{d(B_1,C_i) + f_3(C_i)\}$$
$$= \min\{1+13, 3+10, 6+9\} = 13,$$
对应的路线为 $B_1 \to C_2 \to D_1 \to E_2 \to F_2 \to G$；
$$f_2(B_2) = \min_{2 \leqslant i \leqslant 4}\{d(B_2,C_i) + f_3(C_i)\}$$
$$= \min\{8+10, 7+9, 6+12\} = 16,$$
对应的路线为 $B_2 \to C_2 \to D_1 \to E_2 \to F_2 \to G$. 所以最短路线为 $B_1 \to C_2 \to D_1 \to E_2 \to F_2 \to G$.

(6) 求六个阶段最优选择

从 A 到 G 有一个出发点 A，最优选择为
$$f_1(A) = \min\{d(A,B_1) + f_2(B_1), d(A,B_2) + f_2(B_2)\}$$
$$= \min\{5+13, 3+16\} = 18,$$

对应的路线为 A→B_1→C_2→D_1→E_2→F_2→G.

综上所述,问题的最优路线为 A→B_1→C_2→D_1→E_2→F_2→G,总的成本(最优值)为 18,结果如图 7-2 所示.

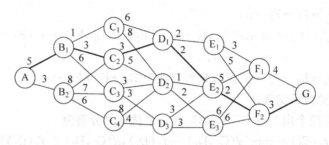

图 7-2 最短路线图

由上例可以看出,这是一个典型的多阶段的决策问题,在每一阶段的最优决策确定之后,则整个过程的最优决策也就确定了.这种处理问题的阶段性思想符合人们的思维过程,这就是动态规划解决多阶段优化决策问题的思想.

7.1.2 动态规划的基本概念

(1) **阶段与阶段变量** 阶段是指一个问题需要做出决策的步骤,即把问题的过程分为若干个相互联系着的阶段,使能够按阶段的次序求解,描述阶段的变量称为**阶段变量**,常用字母 k 表示.

(2) **状态与状态变量** 在多阶段决策过程中,每一阶段都具有一些特征(自然状况,或客观条件),这就是**状态**.用来描述状态的变量称为状态变量,通常第 k 阶段的状态变量用 $s_k(k=1,2,\cdots,n)$ 表示,它的取值可以是一个数、一组数或一个向量等.状态变量可取值的全体所构成的集合称为**可达状态集合**(或**允许状态集合**),用 $S_k(k=1,2,\cdots,n)$ 表示.

(3) **决策和决策变量** 当过程处于某一阶段的某个状态时,可以做出不同的决定(或选择),从而确定下一阶段的状态,这种决定称为**决策**.描述决策的变量称为**决策变量**,用 $x(s_k)$ 表示第 k 阶段 $s_k(k=1,2,\cdots,n)$ 状态的决策变量.决策变量的取值范围称为**允许决策集合**,用 $D_k(s_k)$ 表示第 k 阶段状态 $s_k(k=1,2,\cdots,n)$ 的允许决策集合,即 $x_k(s_k) \in D_k(s_k)(k=1,2,\cdots,n)$.

(4) **策略与子策略** 策略是一个按顺序排列的决策组成的集合.由第 k 阶段开始到终止状态为止的过程,称为问题的**后部子过程**,或 k **子过程**,由 k 子过程的每一阶段的决策按顺序排列组成的决策函数序列 $\{x_k(s_k),\cdots,x_n(s_n)\}$,称为 k 子过程策略,记为 $p_{k,n}(s_k)$,即 $p_{k,n}(s_k)=\{x_k(s_k),x_{k+1}(s_{k+1}),\cdots,x_n(s_n)\}$,当 $k=1$ 时,此决策函数序列称为全过程的一个策略，记为 $p_{1,n}(s_1)$，即 $p_{1,n}(s_1) = \{x_1(s_1), x_2(s_2), \cdots, x_n(s_n)\}$.

可供选择的策略范围称为**允许策略集合**，用 P 表示，从允许策略集合中找出达到最优效果的策略称为**最优策略**.

(5) **状态转移函数** 状态函数是确定多阶段决策过程中，由一个状态到另一个状态的演变过程. 如果给定了第 k 阶段状态变量 s_k 和该阶段的决策变量 $x_k(s_k)$，则第 $k+1$ 阶段的状态变量 s_{k+1} 的值也随之而定，即 s_{k+1} 随 s_k 和 $x_k(s_k)$ 的变化而变化. 这种对应关系记为 $s_{k+1} = T_k(s_k, x_k(s_k))$，称为状态转移方程，$T_k(s_k, x_k)$ 称为状态转移函数.

(6) **指标函数（回收函数）** 在多阶段决策过程中，用来衡量所实现过程优劣的一种数量指标称为**指标函数**. 它是定义在全过程或所有后部子过程上的数量函数，即是各阶段的状态和决策变量的函数，记为 $V_{k,n}$，即

$$V_{k,n} = V_{k,n}(s_k, x_k, s_{k+1}, x_{k+1}, \cdots, s_n, x_n, s_{n+1}) \quad (k=1,2,\cdots,n).$$

指标函数具有可分离性和递推关系，即

$$V_{k,n}(s_k, x_k, s_{k+1}, x_{k+1}, \cdots, s_n, x_n, s_{n+1}) = \varphi_k[s_k, x_k, V_{k+1,n}(s_{k+1}, x_{k+1}, \cdots, s_n, x_n, s_{n+1})].$$

特别地，常用的指标函数有两种形式：

① 全过程和任一子过程的指标函数是它所包含的各阶段的指标函数之和，即

$$V_{k,n}(s_k, x_k, s_{k+1}, x_{k+1}, \cdots, s_n, x_n, s_{n+1}) = \sum_{j=k}^{n} v_j(s_j, x_j),$$

其递推关系为

$$V_{k,n}(s_k, x_k, s_{k+1}, x_{k+1}, \cdots, s_n, x_n, s_{n+1}) = v_k(s_k, x_k) + V_{k+1,n}(s_{k+1}, x_{k+1}, \cdots, x_n, s_{n+1}).$$

② 全过程和任一子过程的指标函数是它所包含的各阶段的指标函数的乘积，即

$$V_{k,n}(s_k, x_k, s_{k+1}, x_{k+1}, \cdots, s_n, x_n, s_{n+1}) = \prod_{j=1}^{n} v_j(s_j, x_j),$$

其递推关系为

$$V_{k,n}(s_k, x_k, s_{k+1}, x_{k+1}, \cdots, s_n, x_n, s_{n+1}) = v_k(s_k, x_k) V_{k+1,n}(s_{k+1}, x_{k+1}, \cdots, x_n, s_{n+1}).$$

(7) **最优值函数** 从第 k 阶段的状态 s_k 开始到第 n 阶段的终止状态 s_{n+1} 的过程，采取最优策略所得到的指标函数值称为**最优值函数**，记为 $f_k(s_k)$ $(k=1,2,\cdots,n)$，即

$$f_k(s_k) = \underset{\{x_k, x_{k+1}, \cdots, x_n\}}{\text{opt}} V_{k,n}(s_k, x_k, s_{k+1}, x_{k+1}, \cdots, s_n, x_n, s_{n+1}).$$

说明 在实际中，指标函数的含义可以是距离、利润、成本、时间、产品的产量、资源消耗等.

例如，对于例 7.1 的最短路线问题相应的有：

$$v_k(s_k, x_k) = d_k(s_k, x_k)(k=1,2,\cdots,6), s_7 = G,$$

$$V_{k,n}(s_k, x_k, s_{k+1}, x_{k+1}, \cdots, s_6, x_6, s_7) = \sum_{j=k}^{6} v_j(s_j, x_j) = \sum_{j=k}^{6} d_j(s_j, x_j),$$

其最优值函数 $f_1(A)=18$.

7.1.3 动态规划的基本条件

要对一个实际问题建立动态规划模型必须要遵守五个要素：

(1) 将问题化为恰当的 n 个阶段；

(2) 正确选择状态变量 s_k，使它既能表达过程，又要具有无后效性和可知性：

① **无后效性** 如果某阶段状态已给定，则以后过程的发展不受以前各阶段状态的影响，也就是说当前状态就是未来过程的初始状态；

② **可知性** 规定的各阶段状态变量的值，由直接或间接都是可以知道的.

(3) 确定决策变量 x_k 及每一阶段的允许决策集合；

(4) 写出状态转移方程：$s_{k+1}=T_k(s_k,x_k), k=1,2,\cdots,n$；

(5) 正确写出指标函数 $V_{k,n}$ 的关系，它满足下列三个性质：

① 它是过程各阶段状态变量和决策变量的函数；

② 具有可分离性和递推关系，即

$$V_{k,n}(s_k,x_k,s_{k+1},x_{k+1},\cdots,s_n,x_n,s_{n+1}) = \varphi_k[s_k,x_k,V_{k+1,n}(s_{k+1},x_{k+1},\cdots,s_n,x_n,s_{n+1})];$$

③ 函数 $\varphi_k[s_k,x_k,V_{k+1,n}(s_{k+1},x_{k+1},\cdots,s_n,x_n,s_{n+1})]$ 是关于 $V_{k+1,n}$ 的严格单调的.

7.1.4 动态规划的基本模型

1. 逆序解法模型

设指标函数的形式为

$$V_{k,n}(s_k,x_k,s_{k+1},x_{k+1},\cdots,s_n,x_n,s_{n+1}) = \sum_{j=k}^{n} v_j(s_j,x_j),$$

且具有上面的三个性质，则

$$V_{k,n} = v_k(s_k,x_k) + V_{k+1}(s_{k+1},x_{k+1},\cdots,x_n,s_{n+1}).$$

如果初始状态 s_k 给定，则决策变量 $x_k(s_k)$ 随之确定，k 子过程的策略 $p_{k,n}(s_k)$ 也就确定，从而指标函数 $V_{k,n}$ 也同时确定了. 于是，指标函数可以看成是初始状态和策略的函数，即对 k 子过程的指标函数为 $V_{k,n}[s_k,p_{k,n}(s_k)]$，且有递推关系

$$V_{k,n}[s_k,p_{k,n}(s_k)] = v_k(s_k,x_k) + V_{k+1,n}(s_{k+1},p_{k+1,n}),$$

其中子策略 $p_{k,n}(s_k)=\{x_k(s_k),p_{k+1,n}(s_{k+1})\}$，即为决策变量 $x_k(s_k)$ 和子策略 $p_{k+1,n}(s_{k+1})$ 的集合.

如果用 $p_{k,n}^*(s_k)$ 表示以第 k 阶段状态 s_k 为初始状态的后部子过程所有子策略中的最优子策略，则最优值函数为

$$f_k(s_k) = V_{k,n}[s_k,p_{k,n}^*(s_k)] = \mathop{\mathrm{opt}}\limits_{p_{k,n}} V_{k,n}[s_k,p_{k,n}(s_k)],$$

其中

$$\operatorname*{opt}_{p_{k,n}} V_{k,n}[s_k, p_{k,n}(s_k)] = \operatorname*{opt}_{\{x_k, p_{k+1,n}\}} \{v_k(s_k, x_k) + V_{k+1,n}[s_{k+1}, p_{k+1,n}(s_{k+1})]\}$$
$$= \operatorname*{opt}_{x_k \in D_k(s_k)} \{v_k(s_k, x_k) + \operatorname*{opt}_{p_{k+1,n}} V_{k+1,n}[s_{k+1}, p_{k+1,n}(s_{k+1})]\},$$

而 $f_{k+1}(s_{k+1}) = \operatorname*{opt}_{p_{k+1,n}} V_{k+1,n}[s_{k+1}, p_{k+1,n}(s_{k+1})]$,故此有

$$\begin{cases} f_k(s_k) = \operatorname*{opt}_{x_k \in D_k(s_k)} \{v_k(s_k, x_k) + f_{k+1}(s_{k+1})\} & (k = n, n-1, \cdots, 2, 1), \\ \text{边界条件为} f_{n+1}(s_{n+1}) = 0 \quad \text{或} \quad f_n(s_n) = v_n(s_n, x_n). \end{cases} \tag{7.1}$$

模型(7.1)称为动态规划逆序解法的基本方程.实际求解时,由边界条件,从 $k=n$ 开始,由后向前逆推,逐阶段求出最优决策和过程的最优值,最后求出 $f_1(s_1)$ 为问题的最优解.

2. 顺序解法模型

设过程的第 k 阶段的状态为 s_k,其决策变量 x_k 表示当状态处于 s_{k+1} 的决策,即由 $x_k(s_{k+1})$ 确定,则状态转移方程为 $s_k = T_k^r(s_{k+1}, x_k)$, k 阶段的允许决策集合记为 $D_k^r(s_{k+1})$,指标函数定义为

$$V_k(s_{k+1}, x_k, s_k, x_{k-1}, \cdots, x_1, s_1),$$

相应的最优值函数为

$$f_k(s_{k+1}) = \operatorname*{opt}_{x_k \in D_k^r(s_{k+1})} \{V_k(s_{k+1}, x_k, \cdots, x_1, s_1)\},$$

则有

$$\begin{cases} f_k(s_{k+1}) = \operatorname*{opt}_{x_k \in D_k^r(s_{k+1})} \{v_k(s_{k+1}, x_k) + f_{k-1}(s_k)\} & (k = 1, 2, \cdots, n), \\ \text{边界条件为} f_0(s_1) = 0. \end{cases} \tag{7.2}$$

模型(7.2)称为动态规划顺序解法的基本方程.实际求解时,由边界条件,从 $k=1$ 开始,由前向后顺推,逐阶段求出最优决策和过程的最优值,最后求出 $f_n(s_{n+1})$ 为问题的最优解.

7.2 动态规划的求解方法

动态规划的求解方法有逆序解法和顺序解法两种:如果已知过程的初始状态,则用逆序解法;如果已知过程的终止状态,则用顺序解法.

逆序解法的流程图如图 7-3 所示.

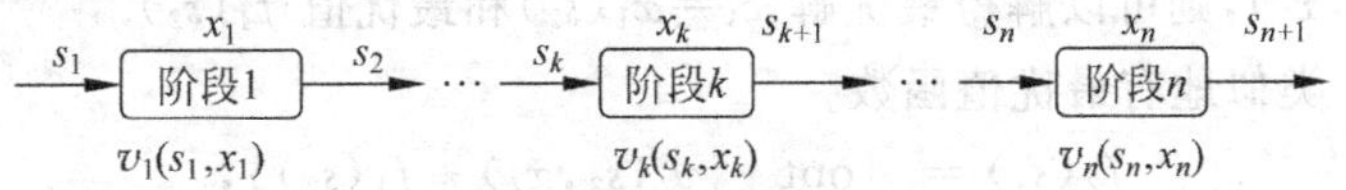

图 7-3 逆序解法流程图

设状态变量为 $s_1,\cdots,s_k,\cdots,s_{n+1}$；决策变量为 $x_1,\cdots,x_k,\cdots,x_n$；状态转移方程为 $s_{k+1}=T_k(s_k,x_k)(k=1,2,\cdots,n)$；全过程的指标函数为
$$V_{1,n}=v_1(s_1,x_1)*v_2(s_2,x_2)*\cdots*v_n(s_n,x_n),$$
其中 * 表示"＋"或"×"。则最优值函数为 $\mathrm{opt}V_{1,n}$。

7.2.1 动态规划的逆序求解方法

设已知初始状态为 s_1，用 $f_k(s_k)$ 表示从第 k 阶段初始状态 s_k 到第 n 阶段的最优值。

第 n 阶段：指标函数的最优值记为
$$f_n(s_n)=\operatorname*{opt}_{x_n\in D_n(s_n)}v_n(s_n,x_n),$$
此为一维极值问题，不妨设有最优解 $x_n=x_n(s_n)$，于是有最优值 $f_n(s_n)$。

第 $n-1$ 阶段：类似地有最优值函数为
$$f_{n-1}(s_{n-1})=\operatorname*{opt}_{x_{n-1}\in D_{n-1}(s_{n-1})}\{v_{n-1}(s_{n-1},x_{n-1})*f_n(s_n)\},$$
其中 $s_n=T_{n-1}(s_{n-1},x_{n-1})$，则可以解得最优解 $x_{n-1}=x_{n-1}(s_{n-1})$，于是最优值为 $f_{n-1}(s_{n-1})$。

不妨设第 $k+1$ 阶段的最优解为 $x_{k+1}=x_{k+1}(s_{k+1})$ 和最优值 $f_{k+1}(s_{k+1})$，则对于第 k 阶段的最优值函数
$$f_k(s_k)=\operatorname*{opt}_{x_k\in D_k(s_k)}\{v_k(s_k,x_k)*f_{k+1}(s_{k+1})\},$$
其中 $s_{k+1}=T_k(s_k,x_k)$，则可以解得最优解 $x_k=x_k(s_k)$ 和最优值为 $f_k(s_k)$。

依此类推，直到第 1 阶段，则有最优值函数为
$$f_1(s_1)=\operatorname*{opt}_{x_1\in D_1(s_1)}\{v_1(s_1,x_1)*f_2(s_2)\},$$
其中 $s_2=T_1(s_1,x_1)$，则可以解得最优解 $x_1=x_1(s_1)$ 和最优值为 $f_1(s_1)$。

由于已知初始状态 s_1，则可以得到 x_1 与 $f_1(s_1)$。从而可知 $s_2,x_2,f_2(s_2)$，按照上面的过程反推回去，即可得到每一阶段和全过程的最优决策。

7.2.2 动态规划的顺序求解方法

设已知终止状态为 s_{n+1}，用 $f_k(s_{k+1})$ 表示从第 1 阶段初始状态 s_1 到第 k 阶段末的结束状态 s_{k+1} 的最优值。

第一阶段：指标函数的最优值记为
$$f_1(s_2)=\operatorname*{opt}_{x_1\in D_1(s_1)}v_1(s_1,x_1),$$
其中 $s_1=T_1(s_2,x_1)$，则可以解得最优解 $x_1=x_1(s_2)$ 和最优值 $f_1(s_2)$。

第二阶段：类似地有最优值函数
$$f_2(s_3)=\operatorname*{opt}_{x_2\in D_2(s_2)}\{v_2(s_2,x_2)*f_1(s_2)\},$$
其中 $s_2=T_2(s_3,x_2)$，则可以解得最优解 $x_2=x_2(s_3)$，于是有最优值为 $f_2(s_3)$。

不妨设第 k 阶段的最优值函数为
$$f_k(s_{k+1}) = \operatorname*{opt}_{x_k \in D_k(s_k)} \{v_k(s_k, x_k) * f_{k-1}(s_k)\},$$
其中 $s_k = T_k(s_{k+1}, x_k)$，其最优解为 $x_k = x_k(s_{k+1})$ 和最优值为 $f_k(s_{k+1})$.

依此类推，直到第 n 阶段的最优值函数为
$$f_n(s_{n+1}) = \operatorname*{opt}_{x_n \in D_n(s_n)} \{v_n(s_n, x_n) * f_{n-1}(s_n)\},$$
其中 $s_n = T_n(s_{n+1}, x_n)$，则可以解得最优解为 $x_n = x_n(s_{n+1})$ 和最优值为 $f_n(s_{n+1})$.

由于已知终止状态 s_{n+1}，则可以得到 x_n，从而可得 $s_n, x_{n-1}, f_{n-1}(s_n)$. 按上面的过程反推回去，直到得到 $s_1, x_1, f_1(s_2)$ 为止，即得到整个过程和各阶段的最优决策.

7.3 应用案例分析

例 7.2 一类静态规划的动态规划问题

实际中，对某些静态规划问题可以人为地引入时间因素，视为一个按阶段进行的动态规划问题，利用动态规划的方法求解. 比如载货问题、分配问题、背包问题等，这类问题都具有类似形式的数学模型. 其一般形式为

$$\max z = \sum_{j=1}^n g_j(x_j) \left(\text{或} \prod_{j=1}^n g_j(x_j)\right)$$

$$\text{s.t.} \begin{cases} \sum_{j=1}^n a_j x_j \leqslant b, \\ 0 \leqslant x_j \leqslant c_j \quad (j=1,2,\cdots,n). \end{cases}$$

其中 $g_j(x_j)(j=1,2,\cdots,n)$ 为已知函数，可以是线性函数，也可是非线性函数；$x_j(j=1,2,\cdots,n)$ 也可以为整数变量.

解 把问题分为 n 个阶段，取 x_k 为第 k 阶段的决策变量，此时 $f_{n+1}(s_{n+1}) = 0$ 为边界条件，指标函数以 $z = \sum_{j=1}^n g_j(x_j)$ 为例，则指标函数的递推关系为

$$f_k(s_k) = \max \{g_k(x_k) + f_{k+1}(s_{k+1})\} \quad (k=1,2,\cdots,n),$$

状态变量为 $s_k = \sum_{i=k}^n a_i x_i (k=1,2,\cdots,n)$；

允许决策集合为 $D_k(s_k) = \left\{x_k \mid 0 \leqslant x_k \leqslant \min\left\{c_k, \dfrac{s_k}{a_k}\right\}\right\}(k=1,2,\cdots,n)$；

允许状态集合为 $S_k = \{s_k \mid 0 \leqslant s_k \leqslant b\}(1 < k \leqslant n)$，$S_1 = \{b\}$；

状态转移函数为 $s_{k+1} = s_k - a_k x_k (k=1,2,\cdots,n-1)$，$s_{n+1} = 0$.

对于指标函数为 $z = \prod_{j=1}^n g_j(x_j)$ 的情况有类似的结果.

注意,当决策变量 x_k 要求取整数时,只要对允许决策集合中限制在整数集合内取值即可.

例 7.3　载货问题

设有一辆载重量为 15t 的卡车,要装运 4 种货物,已知 4 种货物的单位重量和价值如表 7-1 所示,在载重量许可的条件下每辆车装载某种货物的条件不限,试问如何搭配这 4 种货物才能使每辆车装载货物的价值最大?

表 7-1　货物的重量和价值

货物代号	重量/t	价值/千元	货物代号	重量/t	价值/千元
1	2	3	3	4	5
2	3	4	4	5	6

解　设决策变量 x_1, x_2, x_3, x_4 分别为 4 种货物的装载件数,则问题为一线性整数规划:

$$\max z = 3x_1 + 4x_2 + 5x_3 + 6x_4$$

$$\text{s.t.} \begin{cases} 2x_1 + 3x_2 + 4x_3 + 5x_4 \leqslant 15, \\ x_i \geqslant 0 \text{ 且为整数} \quad (i = 1, 2, 3, 4). \end{cases}$$

将其转化为动态规划问题,分为 4 个阶段,每个阶段的指标函数记为

$$g_1(x_1) = 3x_1, \quad g_2(x_2) = 4x_2, \quad g_3(x_3) = 5x_3, \quad g_4(x_4) = 6x_4.$$

状态变量 s_k 表示第 k 种至第 4 种货物总允许载重量,即

$$s_k = \sum_{i=k}^{4}(k+1)x_i \quad (k=1,2,3,4),$$

允许状态集合为 $S_k = \{0, 1, 2, \cdots, 15\}, k=1,2,3,4$,最优值函数 $f_k(s_k)$ 表示装载第 k 种至第 4 种货物的价值,则动态规划模型为

$$\begin{cases} f_k(s_k) = \max_{x_k \in D_k(s_k)} \{g_k(x_k) + f_{k+1}(s_{k+1})\}, \\ f_5(s_5) = 0 \quad (k=4,3,2,1). \end{cases}$$

状态转移方程为 $s_{k+1} = s_k - (k+1)x_k, k=1,2,3,4$,允许决策集合为

$$D_k(s_k) = \left\{0, 1, 2, \cdots, \left[\frac{s_k}{k+1}\right]\right\} \quad (k=1,2,3,4).$$

即表示在载重量允许的范围内可能装载第 k 种货物的件数.

用逆序方法求解如下:

$k=4$: $f_4(s_4) = \max\{6x_4\}, \quad x_4 \in D_4(s_4), s_4 \in S_4$,

$$D_4(s_4) = \left\{0, 1, \cdots, \left[\frac{s_4}{5}\right]\right\}, \quad S_4 = \{0, 1, \cdots, 15\};$$

$k=3$: $f_3(s_3) = \max\{5x_3 + f_4(s_4)\}$, $x_3 \in D_3(s_3)$, $s_3 \in S_3$,

$D_3(s_3) = \{0,1,\cdots,[\frac{s_3}{4}]\}$, $S_3 = \{0,1,\cdots,15\}$, $s_4 = s_3 - 4x_3$;

$k=2$: $f_2(s_2) = \max\{4x_2 + f_3(s_3)\}$, $x_2 \in D_2(s_2), s_2 \in S_2$,

$D_2(s_2) = \{0,1,\cdots,[\frac{s_2}{3}]\}$, $S_2 = \{0,1,\cdots,15\}$, $s_3 = s_2 - 3x_2$;

$k=1$: $f_1(s_1) = f_1(15) = \max\{3x_1 + f_2(s_2)\}$, $x_1 \in D_1(15)$, $s_1 = 15$,

$D_1(15) = \{0,1,\cdots,7\}$, $s_2 = 15 - 2x_1$.

最后得到问题的最优解为 $x_1^* = 6, x_2^* = 1, x_3^* = 0, x_4^* = 0$,最优值为 22 千元.

例 7.4 一维资源的平行分配问题

所谓的**一维资源的平行分配问题**是指对于某种确定的资源不考虑其分配后回收再利用的资源分配问题.

设某企业现有某种资源,其总数量为 a,用于生产 n 种不同的产品.如果分配数量 x_k 的该种资源用于生产第 k 种产品,其效益为 $g_k(x_k)$,试问该企业如何分配这种资源使生产 n 种产品所产生的总效益最大?

解 设分配用于生产第 k 种产品的资源量为 $x_k(k=1,2,\cdots,n)$,则此问题的数学模型为

$$\max z = \sum_{k=1}^{n} g_k(x_k)$$

$$\text{s.t.} \begin{cases} \sum_{k=1}^{n} x_k = a, \\ x_k \geqslant 0 \quad (k=1,2,\cdots,n). \end{cases}$$

相应的动态规划模型如下:

设状态变量 s_k 表示分配用于生产第 k 种产品至第 n 种产品的资源数量,决策变量 x_k 表示分配给生产第 k 种产品的资源数量,状态转移方程为

$$s_{k+1} = s_k - x_k (s_1 = a) \quad (k=1,2,\cdots,n),$$

允许决策集合为 $D_k(s_k) = \{x_k | 0 \leqslant x_k \leqslant s_k\}(k=1,2,\cdots,n)$. 最优值函数 $f_k(s_k)$ 表示以 s_k 数量的资源分配给第 k 种产品至第 n 种产品所得的最大效益,则问题的递推关系为

$$\begin{cases} f_k(s_k) = \max_{0 \leqslant x_k \leqslant s_k} \{g_k(x_k) + f_{k+1}(s_{k+1})\} \quad (k=n,n-1,\cdots,1); \\ f_n(s_n) = \max_{x_n = s_n} g_n(x_n), \text{或} f_{n+1}(s_{n+1}) = 0. \end{cases}$$

其最优值为 $f_1(a)$.

例 7.5　一维资源的连续分配问题

如果在问题中考虑某种资源的分配后回收再利用,其决策变量是连续的,则此类问题称为**资源的连续分配问题**.

设有数量为 s_1 的某种资源,分配用于 A 和 B 两种生产,第一年以数量 x_1 投入生产 A, s_1-x_1 投入生产 B,则可得收入 $g(x_1)+h(s_1-x_1)$,其中 g 和 h 为已知函数,且 $g(0)=h(0)=0$. 投入后年终可收回再投入生产. 设年回收率分别为 $a(0<a<1)$ 和 $b(0<b<1)$,第一年资源回收总量为 $s_2=ax_1+b(s_1-x_1)$,第二年再将 s_2 中的 x_2 和 s_2-x_2 分别投入 A 和 B 两种生产,则可得收入 $g(x_2)+h(s_2-x_2)$,如此连续投入 n 年,试问应如何决定每年投入 A 生产的资源量 $x_1,x_2,\cdots,x_n$ 才能使总的收入最大?

解　首先由题意不难得到该问题的优化模型为

$$\max z = g(x_1)+h(s_1-x_1)+g(x_2)+h(s_2-x_2)+\cdots+g(x_n)+h(s_n-x_n)$$

$$\text{s.t.} \begin{cases} s_{k+1}=ax_k+b(s_k-x_k), \\ 0 \leqslant x_k \leqslant s_k \quad (k=1,2,\cdots,n). \end{cases}$$

下面用动态规划的逆序解法来求解.

设 s_k 为状态变量,它表示在第 k 阶段(第 k 年)可投入 A,B 两种生产的资源量,x_k 为决策变量,它表示在第 k 阶段(第 k 年)用于 A 生产的资源量,则 s_k-x_k 表示用于 B 生产的资源量. 状态转移方程为 $s_{k+1}=ax_k+b(s_k-x_k)$.

最优值函数 $f_k(s_k)$ 表示有资源 s_k 从第 k 阶段到第 n 阶段采取最优分配方案进行生产后所得到的最大总收入. 于是递推方程为

$$\begin{cases} f_n(s_n) = \max_{0 \leqslant x_n \leqslant s_n} \{g(x_n)+h(s_n-u_n)\}, \\ f_k(s_k) = \max_{0 \leqslant x_k \leqslant s_k} \{g(x_k)+h(s_k-u_k)+f_{k+1}[ax_k+b(s_k-x_k)]\} \quad (k=n-1,\cdots,2,1). \end{cases}$$

最后求出 $f_1(s_1)$,即为所求问题的最大总收入.

例 7.6　二维资源的分配问题

设有 A,B 两种资源,数量分别为 a,b,用于生产 n 种产品,如果 A 种资源以数量 x_k,B 种资源以数量 y_k 用于生产第 k 种产品,其收入为 $g_k(x_k,y_k)$. 试问如何分配这两种资源用于 n 种产品的生产使得总收入最大?

解　由题意建立问题的优化模型如下:

$$\max z = g_1(x_1,y_1)+g_2(x_2,y_2)+\cdots+g_n(x_n,y_n)$$

$$\text{s.t.} \begin{cases} x_1+x_2+\cdots+x_n=a, \\ y_1+y_2+\cdots+y_n=b, \\ x_k \geqslant 0, y_k \geqslant 0 \quad (k=1,2,\cdots,n). \end{cases}$$

该问题可以用动态规划的逆序解法来求解.

设(s'_k,s''_k)为状态变量,s'_k,s''_k分别表示用于生产第k种产品至第n种产品的A,B两种资源量的数量,(x_k,y_k)为决策变量,x_k,y_k分别表示用于生产第k种产品的A,B两种资源的数量.

状态转移方程为
$$\begin{cases} s'_{k+1} = s'_k - x_k, \\ s''_{k+1} = s''_k - y_k; \end{cases}$$

最优值函数$f_k(s'_k,s''_k)$表示由资源(s'_k,s''_k)从第k阶段到第n阶段采取最优分配方案进行生产后所得到的最大总收入. 于是问题的递推方程为
$$\begin{cases} f_n(s'_n,s''_n) = g_n(x_n,y_n), \\ f_k(s'_k,s''_k) = \max\{g_k(x_k,y_k) + f_{k+1}(s'_{k+1},s''_{k+1})\} \quad (k=n-1,\cdots,2,1). \end{cases}$$

最后求出$f_1(a,b)$,即为所求问题的最大总收入.

类似地,可以将上述的方法直接推广到更一般的多维资源的分配问题.

例 7.7 确定性采购(生产)问题

设某企业(公司)对某种产品要制定一项n个阶段的采购(生产)计划.已知初始库存量为0,每阶段的采购(或生产)的数量上限为m,已知每阶段的需求量为$d_k(k=1,2,\cdots,n)$(满足需要),且在第n阶段结束时库存量为0.试问如何制定每个阶段的采购(生产)计划使总的成本费用最小?

解 设x_k为第k阶段的采购量(或生产量),s_k为第k阶段结束时的库存量,则$s_k = \sum_{j=1}^{k}(x_j - d_j)$,$c_k(x_k)$表示第$k$阶段采购(生产)产品$x_k$时成本费用,包括准备成本$K$和产品成本$ax_k$($a$为单位产品的成本),即

$$c_k(x_k) = \begin{cases} 0, & x_k = 0, \\ K + ax_k, & x_k = 1,2,\cdots,m, \\ \infty, & x_k > m. \end{cases}$$

用$h_k(s_k)$表示k阶段末有库存量s_k所需要的存贮费用,则第k阶段的费用为$g_k = c_k(x_k) + h_k(s_k)$. 于是问题的静态优化模型为

$$\min g = \sum_{k=1}^{n}[c_k(x_k) + h_k(s_k)]$$

$$\text{s. t.} \begin{cases} s_0 = 0, s_n = 0, \\ s_k = \sum_{j=1}^{k}(x_j - d_j) \geq 0 \quad (k=1,2,\cdots,n-1), \\ 0 \leq x_k \leq m, x_k \text{为整数} \quad (k=1,2,\cdots,n). \end{cases}$$

即为一个整数非线性规划模型.

用动态规划的顺序解法求解：设 s_k 为状态变量，x_k 为决策变量，指标函数为 $g_k = c_k(x_k) + h_k(s_k)$，状态转移方程为 $s_k = s_{k-1} + x_k - d_k$，允许决策集合为 $D_k(s_k) = \{x_k | 0 \leqslant x_k \leqslant \sigma_k\}$，$\sigma_k = \min\{m, s_k + d_k\}$，从第 1 阶段到第 k 阶段末的最小费用为 $f_k(s_k)$，即最优值函数. 则问题的基本方程为

$$\begin{cases} f_k(s_k) = \min_{x_k \in D_k(s_k)} \{c_k(x_k) + h_k(s_k) + f_{k-1}(s_{k-1})\} & (k = 1, 2, \cdots, n), \\ f_0(s_0) = 0 \quad \text{或} \quad f_1(s_1) = \min_{0 \leqslant x_1 \leqslant \sigma_1} \{c_1(x_1) + h_1(s_1)\}. \end{cases}$$

从已知的边界条件出发，由基本方程可以推出每一阶段的最优值函数 $f_k(s_k)$，最后可得 $f_n(s_n) = f_n(0)$ 为全过程的最优值，即为问题的最小费用.

例 7.8 采购与库存计划安排问题

设某公司需要制定一种产品今后四个时期的采购与库存计划，根据市场预测在今后四个时期内，该产品的市场需求量如表 7-2 所示. 如果每批产品的固定采购成本费为 3 千元，若不采购成本费为 0 元；每单位产品的成本价为 1 千元；每个时期所允许的最大采购批量不超过 6 个单位；对于每个时期末没能售出的产品，每单位产品需要储存费 0.5 千元. 已知第一个时期的初始库存量和第四个时期末的库存量都为 0. 试问该公司应如何安排各个时期的采购与库存，才能在满足市场需求的条件下，使总的成本费最少.

表 7-2 产品的市场需求量

时期(k)	1	2	3	4
需求量(d_k)	2	3	2	4

解 根据上面的一般问题，按四个时期将问题分为四个阶段，设第 k 个阶段的采购量的 x_k，由题意知，第 k 个阶段的采购成本为

$$c_k(x_k) = \begin{cases} 0, & x_k = 0, \\ 3 + x_k, & x_k = 1, 2, \cdots, 6, \\ \infty, & x_k > 6. \end{cases}$$

第 k 阶段末的库存量为 s_k 时的储存费用为 $h_k(s_k) = 0.5 s_k$，则第 k 阶段内的总成本为 $c_k(x_k) + h_k(s_k)$. 于是有动态规划的顺序解法的基本方程为

$$\begin{cases} f_k(s_k) = \min_{0 \leqslant x_k \leqslant \sigma_k} \{c_k(x_k) + h_k(s_k) + f_{k-1}(s_{k-1})\} & (k = 2, 3, 4), \\ f_1(s_1) = \min_{x_1 = \min\{s_1 + d_1, 5\}} \{c_1(x_1) + h_1(s_1)\}. \end{cases}$$

其中 $s_k = s_{k-1} + x_k - d_k$，$\sigma_k = \min\{s_k + d_k, 6\} (k = 2, 3, 4)$.

(1) $k=1$：由
$$f_1(s_1) = \min_{x_1 = \min\{s_1+2, 5\}} \{c_1(x_1) + h_1(s_1)\},$$
则对于 $s_1 \in S_1 = \left\{0, 1, \cdots, \min\left\{\sum_{j=2}^{4} d_j, 6-d_1\right\}\right\} = \{0, 1, 2, 3, 4\}$ 分别计算可得：

当 $s_1 = 0$ 时，有 $x_1 = \min\{s_1 + d_1, 5\} = 2$，于是有
$$f_1(0) = \min_{x_1 = 2}\{3 + x_1 + 0.5 \times 0\} = 5;$$

当 $s_1 = 1$ 时，有 $x_1 = \min\{s_1 + d_1, 5\} = 3$，于是有
$$f_1(1) = \min_{x_1 = 3}\{3 + x_1 + 0.5 \times 1\} = 6.5;$$

当 $s_1 = 2$ 时，有 $x_1 = \min\{s_1 + d_1, 5\} = 4$，于是有
$$f_1(2) = \min_{x_1 = 4}\{3 + x_1 + 0.5 \times 2\} = 8;$$

同理，当 $s_1 = 3$ 时，有 $x_1 = 5, f_1(3) = 9.5$；当 $s_1 = 4$ 时，有 $x_1 = 6, f_1(4) = 11$.

(2) $k=2$：由
$$f_2(s_2) = \min_{0 \leqslant x_2 \leqslant \sigma_2} \{c_2(x_2) + h_2(s_2) + f_1(s_1)\},$$
其中 $\sigma_2 = \min\{s_2 + d_2, 6\} = \min\{s_2 + 3, 6\}$，则对于
$$s_2 \in S_2 = \left\{0, 1, \cdots, \min\left\{\sum_{j=3}^{4} d_j, 6-d_2\right\}\right\} = \{0, 1, 2, 3\}$$
分别计算可得：

当 $s_2 = 0$ 时，有
$$f_2(0) = \min_{0 \leqslant x_2 \leqslant 3}\{c_2(x_2) + h_2(0) + f_1(3 - x_2)\}$$
$$= \min\{0 + 9.5, 4 + 8, 5 + 6.5, 6 + 5\} = 9.5;$$

于是有 $x_2 = 0$. 类似地可以得到：
$$f_2(1) = \min_{0 \leqslant x_2 \leqslant 4}\{c_2(x_2) + h_2(1) + f_1(4 - x_2)\} = 11.5, \quad x_2 = 0;$$
$$f_2(2) = \min_{0 \leqslant x_2 \leqslant 5}\{c_2(x_2) + h_2(2) + f_1(5 - x_2)\} = 14, \quad x_2 = 5;$$
$$f_2(3) = \min_{0 \leqslant x_2 \leqslant 6}\{c_2(x_2) + h_2(3) + f_1(6 - x_2)\} = 15.5, \quad x_2 = 6.$$

注意，在计算 $f_2(2)$ 和 $f_2(3)$ 时，由于每个时期的最大生产批量为 6 个单位，故 $f_1(5)$，$f_1(6)$ 没有实际意义，在此不妨可认为 $f_1(5) = f_1(6) = \infty$，其余类似的都作同样处理.

(3) $k=3$：由
$$f_3(s_3) = \min_{0 \leqslant x_3 \leqslant \sigma_3} \{c_3(x_3) + h_3(s_3) + f_2(s_2)\},$$
其中 $\sigma_3 = \min\{s_3 + d_3, 6\} = \min\{s_3 + 2, 6\}$，则对于

$$s_3 \in S_3 = \{0,1,\cdots,\min\{d_4,6-d_3\}\} = \{0,1,2,3,4\}$$

分别计算可得:

$$f_3(0) = \min_{0 \leqslant x_3 \leqslant 2} \{c_3(x_3) + h_3(0) + f_2(2-x_3)\} = 14, \quad x_3 = 0;$$

$$f_3(1) = \min_{0 \leqslant x_3 \leqslant 3} \{c_3(x_3) + h_3(1) + f_2(3-x_3)\} = 16, \quad x_3 = 0 \text{ 或 } 3;$$

$$f_3(2) = \min_{0 \leqslant x_3 \leqslant 4} \{c_3(x_3) + h_3(2) + f_2(4-x_3)\} = 17.5, \quad x_3 = 4;$$

$$f_3(3) = \min_{0 \leqslant x_3 \leqslant 5} \{c_3(x_3) + h_3(3) + f_2(5-x_3)\} = 19, \quad x_2 = 5;$$

$$f_3(4) = \min_{0 \leqslant x_3 \leqslant 6} \{c_3(x_3) + h_3(4) + f_2(6-x_3)\} = 20.5, \quad x_2 = 6.$$

(4) $k=4$: 因为要求第四个时期末的库存量为 0, 即 $s_2=0$, 故有

$$f_4(0) = \min_{0 \leqslant x_4 \leqslant 4} \{c_4(x_4) + h_4(0) + f_4(4-x_4)\}$$

$$= \min_{0 \leqslant x_4 \leqslant 4} \{c_4(x_4) + f_3(4-x_4)\}$$

$$= \min\{0+20.5, 4+19, 5+17.5, 6+16, 7+14\} = 20.5.$$

再按如上的顺序反推回去可以得 $x_1=5, x_2=0, x_3=6, x_4=0$, 即每个时期的最优采购决策方案为: 第一时期采购 5 个单位, 第三时期采购 6 个单位, 第二和第三时期不采购, 其相应的最小总成本为 20.5 千元.

例 7.9 复合系统工作可靠性问题

设由 n 个部件组成的工作系统, 只要有一个部件失灵, 整个系统也就不能正常工作, 为了提高系统的可靠性, 在每个部件上均装有备用件, 并可自动替换. 实际上, 备用件越多整个系统正常工作的可靠性越大, 但系统的成本、重量、体积均相应增加, 工作精度会相应降低. 因此, 现在的问题是在上述的条件之下, 应如何选择各部件的备用件数, 使整个系统的工件可靠性最大?

解 设第 k 个部件装有 x_k 个备件, 正常工作的概率为 $p_k(x_k)$, 则整个系统正常工作的概率为

$$p = \prod_{k=1}^{n} p_k(x_k) \quad (\text{衡量系统正常工作的可靠性的指标}),$$

装一个部件 k 的备用件费用为 c_k, 重量为 w_k, 要求总费用不超过 c, 总重量不超过 w, 则问题的优化模型为

$$\max p = \prod_{k=1}^{n} p_k(x_k)$$

$$\text{s. t.} \begin{cases} \sum_{k=1}^{n} c_k x_k \leqslant c, \\ \sum_{k=1}^{n} w_k x_k \leqslant w, \\ x_k \geqslant 0 \text{ 为整数} \quad (k=1,2,\cdots,n). \end{cases}$$

这是一个非线性的整数规划问题,下面来建立该问题的动态规划模型:

用 s'_k, s''_k 表示两个状态变量,即 s'_k 表示由第 k 个到第 n 个部件所容许的总费用,s''_k 表示由第 k 个到第 n 个部件所容许的总重量. 决策变量 x_k 为部件 k 上装配的备用件的件数,则状态转移方程为

$$\begin{cases} s'_{k+1} = s'_k - c_k x_k \\ s''_{k+1} = s''_k - w_k x_k \end{cases} \quad (k=1,2,\cdots,n).$$

允许决策集合为

$$D_k(s'_k, s''_k) = \left\{ x_k \mid 0 \leqslant x_k \leqslant \min\left\{ \left[\frac{s'_k}{c_k}\right], \left[\frac{s''_k}{w_k}\right] \right\} \right\},$$

最优值函数 $f_k(s'_k, s''_k)$ 表示从部件 k 到部件 n 的最大可靠性,即

$$f_k(s'_k, s''_k) = \prod_{i=k}^{n} p_i(x_i),$$

于是问题的基本方程为

$$\begin{cases} f_k(s'_k, s''_k) = \max_{x_k \in D_k(s'_k, s''_k)} \{ p_k(x_k) f_{k+1}(s'_{k+1}, s''_{k+1}) \}, \\ f_{n+1}(s'_{n+1}, s''_{n+1}) = 1 \quad (k=n, n-1, \cdots, 2, 1). \end{cases}$$

最后计算得出 $f_1(c, w)$ 即为所求系统的最大可靠性.

例 7.10 电子设备的可靠性问题

设某电子设备制造厂设计一种电子设备,由三种组件 D_1, D_2, D_3 组成,已知这三种组件的价格和可靠性指标如表 7-3 所示,现要求在设计中所使用组件的费用不超过 105 千元. 试问该厂应如何设计使这种电子设备的可靠性达到最大(这里不考虑重量的限制).

表 7-3 组件的价格和可靠性指标

组件	单价/千元	可靠性
D_1	30	0.9
D_2	15	0.8
D_3	20	0.5

解 根据上面的一般问题,按三种组件的种类分为三个阶段,设状态变量 s_k 表示能容许用在组件 D_k 至组件 D_3 的总费用;决策变量 x_k 表示在组件 D_k 上并联的数量;用 p_k 表示一个组件 D_k 正常工作的概率,则 $(1-p_k)^{x_k}$ 为 x_k 个组件 D_k 不正常工作的概率. 令最优值函数 $f_k(s_k)$ 表示由状态 s_k 开始从组件 D_k 至组件 D_3 组成的系统的最大可靠性. 在这里用逆序解法,则有

$$f_3(s_3) = \max_{1 \leqslant x_3 \leqslant [s_3/20]} \{1-(0.5)^{x_3}\},$$

$$f_2(s_2) = \max_{1 \leqslant x_2 \leqslant [s_2/15]} \{[1-(0.2)^{x_2}]f_3(s_2-15)\},$$

$$f_1(s_1) = \max_{1 \leqslant x_1 \leqslant [s_1/30]} \{[1-(0.1)^{x_1}]f_2(s_1-30)\}.$$

由于 $s_1 = 105$，故此问题只要求出 $f_1(105)$ 即可.

因为
$$f_1(105) = \max_{1 \leqslant x_1 \leqslant 3} \{[1-(0.1)^{x_1}]f_2(105-30x_1)\}$$
$$= \max\{0.9f_2(75), 0.99f_2(45), 0.999f_2(15)\},$$

而
$$f_2(75) = \max_{1 \leqslant x_2 \leqslant 4} \{[1-(0.2)^{x_2}]f_3(75-15x_2)\}$$
$$= \max\{0.8f_3(60), 0.96f_3(45), 0.992f_3(30), 0.9984f_3(15)\}.$$

又因为
$$f_3(60) = \max_{1 \leqslant x_3 \leqslant 3} \{1-(0.5)^{x_3}\} = \max\{0.5, 0.75, 0.875\} = 0.875,$$

$$f_3(45) = \max\{0.5, 0.75\} = 0.75, f_3(30) = 0.5, f_3(15) = 0.$$

所以
$$f_2(75) = \max\{0.8f_3(60), 0.96f_3(45), 0.992f_3(30), 0.9984f_3(15)\}$$
$$= \max\{0.7, 0.72, 0.496\} = 0.72.$$

同理可有
$$f_2(45) = \max\{0.8f_3(30), 0.96f_3(15)\} = \max\{0.4, 0\} = 0.4, f_2(15) = 0.$$

故有
$$f_1(105) = \max\{0.9 \times 0.72, 0.99 \times 0.4, 0.999 \times 0\} = 0.648.$$

从而求得最优解为 $x_1 = 1, x_2 = 2, x_3 = 2$，即最优设计方案为：设置 1 个组件 D_1，2 个组件 D_2 和 2 个组件 D_3，其总费用最少为 100 千元，可靠性最大为 0.648.

7.4 应用案例练习

练习 7.1 维修点的设置问题

某家用电器生产厂因售后服务的需要，拟在 A，B，C 三个城市设置四个维修点，根据历史的销售数据预测，在各城市设置不同个数的维修点后，每月所得到的利润如表 7-4 所示. 试问该厂要在各个城市设置几个维修点，才能使得每个月所获得的利润为最大.

表 7-4 维修点的个数与利润

城市＼维修点利润/千元	0	1	2	3	4
A	0	16	28	40	50
B	0	13	24	34	42
C	0	12	22	36	47

练习 7.2 急送伤员问题

某小型医院位于小城镇 A 城,因实际需要经常要转送一些重症病人到 E 城的专科医院就诊治疗. 由于从 A 城到 E 城中间要经过 $B_1,B_2,B_3,C_1,C_2,C_3,D_1,D_2$ 八个城镇,其交通路线图和各城镇之间的距离(单位:km)如图 7-4 所示. 对于急重病人来说,时间就是生命,因此希望能够以最快的速度将急重病人从 A 城转送到 E 城的大医院诊治. 试问急救车辆应该走哪条路线距离最短.

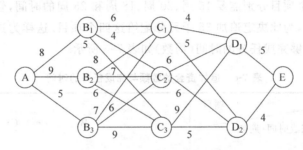

图 7-4 急救车辆行驶路线图

练习 7.3 机电设备的负荷分配问题

设某种机电设备可以在高低两种不同的负荷下工作,在高负荷条件下工作时,产品的产量 s_1 和投入机电设备数量 u_1 之间的函数关系为 $s_1=9u_1$,年度机电设备的完好率为 $r_1=0.55$. 在低负荷条件下工作时,产品的产量与机电设备的数量 u_2 之间的函数关系为 $s_2=6u_2$,年度机电设备的完好率为 $r_2=0.85$. 假设开始时的机电设备的完好数量为 600 台. 试制定一个 3 年的生产计划,在每年开始时应如何按不同的工作负荷分配完好的机电设备,使 3 年的总产量达到最高.

练习 7.4 设备资源的分配问题

某总公司新购进了六台先进的设备,拟分配给所属的 A,B,C,D 四个分公司,如果各个分公司获得这种设备都可增加经济效益,且获得设备的数量不同增加的效益也不同,具体的利润增值如表 7-5 所示. 试问总公司应该如何将这六台先进的设备分配给各分公司,才能使得总公司的总利润增长最大.

表 7-5 设备台数与利润增加值

设备台数 \ 公司 利润/千元	A	B	C	D
0	0	0	0	0
1	20	25	18	28
2	42	45	39	47
3	60	57	61	65
4	75	65	78	74
5	85	70	90	80
6	90	73	95	85

练习 7.5 项目资金的分配问题

设某建筑公司现有正在建设的 A,B,C,D 四个项目,按目前所配给的人力、设备和材料,预计完成这四个项目分别需要 15 周、20 周、18 周和 25 周的时间,管理部门希望能够提前完成这些项目,为此决定追加 35 千元分配给这四个项目. 这样为这四个项目分配追加资金的数额和能够完成任务的时间(周数)如表 7-6 所示.

表 7-6 追加资金的数额与完成任务的时间

追加资金/千元 \ 完成时间/周数 项目	A	B	C	D
0	15	20	18	25
5	12	16	15	21
10	10	13	12	18
15	8	11	10	16
20	7	9	9	14
25	6	8	8	12
30	5	7	7	11
35	4	7	6	10

试问该公司应如何将这 35 千元的资金分配给 A,B,C,D 四个项目,使得提前完成任务的总时间为最多. 在这里不妨假设追加资金只能以 5 千元为一组分配.

练习 7.6 产品的生产与库存问题

已知某工厂拟生产一种电器专用配件,启动生产这种新产品的固定成本为 5 万元,具体的生产成本为 2 元/件,根据市场调查,预计今后 4 个季度的需求量 d_k 分别为 3 万件、2 万件、3 万件和 4 万件;每季度的最大生产能力为 5 万件;仓库的储存费为 $h=0.1$ 元/件,仓库的容量无限制. 如果年初库存量为 0, 并要求到年末的库存量也为 0. 试问该工厂应如何制定生产与储存计划, 在保证市场需求的条件下使全年的总费用最少.

练习 7.7 机械设备的可靠性问题

某机械设备由 3 个主要部件组成, 为了提高设备运行的可靠性, 需要对每个部件安装 1 至 3 个备用件. 若部件 i 配备 j 个备用件后, 其运行可靠性 p_{ij} 和所需费用 c_{ij} (单位为元) 如表 7-7 所示. 假定备用部件安装费用的限额为 1500 元, 试问该机械设备应如何配置各部件可使该机械设备的运行可靠性为最高.

表 7-7 设备的可靠性和费用指标

部件数\部件	1		2		3	
	p_{ij}	c_{ij}/元	p_{ij}	c_{ij}/元	p_{ij}	c_{ij}/元
部件 1	0.87	300	0.91	600	0.95	800
部件 2	0.78	400	0.89	800	0.96	1000
部件 3	0.82	200	0.92	400	0.97	600

练习 7.8 推销员问题

推销员问题是一个著名的数学问题. 设有一个走村串户的推销员从某个村庄出发, 通过若干个村庄一次且仅一次, 最后回到原出发的村庄, 试问他应如何选择行走路线使总的行程最短. 现设有一个推销员在 A, B, C, D 四个城镇旅行推销商品, 这四个城镇之间的距离如表 7-8 所示, 当推销员从 A 城出发, 经过每一个城镇一次且仅一次, 最后回到 A 城, 问这个推销员应走什么线路使总的行程最短.

表 7-8 四个城镇之间的距离

城镇\城镇 距离/km	A	B	C	D
A	0	8	5	6
B	6	0	8	5
C	7	9	0	5
D	9	7	8	0

练习 7.9 汽车运输公司的车辆更新问题

设某汽车运输公司, 由于现有的运输车辆随着使用年限的增加, 车辆的性能降低, 使用效率降低, 使得收入也相应减少, 同时维修费用会增加, 而且车辆的使用年限越长, 其价值就越小, 到第 5 年车辆要强制报废. 因而公司拟采用合理的更新策略对已有的车辆进行有计划的更新, 不一定等到车辆报废. 当年年初一辆汽车以后每年的运输利润、维修费用和卖出价格如表 7-9 所示. 假设按当年的市场价格购买一辆同型号的新汽车需要 20 万元. 试给出该汽车运输公司运输车辆的更新计划, 使 5 年的利润最大.

表7-9　一辆汽车每年的利润与费用

年限	0	1	2	3	4	5
利润/万元	20	18	17.5	15	12	0
维修费用/万元	2	2.5	4	6	8.5	0
卖出价格/万元	17	16	15.5	15	10	2

练习 7.10　最佳组队问题

在诸如大学生数学建模竞赛等活动中，都存在一个合理组队问题. 即通过合理组队，将多名队员的能力、水平和优势都能更好地发挥出来，以利于在竞赛中取得优异的成绩. 这种竞赛主要是依靠团队的实力，每个队员的能力、水平和优势在团队中可以"优势互补"，即一个队员在某个方面的水平也就是该团队的相应水平，同样一个队员在某个方面的最高水平也就代表着该团队相应的最高水平.

表 7-10 给出了反映 18 名队员的能力和水平的 7 项指标，每名队员的综合实力指标为

$$v_i = \sum_{j=1}^{7} w_j c_{ij} \quad (i=1,2,\cdots,18),$$

表7-10　18名队员的7个方面的实力水平指标

指标 队员	c_{i1}	c_{i2}	c_{i3}	c_{i4}	c_{i5}	c_{i6}	c_{i7}
1	0.049826	0.052235	0.047317	0.050031	0.045169	0.050802	0.047244
2	0.047509	0.051074	0.046740	0.040650	0.044025	0.048663	0.015748
3	0.046350	0.049913	0.049048	0.053158	0.052602	0.051337	0.062992
4	0.049826	0.051654	0.047894	0.060038	0.055460	0.051872	0.062992
5	0.050985	0.048752	0.049048	0.048155	0.049171	0.049198	0.070866
6	0.053302	0.053395	0.047317	0.049406	0.051458	0.048128	0.047244
7	0.053302	0.055717	0.051933	0.045028	0.052030	0.049198	0.070866
8	0.048088	0.047011	0.049625	0.043152	0.048599	0.050267	0.031496
9	0.052144	0.047591	0.046163	0.048781	0.051458	0.050802	0.039370
10	0.055620	0.052815	0.046740	0.061914	0.049743	0.051872	0.047244
11	0.055041	0.055717	0.047894	0.050657	0.051458	0.049733	0.055118
12	0.049826	0.048172	0.047317	0.050657	0.051458	0.048128	0.039370
13	0.052723	0.050493	0.050779	0.052533	0.050315	0.050267	0.039370
14	0.053882	0.048752	0.049625	0.055034	0.049171	0.050802	0.047244
15	0.048667	0.046431	0.054242	0.057536	0.048027	0.048663	0.055118
16	0.050406	0.048172	0.053087	0.056911	0.049743	0.049198	0.062992
17	0.045191	0.047011	0.055395	0.047530	0.051458	0.051337	0.070866
18	0.052144	0.051074	0.054818	0.049406	0.044025	0.048128	0.047244

其中

$$(w_1, w_2, w_3, w_4, w_5, w_6, w_7) = (0.354284, 0.239927, 0.158655, 0.103624,$$
$$0.067565, 0.044769, 0.031175).$$

现在要求组队 6 个参赛队，每个参赛队 3 名队员，首先确定一个最佳组队，使综合实力水平最高；然后给出所有 6 个参赛队（上述的最佳组队保持不变）的组队方案，使得所有参赛队的综合实力水平都尽量地高。

第 8 章

图与网络分析

图论(graph theory)是运筹学的一个重要分支,它是以图为研究对象的. 这里所说的图是由若干给定的点及连接两点的线所构成的图形,这种图形通常用来描述某些事物之间的某种特定关系,用点代表事物,用连接两点的线表示相应的两个事物之间具有的这种特定关系. 图论其广阔的应用领域涵盖了人类学、计算机科学、化学、环境保护、流体动力学、心理学、社会学、交通管理、电信网络等领域. 特别是在 20 世纪 50 年代以后,随着科学技术的发展和计算机的出现与广泛的应用,促使了运筹学的发展,图论的理论也得到了进一步的发展. 特别是庞大的复杂工程系统和管理问题都可以转化为图的问题,从而可以解决很多工程设计和管理决策中的最优化问题. 诸如像完成工程任务的时间最少、距离最短、费用最少、收益最大、成本最低等实际问题. 因此,图论在数学、工程技术及经济等各个领域都受到了越来越广泛的重视. 本章结合实际问题,主要介绍图论基本概念和常见的求解算法,具体问题包括最短路问题、最大流问题、指派问题、匹配问题、最小生成树问题、旅行商问题等.

8.1 图的基本概念

所谓图,概括地讲就是由一些点和这些点之间的连线组成的. 严格意义讲,图是一种数据结构,定义为 $G=(V,E)$,V 是顶点的非空有限集合,称为顶点集. E 是边的集合,称为边集,边一般用 (v_x,v_y) 表示,其中 v_x,v_y 属于顶点集 V.

如图 8-1 是几个简单图的示例,其中图(a)共有 3 个顶点、2 条边,将其表示为
$$G=(V,E), \quad V=\{v_1,v_2,v_3\}, \quad E=\{(v_1,v_2),(v_1,v_3)\}.$$

1. 无向图和有向图

如果图的边是没有方向的,则称此图为**无向图**(简称为图),无向图的边称为**无向边**. 如图 8-1(a)和(b)都是无向图. 连接二顶点 v_x 和 v_y 的无向边记为 (v_x,v_y) 或 (v_y,v_x).

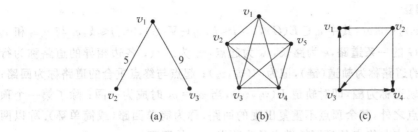

图 8-1 图的示意图

如果图的边是有方向(带箭头)的,则称此图为**有向图**,有向图的边称为有向边,如图 8-1(c)是一个有向图. 连接两顶点 v_x 和 v_y 的有向边记为$\langle v_x, v_y \rangle$,其中 v_x 称为**起点**,v_y 称为**终点**. 显然此时边$\langle v_x, v_y \rangle$与边$\langle v_y, v_x \rangle$是不同的两条边. 有向图中的边又称为**弧**,起点称为**弧头**,终点称为**弧尾**.

例如图 8-1(c)可以表示为 $G=(V,E)$,顶点集为 $V=\{v_1,v_2,v_3,v_4\}$,边集为 $E=\{\langle v_2,v_1\rangle,\langle v_3,v_1\rangle,\langle v_2,v_3\rangle,\langle v_2,v_4\rangle,\langle v_3,v_4\rangle\}$.

如果两个顶点 v_x 和 v_y 之间有一条边相连,则称顶点 v_x 和 v_y 之间是关联的.

2. 赋权图

如果一个图中的两顶点间不仅是关联的,而且在边上还标明了数量关系,则称这些数值为相应边的**权**,边上赋有权的图称为**赋权图**,也称为**网(络)**. 如图 8-1(a)就是一个赋权图,赋权图中的权可以是距离、费用、时间等.

3. 阶和度

一个图中顶点的个数称为图的**阶**. 如图 8-1(a),(b),(c)所示图的阶分别为 3,5,4.

图中与某个顶点相关联的边的数目,称为该顶点的**度**. 度为奇数的顶点称为**奇点**,度为偶数的顶点称为**偶点**. 如图 8-1(c)中顶点 v_2,v_3 是奇点,v_1,v_4 是偶点.

在有向图中,把以顶点 v 为终点的边的数目称为顶点 v 的**入度**,把以顶点 u 为起点的边的数目称为顶点 u 的**出度**. 出度为 0 的顶点称为**终端顶点**. 如图 8-1(c)中顶点 v_1 的入度是 2,出度是 0;v_2 的入度是 0,出度是 3;v_3 的入度是 1,出度是 2;v_4 的入度是 2,出度是 0.

4. 完全图

若无向图中的任意两个顶点之间都存在着一条边,有向图中的任意两个顶点之间都存在着方向相反的两条边,则称此图为**完全图**. n 阶完全有向图含有 $n\times(n-1)$ 条边,n 阶完全无向图含有 $n\times(n-1)/2$ 条边. 例如图 8-1(b)就是一个完全图.

5. 子图

设有两个图 $G=(V,E)$ 和 $G'=(V',E')$,若 $V'\subset V, E'\subset E$,则称 G' 为 G 的子图.

6. 道路与回路

设 $W = v_0 e_1 v_1 e_2 \cdots e_k v_k$，其中 $e_i \in E(G), 1 \leqslant i \leqslant k, v_j \in V(G), 0 \leqslant j \leqslant k, e_i$ 与 v_{i-1} 和 v_i 关联，称 W 是图 G 的一条**道路**，k 为路长，v_0 为起点，v_k 为终点；各边相异的道路称为**行迹**；各顶点相异的道路称为**轨道**(链)，记为 $P(v_0, v_k)$；起点与终点重合的道路称为**回路**；起点与终点重合轨道称为**圈**，即对轨道 $P(v_0, v_k)$，当 $v_0 = v_k$ 时成为一圈；除了第一个顶点和最后一个顶点之外，其余顶点不重复出现的回路，称为**简单回路**(或**简单环**). 称以两顶点 u, v 分别为起点与终点的最短轨道之长为顶点 u, v 的**距离**.

7. 连通图与非连通图

在无向图 G 中，如果从顶点 u 到顶点 v 有路径，则称顶点 u 和 v 是连通的. 如果对于图 G 中的任意两个顶点 u 和 v 都是连通的，则称图 G 是**连通图**，否则称为**非连通图**.

在有向图 G 中，如果对于任意两个顶点 u 和 v，从 u 到 v 和从 v 到 u 都存在路径，则称图 G 是**强连通图**.

8.2 图的存储结构

1. 邻接矩阵表示法

邻接矩阵是表示顶点之间相邻关系的矩阵，设 $G = (V, E)$ 是一个度为 n 的图(顶点序号分别用 $1, 2, \cdots, n$ 表示)，则 G 的邻接矩阵 A 是一个 n 阶方阵，a_{ij} 的值定义如下：

$$a_{ij} = \begin{cases} 1 \text{ 或权值}, & \text{当 } v_i \text{ 与 } v_j \text{ 之间有边或弧时}, \\ 0 \text{ 或 } \infty, & \text{当 } v_i \text{ 与 } v_j \text{ 之间无边或弧时}. \end{cases}$$

对于图 8-1 中三个图相应的邻接矩阵分别如下：

$$A = \begin{bmatrix} 0 & 5 & 9 \\ 5 & 0 & \infty \\ 9 & \infty & 0 \end{bmatrix}, \quad B = \begin{bmatrix} 0 & 1 & 1 & 1 & 1 \\ 1 & 0 & 1 & 1 & 1 \\ 1 & 1 & 0 & 1 & 1 \\ 1 & 1 & 1 & 0 & 1 \\ 1 & 1 & 1 & 1 & 0 \end{bmatrix}, \quad C = \begin{bmatrix} 0 & 0 & 0 & 0 \\ 1 & 0 & 1 & 1 \\ 1 & 0 & 0 & 1 \\ 0 & 0 & 0 & 0 \end{bmatrix}.$$

采用邻接矩阵表示图，直观方便，通过查邻接矩阵元素的值可以很容易地查找图中任两个顶点 v_i 和 v_j 之间有无边(或弧)，以及边上的权值. 因为可以根据 i, j 的值直接查找存取，所以时间复杂性为 $O(1)$. 也很容易计算一个顶点的度(入度或出度)和邻接点，其时间复杂性均为 $O(n)$. 但是，邻接矩阵表示法的空间复杂性为 $O(n \times n)$，当图的边数远小于顶点数时，则会造成很大的空间浪费.

2. 边集数组表示法

边集数组是利用一维数组存储图中所有边的一种图的表示方法. 每个数组元素存储一条边的起点、终点和权值(如果有的话)，这种表示方法通常用于存储和查找计算. 在边集数组中查找一条边或一个顶点的度都需要扫描整个数组,所以其时间复杂性为 $O(e)$,e 为边数. 这种表示方法适合那些对边依次进行处理的运算,而不适合对顶点的运算和对任意一条边的运算. 该存储方法类似于稀疏矩阵的存储方法,适合于邻接矩阵中存在大量"0"的矩阵,即适合存储边数远小于顶点数的图.

例如,对于图 8-1(c)中的图用边集数表示即为:(2,1,1),(2,3,1),(2,4,1),(3,1,1),(3,4,1). 边集数组表示方法中数组的第一位是起点编号,第二位是终点编号,第三位是表示是否连通标记,如果有权值则标记权值. 例如对于图 8-1(a)中的图表示为(1,2,5),(1,3,9).

3. 邻接表表示法(链式存储法)

邻接表表示法是为每个顶点 $v_i(i=1,2,\cdots,n)$ 建立的单链表,表示以该顶点为起点的所有边的信息,即包括一个终点(邻接点)序号、一个权值和一个链接域. 另外,再用一个一维向量数组存储每个顶点的表头指针和该顶点的编号 i. 例如对于图 8-1(a)中的图的邻接表见图 8-2。

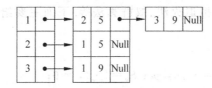

图 8-2　图 8-1(a)的邻接表

图的邻接表表示法便于查找任一顶点的关联边及邻接点,只要从表头向量中取出对应的表头指针,然后进行查找即可. 由于无向图的每个顶点的单链表平均长度为 $2e/n$,所以查找运算的时间复杂性为 $O(e/n)$. 对于有向图来说,想要查找一个顶点的后继顶点和以该顶点为起点的边,包括求该顶点的出度都很容易;但要查找一个顶点的前驱顶点和以此顶点为终点的边以及该顶点的入度就不方便了,需要扫描整个表,时间复杂度为 $O(n+e)$. 所以,对于经常查找顶点入度或以该顶点为终点的关联边的运算时,可以建立一个逆邻接表,该表中每个顶点的单链表存储的是所有以该点为终点的关联边信息. 甚至还可以把邻接表和逆邻接表结合起来,构造出"十字邻接表",此时,每个边结点的数据信息包含五个域:起点、终点、权、以该顶点为终点的关联边的链接、以该顶点为起点的关联边的链接. 表头向量的结点也包括三个域:顶点编号、以该点为终点的表头指针域、以该点为起点的表头指针域.

邻接表表示法采用动态存储的方法,可有效的利用内存碎片,方便图的修改.

8.3　最短路问题

最短路问题是图论中最常见的问题之一,在实际的生活实践中被广泛地应用. 最短路问题的数学模型是在一个有向(无向)赋权图中,寻找一条连接指定起点到终点的最短路线. 例如, 给定连接若干城市的公路网, 如图 8-3 所示, 寻求从指定城市到各城市去的最短路线.

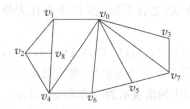

图 8-3 城市公路网示意图

建立这个问题的数学模型如下:

设任一城市为图的一个顶点 v, 连接任意两个城市的公路为图的边, 记为 e. 记 $w(e)$ 为图的边 e 之长. 对任意的顶点 $v \in V(G)$, 寻求轨道 $P(v_0, v)$, 使得

$$W(P(v_0, v)) = \min_P \{W(P)\},$$

即从 v_0 到 v 的所有轨道长中寻求最小的一个. $W(P)$ 是轨道 P 上各边长之和.

注意, 若 $u, v \in V(G)$, 当 u, v 不相邻时, 则 $w(u, v) = +\infty$.

解决该问题的主要方法有确定型算法: Dijkstra 算法和 Floyd 算法, 另外还有常用的启发式算法: 遗传算法、模拟退火法、蚁群算法等. 下面主要给出 Dijkstra 算法和 Floyd 算法.

1. Dijkstra 算法

(1) 令 $l(v_0) = 0, l(v) = \infty, v \neq v_0$; $S_0 = \{v_0\}, i = 0$;

(2) 对每个 $v \notin S_i$, 用 $\min\{l(v), l(v_i) + w(v_i, v)\}$ 代替 $l(v)$; 设 v_{i+1} 是 $l(v)$ 使取最小值的 $\overline{S_i}$ 中的顶点 ($\overline{S_i}$ 是 S_i 的补集), 令 $S_{i+1} = S_i \cup \{v_{i+1}\} (i = 0, 1, 2, \cdots)$;

(3) 若 $i = |V(G)| - 1$, 则停止; 若 $i < |V(G)| - 1$, 令 $i := i + 1$ 转 (2).

由上述的算法知, S_i 中各顶点之标志 $l(v)$ 即为 v_0 到 v 的距离, 又 $|V(G)| < \infty$, 故经有限步后 $V(G)$ 中每个顶点都标志了与 v_0 的距离, 从而可以找到 v_0 到各顶点的最短轨道, 且 Dijkstra 算法的时间复杂度 (耗时量) 为 $O(|V(G)|^2)$.

2. Floyd 算法

设图 $G = (V, E)$ 权的邻接矩阵为

$$\boldsymbol{A}_0 = (a_{ij}^{(0)})_{n \times n},$$

其中 $a_{ii}^{(0)} = 0 (i = 1, 2, \cdots, n)$; 当顶点 v_i, v_j 之间没有边时取 $a_{ij}^{(0)} = \infty$, 即在程序中以各边的权都不可能达到, 且充分大的正数来代替; 当顶点 v_i, v_j 之间有边时取 $a_{ij}^{(0)} = w_{ij}$, 这里 w_{ij} 是 v_i, v_j 之间边的长度, $i, j = 1, 2, \cdots, n$.

对应于无向图的邻接矩阵 $\boldsymbol{A}_0$ 是对称矩阵, 即 $a_{ij}^{(0)} = a_{ji}^{(0)} (i, j = 1, 2, \cdots, n)$.

Floyd 算法的步骤:

(1) 初值 $k = 0, \boldsymbol{A}_0 = (a_{ij}^{(0)})_{n \times n}$;

(2) 计算

$$a_{ij}^{(k)} = \min\{a_{ij}^{(k-1)}, a_{ik}^{(k-1)} + a_{kj}^{(k-1)}\} \quad (i, j = 1, 2, \cdots, k),$$

其中 $a_{ij}^{(k)}$ 表示从顶点 v_i 到顶点 v_j 的路径上所经过的顶点序号不大于 k 的最短路径长度;

(3) 递推产生一个矩阵序列 $A_0, A_1, \cdots, A_k (1 \leqslant k < n)$；

(4) 当 $k = n$ 时，就得到了最短路，即矩阵 A_n 就是各顶点之间的最短路值. 否则令 $k := k+1$ (k 是迭代次数), 转第 (2) 步.

8.4 最大流问题

实际中的很多系统都包含有流量的问题, 例如, 公路系统中的车辆流, 控制系统中的信息流, 通信系统中的呼叫流, 供水系统中的水流, 金融系统中的现金流等. 对于这些系统都有一个怎么运行才能使系统获得最大流量的问题.

8.4.1 最大流的概念

定义 8.1 设 $G(V, E)$ 为有向图, 若在边集合 E 上定义一个非负权值 c, 则称图 G 为一个**网络**. 称权值 c 为边 e 的**容量函数**, 记为 $c(e)$ 容量函数在边 e 上的值称为**容量**.

对于有向图 $G(V, E)$, 如果在 V 中有两个不同的顶点 v_s 和 v_t, 其中 v_s 只有出度没有入度, 而 v_t 只有入度没有出度, 则此时称 v_s 为图 G 的**源**, v_t 为图 G 的**汇**. 对于 $v \in V, v \neq v_s, v_t$, 则称 v 为**中间顶点**.

如图 8-4 就是一个网络, 各边上的数值代表该边的容量, 例如 $c(v_s, v_1) = 4$, 表示 $\langle v_s, v_1 \rangle$ 最多只容许 4 个单位的流量. 图中 v_s 为源, v_t 为汇, 其他节点为中间顶点.

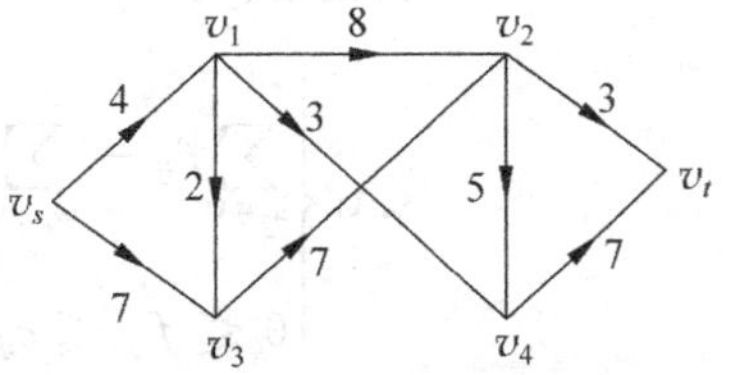

所谓网络上的流是指图 $G(V, E)$ 上的边集 E 上的一个函数 $f = f(u, v)$, 用以刻画边 $\langle u, v \rangle$ 的实际流量.

图 8-4 网络示意图

显然, 边 $\langle u, v \rangle$ 上的流量 $f(u, v)$ 不会超过该边上的容量 $c(u, v)$, 即

$$0 \leqslant f(u, v) \leqslant c(u, v), \tag{8.1}$$

此时称满足 (8.1) 式的网络为**相容网络**.

实际中, 可以把"网络"看成是水管组成的网络, "容量"看成是水管的单位时间的最大通过量, 而"流"则是水管网络中流动的水, "源"是水管网络的水的注入口, "汇"是水管网络水的流出口.

对于所有中间顶点 v, 流入的总量应该等于流出的总量, 即

$$\sum_{u \in V} f(u, v) = \sum_{w \in V} f(v, w).$$

一个网络 G 的流量值定义为从源 v_s 流出的总流量, 即

$$V(f) = \sum_{v \in V} f(v_s, v),$$

不难得到网络 G 的总流量也等于流入汇 v_t 的总流量, 即

$$V(f) = \sum_{u \in V} f(u, v_t).$$

综上所述,则得到

$$\sum_{u \in V} f(v, u) - \sum_{w \in V} f(w, v) = \begin{cases} V(f), & v = v_s; \\ 0, & v \in V, v \neq v_s, v_t; \\ -V(f), & v = v_t. \end{cases} \tag{8.2}$$

称满足(8.2)式的网络 G 为**守恒网络**.

定义 8.2 如果一个网络的流满足(8.1)式和(8.2)式,则称流 f 是**可行的**,如果存在一个可行流 f^*,使得对于所有可行流 f 都有

$$V(f^*) \geqslant V(f)$$

成立,则称 f^* 为**最大流**.

8.4.2 最大流问题的解法

寻求网络的最大流问题,事实上可以化为求解一个特殊的线性规划问题,即求一组函数 $\{f_{ij}\} = \{f(v_i, v_j)\}$ 在满足(8.1)式和(8.2)式的条件下,使 $V(f)$ 有最大值的问题.即

$$\max V(f)$$

$$\text{s.t.} \begin{cases} \sum_{u_j \in V} f_{ij} - \sum_{w_j \in V} f_{ji} = \begin{cases} V(f), & v_i = v_s, \\ 0, & v_i \in V, v_i \neq v_s, v_t, \\ -V(f), & v_i = v_t. \end{cases} \\ 0 \leqslant f_{ij} \leqslant c_{ij} \quad (v_i, v_j \in V). \end{cases}$$

在这里我们介绍图论中最大流的标号法来求解最大流问题,先给出增广链概念.

1. 增广链

若给定一个可行流 $f = f(u, v)$,称网络中使 $f(u, v) = c(u, v)$ 的弧为**饱和弧**;称使 $f(u, v) < c(u, v)$ 的弧为**非饱和弧**;称使 $f(u, v) = 0$ 的弧为**零流弧**,称 $f(u, v) > 0$ 的弧为**非零流弧**.

设 μ 是网络中连接起点 v_s 和终点 v_t 的一条链,定义链的方向是从 v_s 到 v_t,则链上的弧可分为两类:

(1) 弧的方向与链的方向一致,此称为**前向弧**,前向弧的全体记 μ^+;

(2) 弧的方向与链的方向相反,此称为**后向弧**,后向弧的全体记 μ^-.

定义 8.3 设 $f = f(u, v)$ 是一个可行流,μ 是从 v_s 到 v_t 的一条链,如果 μ 满足条件:

(1) 在弧 $(v_i, v_j) \in \mu^+$ 上有 $0 \leqslant f(v_i, v_j) < c(v_i, v_j)$,即 μ^+ 中的每一条弧是非饱和弧;

(2) 在弧 $(v_i, v_j) \in \mu^-$ 上有 $0 < f(v_i, v_j) \leqslant c(v_i, v_j)$,即 μ^- 中的每一条弧是非零流弧.

则称 μ 为(关于可行流 f 的)一条**增广链**.

事实上,对一个网络的可行流 f^* 是最大流的充要条件是不存在关于 f^* 的增广链.

2. 最大流的标号法

从一个可行流 f 出发（如果没有给定 f，则可以设 f 为零流），经过标号和调整两个过程来完成，具体的过程如下：

(1) 标号过程

对于网络中的点分为标号点和未标号点两种情况，每个标号点的标号都包括两部分内容：第一个标号表明其标号是从哪一点得到的，以便找出增广链；第二个标号是调整量 θ，为确定增广链之用。

① 对起点 v_s 先给出标号 $(0, +\infty)$，此时 v_s 是未检查的点，其他点都是未标号点。

② 取一个标号而未检查的点 v_i，对于一切未标号点 v_j：

如果在弧 $\langle v_i, v_j \rangle$ 上有 $f_{ij} < c_{ij}$，则给 v_j 标号 $(v_i, l(v_j))$，其中 $l(v_j) = \min\{l(v_i), c_{ij} - f_{ij}\}$，此时的点 v_j 已标号但未检查。

如果在弧 $\langle v_j, v_i \rangle$ 上有 $f_{ji} > 0$，则给 v_j 标号 $(-v_i, l(v_j))$，其中 $l(v_j) = \min\{l(v_i), f_{ji}\}$，此时的点 v_j 已标号但未检查。

③ 当第②步完成后，点 v_i 成为标号且已检查过的点，重复上面的步骤②，如果终点 v_t 也被标号，则表明得到一条从起点 v_s 到终点 v_t 的增广链 μ，转入下面的调整过程。

④ 如果所有标号的点都已检查过，而标号过程不能再进行时，则算法结束，此时的可行流就是最大流。

(2) 调整过程

① 按 v_t 及其他点的第一个标号利用"反向追踪"的方法，找出增广链 μ。例如设 v_t 的第一个标号为 v_k（或 $-v_k$），则弧 $\langle v_k, v_t \rangle$（或 $\langle v_t, v_k \rangle$）是 μ 上的弧。然后再检查点 v_k 的第一个标号，如果为 v_i（或 $-v_i$），则找出弧 $\langle v_i, v_k \rangle$（或 $\langle v_k, v_i \rangle$）是 μ 上的弧。再检查点 v_i 的第一个标号，依此类推下去，直到 v_s 为止。此时找出的弧就是增广链 μ。

② 如果上面的步骤不能进行到底，则令调整量 $\theta = l(v_t)$，即为 v_t 的第二个标号。于是令

$$f'_{ij} = \begin{cases} f_{ij} + \theta, & \langle v_i, v_j \rangle \in \mu^+, \\ f_{ij} - \theta, & \langle v_i, v_j \rangle \in \mu^-, \\ f_{ij}, & \langle v_i, v_j \rangle \notin \mu. \end{cases}$$

③ 去掉前面的所有标号，对新的可行流 $f' = \{f'_{ij}\}$ 重新标号，即重新进行标号。

8.5 旅行商问题

旅行商问题（travel salesman problem, TSP）是指有一个旅行推销员想去若干城镇去推销商品，而每个城镇仅能经过一次，然后回到他的出发地。给定各城镇之间所需要的旅行时间（或距离）后，试问该推销员应怎样安排他的旅行路线，使他对每个城市恰好经过一

次的总时间最短?

TSP 是图论中的一个经典问题. 用图论的语言描述就是, 在赋权图中, 寻找一条经过所有节点, 并回到原点的最短路, 即可转化为寻找最优哈密顿(Hamilton)回路问题, 下面先给出几个相关的概念.

定义 8.4 包含图 G 的每个顶点在内的路称为**哈密顿路**; 闭的哈密顿路称为**哈密顿圈**, 或 **H 圈**; 含有哈密顿圈的图称为**哈密顿图**.

直观地讲, 哈密顿图就是从一顶点出发每个顶点恰通过一次能回到出发点的那种图, 即不重复地行遍所有的顶点再回到出发点的图.

到目前为止, 哈密顿图的非平凡的充要条件尚不知道, 是图论中尚未解决的问题之一. 因此, TSP 到目前还没有有效的方法, 现有的解决方法都是在寻找一个近似最优的哈密顿圈, 常用方法有边替换的方法、遗传算法、模拟退火法、蚁群算法等启发式搜索方法.

8.6 最小生成树问题

在现实生活中, 经常遇到诸如: 在一些城市之间修建高速公路的问题, 在保证各城市连通的前提下, 往往是希望修建的高速公路总长度最短, 这样既能节约费用, 又能缩短工期. 类似的问题还有: 在多个村庄之间修建电网的问题, 总是希望供电线路的长度最短. 要解决这类问题事实上是寻求图的**最小生成树**的问题.

8.6.1 最小生成树的概念

对于不包含圈的图称为**无圈图**; 连通的无圈图称为**树**, 记为 T; 其度为 1 的顶点称为**叶**. 显然有边的树至少有两个叶. 如图 8-5 给出了 5 个顶点的树.

设 G' 是 G 的子图. 如果子图 G' 还包含 G 的所有顶点, 则子图 G' 称为 G 的**生成子图**.

定义 8.5 若 T 是 G 的生成子图, 且 T 是树, 则称 T 是 G 的**生成树**. 若图 $G(V,E)$ 是一个连通赋权图, T 是 G 的一棵生成树, T 的每条边所赋权数之和称为树 T 的权, 记为 $W(T)$. 图 G 中具有最小权的生成树称为 G 的**最小生成树**.

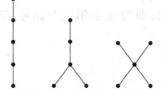

图 8-5　包含 5 个顶点的树

图 G 为连通的充要条件是 G 有生成树. 一个连通图的生成树不是唯一的, 用 $\tau(G)$ 表示 G 的生成树的个数, 并有下面的凯莱(Cayley)公式:

$$\tau(K_n) = n^{n-2} \quad \text{和} \quad \tau(G) = \tau(G-e) + \tau(G \cdot e),$$

其中 K_n 为 n 个顶点的完全图, $G-e$ 为从 G 中删除边 e 的图, $G \cdot e$ 为把 e 的长度收缩为零得到的图.

关于树有下面常用的五个充要条件.

定理 8.1 （1）G 是树当且仅当 G 中任意两顶点之间有且仅有一条轨道；

（2）G 是树当且仅当 G 中无圈,且 $|E(G)|=|V(G)|-1$；

（3）G 是树当且仅当 G 为连通的,且 $|E(G)|=|V(G)|-1$；

（4）G 是树当且仅当 G 为连通的,且对任一边 $e \in E(G)$,$G-e$ 为不连通的；

（5）G 是树当且仅当 G 中无圈,且对任一边 $e \notin E(G)$,$G+e$ 恰有一个圈.

8.6.2 求最小生成树的算法

因为权值最小的连通生成子图就是一个生成树,为此,要求最小生成树也就是在连通加权图上求最小的生成子图.解决这类问题常用的有**克鲁斯卡尔**（Kruskal）算法和**普里姆**（Prim）算法.

1. 克鲁斯卡尔算法

（1）选择边 $e_1 \in E(G)$,使得 $w(e_1) = \min\limits_{e_k \in E(G)} \{e_k\}$；

（2）若 $e_1, e_2, \cdots, e_i$ 已选好,则从 $E(G) - \{e_1, e_2, \cdots, e_i\}$ 中选取 e_{i+1},使得 $E[\{e_1, e_2, \cdots, e_i, e_{i+1}\}]$ 中无圈和 $w(e_{i+1}) = \min\limits_{e_k \in E(G) \setminus \{e_1, e_2, \cdots, e_i\}} \{e_k\}$；

（3）直到选到 $e_{|V(G)|-1}$ 为止.

其中 $E'[G]$（$E' \subseteq E(G)$）称为边子集 E' 的**导出子图**,它是以 E' 为边集,以 E' 中边的端点为顶点的子图.

注意,该方法关于图的存储结构采用边集数组,且权值相等的边在数组中排列次序可以是任意的.该方法对于边相对比较多的图不是很适用,浪费时间.

2. 普里姆算法

设置两个集合 P 和 Q,其中 P 用于存放图 G 的最小生成树中的顶点,集合 Q 用于存放图 G 的最小生成树中的边.令集合 P 的初值为 $P = \{v_1\}$（假设构造最小生成树时,从顶点 v_1 出发）,集合 Q 的初值为 $Q = \varnothing$.

普里姆算法的基本思想：从所有 $u \in P$ 和 $v \in V - P$ 的边中选取一条具有最小权值的边 uv,将顶点 v 加入到集合 P 中,将边 uv 加入到集合 Q 中,如此不断重复进行下去,直到 $P = V$ 为止,则得到最小生成树,此时集合 Q 中就包含了最小生成树的所有边.

普里姆算法和步骤：

（1）令 $P = \{v_1\}$,$Q = \varnothing$；

（2）如果 $P \subset V$,则 $uv = \min\{w_{uv} \mid u \in P, v \in V - P\}$；

（3）令 $P = P + \{v\}$,$Q = Q + \{uv\}$；

（4）如果 $P = V$,则得到最小生成树,结束；否则,返回（2）.

注意,该算法关于图的存储结构采用邻接矩阵的方法,此方法是按各个顶点连通的步骤进行,需要用一个顶点集合,开始为空集,以后将连通的顶点陆续加入到集合中,全部顶点加入集合后就得到所需的最小生成树,运算效率较高.

8.7 匹配与指派问题

指派问题是现实生活中常见一类问题,也是运筹学研究的一类有代表性的问题.诸如指派某些人员去完成某些工作、为完成某项生产任务分派机器设备等问题.首先给出几个相关的概念.

8.7.1 匹配与二分图

设有图 $G=(V,E)$,若 $M \subset E(G)$,且对任意的边 $e_i, e_j \in M, e_i$ 与 e_j 无公共端点 $(i \neq j)$,则称边子集 M 为图 G 中的一个**匹配**(或**对集**);M 中的一条边的两个端点叫做在对集 M 中相配;M 中的端点称为被 M **许配**;如果 G 中每个顶点都被 M 许配时,则 M 称为**完备匹配**(或**完备对集**);若 M 是 G 中的一个匹配,但 G 中已无匹配 M' 使 $|M'|>|M|$,则称 M 是 G 中的一个**最大匹配**(或**最大对集**).如图 8-6(a)为最大匹配,图 8-6(b)为完备匹配.

若边子集 M 是图 G 中的匹配,G 中又有一个轨道,其边交替地在 $E-M$ 与 M 中出现,则称此轨道为 G 中 M 的**交错轨**;若 M 的交错轨之起止顶点皆未被 M 许配,则称此轨为 M 的**可增广轨**.

M 是图 G 中最大匹配的充要条件是 G 中无 M 可增广轨.

设 $G=(V,E)$ 是一个无向图,如果顶点集 V 可分割为两个互不相交的子集,并且图中每条边关联的两个顶点都分属于两个不同的子集,则称此图 G 为**二分图**(或**二部图**).二分图的图例如图 8-7 所示.

(a)

(b)

图 8-6 最大匹配与完备匹配

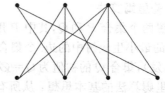

图 8-7 二分图例

8.7.2 指派问题的解法

1. 指派问题的一般提法

设某单位有 n 名工作人员去完成 n 项工作,每人适合做其中一项或几项工作,试问能否每人都能分配一项合适的工作.如果不能使每人都有适合的工作,那么最多有几个人能有适合自己的工作?

这类问题的数学模型是:设 G 为二分图,顶点集 $V(G)$ 可划分为 $V(G)=X \cup Y$,$X=\{x_1,x_2,\cdots,x_n\}$,$Y=\{y_1,y_2,\cdots,y_n\}$ 分别表示 n 个人和 n 项工作,当且仅当 x_i 适合工作 y_j 时,$x_i y_j \in E(G)$,现在的问题为求 G 中的最大匹配问题.

解决这类问题可用爱迪蒙斯(Edmonds)给出的"匈牙利算法".

2. 匈牙利算法步骤

(1) 从 G 中取一个初始匹配 M;

(2) 若 M 已把 X 中的顶点皆许配,即 M 为完备匹配,则停止;否则,取 X 中未被 M 许配的一个顶点 v,记 $S=\{v\}$,$T=\varnothing$;

(3) 若 $N(S)=T$,则无完备匹配,停止;否则,取 $y\in N(S)-T$;

(4) 若 y 是被 M 许配的,则可设 $yz\in M$,用 $S\cup\{z\}$ 代替 S,$T\cup\{y\}$ 代替 T,转(3);否则,取可增广轨 $P(v,y)$,用"对称差" $M-E(P)$ 代替 M,转(2).

这一算法主要是把初始匹配通过可增广轨逐次增广至得到最大匹配为止.

如果要求每个人都必须分配到一份适合的工作,则这是求二分图的完全匹配问题.

8.8 应用案例分析

例 8.1 出租车的最短行驶路线问题

某市的出租车公司为了更好地为乘客服务,向乘客承诺:"出租车走最短的行驶路线,方便快捷."乘客上车后只要告知司机目的地,出租车上电脑就可以计算出到达目的地最短的行驶路线.如图 8-8 给出的是该市某一地区示意图,试给出从标号 22 的地点到标号 44 的地点的最短行驶路线.

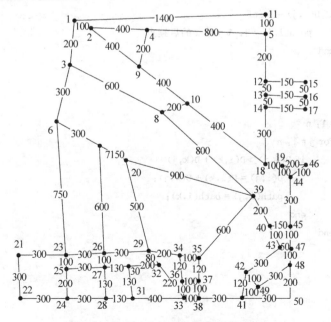

图 8-8 某市一个地区交通网络示意图

解 首先将地图视为一个赋权图,每个交叉路口都视为图的一个顶点,按照允许行车路线连接相邻两顶点. 两个相邻交叉路口间的路程长度(单位:m)视为连接两顶点间边的权.

现在的问题是将此问题转化为在该图中寻找一条连接顶点 22 到顶点 44 的最短路问题. 下面用 Floyd 算法来求解这个问题,根据 Floyd 算法的步骤,给出相应的 MATLAB 程序如下:

```
function[d,path] = floyd(a,sp,ep)
%   floyd - 最短路问题
%   Syntax: [d,path] = floyd(a,sp,ep)
%   输入:
%    a     - 邻接矩阵(aij)是指 i 到 j 之间的距离,可以是有向的
%    sp    - 起点的标号
%    ep    - 终点的标号
%   输出:
%    d     - 最短路的距离
%    path  - 最短路的路径
n = size(a,1);
D = a;
path = zeros(n,n);
for i = 1: n
    for j = 1: n
        if D(i,j) ~ = inf
            path(i,j) = j; %j 是 i 的后续点
        end
    end
end
for k = 1: n
    for i = 1: n
        for j = 1: n
            if D(i,j)>D(i,k) + D(k,j)
                D(i,j) = D(i,k) + D(k,j);
                path(i,j) = path(i,k);
            end
        end
    end
end
p = [sp];
mp = sp;
for k = 1: n
```

```
        if mp~ = ep
                d = path(mp,ep);
                p = [p,d];
                mp = d;
        end
end
d = D(sp,ep);
path = p;
```

将该图邻接矩阵 A 写出后,在 MATLAB 命令窗口输入:

[Long,Path] = floyd(A,22,44)

得到输出结果为

Long = 2400, Path = 22,24,28,31,33,38,41,42,43,47,45,44.

结果说明:从 22 号地点到 44 号地点的最短行驶路线总长度为 2400m,行走路线为:从 22 号地点出发一直向东直行 1530m 经过 24、28、31、33、38(号)到 41 号地点左拐向北经 42 号到 43 号行驶 420m,向东右拐走 50m 到 47 号向北左拐经 45 号直行 400m 到达目的地 44 号地点.

注意,该问题也可利用 Dijkstra 算法来求解,求解结果是一致的. 事实上,Dijkstra 算法的复杂度是 $O(n^2)$,Floyd 算法的复杂度是 $O(n^3)$,这两种算法的优点是算法简单,易于实现,而且可以计算出任意两点之间的最短距离. 缺点是复杂度过高,不适合数据量较大的问题. 对于大规模的最短路问题,这两种算法将力不从心,此时应用启发式搜索算法可能更有效,例如遗传算法、模拟退火法、蚁群算法等.

例 8.2 网络的数据传输问题

分组交换技术在计算机网络发挥着重要的作用,从源节点到目的节点传送文件不再需要固定的一条"虚路径",而是将文件分割为几个分组,再通过不同的路径传送到目的节点,目的节点再根据分组信息进行重组、还原文件. 分组交换技术具有文件传输时不需要始终占用一条线路,不怕单条线路掉线,多路传输提高传输速率等优点. 现在考察如图 8-9 所示的网络,图中连接两个节点间的数字表示两交换机间的可用带宽,此时从节点 1 到节点 9 的最大传输带宽是多少?

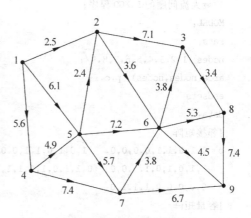

图 8-9 计算机网络带宽示意图(单位:Mb/s)

解 将此问题视为一个求网络的最大流问题,将分组的传输方式用以下矩阵来刻画:

$$F = \begin{bmatrix} f_{11} & f_{12} & \cdots & f_{19} \\ f_{21} & f_{22} & \cdots & f_{29} \\ \vdots & \vdots & & \vdots \\ f_{91} & f_{92} & \cdots & f_{99} \end{bmatrix},$$

其中 f_{ij} 表示从节点 i 到节点 j 的实际传输带宽. 记容量矩阵为

$$C = \begin{bmatrix} 0 & 2.5 & 0 & 5.6 & 6.1 & 0 & 0 & 0 & 0 \\ 0 & 0 & 7.1 & 0 & 0 & 3.6 & 0 & 0 & 0 \\ 0 & 0 & 0 & 0 & 0 & 0 & 0 & 3.4 & 0 \\ 0 & 0 & 0 & 0 & 4.9 & 0 & 7.4 & 0 & 0 \\ 0 & 2.4 & 0 & 0 & 0 & 7.2 & 5.7 & 0 & 0 \\ 0 & 0 & 3.8 & 0 & 0 & 0 & 0 & 5.3 & 4.5 \\ 0 & 0 & 0 & 0 & 0 & 3.8 & 0 & 0 & 6.7 \\ 0 & 0 & 0 & 0 & 0 & 0 & 0 & 0 & 7.4 \\ 0 & 0 & 0 & 0 & 0 & 0 & 0 & 0 & 0 \end{bmatrix}.$$

由此可以建立线性规划模型如下:

$$\max V_f$$

$$\text{s.t.} \begin{cases} \sum_{j \in V} f_{ij} - \sum_{k \in V} f_{ki} = \begin{cases} V_f & (i = 1), \\ -V_f & (i = 9), \\ 0 & (i \neq 1, 9), \end{cases} \\ 0 \leqslant F \leqslant C. \end{cases}$$

该模型的求解,采用 LINGO 软件,其相应的程序如下:

```
! 最大流问题的 LINGO 程序;
MODEL:
sets:
nodes /1,2,3,4,5,6,7,8,9/;              !节点集
arcs(nodes,nodes): p,c,f;               !边集
endsets
data:
!邻接矩阵
p = 0,1,0,1,1,0,0,0,0,   1,0,1,0,1,1,0,0,0,   0,1,0,0,0,0,1,0,1,0,   1,0,0,0,1,0,1,0,0,
    1,1,0,1,0,1,1,0,0,   0,1,1,0,1,0,1,1,1,   0,0,0,1,1,0,0,1,   0,0,1,0,0,1,0,0,1,
    0,0,0,0,0,1,1,1,0;
!容量矩阵
C = 0,2.5,0,5.6,6.1,0,0,0,0,   0,0,7.1,0,0,3.6,0,0,0,   0,0,0,0,0,0,0,3.4,0,
    0,0,0,0,4.9,0,7.4,0,0,   0,2.4,0,0,0,7.2,5.7,0,0,   0,0,3.8,0,0,0,0,5.3,4.5,
```

```
          0,0,0,0,0,3.8,0,0,6.7,      0,0,0,0,0,0,0,0,7.4,      0,0,0,0,0,0,0,0,0;
enddata
max = flow;
@for(nodes(i)|i#ne#1#and#i#ne#@size(nodes):          !去除源和汇
   @sum(nodes(j): p(i,j) * f(i,j))                    !中间节点约束
      = @sum(nodes(j): p(j,i) * f(j,i))));
@sum(nodes(i): p(1,i) * f(1,i)) = flow;              !源汇节点约束
@for(arcs: @bnd(0,f,c));                              !容量约束
End
```

运行该程序,可以得到结果如下:

F(1,2) = 2.5, F(1,4) = 5.6, F(1,5) = 6.1, F(2,6) = 2.5, F(4,5) = 4.6,
F(4,7) = 1.0, F(5,6) = 5.0, F(5,7) = 5.7, F(6,8) = 3.0, F(6,9) = 4.5,
F(7,9) = 6.7, F(8,9) = 3.0,其他的 F(i,j) = 0,最优值为 14.2.

结果显示,此时可得到最大流为 14.2Mb/s,实际流量分布如图 8-10 所示.

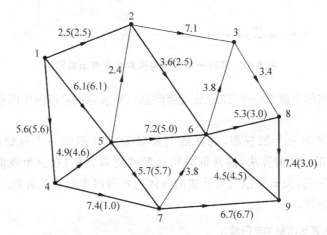

图 8-10 计算机网络流量示意图(单位:Mb/s)

例 8.3 求救信号的采集问题

紧急呼救电话发挥着极其重要的作用,现在的问题是往往在呼救时当事者大多处于极度紧张或身体状况不佳的状态,难以清晰表达自己所处位置,给救援工作带来极大的困难.对于有线电话来说,定位相对容易,而对于移动设备由于其可移动性,则确定位置相对比较困难.一种可行的办法是依赖通信基站,按照移动设备接收到附近几个基站信号强弱进行定位.区域内的某个点接收到各基站的信号强度组成一个向量,该向量唯一标志区域内的一个点.

采用这种方法定位就需要采集区域内各点的信号强度,派遣一辆装载信号采集设备

和 GPS 的车辆,从研究所出发,依次到达各主要地点采集信号,最后回到研究所提交数据.

考察某大城市的一个特定区域,示意图如图 8-11 所示. 主要信号采集点在图中已标出(即图中的节点),如何选择一条最短路线,使得信号采集车辆能够顺利地采集信号并返回研究所.

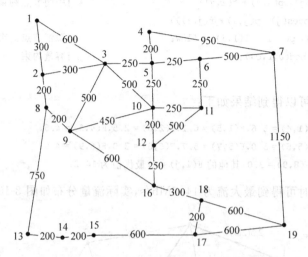

图 8-11　某市一地区信号采集站分布示意图

解　该问题实际上就是一个 TSP(旅行商问题),要求寻找遍历图中所有节点,并回到起点的最短路.

首先将地图视为一个赋权图,现在的问题就是求该图的一个最短哈密顿圈. 关于 TSP 目前还没有很有效的算法,通常都采用启发式搜索方法,在这里我们采用模拟退火算法来求解这个问题,关于模拟退火算法的具体内容可以参看相关资料. 下面直接给出相应的 MATLAB 程序.

```
% 用模拟退火算法求解 TSP 问题
% 主函数 tsp.m
function [long,route] = tsp(d,th,tl,a)
% 输入:
%   d      邻接矩阵
%   th     初始温度
%   tl     终止温度
%   a      控制温度系数
% 输出:
%   long   路径长度
%   route  路径编号
n = length(d);
```

```
L = 100 * n;
route = randperm(n);        % 初始化路径
long = route_long(route,d)  % 初始化路径长度
t = th;
i = 0;
tic                         % 开始计时
while t > tl
    for j = 1: L
        [long_new,route_new] = exchange(route,d);
        if long_new < long
            route = route_new;
            long = long_new;
        elseif exp((long - long_new) * 2/t) > rand
            route = route_new;
            long = long_new;
        else route = route;
            long = long;
        end
    end
    t = a * t;
    i = i + 1;
    long_sequence(i) = long;
    long_sequence
end
toc                         % 结束计时
plot(1: i,long_sequence);   % 绘制算法效果图
% 计算路径长度的子函数 route_long.m
function long = route_long(route,d)
% 输入:
% route        路径编号
% d            邻接矩阵
% 输出:
% route_value  路径长度
n = length(d);
long = 0;
for i = 1: n - 1
    long = long + d(route(i),route(i + 1));
end
% 随机交换两个节点的顺序函数 exchange.m
```

```
function [long_new,route_new] = exchange(route,d)
% 输入:
% route        初始路径
% d            邻接矩阵
% 输出:
% long_new     新路径长度
% route_new    新路径经由节点
n = length(d);
temp1 = ceil(n * rand);
temp2 = ceil(n * rand);
tem1 = min(temp1,temp2);
tem2 = max(temp1,temp2);
route_temp = fliplr(route(tem1:tem2));                      % 左右翻转矩阵
route_new = [route(1:(tem1 - 1)) route_temp route((tem2 + 1):n)];  % 交换后产生新路径
long_new = route_long(route_new,d);                         % 重新计算路径长度
```

运行该程序时,首先导入邻接矩阵 tsp.mat,即在 MATLAB 命令窗口输入:

```
[long,route] = tsp(b,1000000000,1000000,0.5)
```

然后就可执行这个程序了,运行结果为

long = 7600,route = 12,11,6,7,4,5,10,9,3,1,2,8,13,14,15,17,19,18,16.

从求解的结果显示,图的最短哈密顿圈长为 7600,路线如图 8-12 所示.

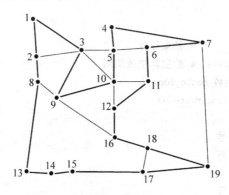

图 8-12　用模拟退火算法求得 TSP 的解

注意,由于在该求解程序中,为了保证模拟退火法的收敛性,图中没有连接的节点在邻接矩阵中用 10^9 代替,所以在初始温度设定时设定为 10^9,终止温度和温度衰减系数的设置可以实现运算时间与运算效果之间的平衡,终止温度越低,衰减系数越大,则运算时间越长,其结果以更大的概率取得最优解.

TSP 属于组合优化的范畴,同样可以采用组合优化的方法求解 TSP.

设 d_{ij} 表示 i,j 两个城市之间的距离,决策变量是 $x_{ij}=0$ 或 1(0 表示不连接,1 表示连接),由 x_{ij} 组成的邻接矩阵 $H \in G$ 是图 G 的哈密顿圈等价于 H 中每个顶点都只有一个入度和一个出度,且去掉任何一个节点后 H 将不是圈. 此时求解 TSP 就等价于求解下面 0-1 规划问题:

$$\min z = \sum_{i,j \in V} d_{ij} x_{ij}$$

$$\text{s.t.} \begin{cases} \sum_{j \in V} x_{ij} = 1 & (i \in V), \\ \sum_{i \in V} x_{ij} = 1 & (j \in V), \\ x_{ij} = 0,1 & (i,j \in V). \end{cases} \tag{8.3}$$

对于模型(8.3)容易用 LINGO 软件进行求解,在这里针对例 8.3 的具体问题给出相应的求解方法. 例 8.3 的 LINGO 求解程序如下:

```
MODEL:
sets:
areas/1..19/: index;                    !Hamilton 路标号;
link(areas,areas): distance,x;          !邻接矩阵和决策矩阵;
endsets
data:
distance = distancematrix;              !输入 19×19 的邻接矩阵(此处没有列出);
enddata
n = @size(areas);
min = @sum(link(i,j)|i#ne#j: distance(i,j) * x(i,j));
@for(areas(i): index(i) >= 1; );        !地区编号非负约束;
@for(areas(i):
@sum(areas(j)|j#ne#i: x(j,i)) = 1;      ! 入度为 1 约束
@sum(areas(j)|j#ne#i: x(i,j)) = 1; );   ! 出度为 1 约束
@for(areas(j)|j#gt#1#and#j#ne#i:
    index(j) >= index(i) + x(i,j) - n * (1 - x(i,j)) + (n-1) * x(j,i); );
                                        ! 标号约束(除起始点外标号)
@for(link: @bin(x));                    ! 0-1 约束
@for(areas(i)|i#gt#1: index(i) <= n - (n-2) * x(1,i);   ! 起点标号约束
    index(i) >= 1 + (n-1) * x(i,1); );  ! 终点标号约束
END
```

运行该程序可以得到求解结果:index=(1,3,9,10,5,4,7,6,11,12,16,18,19,17,15,14,13,8,2),最优值为 z=7600. 即与用模拟退火算法的结果完全相同.

在网络规模不大的情况下,采用 0-1 规划的方法求解 TSP 可以很快地求解得到结

果,但随着网络规模的扩大,其计算复杂度将会迅速增加,因此在网络规模较大时采用模拟退火算法、遗传算法和蚁群算法等启发式搜索方法求解 TSP 是一个可行办法.

例 8.4 装备的合理配置问题

设有 M 套不同型号的装备要配备给 M 个部队,由于各个部队的基础设施、训练特点等条件的差异,不同的装备在不同的部队所产生的效能是不同的,具体的数据如表 8-1 所示. 试问如何分配这批装备,保证每个部队都有一套装备,并且使总的效能最大?

表 8-1 装备在不同部队效能表

部队\装备	A	B	C	D	E	F	G	H	I
1	0.14	0.17	0.23	0.55	0.47	0.26	0.19	0.17	0.12
2	0.37	0.40	0.49	0.09	0.05	0.53	0.42	0.39	0.12
3	0.59	0.62	0.67	0.22	0.17	0.06	0.03	0.02	0.08
4	0.11	0.12	0.16	0.06	0.03	0.19	0.14	0.12	0.46
5	0.12	0.14	0.19	0.24	0.19	0.46	0.37	0.35	0.10
6	0.10	0.12	0.15	0.06	0.03	0.39	0.33	0.30	0.21
7	0.11	0.14	0.18	0.47	0.39	0.06	0.03	0.02	0.25
8	0.63	0.65	0.73	0.07	0.04	0.20	0.17	0.14	0.09
9	0.29	0.30	0.36	0.05	0.03	0.05	0.02	0.01	0.44

解 由题意可以知道,这个问题是属于一标准的指派问题,即属于组合优化的范畴,在这里我们来建立组合优化模型,并用相应的方法进行求解.

将各部队关于各种装备的效能(表 8-1)数据用矩阵 S 表示,即用 $S=(s_{ij})_{9\times9}$ 表示分配装备 j 给部队 i 产生的效能. 用矩阵 $X=(x_{ij})_{9\times9}$ 表示决策矩阵,为一个 0-1 矩阵,即 $x_{ij}=1$ 表示将装备 j 分配给部队 i;$x_{ij}=0$ 表示不将装备 j 分配给部队 i. 则此时可以建立如下的优化规划模型:

$$\max P = \sum_{i=1}^{9}\sum_{j=1}^{9} x_{ij}s_{ij}$$

$$\text{s.t.} \begin{cases} \sum_{j=1}^{9} x_{ij} = 1 & (i=1,2,\cdots,9), \\ \sum_{i=1}^{9} x_{ij} = 1 & (j=1,2,\cdots,9), \\ x_{ij} = 0,1 & (i,j=1,2,\cdots,9). \end{cases}$$

该优化模型是一个 0-1 规划模型,可以用 LINGO 软件求解,其程序如下:

MODEL:
!装备分配问题的Lingo程序;

```
SETS:
Army/1..9/;
Equi/1..9/;
Assign(Army,Equi): S,X;
endsets
！输入矩阵;
data:
S =
0.14    0.17    0.23    0.55    0.47    0.26    0.19    0.17    0.12
0.37    0.40    0.49    0.09    0.05    0.53    0.42    0.39    0.12
0.59    0.62    0.67    0.22    0.17    0.06    0.03    0.02    0.08
0.11    0.12    0.16    0.06    0.03    0.19    0.14    0.12    0.46
0.12    0.14    0.19    0.24    0.19    0.46    0.37    0.35    0.10
0.10    0.12    0.15    0.06    0.03    0.39    0.33    0.30    0.21
0.11    0.14    0.18    0.47    0.39    0.06    0.03    0.02    0.25
0.63    0.65    0.73    0.07    0.04    0.22    0.17    0.14    0.09
0.29    0.30    0.36    0.05    0.03    0.05    0.02    0.01    0.44;
enddata
max = @sum(Assign: S * X);
@for(Army(i): @sum(Equi(j): X(i,j)) = 1);        !行和为1约束
@for(Equi(j): @sum(Army(i): X(i,j)) = 1);        !列和为1约束
@for(Assign: @bin(x));                            !0-1约束
END
```

运行该程序可以得到求解结果：X(1,5)=1,X(2,6)=1,X(3,2)=1,X(4,9)=1, X(5,8)=1,X(6,7)=1,X(7,4)=1,X(8,3)=1,X(9,1)=1,最优值为P=4.25.

从求解结果可以看出，最优的分配方案如表8-2所示，相应的最佳效能之和为4.25.

表 8-2 装备的分配方案

部队\装备	A	B	C	D	E	F	G	H	I
1					1				
2						1			
3		1							
4									1
5								1	
6							1		
7				1					
8			1						
9	1								

注意,采用0-1规划求解匹配问题较之匈牙利算法要更为方便快捷,但计算开销也更大,实际应用时可以根据需要选择合适的方法.

8.9　应用案例练习

练习 8.1　在例 8.1 的基础上,如果城市中有的路段是单行道,有的路口有转向限制,此时如何选择最短路线?(提示:将原图改为其对偶图,节点变为边,边变为节点.)

练习 8.2　在例 8.3 的基础上,由于城市规模的扩大,信号采集车不可能一天内采集完成,执行每天 8h 工作制度,到达 8h 后,完成当天最后一个采集点,并驱车返回研究所.问题是如何确定最佳的行驶路线,使得在最短的时间里完成任务.

练习 8.3　旅游线路安排问题

某国际旅行社拟组团到世界著名的风景旅游城市旅游,从城市 B 出发,乘飞机分别到城市 T,N,M,L 和 P 巡回旅游,每个城市只走一次,最后再回到城市 B. 各城市之间的航线距离如表 8-3 所示. 试问应如何安排旅游线路,使旅游行程最短?

表 8-3　各城市之间的航线距离

城市＼距离/km＼城市	L	M	N	P	B	T
L	—	5600	3500	2100	5100	6000
M	5600	—	2100	5700	7800	7000
N	3500	2100	—	3600	6800	6800
P	2100	5700	3600	—	5100	6100
B	5100	7800	6800	5100	—	1300
T	6000	7000	6800	6100	1300	—

练习 8.4　光纤铺设问题

某大单位有 10 个下属单位,均不在同一地点办公,为了实现单位之间的资源共享,该单位打算对原有网络进行改造,将所属各单位通过光纤连接组成园区网. 根据前期的考察预测,各单位间的光纤连接费用如表 8-4 所示.

表 8-4　各单位间光纤铺设成本　　　　　　　　　　单位:万元

	1	2	3	4	5	6	7	8	9	10
1	0	33	51	52	38	61	61	49	53	51
2	33	0	44	71	48	51	60	50	49	41
3	51	44	0	66	43	58	62	34	35	55
4	52	71	66	0	62	56	61	37	49	48
5	38	48	43	62	0	55	52	40	28	49
6	61	51	58	56	55	0	53	39	49	49

续表

	1	2	3	4	5	6	7	8	9	10
7	61	60	62	61	52	53	0	55	50	56
8	49	50	34	37	40	39	55	0	64	46
9	53	49	35	49	28	49	50	64	0	48
10	51	41	55	48	49	49	56	46	48	0

试问该单位应如何铺设光纤能使得成本最低,且保证所属各单位之间的连通?

练习 8.5　学生的毕业实习问题

某学校的本科毕业生在毕业之前都进行一段时间的实习,要求每个学生都完成一项课题. 某一位导师拟带 5 名学生完成 5 项课题,因为不同学生的基本能力和特长不同,完成各项课题效果也不同. 在此之前对这 5 名学生的基本情况进行了分析了解,得出每名学生完成各项课题效果指数如表 8-5 所示. 该导师想知道该如何为这 5 名学生分配合适的课题,使完成这 5 项课题的整体效果最好.

表 8-5　毕业分配岗位适合程度表

学生＼课题	1	2	3	4	5
A	0.2	0	0.4	0.8	0.5
B	0.1	0.7	0.8	0	0.7
C	0.6	0.4	0.5	0.6	0.4
D	0.2	0.9	0.2	0.3	0.3
E	0.1	0.4	0.6	0.8	0.1

练习 8.6　研究生录取中的双向选择问题

现在学校在研究生的录取工作中,往往是在确定录取名单之后,让所录取的研究生和导师之间作双向选择,从而可确定每位导师带自己最喜欢的研究生,每位研究生也能找到自己最喜欢的导师.

(1) 现设该学校录取 5 名计划内的研究生,正好有 5 名导师每人带一名. 经过双方的相互了解导师和研究生之间的相互满意度如表 8-6 所示. 试问双方应该如何作出选择使得总体满意度最大?

(2) 如果该学校共录取了 7 名计划内研究生,同样是有 5 名导师,要求每一名导师至少带一名研究生,双方相互满意度如表 8-7 所示. 试问双方应该如何作出选择使得总体满意度最大?

表 8-6 5 名导师和 5 名研究生之间相互满意度

学生\导师	A	B	C	D	E
1	0.19	0.69	0.49	0.66	0.72
2	0.68	0.37	0.89	0.34	0.30
3	0.30	0.86	0.82	0.28	0.83
4	0.54	0.85	0.64	0.34	0.56
5	0.15	0.59	0.81	0.53	0.37

表 8-7 5 名导师和 7 名研究生之间相互满意度

学生\导师	A	B	C	D	E
1	0.19	0.69	0.49	0.66	0.72
2	0.68	0.37	0.89	0.34	0.30
3	0.30	0.86	0.82	0.28	0.83
4	0.54	0.85	0.64	0.34	0.56
5	0.15	0.59	0.81	0.53	0.37
6	0.70	0.44	0.62	0.95	0.88
7	0.54	0.69	0.79	0.52	0.17

练习 8.7 男女青年的婚配问题

目前,城市大龄青年的婚姻问题已成社会关注的问题,某市的妇联组织拟为 10 对年龄相当的大龄男女青年牵线搭桥. 由于每个人的基本条件不同,每个人的择偶条件也不尽相同. 根据妇联所掌握的基本情况,初步分析认为,任意一对男女青年配对,都有一定的成功率,具体成功率如表 8-8 所示. 妇联组织请你帮助分析给出最合适的配对方案,使得分别满足下面的两项要求:

表 8-8 男女青年配对成功率

女青年\男青年	1	2	3	4	5	6	7	8	9	10
1	0.832	0.808	0.804	0.832	0.884	0.884	0.788	0.84	0.84	0.788
2	0.916	0.644	0.84	0.884	1	0.884	0	0.936	0.852	0.82
3	0.744	0.724	0.772	0.744	0.756	0.704	0.704	0.72	0.636	0.712
4	1	0.852	0.804	1	0.916	0.872	0.832	0.936	0.84	0.84
5	0.936	0.656	0.772	0.904	0.852	0.852	0.644	0.884	0.832	0.84
6	0.808	0.676	0.72	0.688	0.72	0.72		0.772	0.788	0.756
7	0.936	0.644	0.84	0.936	0.884	0.84	0	0.968	0.84	0.82
8	0.96	0.70	0.78	0.91	0.93	0.88	0.64	0.88	0.83	0.88
9	0.91	0.75	0.72	0.84	0.84	0.84	0.67	0.87	0.85	0.87
10	0.74	0.68	0.78	0.76	0.72	0.65	0.60	0.72	0.64	0.70

(1) 使得总的配对成功率尽可能的高；

(2) 使得 10 对男女青年都配对成功的成功率最大.

练习 8.8　锁具互开问题

设有一种锁具共有 5 个槽，每个槽有 6 种不同的高度，但要求一个锁具必须有两个不同槽高，而且相邻两个槽的高度不能为 3. 两个锁具能够互开当且仅当有 4 个对应的槽高度相同，最后一个槽高度差 1. 这种锁具在销售时每 60 个锁具装一箱. 试问这种锁具最大不能互开的数量为多少.

第 9 章

存 储 论

存储论(又称为库存论,inventory theory)是研究存储系统的性质、运行规律以及如何寻求最优存储策略的一门学科,它是运筹学的一个重要分支,在实际中有着广泛的应用.例如,人们在日常生活和生产实践中往往将所需要的物资、用品和食物储存起来,以备将来使用或消费,这种储存物品的现象是为了解决供应(生产)与需求(消费)之间的不协调的一种措施.如何使得存储物品既满足需求,又使所需要的费用最小,这是存储论研究的主要问题.

9.1 存储的问题与数学模型

9.1.1 问题的提出

存储论起源于银行业,主要是为了把握每天应保持多少库存现金,才能使得既不能发生因现金储备量过少,而出现不能兑现的情况,也不能发生因现金储备量过多而形成资金积压造成损失的情况.在经济市场中,也普遍存在类似的问题.

譬如,工厂为了保证连续生产,必须存储一定的原材料;水库在雨季蓄水,以便在旱季满足灌溉和航运等用水需求,以及满足发电站发电的需要;商店为了满足顾客的需求,必须有适量的库存货物来支持经营;医院里的血库要有一定的库存才能保证病人的急需等.但是,应有多少库存量呢?是否库存量越大越好呢?答案是否定的.比如,对于水库来说,如果雨季降雨量大,就必须考虑先放掉一些水,使水库存水量减少.否则,洪水到来时,水库水位猛涨,溢洪道排泄不及,可能会使水坝坍塌,水电站不能发电,还会给下游造成更大的损失.对于经销商来说,库存量过高,可能不利于经营,它不仅占用大量的流动资金,需要大量的管理费用和库存费用,而且有些物品经过长时间的储存会变质、过期失效等;有些时候太少或者没有库存,又会影响到生产、销售,甚至还会造成不可挽回的损失等.所以,实际中需要有一个科学的方法来处理何时补充库存,以及补充多少的问题,存储论就是研究这类有关存储问题的科学.

要研究解决这类问题,首先引入存储模型的基本概念.

9.1.2 存储模型的基本概念

在实际中,不管是生产还是销售,往往都需要存储一些原料或者一定数量的物品,将这些存储物品简称**存储**.需要时要从存储中取出,使存储减少,到一定时候就要进货以补充存储.一般情况下,存储因需求而减少,因补充而增加.

1. 存储模型的基本要素

(1) 需求率　单位时间内对某种物品的需求量,用 D 表示.

(2) 订货批量　一次订货中,所订某种货物的数量,用 Q 表示.

(3) 订货间隔期　相邻两次订货之间的时间间隔,用 T 表示.

2. 存储模型的基本费用

(1) 存储费　所有用于存储的全部费用,包括所占资金应付的利息、使用仓库、保管货物、货物损坏变质等费用,通常与存储货物的多少和时间长短有关,记为 C_P.

(2) 订货费　每组织一次生产、订货或采购的费用,与订购的货物数量无关,记为 C_D.

(3) 生产费　在出现缺货需要补充存储时,如果不向外订货,而自行安排生产,就需要一定的生产费用,包括装配费用和材料、加工费用等.

(4) 缺货费　由于货物短缺所引起的一切损失费用,如失去销售时机的损失、停工待料的损失,以及不能履行合同而缴纳的罚金等,一般与货物短缺的多少和短缺的时间有关,记为 C_S.

注意,在不允许缺货的情况下,在费用上处理的方式是缺货费为无穷大.

3. 存储策略

确定何时补充货物,每次补充多少数量的方案称之为"**存储策略**".常见的策略有以下三种:

(1) T-循环策略　每间隔 T 时间补充存储量 Q.

(2) (s,S) 策略　每当存储量 $x \geqslant s$ 时不补充.当 $x < s$ 时补充存储,补充量为 $Q = S - x$.

(3) (t,s,S) 混合策略　每经过 t 时间检查存储量 x,当 $x > s$ 时不补充,当 $x \leqslant s$ 时补充存储到 S.

在实际应用中,存储模型大体可分为两类:一类是确定性模型,即模型中的变量皆为确定型的量,不包含任何随机变量;另一类是随机性模型,即模型中含有随机变量.本章将按确定性存储模型和随机性存储模型分别介绍一些常用的存储模型,并给出模型相应的 LINGO 解法,得出最优存储策略(既可使总费用最小,又可避免因缺货影响销售及生产等情况).

9.2 确定性存储模型

9.2.1 货物能够得到及时补充的存储模型

该模型是指生产或销售所需的货物当存储降为零后,如果实际需要,则可以立即得到补充.

模型一 不允许缺货的情形

首先给出模型的前提假设:
(1) 缺货费为无穷大,即 $C_S = \infty$;
(2) 当存储量降为零后,可以立即得到补充;
(3) 需求是连续均匀的;
(4) 每次订货量不变,订购费不变,记为 C_D;
(5) 单位存储费不变,记为 C_P.

由上述假设,存储量的变化情况如图 9-1 所示.

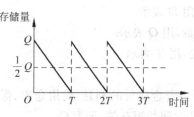

图 9-1 不允许缺货存储曲线

在一个周期 T 内,最大存储量为 Q,最小存储量为 0,且需求是连续均匀的,因此在一个周期内,其平均存储量为 $\frac{1}{2}Q$,存储费用为 $\frac{1}{2}C_P Q$.

一次订货费为 C_D,则在一个周期 T 内的平均订货费为 C_D/T. 由于需求量是连续均匀的,因此订货周期 T、订货量 Q 与单位时间的需求量 D 之间满足 $Q = DT$. 一个周期 T 内的平均总费用为

$$C(T) = \frac{1}{2}C_P Q + \frac{C_D}{T} = \frac{1}{2}C_P DT + \frac{C_D}{T}, \tag{9.1}$$

要求出 T,使费用函数 $C(T)$ 最小. 利用微积分求最小值的方法,对 T 求导,并令其导数等于零,可求出 T. 即令

$$\frac{\mathrm{d}C(T)}{\mathrm{d}T} = \frac{1}{2}C_P D - \frac{C_D}{T^2} = 0,$$

得 $T^* = \sqrt{\dfrac{2C_D}{C_P D}}$. 即每隔 T^* 时间订货一次可使费用最小,此时每次的订货量为

$$Q^* = DT^* = \sqrt{\frac{2C_D D}{C_P}}. \tag{9.2}$$

将 (9.2) 式代入 (9.1) 式得最小费用为

$$C(T^*) = \sqrt{2C_D C_P D}. \tag{9.3}$$

(9.2) 式是经济理论中著名的**经济订货批量公式**(economic ordering quantity, EOQ). 不允许缺货的存储模型也称为**经济订购批量存储模型**. 若总费用中包括货物本身

的价格,不妨设货物单价为 k,则在一个周期的平均总费用中加入 $\dfrac{kQ}{T}=kD$,即在目标函数中加入了一个常数 kD,而这对确定最佳订货周期和最佳订货量没有影响,因此在求最佳订货周期和订货量时可以不考虑该项.

由 (9.2) 式表明:订货费 C_D 越高,需求量 D 越大,订货批量 Q 也就越大;存储费 C_P 越高,订货批量 Q 就越小,这些关系是符合实际的.

注意,在费用的表达式(9.1)中还可以用订货量 Q 作为变量,即

$$C(Q) = \frac{1}{2}C_P Q + C_D \frac{D}{Q},$$

同样可以求出最佳订货量与(9.2)式相同.实际中,一般以年为单位,订货周期为 $T=\dfrac{D}{Q}$,每年的订货次数为 n(整数),此时 n 取 $\left[\dfrac{1}{T}\right]$ 或 $\left[\dfrac{1}{T}\right]+1$,使费用最小.如 $n=3.5867$,这时只要比较当 $n=3$ 和 $n=4$ 时,取费用最小的那一个即可.

模型二 允许缺货的情形

所谓允许缺货是指企业在存储量降为零后,还可以等待一段时间后再订货.事实上,在这种情况下,如果对顾客而言不受损失或损失很小,而企业除了支付少量的缺货费外,也无其他损失,那么这时发生缺货现象可能对企业是有利的.

在模型一的前提假设下,还假设允许缺货.在此,仍设 T 表示时间周期,T_1 表示 T 中不缺货的时间,则缺货的时间为 $T-T_1$. B 表示最大缺货量,C_S 表示缺货损失单价,Q 表示每次的最大进货量,则最大存储量为 $S=Q-B$. 允许缺货模型的存储曲线如图 9-2 所示.

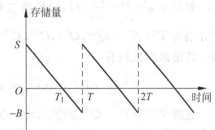

图 9-2 允许缺货存储曲线

一个时间周期内的平均存储量为 $\dfrac{ST_1}{2T}$,平均缺货量为 $\dfrac{B(T-T_1)}{2T}$,其中 $S=T_1 D, Q=TD$. 由此计算出平均存储量为 $\dfrac{T_1^2 D}{2T}$,平均缺货量为 $\dfrac{D(T-T_1)^2}{2T}$. 因此,允许缺货存储模型的平均总费用为

$$C(T,T_1) = \frac{C_P T_1^2 D}{2T} + \frac{C_D}{T} + \frac{C_S D(T-T_1)^2}{2T},$$

或

$$C(Q,S) = \frac{C_P S^2}{2Q} + \frac{C_D D}{Q} + \frac{C_S (Q-S)^2}{2Q}.$$

利用多元函数求极值的方法,令 $\dfrac{\partial C(T,T_1)}{\partial T}=0, \dfrac{\partial C(T,T_1)}{\partial T_1}=0$,解得

$$T^* = \sqrt{\dfrac{2C_D(C_P+C_S)}{DC_PC_S}}, \quad T_1^* = \sqrt{\dfrac{2C_DC_S}{DC_P(C_P+C_S)}}.$$

相应的最大订货量为

$$Q^* = \sqrt{\dfrac{2C_DD(C_P+C_S)}{C_PC_S}} = \sqrt{\dfrac{2C_DD}{C_P}}\sqrt{1+\dfrac{C_P}{C_S}},$$

最大存储量为

$$S^* = T_1^* D = \sqrt{\dfrac{2C_DD}{C_P}}\sqrt{\dfrac{C_S}{C_S+C_P}},$$

最大缺货量为

$$B^* = Q^* - S^* = \sqrt{\dfrac{2C_DDC_P}{C_S(C_P+C_S)}},$$

最小费用为

$$C^* = \sqrt{\dfrac{2C_PC_DC_SD}{C_P+C_S}} = \sqrt{2C_PC_DD}\sqrt{\dfrac{C_S}{C_P+C_S}}.$$

如果令 $\mu=\sqrt{1+\dfrac{C_P}{C_S}}>1$,记模型二和模型一所得到的最佳周期、最大订货量、最小费用分别为 $T^{(2)}, T^{(1)}, Q^{(2)}, Q^{(1)}, C^{(2)}, C^{(1)}$,最大存储量记为 $S^{(2)}$,则与不允许缺货的存储模型一的结果相比较有

$$T^{(2)} = \mu T^{(1)}, \quad Q^{(2)} = \mu Q^{(1)}, \quad S^{(2)} = \dfrac{Q^{(1)}}{\mu}, \quad C^{(2)} = \dfrac{C^{(1)}}{\mu}.$$

显然 $T^{(2)}>T^{(1)}, Q^{(2)} \geqslant Q^{(1)}, S^{(2)}<Q^{(1)}, C^{(2)}<C^{(1)}$. 即允许缺货时,订货周期应增大,一次订货量也应增大,其中一部分用于补充缺货,即不经过存储直接进入需求,另一部分进入存储,所以最大存储量应减小,相应的费用也降低了. 在不允许缺货时最佳订货量和最大存储量是相同的. 当存储费用 C_P 不变,缺货费用 C_S 越大时,则 μ 越小, $T^{(2)}$ 和 $Q^{(2)}$ 就越接近于 $T^{(1)}$ 和 $Q^{(1)}$. 特别地,当 $C_S \to \infty$ 时有 $\mu \to 1$, 于是有 $T^{(2)} \to T^{(1)}, Q^{(2)} \to Q^{(1)}$. 这个结果是合理的,因为 $C_S \to \infty$ 时也就是缺货造成的损失无限增大,相当于不允许缺货的情形.

在允许缺货的条件下,得到的最优存储策略是每隔 T^* 时间订货一次,订货量为 Q^*, 用 Q^* 的一部分补足所缺货物,剩余部分进入存储. 而且在相同的时间段里允许缺货的订货次数比不允许缺货时的订货次数减少了.

9.2.2 货物的补充、生产需要一定时间的存储模型

实际中,当存储需要补充时,不是靠订货而是靠生产来补充,但生产需要一定的时间. 也就是说当存储量降到零后开始生产,生产的产品一部分满足需求,剩余的部分作为存

储.该模型也分为不允许缺货和允许缺货两种情况.

模型三　不允许缺货生产需要一定时间的情形

在模型一的前提假设下,通过生产来补充缺货时,生产需要一定时间.如果已知需求率为 D,生产批量为 Q,生产率为 P,生产时间为 t,则 $P=Q/t$,且 $P>D$. 此模型存储量的变化曲线如图 9-3 所示.

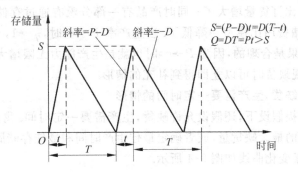

图 9-3　不允许缺货,生产需要一定时间的存储曲线

在 t 时间段内,存储量以 $P-D$ 速度上升,并在段末达到最大存储量.在 $T-t$ 时间段内存储量以需求率 D 下降,并在段末降为零,然后进入下一个周期.

在一个时间周期 T 内,最大存储量为 $S=(P-D)t=D(T-t)$,由此得生产时间为 $t=DT/P$,平均生产装备费为 C_D/T,且满足生产批量 $Q=DT$. 故一个周期的平均总费用为

$$C(T) = \frac{1}{2}C_P(P-D)\frac{DT}{P} + \frac{C_D}{T},$$

或者

$$C(Q) = \frac{1}{2}C_P(P-D)\frac{Q}{P} + \frac{C_D D}{Q} = \frac{1}{2}C_P\left(1-\frac{D}{P}\right)Q + \frac{C_D D}{Q}.$$

同样利用微积分方法可求得最优生产批量、最优周期、最佳生产时间、最大存储量及相应的最小存储费用分别为

$$Q^{(3)} = Q^* = \sqrt{\frac{2C_D DP}{C_P(P-D)}} = \sqrt{\frac{2C_D D}{C_P}}\sqrt{\frac{1}{1-D/P}},$$

$$T^{(3)} = T^* = \sqrt{\frac{2C_D P}{C_P D(P-D)}} = \sqrt{\frac{2C_D}{C_P D}}\sqrt{\frac{1}{1-D/P}},$$

$$t^* = \sqrt{\frac{2C_D D}{C_P P(P-D)}}, \quad S^* = \sqrt{\frac{2C_D D}{C_P}}\sqrt{1-\frac{D}{P}},$$

$$C^{(3)} = C(Q^*) = C(T^*) = \sqrt{2\left(1-\frac{D}{P}\right)C_D C_P D} = \sqrt{2C_P C_D D}\sqrt{1-\frac{D}{P}}.$$

令 $\eta=\sqrt{1-D/P}<1$，与模型一相比较，则有

$$T^{(3)}=\frac{T^{(1)}}{\eta}, \quad Q^{(3)}=\frac{Q^{(1)}}{\eta}, \quad C^{(3)}=C^{(1)}\eta.$$

显然 $T^{(3)}>T^{(1)}, Q^{(3)}>Q^{(1)}, C^{(3)}<C^{(1)}$. 即生产需要一定时间时，周期增大了；在生产时，产品一部分用于销售，另一部分用于存储，产品达到最大存储量后才停止生产，所以与模型一相比生产量比订货量增大了；同时产品有一部分没有通过存储环节，而是直接销售了，所以总的存储费用比模型一降低了. 当生产率 $P\to\infty$ 时，$\eta\to1$，于是有 $T^{(3)}\to T^{(1)}$，$Q^{(3)}\to Q^{(1)}$. 这个结果是合理的，因为 $P\to\infty$ 时也就是生产能力无限增大，即生产所需时间很短，相当于当出现缺货时可以立即得到补充的情形.

模型四 允许缺货，生产需要一定时间的情形

在模型一的前提假设下，还假设允许缺货，生产需要一定时间. 我们的目标是寻求最优生产批量和允许的最大缺货量，或者确定最佳生产时间和最佳存储周期，使得总费用最小. 其模型的存储量变化曲线如图 9-4 所示.

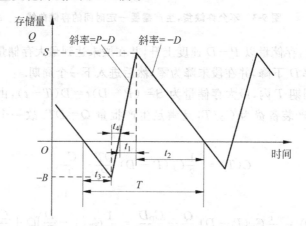

图 9-4 允许缺货生产需要一定时间的存储曲线

设 T 是一个生产存储周期，S 是最大存储量，B 是最大缺货量，D 是需求率，P 是生产率，Q 是生产批量 ($Q=DT$). t_1 是 T 中的生产时期 (存储量增加的时期)，t_2 是 T 中的存储时期 (存储量减少的时期)，t_3 是 T 中的缺货量增加的时期，t_4 是 T 中的开始生产使缺货量减少的时期. 即 $T=t_1+t_2+t_3+t_4$.

由最大存储量 $S=(P-D)t_1=Dt_2$，得 $t_1=S/(P-D), t_2=S/D$. 由最大缺货量 $B=Dt_3=(P-D)t_4$，得 $t_3=B/D, t_4=B/(P-D)$.

生产批量 Q 中的 D/P 部分用于满足当时的需求，$1-D/P$ 部分用于补充缺货和存储，则最大存储量、最大缺货量与生产需求量之间的关系为

$$S+B=Q(1-D/P).$$

在一个周期 T 内所需的费用如下：

$$\text{平均存储费} = C_P \frac{\frac{1}{2}S(t_1+t_2)}{T} = C_P \frac{[Q(1-D/P)-B](t_1+t_2)}{2T},$$

$$\text{平均缺货费} = C_S \frac{\frac{1}{2}B(t_3+t_4)}{T} = C_S \frac{B(t_3+t_4)}{2T},$$

$$\text{平均生产装备费} = \frac{C_D}{T}.$$

一个周期 T 内平均总费用 C 是上述三项之和，并将 t_1, t_2, t_3, t_4 及 T 都用 Q 和 B 表示，则有

$$C(Q,B) = \frac{C_P\left[Q\left(1-\frac{D}{P}\right)-B\right]\left(\frac{S}{P-D}+\frac{S}{D}\right)}{2\frac{Q}{D}} + \frac{C_S B\left(\frac{B}{D}+\frac{B}{P-D}\right)}{2\frac{Q}{D}} + \frac{C_D}{\frac{Q}{D}}$$

$$= \frac{C_P P[Q(1-D/P)-B]^2}{2Q(P-D)} + \frac{C_S B^2 P}{2Q(P-D)} + \frac{C_D D}{Q}.$$

令 $\frac{\partial C(Q,B)}{\partial B} = 0, \frac{\partial C(Q,B)}{\partial Q} = 0$，联立求出最佳生产批量和最佳缺货量为

$$Q^* = \sqrt{\frac{2C_D D(C_S+C_P)P}{C_S C_P (P-D)}} = \sqrt{\frac{2C_D D}{C_P}}\sqrt{\frac{C_S+C_P}{C_S}}\sqrt{\frac{P}{P-D}},$$

$$B^* = \sqrt{\frac{2C_S C_D D(P-D)}{(C_P+C_S)C_P P}}.$$

相应地可以求出最佳生产时间和最佳周期分别为

$$t^* = \frac{Q^*}{P} = \sqrt{\frac{2C_D D(C_S+C_P)}{C_S C_P P(P-D)}},$$

$$T^* = \frac{Q^*}{D} = \sqrt{\frac{2C_D(C_S+C_P)P}{C_S C_P D(P-D)}} = \sqrt{\frac{2C_D}{C_P D}}\sqrt{\frac{C_S+C_P}{C_S}}\sqrt{\frac{P}{P-D}}.$$

此时的最小费用为

$$C(Q^*, B^*) = \sqrt{\frac{2C_P C_D C_S D(P-D)}{(C_P+C_S)P}} = \sqrt{2C_P C_D D}\sqrt{\frac{C_S}{C_P+C_S}}\sqrt{1-\frac{D}{P}}.$$

9.2.3 价格有折扣的存储模型

在以上的模型中，所讨论的货物单价均假设是常量，得出的存储策略均与货物的价格无关．实际上，在购买货物时，通常是数量越多，单价越低．当货物的单价随订购数量的变化而变化时，又应如何制定相应的存储策略呢？

模型五 价格有折扣的存储模型

该模型的假设除了所订购货物的单价随订购量变化以外,其余假设条件与模型一相同. 在这里设货物的单价为 $K(Q)$,一般应是一个分段函数:

$$K(Q) = \begin{cases} K_1, & 0 < Q \leqslant Q_1, \\ K_2, & Q_1 < Q \leqslant Q_2, \\ \vdots \\ K_m, & Q_{m-1} < Q \leqslant Q_m. \end{cases}$$

其中 $Q_i < Q_{i+1}, K_i > K_{i+1} (i = 1, 2, \cdots, m-1)$.

根据模型一,则有折扣的存储模型在一个周期内的平均费用为

$$C_i(Q) = \frac{1}{2} C_P Q + \frac{C_D D}{Q} + K_i D \quad (i = 1, 2, \cdots, m). \tag{9.4}$$

因为事先并不知道最佳存储量 Q^* 落在哪个区间段,所以对于(9.4)式,如果不考虑 Q 的定义域,每一种情况只是相差一个常数,对 Q 求导数都是相同的. 令导数为零,求得 $Q_0 = \sqrt{\dfrac{2C_D D}{C_P}}$. 当 $Q_0 \in (Q_{j-1}, Q_j] (1 \leqslant j \leqslant m)$ 时,则求使得

$$\min\{C_j(Q_0), C_{j+1}(Q_{j+1}), \cdots, C_m(Q_m)\}$$

成立的 Q^* 作为最佳的存储量即可.

9.3 随机性存储模型

在前面所介绍的存储模型中,需求和供给等量都是确定的常量. 但在实际中,很多时候需求量是随机的,比如说商店每天的销售量就是一个随机的量,因此我们有必要进一步研究随机性存储模型. 随机性存储问题可供选择的存储策略主要有三种:

(1) **定期订货策略** 该策略需要根据上一个周期末剩下的货物数量决定订货量. 剩下的货物数量少,可以多订货;剩下的货物数量多,可以少订或不订货. 这种订货策略称为**定期订货策略**.

(2) **定点订货策略** 该策略是根据存储量降到某一确定的数量时即订货,而不再考虑间隔的时间. 相应的订货量称为订货点,每次订货的数量不变. 这种订货策略称为**定点订货策略**.

(3) **定期订货与定点订货综合策略** 该策略是间隔一定的时间检查一次存储量,如果存储量高于一个数值 s,则不订货;如果存储量小于 s 时,则需要订货补充存储,订货量要使存储量达到数量 S,这种策略称为 (s, S) **存储策略**.

一般地,随机性存储模型可以分为周期观测与连续观测两类,周期观测模型又可分为单周期观测和多周期观测模型.

9.3.1 单周期随机存储模型

所谓单周期随机存储模型是指在一个周期内只订货一次,周期末库存货物与下一个周期的订货量没有关系,在各周期之间的订货量和销售量是相互独立的.典型的单周期存储模型是"报童问题",因为手中的报纸当天若卖不完,第二天就过时没有用了,经营季节性商品和时髦物品的商店在进货时也可以应用此模型.

模型六 单周期随机存储模型

对于一般的单周期随机存储模型作如下的基本假设:

(1) 在整个需求周期内只订购一次货物,订货量为 Q,订购费和初始库存量均为零.

(2) 当货物出售时,每单位货物的盈利为 k 元,需求期结束时,因没有正常卖出,每单位货物的损失为 h 元;

(3) 需求量 r 是一个离散(或连续)的随机变量,且已知其概率(概率密度)为 $P(f(r))$.

当需求量 r 是一个离散的随机变量时,其概率为 $P(r)$.若货物的订货量为 Q,则出售量 $= \begin{cases} r, & r \leqslant Q \\ Q, & r > Q \end{cases}$,因此产生的利润为

$$C(Q) = \begin{cases} kr - h(Q-r), & r \leqslant Q, \\ kQ, & r > Q. \end{cases}$$

此时一个周期内的总利润应该是 $C(Q)$ 的期望值,即

$$E[C(Q)] = \sum_{r=0}^{Q}[kr - h(Q-r)]P(r) + \sum_{r=Q+1}^{\infty} kQP(r). \tag{9.5}$$

为了使订货量 Q 盈利的期望值最大,应满足下列关系式:

$$E[C(Q+1)] \leqslant E[C(Q)], \tag{9.6}$$

$$E[C(Q-1)] \leqslant E[C(Q)]. \tag{9.7}$$

由(9.6)式得

$$k\sum_{r=0}^{Q+1} rP(r) - h\sum_{r=0}^{Q+1}(Q+1-r)P(r) + k\sum_{r=Q+2}^{\infty}(Q+1)P(r)$$

$$\leqslant k\sum_{r=0}^{Q} rP(r) - h\sum_{r=0}^{Q}(Q-r)P(r) + k\sum_{r=Q+1}^{\infty} QP(r).$$

整理化简后得

$$kP(Q+1) - h\sum_{r=0}^{Q} P(r) + k\sum_{r=Q+2}^{\infty} P(r) \leqslant 0,$$

利用概率的性质 $\sum_{r=0}^{\infty} P(r) = 1$ 得

$$k\left[1 - \sum_{r=0}^{Q} P(r)\right] - h\sum_{r=0}^{Q} P(r) \leqslant 0,$$

于是有
$$\sum_{r=0}^{Q} P(r) \geqslant \frac{k}{k+h}.$$

同理由(9.7)式可以推出
$$\sum_{r=0}^{Q-1} P(r) \leqslant \frac{k}{k+h}.$$

综合起来,最佳订货量 Q 应由下列不等式确定:
$$\sum_{r=0}^{Q-1} P(r) \leqslant \frac{k}{k+h} \leqslant \sum_{r=0}^{Q} P(r). \tag{9.8}$$

如果从损失最小来考虑订货量,此时因不能售出或因缺货而产生的损失为
$$\bar{C}(Q) = \begin{cases} h(Q-r), & r \leqslant Q, \\ k(r-Q), & r > Q. \end{cases}$$

则在一个周期内所受的损失应是 $C(Q)$ 的期望值,即
$$E[\bar{C}(Q)] = \sum_{r=0}^{Q} [h(Q-r)] P(r) + \sum_{r=Q+1}^{\infty} k(r-Q) P(r).$$

另一方面,为了使订货量 Q 损失的期望值最小,应满足下列关系式:
$$E[\bar{C}(Q)] \leqslant E[\bar{C}(Q+1)] \quad \text{和} \quad E[\bar{C}(Q)] \leqslant E[\bar{C}(Q-1)].$$

读者可以自行证明,最佳订货量 Q 仍应满足(9.8)式. 不管是以利润的期望最大还是以损失的期望最小为目标,确定最佳订货量 Q 值满足的条件都是一样的.

当需求量 r 是一个连续的随机变量,且其概率密度函数为 $f(r)$ 时,一个周期的预期利润为
$$E[C(Q)] = \int_0^Q [kr - h(Q-r)] f(r) \mathrm{d}r + \int_Q^{+\infty} kQ f(r) \mathrm{d}r$$
$$= k \int_0^{+\infty} r f(r) \mathrm{d}r - h \int_0^Q (Q-r) f(r) \mathrm{d}r - k \int_Q^{+\infty} (r-Q) f(r) \mathrm{d}r. \tag{9.9}$$

在上式中用到了概率密度的性质 $\int_0^{+\infty} f(r) \mathrm{d}r = 1$. 为了求其极大值,在(9.9)式中对 Q 求导数得
$$\frac{\mathrm{d}E[C(Q)]}{\mathrm{d}Q} = k \int_Q^{+\infty} f(r) \mathrm{d}r - h \int_0^Q f(r) \mathrm{d}r,$$
且
$$\frac{\mathrm{d}^2 E[C(Q)]}{\mathrm{d}Q^2} = -(k+h) f(Q) < 0.$$

由二阶导数小于零,因此满足方程
$$\int_0^Q f(r) \mathrm{d}r = \frac{k}{k+h}$$

的 Q 一定是使预期利润 $E[C(Q)]$ 达到最大值的订货量.

$D = \int_0^{+\infty} r f(r) dr$ 表示平均需求量, 则(9.9)式中第一项是平均销售利润, 第二项是因未售完而遭受损失的期望值, 第三项是因缺货失去销售机会造成损失的期望值. 因此有

总利润的期望值＝总的销售利润的期望值－未售完的损失－缺货的损失.

9.3.2 多周期的随机存储模型

当考虑多个周期的存储问题时, 一个周期未售出的货物可以在下一个周期继续出售, 那么该如何制定存储策略呢？

模型七 多周期的随机存储模型

设货物单位成本为 K, 单位存储费为 C_1, 单位缺货费为 C_2, 每次订货费为 C_3, 需求 r 是连续的随机变量, 密度函数为 $f(r)$. 期初原有存储量为 I, 订货量为 Q, 此时期初存储达到 $S = I + Q$. 问如何确定订货量 Q 使得损失的期望值达到最小, 而盈利的期望值达到最大？

如果期初存储量 I 在该周期是常量, 订货量为 Q, 即这个时期期初存储量为 $S = I + Q$. 则该周期费用的期望值应该包括: 订货费、存储费的期望值和缺货费的期望值三部分之和, 即

$$\overline{C}(S) = C_3 + KQ + \int_0^S C_1 (S - r) f(r) dr + \int_S^{+\infty} C_2 (r - S) f(r) dr.$$

利用极值原理, 求出使总费用 $\overline{C}(S)$ 最小的订货量 $Q(Q = S - I)$ 应满足如下关系:

$$\int_0^S f(r) dr = \frac{C_2 - K}{C_1 + C_2}. \tag{9.10}$$

实际中, 订货需付订货费, 如果本周期不订货, 则可以省去订货费. 因此试想是否存在这样一个数值 $s(s \leqslant S)$, 使得下式成立:

$$Ks + \int_0^s C_1 (s - r) f(r) dr + \int_s^{+\infty} C_2 (r - s) f(r) dr$$

$$\leqslant C_3 + KS + C_1 \int_0^S (S - r) f(r) dr + C_2 \int_S^{+\infty} (r - S) f(r) dr,$$

当 $s = S$ 时, 上式显然成立, 于是上式可改写为

$$C_3 + K(S - s) + C_1 \left[\int_0^S (S - r) f(r) dr - \int_0^s (s - r) f(r) dr \right]$$

$$+ C_2 \left[\int_S^{+\infty} (r - S) f(r) dr - \int_s^{+\infty} (r - s) f(r) dr \right] \geqslant 0. \tag{9.11}$$

首先由(9.10)式计算出 S, 再确定使(9.11)式成立的最小的 s, 然后在每个周期期初检查其库存, 当存储量 $I < s$ 时, 就需要订货, 且订货量为 $Q = S - I$; 当存储量 $I \geqslant s$, 该周期就不需要订货. 这种存储策略就称为定期订货(s, S)策略. 但订货量是不确定的, 订货量

Q 的多少视周期末存储量 I 的大小来决定.

在实际操作时,人们也可以利用计算机随时对存储的货物进行清点,存储量一旦小于 s,期末即需订货.如果不小于 s,期末无需订货.

当需求是离散的随机变量时,方法与连续性的一样,只是表示方法不同而已.

设需求 r 的取值为 $r_0, r_1, \cdots, r_m$,其概率分别为 $P(r_0), P(r_1), \cdots, P(r_m)$,且 $\sum_{i=0}^{m} P(r_i) = 1$. 如果期初的原始存储量为 I,订货量为 Q,则此时的存储量就达到 $S = I + Q$. 于是该周期各种费用的总和为

$$\overline{C}(S) = C_3 + K(S-I) + \sum_{r \leqslant S} C_1(S-r)P(r) + \sum_{r > S} C_2(r-S)P(r).$$

由此可确定出存储量 S 的数值使得总费用 $\overline{C}(S)$ 达到最小. 具体的计算步骤如下:

(1) 将需求 r 的随机值按大小顺序排列为

$$r_0, r_1, \cdots, r_i, r_{i+1}, \cdots r_m,$$

其中 $r_i < r_{i+1}, r_{i+1} - r_i = \Delta r_i \neq 0, (i=0,1,\cdots,m-1)$.

(2) S 只从 $r_0, r_1, \cdots, r_m$ 中取值. 当 S 取值为 r_i 时,记为 $S_i (0 \leqslant i \leqslant m)$.

(3) 为确定出 $\overline{C}(S)$ 的最小值,则 S_i 应满足 $\overline{C}(S_{i+1}) \geqslant \overline{C}(S_i)$ 和 $\overline{C}(S_{i-1}) \geqslant \overline{C}(S_i)$. 由此可得 S_i 应满足如下的不等式:

$$\sum_{r \leqslant S_{i-1}} P(r) < \frac{C_2 - K}{C_1 + C_2} \leqslant \sum_{r \leqslant S_i} P(r) \quad (0 \leqslant i \leqslant m). \tag{9.12}$$

9.4 带约束的存储模型

在实际中,经常需要考虑多种不同物品的存储问题. 尤其是在资金和库存容量有限的情况下,如何确定最优的存储策略? 这是一个需要研究的问题.

现在,我们就 m 种不同物品的情况进行讨论. 首先引入下列记号:

(1) 用 $D_i, Q_i, C_i (i=1,2,\cdots,m)$ 分别表示第 i 种物品的需求量、每次订货的批量和相应的订购单价;

(2) 用 C_D 表示实施一次订货的订货费,无论所订货物是否相同,总是假设订货费相同;

(3) 用 $C_{Pi} (i=1,2,\cdots,m)$ 表示第 i 种物品的单位存储费;

(4) 用 J, W_T 分别表示每次订货可占用的资金额和库存总容量;

(5) 用 $w_i (i=1,2,\cdots,m)$ 表示第 i 种物品的单位库存占用量.

下面以不允许缺货模型为例进行讨论,对于允许缺货的情况只要将费用函数作相应的调整即可.

9.4.1 具有资金约束的 EOQ 模型

模型八 具有资金约束的存储模型

具有资金约束就是每次订货可占用的资金数额有限制,比如不能超过 J.根据不允许缺货存储模型,对于第 $i(i=1,2,\cdots,m)$ 种物品,当每次的订货量为 Q_i 时,单位周期内的平均总费用为

$$\overline{C}_i = \frac{1}{2}C_{Pi}Q_i + \frac{C_D D_i}{Q_i}.$$

如果每种物品的单价为 C_i,则 $C_i Q_i$ 是该种物品占用的资金额.因此,资金约束为 $\sum_{i=1}^{m} C_i Q_i \leqslant J$.

综上所述,得到具有资金约束的 EOQ 模型为

$$\min C = \sum_{i=1}^{m}\left(\frac{1}{2}C_{Pi}Q_i + \frac{C_D D_i}{Q_i}\right)$$

$$\text{s.t.}\begin{cases} \sum_{i=1}^{m} C_i Q_i \leqslant J, \\ Q_i \geqslant 0 \quad (i=1,2,\cdots,m). \end{cases}$$

9.4.2 具有库存容量约束的 EOQ 模型

模型九 具有库存容量约束的存储模型

设第 i 种物品的单位库存占位大小为 w_i,则 $w_i Q_i (i=1,2,\cdots,m)$ 是该种物品的总的库存占位,因此具有库存容量约束的 EOQ 模型为

$$\min C = \sum_{i=1}^{m}\left(\frac{1}{2}C_{Pi}Q_i + \frac{C_D D_i}{Q_i}\right)$$

$$\text{s.t.}\begin{cases} \sum_{i=1}^{m} w_i Q_i \leqslant W_T, \\ Q_i \geqslant 0 \quad (i=1,2,\cdots,m). \end{cases}$$

其中 W_T 为库存总容量上限值.

9.4.3 兼有资金与库存容量约束的 EOQ 模型

模型十 具有资金与库存容量约束的存储模型

假设订货量既可受订货资金数额的限制,又受库存容量的限制,即综合以上模型八和模型九得到具有资金与库容约束的最佳批量存储模型为

$$\min C = \sum_{i=1}^{m}\left(\frac{1}{2}C_{Pi}Q_i + \frac{C_D D_i}{Q_i}\right)$$

$$\text{s.t.} \begin{cases} \sum_{i=1}^{m} C_i Q_i \leqslant J, \\ \sum_{i=1}^{m} w_i Q_i \leqslant W_T, \\ Q_i \geqslant 0 \quad (i=1,2,\cdots,m). \end{cases}$$

以上三种模型,都可以用 LINGO 软件求解. 在这里仅给出模型十的 LINGO 程序如下:

```
model:
sets:
num_i/1..m/: c_p,d,c,w,q,N;
endsets
data:
c_d; d; c; c_p; w; j; w_t;           !实际应用时各参数要赋具体数值
enddata
min = @sum(num_i: 0.5*C_p*q+C_d*d/q);
@sum(num_i: c*q) <= j;
@sum(num_i: w*q) <= W_t;
@for(num_i: N = d/q; @gin(N));
end
```

9.5 应用案例分析

9.5.1 确定型存储模型

例 9.1 工厂的订货策略问题

某工厂生产的一种产品需要某种零件,该零件需要靠订货得到. 为此,该工厂考虑到如下费用结构:批量订货的订货费 600 元/次;零件的单位成本为 20 元/件;零件的存储费用为 0.6 元/(件·月);零件的缺货损失为 1.0 元/(件·月);假设该零件每月的需求量为 1000 件. 研究的问题是:

(1) 若不允许缺货,试求该工厂全年应分几批订货,各订多少货才能使费用最小?

(2) 当允许缺货时,若缺货损失费为每年每件为 12 元,求该工厂的年最佳订货存储策略及费用.

解 (1) 根据题意,取一年为单位时间,已知订货费 $C_D = 600$ 元/次,存储费 $C_P = 7.2$ 元/(件·年),需求率 $D = 12000$ 件/年. 设全年分 n 批进货,每批订货量 $Q = \dfrac{D}{n}$,周期为

$T=\dfrac{1}{n}$ 年. 由模型一可得

$$Q^* = \sqrt{\dfrac{2C_D D}{C_P}}, \quad n = \dfrac{D}{Q^*},$$

且所需费用为

$$C^* = \dfrac{1}{2} C_P Q^* + \dfrac{C_D D}{Q^*}.$$

直接计算可得 $Q^* = 1414.214, n = 8.485281, C^* = 10182.34$. 由于全年订货次数应该为整数,故应该比较 $n=8, n=9$ 时全年的费用. 当 $n=8$ 时,$Q(1)=1500.000, C(1)=10200.00$;当 $n=9$ 时,$Q(2)=1333.333, C(2)=10200.00$. 即每年要组织 8 次订货,每次订购 1500 件或者每年组织 9 次订货,每次订购 1333 件,所需费用均为 10200 元.

该问题也可以用 LINGO 软件直接求出整数解,其程序如下:

```
MODEL:
sets:
num_i/1..99/: EOQ,C;
endsets
data:
C_D = 600; D = 12000; C_P = 7.2;
enddata
@for( num_ir(i): EOQ(i) = D/i; C(i) = 0.5 * C_P * EOQ(i) + C_D * D/EOQ(i); );
C_min = @min(num_i: C);
Q = @sum(num_i(i): EOQ(i) * (C_min#eq#C(i)));
N = D/Q;
END
```

运行该程序,求得结果与前面相同.

(2) 仍以一年为单位时间,已知订货费 $C_D = 600$ 元/次,存储费 $C_P = 7.2$ 元/(件·年),缺货费 $C_S = 12$ 元/(件·年),需求率 $D = 12000$ 件/年. 每批订货量 $Q = TD$,由模型二可得:

最大订货量为

$$Q^* = \sqrt{\dfrac{2C_D D(C_P + C_S)}{C_P C_S}};$$

最大缺货量为

$$B^* = \dfrac{C_P}{C_P + C_S} Q^*;$$

最小费用为

$$C^* = \sqrt{2C_P C_D D} \sqrt{\frac{C_S}{C_P + C_S}}.$$

直接计算可得结果为 $Q^* = 1788.854, B^* = 670.8204, n = 6.708204, C^* = 8049.845$.
同样可以比较 $n=6, n=7$ 时全年的费用,最佳的订货为每年订货 7 次费用最小,此时订货量为 $Q^* = 1714.286$,最小费用为 $C^* = 8057.143$.

该问题也可以作为一个整数规划,使用 LINGO 软件直接求出整数解,其程序如下:

```
MODEL:
sets:
num_i/1..99/: EOQ,EOS,C;
endsets
data:
C_D = 600; D = 12000; C_P = 7.2; C_S = 12;
enddata
@for(num_i(i): EOQ(i) = D/i; EOS(i) = C_P/(C_P + C_S) * EOQ(i);
    C(i) = 0.5 * C_P * (EOQ(i) - EOS(i))^2/EOQ(i) + C_D * D/EOQ(i)
        + 0.5 * C_S * EOS(i)^2/EOQ(i); );
C_min = @min(num_i: C);
Q = @sum(num_i(i): EOQ(i) * (C_min#eq#C(i)));
S = @sum(num_(i): EOS(i) * (C_min#eq#C(i)));
N = D/Q;
END
```

运行该程序,结果与前面的计算结果相同.

例 9.2 军工企业的生产存储策略问题

某军工企业有一条生产线,若全部用于某种型号的军用产品生产时,其年生产能力为 600 万件. 据预测,对该型号产品的年需求量为 26 万件,并在全年内需求量基本保持平衡. 因此,为了产生更多的效益. 该生产线也可用于多种民用产品的生产,为地方建设服务. 已知在生产线上更换一种产品时,需设备准备费 1350 元,该产品每件成本为 45 元,年存储费用为产品成本的 24%,不允许发生供货短缺,试求使费用最小的该军用产品的生产批量.

解 根据题意,该问题属于不允许缺货,生产需要一定时间的确定性模型. 已知生产能力 $P=6000000$ 件/年,需求量 $D=260000$ 件/年,设备费 $C_D=1350$ 元,存储费 $C_P = 45 \times 0.24 = 10.8$(元/件),由模型三知,问题的总费用为

$$C(Q) = \frac{1}{2} C_P \left(1 - \frac{D}{P}\right) Q + \frac{C_D D}{Q}.$$

该问题是求最佳的生产批量 Q^* 使总费用 $C(Q)$ 最小. 在这里用 LINGO 软件求解,其程序如下:

```
MODEL:
data:
C_P = 10.8; C_D = 1350; D = 260000; P = 6000000;
enddata
min = 0.5 * C_P * (1 – D/P) * Q + C_D * D/Q; Q>0;
END
```

运行该程序结果为 $Q^* = 8242.828, C^* = 85164.92$. 即每次组织生产 8243 件. 使总费用达到最小,其总费用为 85164.92 元/年.

例 9.3 公司的生产与销售问题

某公司主要生产和销售某种专用设备,基于以往的销售记录和今后市场的预测,估计下一年度需求量为 4900 台. 由于占用资金的利息、存储库房和其他的人力物力资源的费用,存储一台该设备一年需要 1000 元. 这种设备每年的生产能力为 9800 台,而组织一次生产要花费设备调试等生产准备费 500 元,发生缺货时的损失 2000 元/(台·年). 该公司为了把成本降到最低,应如何安排生产?求出最佳的生产批量和生产周期及最佳缺货量,最少的平均费用又是多少?

解 根据题意,该问题属于允许缺货,生产需要一定时间的确定性模型. 已知需求量 $D=4900$ 台/年,生产能力 $P=9800$ 台/年,存储费 $C_P=1000$ 元/(台·年),生产准备费 $C_D=500$ 元/次,缺货损失费 $C_S=2000$ 元/(台·年). 由模型四可直接计算出结果:最佳生产批量 $Q^*=121.24 \approx 121$ 台,最佳缺货量 $B^* \approx 20$ 台,每次的生产时间 $t^* \approx 4.5$ 天,最佳生产周期 $T^* \approx 9$ 天,最小费用为 $C^* = 40414.52$ 元.

例 9.4 海鲜产品的订货问题

某水产批发公司准备在春节前一个月进一批海鲜产品,预计这个月的销售量为 50t,每月的存储费为 150 元/t,每批订货费为 100 元. 进货的单位价格(单位:元/t)为

$$K = \begin{cases} 1200, & 0 < Q < 10, \\ 1000, & 10 \leqslant Q < 20, \\ 800, & 20 \leqslant Q. \end{cases}$$

求最优存储订货量.

解 该问题应采用有折扣的存储模型,已知需求量 $D=50$t,存储费 $C_P=150$ 元/t,订货费 $C_D=100$ 元/批,由模型五得最佳的订货量为 $Q_0 = \sqrt{\dfrac{2C_D D}{C_P}} = \sqrt{\dfrac{2 \times 100 \times 50}{150}} \approx 8.2$(t).

其值介于 0~10 之间,故进货单价为 $K=1200$ 元/t,平均总费用

$$C^{(1)} = \sqrt{2C_D C_P D} + KD = 61224.7(元).$$

又因为当订货量分别为 10t 和 20t 时,平均总费用分别为

$$C^{(2)} = \frac{1}{2} \times 150 \times 10 + \frac{100 \times 50}{10} + 1000 \times 50 = 51250(元),$$

$$C^{(3)} = \frac{1}{2} \times 150 \times 20 + \frac{100 \times 50}{20} + 800 \times 50 = 41750(\text{元}).$$

经比较可知,该公司的最佳订货量为 20t,最佳订货周期为 $T = Q/D = 20/50 = 0.4$ 个月 = 12 天,最小平均总费用为 41750 元/月.

9.5.2 随机性存储模型

例 9.5 报亭售报问题

在某个街头报亭,每售出一份报纸能赚 0.2 元,如果报纸当天未能卖出,则只能当作废纸处理,每份将赔 0.4 元. 根据以往的销售数据,每天平均售出报纸份数 r 的概率 $P(r)$ 如表 9-1 所示,问该报亭每日最好应准备多少份报纸使得利润最大?

表 9-1 每天售出报纸份数的概率

需求量 r/百份	0	1	2	3	4	5
概率 $P(r)$	0.05	0.10	0.15	0.35	0.25	0.10

解 由题意知,每百份报纸的利润 $k = 20$ 元,可能的损失每百份为 $h = 40$ 元,于是有 $\frac{k}{k+h} = 0.333$. 再由表 9-1 的数据和(9.8)式得

$$\sum_{r=0}^{2} P(r) = 0.3 < 0.333 < \sum_{r=0}^{3} P(r) = 0.65.$$

由此可知该报亭每天应准备 300 份报纸,将订货量 $Q^* = 300$ 代入(9.5)式计算出最大期望利润为 39 元.

例 9.6 面包店问题

某西萨面包店,每天对面包的需求量服从泊松(Poisson)分布. 已知每个面包的售价为 1.50 元,成本为 0.90 元,对当天未售出的面包,19:00 点以后以每个 0.60 元的价格进行降价处理. 如果平均每天售出 200 个面包,问该面包店每天应生产多少个面包,使其预期的利润最大?

解 由题意,已知每个面包的利润 $k = 1.50 - 0.90 = 0.60$(元),可能的单个面包损失为 $h = 0.90 - 0.60 = 0.30$(元),则 $\frac{k}{k+h} = 0.667$. 销售量为 r 的概率服从均值为 $\mu = 200$ 的泊松分布,即 $P(r) = \frac{200^r}{r!} e^{-200}$. 由(9.8)式与(9.5)式分别可以解出 $Q^* = 202$ 个,$E(C) = 76$ 元.

用 LINGO 软件可以直接求解. 利用 LINGO 系统中函数

$$@\text{pps}(\mu, Q) = \sum_{r=1}^{Q} \frac{\mu^r}{r!} e^{-\mu}, \quad @\text{ppl}(\mu, Q) = \sum_{r=Q+1}^{\infty} \frac{(r-Q)\mu^r}{r!} e^{-\mu},$$

为求利润的期望值，将(9.5)式改写为

$$E(C(Q)) = k\sum_{r=0}^{+\infty} rP(r) - h\Big[Q - \sum_{r=0}^{+\infty} rP(r)\Big] - (k+h)\sum_{r=Q+1}^{+\infty}(r-Q)P(r),$$

其中 $\mu = \sum_{r=0}^{+\infty} rP(r)$ 为需求量的数学期望. 于是有 LINGO 程序如下：

```
model:
data:
mu = 200; k = 0.4; h = 0.3;
enddata
@pps(mu,Q) = k/(k+h);
E_C = k*mu - h*(Q - mu) - (k+h)*@ppl(mu,Q);
end
```

运行该程序可得结果为 $Q^* = 202, E(C) = 76$，即与直接求解结果一致.

例 9.7　时装店问题

某时装店拟订购一批款式新颖的时装，现设每套时装进价为 200 元，估计销售价为 400 元. 如果穿着季节一过，则只能以每套 100 元的价格进行处理，根据市场的预测，该种时装的销售量服从参数为 1/50 的负指数分布，即

$$\varphi(r) = \begin{cases} 1/50\,\mathrm{e}^{-r/50}, & r > 0, \\ 0, & r \leq 0. \end{cases}$$

试为该时装店确定最佳的订货量.

解　由题意知，这是一个需求量为连续变化的随机存储问题. 已知每件时装的销售利润 $k = 400 - 200 = 200$(元)，可能的损失 $h = 200 - 100 = 100$(元). 由模型六可得最佳订货量 Q^* 应满足

$$\int_0^{Q^*} \frac{1}{50}\mathrm{e}^{-\frac{r}{50}}\,\mathrm{d}r = \frac{200}{200+100} = \frac{2}{3},$$

求解可得最佳订货量为 $Q^* = 50\ln 3 \approx 55$. 因此，该服装店应订购 55 套该服装，可获得利润最大.

例 9.8　原材料的合理订购与存储问题

现有某生产加工厂，因生产需要购进某种原材料，其购进单价为每箱 800 元，且订购手续费为 85 元，每箱的存储保管费 45 元. 如果要是发生缺货现象，就不得不用高价来购进新的原材料，即每箱原材料的购入费将高达 1100 元. 已知在生产开始时，原有存储量为 12 箱，根据以往生产记录的分析，对原材料需求的概率如表 9-2 所示，试为该厂制定相应的 (s,S) 存储策略.

表 9-2 加工生产产品的需求量与概率

需求量 r/箱	10	20	30	40	45	50	55	60	65	70
概率 $P(r)$	0.05	0.05	0.05	0.05	0.05	0.10	0.20	0.20	0.15	0.10

解 由题意知,这个问题是一个多时期的随机存储问题.已知通常情况下的单位购进价 $K=800$ 元,单位存储费为 $C_1=45$ 元,高价购置费为 $C_2=1100$ 元.由模型七和(9.12)式有

$$\sum_{r \leqslant S_{i-1}} P(r) < \frac{1100-800}{45+1100} = 0.262 \leqslant \sum_{r \leqslant S_i} P(r).$$

因为 $\sum_{r \leqslant 45} P(r) = 0.25, \sum_{r \leqslant 50} P(r) = 0.35$,故最佳的存储量为 $S=50$ 箱.

另一方面,原存储量达到多少时可以不订货,也即 s 应是多少?由模型七,s 应是使下式成立的最小值:

$$Ks + \sum_{r \leqslant s} C_1(s-r)P(r) + \sum_{r \geqslant s} C_2(r-s)P(r)$$

$$\leqslant C_3 + KS + \sum_{r \leqslant S} C_1(S-r)P(r) + \sum_{r \geqslant S} C_2(r-S)P(r). \quad (9.13)$$

将 S 代入(9.13)式的右端,总费用期望值是 48296.25 元,在(9.13)式左端分别以 $s=45$,40 代入,分别得 48280,48635.于是使(9.13)式成立的最小的 s 为 $s=45$.所以,该厂的存储策略为:每当存储量 $I \leqslant 45$ 箱时,应补充进货,使存储量达到 50 箱;在 $I > 45$ 箱时,则不必补充原材料.

9.5.3 带有约束的存储模型

例 9.9 军工厂的订货策略问题

某军工厂是生产某种军用设备的专业厂家,共有 5 种物资需要从地方订购,其供应和存储模式为确定性、周期补充、均匀消耗和不允许缺货模型.设该军工厂的最大库容量 (W_T) 为 1500m³,一次订货占用流动资金的上限 (J) 为 40 万元,订货费 (C_D) 为 1000 元. 5 种物资的年需求量、物资单价、存储费用和单位占用库容量如表 9-3 所示.试为该军工厂制定最佳的订货策略,即各种物资的年订货次数、订货量和总的存储费用是多少?

表 9-3 物资需求单价、存储费用和单位占用库存容量

物资 i	年需求量 D_i/件	单价 C_i/(元/件)	存储费 C_{Pi}/(元/(件·年))	单位物资占用库容 w_i/(m³/件)
1	600	300	60	1.0
2	900	1000	200	1.5
3	2400	500	100	0.5
4	12000	500	100	2.0
5	18000	100	20	1.0

解 设 N_i 是第 $i(i=1,2,\cdots,m)$ 种物资的年订货次数,根据兼有资金与库容约束的存储模型十,则相应的最优模型为

$$\min C = \sum_{i=1}^{m}\left(\frac{1}{2}C_{Pi}Q_i + \frac{C_D D_i}{Q_i}\right)$$

$$\text{s. t.}\begin{cases}\sum_{i=1}^{m}C_i Q_i \leqslant J, \\ \sum_{i=1}^{m}w_i Q_i \leqslant W_T, \\ N_i = D_i/Q_i & (i=1,2,\cdots,5), \\ Q_i \geqslant 0, N_i \geqslant 0 & (i=1,2,\cdots,5).\end{cases}$$

该模型为一个整数非线性规划模型,用 LINGO 软件来求解,其程序如下:

```
model:
sets:
num_i/1..5/: c_p,d,c,w,Q,N;
endsets
data:
c_d = 1000;
d = 600,900,2400,12000,18000;
c = 300,1000,500,500,100;
c_p = 60,200,100,100,20;
w = 1.0,1.5,0.5,2.0,1.0;
j = 400000;
w_t = 1500;
enddata
min = @sum(num_i: 0.5 * C_p * q + C_d * d/Q);
@sum(num_i: c * q) <= j;
@sum(num_i: w * q) <= W_t;
@for(num_i: N = d/q; @gin(N));
end
```

运行该程序,计算结果为如下:总费用为 142272.8 元,订货资金还余 7271.694 元,库存容量余 4.035621m^3,其余结果如表 9-4 所示。

表 9-4 计算结果

物资 i	年订货量 Q_i	年订货次数 N_i	物资 i	年订货量 Q_i	年订货次数 N_i
1	85.71429	7	4	300.0000	40
2	69.23077	13	5	620.6897	29
3	171.4286	14			

9.6 应用案例练习

练习 9.1 电脑配件问题

某电脑公司每年需要电脑配件 5000 件,不允许缺货,每件价格为 30 元,每次订购费用 200 元,年度库存费用为库存物资金额的 10%. 试分析研究下列问题:

(1) 该公司的最佳订购批量及最小平均总费用为多少?

(2) 如果允许缺货,且设缺货费为 2 元/(件·年),则最大缺货量和最小平均费用为多少?

练习 9.2 专门部件的订购问题

某电器公司因产品的生产需求,需要某种专门的部件,该部件依靠外购订货. 为此该公司根据以往的经验知道:批量订货的订货费为 1200 元/次;部件的单位成本价为 10 元/件;单位存储费用为 0.3 元/(件·月);缺货的损失为 1.1 元/(件·月). 要研究的问题是:

(1) 该公司应该如何安排这些专门部件的订货时间与订货规模,使得总费用最少?

(2) 如果已知今年对这种专门部件每月的需求量为 800 件,试分析今年该公司的最佳订货存储策略和所需总费用.

(3) 如果已知明年对该专门部件的需求量提高一倍,则该部件的订货批量应为多少? 比今年增加多少? 订货次数又为多少?

练习 9.3 电脑销售问题

某公司预计年销售计算机 1000 台,以前公司一直采用不允许缺货的经济批量公式来确定订货量. 但由于市场竞争激烈,为了降低费用也可以考虑允许缺货的订货策略. 已知每次订货费为 200 元,存储费为 30 元/(年·台),缺货费为 60 元/(年·台). 试分析研究:

(1) 计算采用允许缺货策略较原先不允许缺货策略带来的费用上的节约.

(2) 若该公司为保持一定的信誉,自己规定缺货量不超过总需求量的 15%,而且缺货时间不得超过 3 周. 试问在这种情况下,允许缺货的策略能否被采用?

练习 9.4 车间的生产安排问题

某机加工车间计划加工一种零件,这种零件需要先在车床上加工,每月可加工 500 件,然后在铣床上加工,每月加工 100 件,组织一次车床加工的准备费用为 5 元,车床加工后的制品保管费为 0.5 元/月,要求铣床加工连续生产. 试求车床加工的最优生产计划(不计生产成本). 如果每次的生产准备费为 50 元,又该如何安排车床加工的生产计划?

练习 9.5 订货计划问题

某企业因生产需要某种零件,其月需求量为 500 件,若要订货,供应商可以以每天 50 件的速率供应. 存储费为 5 元/(月·件),订货手续费为 100 元,试求该企业的最优订货批量和订货周期.

练习 9.6 商店的订货问题

某商店计划从工厂购进一种产品,预测年销售量为 500 件,每批订货手续为 50 元,工厂规定该产品的订购单价(元/件)与订货量有关,即为

$$C = \begin{cases} 40, & 0 < Q < 100, \\ 39, & 100 \leqslant Q < 200, \\ 38, & 200 \leqslant Q < 300, \\ 37, & 300 \leqslant Q. \end{cases}$$

且每件产品的年存储费为 0.5 元/件,试求该商店的最优存储策略.

练习 9.7 水果的销售问题

某水果行准备在 10 月份进一批水果,预计 10 月份的销售量为 50t,每月的存储费为 100 元/t,每批订货费为 100 元,上半个月的订货价格为 1000 元/t,下半个月的订货价格为 1100 元/t,试为该水果行确定最佳的订货量.

练习 9.8 家用电器的采购问题

某家用小电器专卖店拟采购一批季节性的小家电,根据市场预测销售量与相应的概率如表 9-5 所示. 已知每销售 100 台可获利润 7000 元,如果当年没有售完,由于季节原因,就要转到下一年度销售,每 100 台的存储费为 450 元. 试问该商店应采购多少台这种电器为最佳.

表 9-5 电器的销售量与概率

销售量/台	0	100	200	300	400	500
概率 $P(r)$	0.01	0.15	0.25	0.30	0.20	0.09

练习 9.9 报纸发行问题

某报社为了扩大销售量,招聘了一大批固定零售售报员. 为了鼓励他们多卖报纸,报社采取的销售策略是:售报员每天早上从报社设置的售报点现金买进报纸,每份 0.35 元,零售价每份 0.5 元,利润归售报人所有,如果当天没有售完,第二天早上退还报社,报社按每份报纸 0.1 元退款. 如果某人一个月(按 30 天计算)累计订购 4 千份,将获得 300 元奖金.

某人应聘当售报员,开始他不知道每天应买进多少份报纸,更不知道能否拿到奖金. 报社发行部告诉他一个售报员以前 500 天的售报统计数据如表 9-6 所示.

表 9-6 报纸销售统计数据表

售报量 x_i/份	20	40	60	80	100	120	140	150
出现的天数	20	50	60	70	80	100	70	50
出现的频率	0.04	0.1	0.12	0.14	0.16	0.2	0.14	0.1

(1) 售报员每天应准备多少份报纸最佳,一个月收益的期望值是多少?

(2) 它能否得到奖金,如果一定要得到奖金,一个月的收益期望值是多少?

(3) 如果报社按每份 0.15 元退款,应订购多少份报纸,解释订购量变动的原因.

练习 9.10 服装的采购与销售问题

某时装商店计划在冬季来临之前订购一批款式新颖的女式大衣. 每件大衣进价是 600 元,估计可获得 80% 的利润,但冬季一过则只能按进价的 50% 减价处理. 根据市场需求预测,该大衣的销售量服从参数为 1/80 的负指数分布,试分析帮助该时装店确定这种女式大衣的最佳订货量.

练习 9.11 月饼的生产与销售问题

某糕点店在中秋来临之前制作各式的月饼,平均每盒月饼的成本价为 60 元,售价为 120 元. 中秋节一过,每盒月饼只能按 10 元/盒出售. 根据往年的经验,其销售量服从期望值为 2000、均方差为 1500 的正态分布. 试问该糕点店应生产多少盒月饼可获得最大利润? 期望利润是多少?

练习 9.12 原材料的需求问题

某生产加工厂因生产需求,需要购入一种特殊的原材料,根据以往的生产计划,对该种特殊原料需求量和相应的概率如表 9-7 所示,每次订购费用为 2825 元,订购单价为 850 元/t,购入后的存储费为 45 元/t,如果缺货会影响生产,则产生的损失费为 1250 元/t,该工厂希望制定一套 (s, S) 型存储策略,试帮助确定合适的 s 及 S 的取值.

表 9-7 原材料需求的概率

需求量 r/t	80	90	100	110	120
概率 $P(r)$	0.1	0.2	0.3	0.3	0.1

第10章

排 队 论

排队是日常生活中常见的一种现象,其共同的特点是:在一个排队服务系统中包含有一个或多个"服务设施",有许多需要进入服务系统的"被服务者"或"顾客",当被服务者进入系统后不能立即得到服务,也就出现了排队现象.一个服务系统总是由"服务设施"与"被服务者"构成.如:医院与病人、商店与顾客、机场与飞机、火车站与火车、水库与水、网络与用户等.由于"被服务者"到达服务系统的时间是不确定的,即是随机的,所以排队论(queueing theory)又是称为"**随机服务系统理论**",因此,排队论在实际中有着广泛的应用.

排队论要研究的内容有三部分:

(1) **性态问题**　即研究排队系统的概率分布规律,主要是研究队长分布、等待时间分布和忙期分布等.

(2) **最优化问题**　分为静态最优化和动态最优化,即为系统的最优设计和系统的最优运营问题.

(3) **排队系统的统计推断**　判断一个给定的排队系统符合哪种模型,以便根据排队理论进行分析研究.

10.1 排队论的基本概念与模型

10.1.1 排队过程的一般模型

设要求服务的顾客从顾客总体进入排队系统(输入),到达服务机构前排队等候服务,服务完后立即离开(输出).排队系统的一般结构模型如图10-1所示.

图 10-1　排队系统的结构模型

排队系统主要有输入过程、排队规则和服务机构三个部分组成.

1. 输入过程　顾客到达排队系统的过程,具有如下特征:

(1) 顾客总体(称为顾客源)的组成可能是有限的,也可能是无限的;

(2) 顾客到来的方式可能是一个一个的,也可能是成批的;

(3) 顾客相继到达的间隔时间可以是确定型的,也可以是随机的;

(4) 顾客的到达是相互独立的;

(5) 输入过程是平稳的,或称为对时间是齐次的,即相继到达的时间间隔分布与时间无关.

2. 排队规则　顾客到达后的排队方式、形状和队列数目,其特征有三条:

(1) 顾客到达后的排队方式可以是"即时制",也可以是"等待制",对于等待制的服务次序有:先到先服务、后到先服务、随机服务、有优先权的服务等;

(2) 排队可以是有形的,也可以是无形的,有的排队容量是有限的,有的是无限的;

(3) 排队数目可以是单列,也可以是多列,有的可相互转移,有的不可相互转移.

3. 服务机构　对顾客提供服务的设施或对象,从机构的形式和工作情况来分有以下特征:

(1) 服务机构可以没有服务台(或服务员),也可以有一个或多个服务台;

(2) 对于多个服务台的情况,可以是并列,可以是串列,也可以是混合排列;

(3) 服务方式可以是一个一个地进行,也可以是成批成批地进行;

(4) 服务时间可以是确定型的,也可以是随机型的,对于随机型的需要知道它的概率分布;

(5) 服务时间的分布对时间是平稳的,即分布均值、方差等都与时间无关.

10.1.2　排队系统的运行指标

排队论主要是研究排队系统运行的效率,估计服务质量,确定系统参数的最优值,以决定系统结构是否合理、研究设计改进措施.因此,研究排队问题,首先要确定用以判断系统运行优劣的基本量化指标,然后求出这些指标的概率分布和数学特征.要研究的系统运行指标主要有:

(1) **队长**　指在系统中的顾客数,期望值记作 L_s;

(2) **排队长(队列长)**　指在系统中排队等待服务的顾客数,其期望值记作 L_q,即 $L_s = L_q + L_n$,其中 L_n 为正在接受服务的顾客数;

(3) **逗留时间**　指一个顾客在系统中的停留时间,其期望值记作 W_s;

(4) **等待时间**　指一个顾客在系统中排队等待的时间,其期望值记作 W_q,即 $W_s = W_q + \tau$,其中 τ 为服务时间;

(5) **忙期**　服务机构连续工作的时间长度,记作 T_b;

(6) **损失率** 由于系统的条件限制,使顾客被拒绝服务而使服务部门受到损失的概率,用 P_{lost} 表示;

(7) **服务强度** 绝对通过能力 A,表示单位时间内被服务完顾客的均值,或称为**平均服务率**;相对通过能力 Q,表示单位时间内被服务完的顾客数与请求服务的顾客数之比值.

10.1.3 系统状态的概率

系统状态是求运行指标的基础,所谓的系统状态是指系统中顾客的数量.如果系统中有 n 个顾客,则称系统状态为 n,即可能的取值为

(1) 当队长无限制时,则 $n=0,1,2,\cdots$;

(2) 当队长为有限制,且最大值为 N 时,则 $n=0,1,2,\cdots,N$;

(3) 当服务台的个数为 c,且服务为即时制时,则 $n=0,1,2,\cdots,c$.

一般说来,系统状态的取值与时间 t 有关,因此,在时刻 t 系统状态取值为 n 的概率记为 $P_n(t)$.

如果 $\lim\limits_{t\to\infty}P_n(t)=P_n$,则称为**稳态**(或**统计平衡状态**)**解**.实际中,大多数的问题都是属于稳态的情况,但并不是真正的 $t\to\infty$,即过某一段时间以后就有 $P_n(t)\to P_n$.

10.1.4 到达时间的间隔分布和服务时间的分布

实际中,顾客到达时间的间隔分布和服务时间的分布一般服从于以下三种分布:泊松分布、负指数分布和埃尔朗(Erlang)分布.

1. 泊松分布

设 $N(t)$ 表示在时间段 $[0,t]$ 内到达的顾客数,$P_n(t_1,t_2)$ 表示在时间段 $[t_1,t_2](t_2>t_1)$ 内有 n 个顾客到达的概率,即 $P_n(t_1,t_2)=P\{N(t_2)-N(t_1)=n\}$,当 $P_n(t_1,t_2)$ 满足如下三个条件时,则称顾客的到达形成泊松流:

(1) **无后效性** 在不相交的时间区间内顾客到达数是相互独立的,即在时间段 $[0,t+\Delta t]$ 内到达 k 个顾客的概率与时刻 t 以前到达多少顾客无关.

(2) **平稳性** 对于充分小的 Δt,在时间间隔 $[0,t+\Delta t]$ 内有 1 个顾客到达的概率只与时间段的长度 Δt 有关,而与起始时刻 t 无关,且 $P_1(t,t+\Delta t)=\lambda\Delta t+o(\Delta t)$,其中 $\lambda>0$ 称为**概率强度**(或**平稳流强度**),即表示单位时间内有一个顾客到达的概率.

(3) **普通性** 对于充分小的 Δt,在时间间隔 $[0,t+\Delta t]$ 内有两个或两个以上顾客到达的概率极小,可以忽略不计,即

$$\sum_{n=2}^{\infty}P_n(t,t+\Delta t)=o(\Delta t).$$

下面研究系统状态为 n 的概率分布.

如果取时间段的初始时间为 $t=0$，则可记 $P_n(0,t)=P_n(t)$，在 $[t,t+\Delta t]$ 内，由于

$$\sum_{n=0}^{\infty} P_n(t,t+\Delta t) = P_0(t,t+\Delta t) + P_1(t,t+\Delta t) + \sum_{n=2}^{\infty} P_n(t,t+\Delta t) = 1,$$

故在 $[t,t+\Delta t]$ 内没有顾客到达的概率为

$$P_0(t,t+\Delta t) = 1 - P_1(t,t+\Delta t) - \sum_{n=2}^{\infty} P_n(t,t+\Delta t) = 1 - \lambda \Delta t + o(\Delta t).$$

将 $[0,t+\Delta t]$ 分为 $[0,t)$ 和 $[t,t+\Delta t)$，则在时间段 $[0,t+\Delta t)$ 内到达 n 个顾客的概率应为

$$\begin{aligned}
P_n(t+\Delta t) &= P\{N(t+\Delta t) - N(0) = n\} \\
&= \sum_{k=0}^{n} P\{N(t+\Delta t) - N(t) = k\} P\{N(t) - N(0) = n-k\} \\
&= \sum_{k=0}^{n} P_{n-k}(t) P_k(t,t+\Delta t) \\
&= P_n(t)(1-\lambda \Delta t) + P_{n-1}(t)\lambda \Delta t + o(\Delta t).
\end{aligned}$$

即

$$\frac{P_n(t+\Delta t) - P_n(t)}{\Delta t} = -\lambda P_n(t) + \lambda P_{n-1}(t) + \frac{o(\Delta t)}{\Delta t}.$$

令 $\Delta t \to 0$，则

$$\begin{cases} \dfrac{\mathrm{d}P_n(t)}{\mathrm{d}t} = -\lambda P_n(t) + \lambda P_{n-1}(t), \\ P_n(0) = 0 \quad (n \geqslant 1). \end{cases} \tag{10.1}$$

类似地，当 $n=0$ 时有

$$\begin{cases} \dfrac{\mathrm{d}P_0(t)}{\mathrm{d}t} = -\lambda P_0(t), \\ P_0(0) = 1. \end{cases} \tag{10.2}$$

由 (10.2) 式解得 $P_0(t) = \mathrm{e}^{-\lambda t}$，代入 (10.1) 式解得

$$P_1(t) = \lambda t \mathrm{e}^{-\lambda t}, \quad P_2(t) = \frac{(\lambda t)^2}{2!} \mathrm{e}^{-\lambda t}.$$

一般地有

$$P_n(t) = \frac{(\lambda t)^n}{n!} \mathrm{e}^{-\lambda t} \quad (n=0,1,2,\cdots, t>0),$$

表示在长为 t 的时间段内到达 n 个顾客的概率，即为泊松分布，数学期望和方差分别为 $E[N(t)] = \lambda t$，$D[N(t)] = \lambda t$。

2. 负指数分布

当顾客流为泊松流时，用 T 表示两个相继到达的时间间隔，是一个随机变量，其分布

函数 $F_T(t)=P\{T\leqslant t\}=1-P\{T>t\}=1-P_0(t)$. 由上可知 $P_0(t)=\mathrm{e}^{-\lambda t}$, 于是 $F_T(t)=1-\mathrm{e}^{-\lambda t}(t\geqslant 0)$, 分布密度为 $f_T(t)=\lambda\mathrm{e}^{-\lambda t}(t\geqslant 0)$. 这里 λ 表示单位时间内平均到达的顾客数, 则 $E(T)=\dfrac{1}{\lambda}$ 表示相继顾客到达平均间隔时间.

类似地, 设系统对一个顾客的服务时间为 ν(即在一个忙期内相继离开系统的两个顾客的间隔时间)服从于负指数分布, 分布函数为 $F_\nu(t)=1-\mathrm{e}^{-\mu t}(t\geqslant 0)$, 分布密度为 $f_\nu(t)=\mu\mathrm{e}^{-\mu t}(t\geqslant 0)$, 其中 μ 表示平均服务率(即单位时间内被服务完的顾客数), 且期望值为 $E(\nu)=\dfrac{1}{\mu}$, 表示一个顾客的平均服务时间.

因此, T 服从于负指数分布, 即与概率强度为 λ 的泊松流等价. 并且注意到, 由条件概率可知: $P\{T>t+s|T>s\}=P\{T>t\}$, 即说明后一个顾客的到来所需时间与前一个顾客到来所需时间 s 无关, 故 T 具有无记忆性. 且 $E(T)=\dfrac{1}{\lambda},D(T)=\dfrac{1}{\lambda^2}$.

3. 埃尔朗分布

设有如下的顾客流, 记 k 个顾客到达系统的时间间隔序列为 $\nu_1,\nu_2,\cdots,\nu_k$(为相互独立的随机变量), 同服从于参数为 $k\mu$ 的负指数分布, 则称随机变量 $T=\sum\limits_{i=1}^{k}\nu_i$ 服从于 k 阶埃尔朗分布. 它的分布密度为

$$f_k(t)=\dfrac{\mu k(\mu k t)^{k-1}}{(k-1)!}\mathrm{e}^{-\mu k t}\quad(t>0,\mu>0).$$

注意到 $E[\nu_i]=\dfrac{1}{k\mu}(i=1,2,\cdots,k)$, 则 $E(T)=\sum\limits_{i=1}^{k}E[\nu_i]=\dfrac{1}{\mu}$, 且 $D(T)=\dfrac{1}{k\mu^2}$, $T=\sum\limits_{i=1}^{k}\nu_i$.

当 $k=1$ 时, 即为负指数分布, 因此埃尔朗分布比负指数分布更广泛.

类似地, 设系统中有串列的 k 个服务台, 每个服务台对顾客的服务时间是相互独立的, 且服从于(参数为 $k\mu$)负指数分布, 则一个顾客在接受完 k 个服务台的服务所需的总时间 T 服从于 k 阶埃尔朗分布.

10.2 排队模型及其分类

10.2.1 排队模型的一般表示

在排队模型中最主要的三个特征是:

(1) 相继顾客到达间隔时间的分布;

(2) 服务时间的分布；

(3) 服务台的个数.

按照以上三个特征分类,则排队模型的一般形式为

$$X/Y/Z/A/B/C.$$

其中 X 表示相继到达间隔时间的分布；Y 表示服务时间的分布；Z 表示服务台的数目；A 表示系统的容量；B 表示顾客源数目；C 表示服务规则,如先到先服务 FCFS,后到先服务 LCFS 等.

表示相继到达间隔时间分布 X 和服务时间分布 Y 有以下几种情况：

M(Markov)表示负指数分布；

D(deterministic)表示确定型分布；

E_k(Erlang)表示 k 阶埃尔朗分布；

GI(general independent)表示一般互相独立的时间间隔分布；

G(general)表示一般服务时间分布.

10.2.2 排队模型的分类

一般按照服务台的个数可以把排队模型分为单服务台模型和多服务台模型.

1. 单服务台模型

单服务台的排队模型就是服务机构中只有一个服务设施,排队规则为单队.设系统的输入过程服从于泊松流,服务时间服从于负指数分布,单服务台的排队模型有以下三种形式：

(1) 标准型模型：M/M/1(M/M/1/∞/∞)；

(2) 系统容量有限制的模型：M/M/1/N/∞；

(3) 顾客源为有限的模型：M/M/1/∞/m.

2. 多服务台模型

多服务台的排队模型就是服务机构中包含多个相互独立的服务台.在这里只研究单队并列的 c 个服务台的情形,主要有以下三种形式：

(1) 标准型模型：M/M/c(M/M/c/∞/∞)；

(2) 系统容量有限制的模型：M/M/c/N/∞；

(3) 顾客源为有限的模型：M/M/c/∞/m.

实际中,要研究一个排队问题,首先要研究它是属于哪一种类型的问题,依据顾客到达的时间分布和服务时间分布等实际数据确定相应的模型.然后要解决排队问题,主要是研究排队系统的运行效率、估计服务质量、确定系统参数的最优值,以及决定系统的结构是否合理和研究改进措施等.所以必须确定用于判断系统运行优劣的基本数量指标,即数量指标的概率分布和相应数字特征.主要包括队长 L_s、排队长 L_q、逗留时间 W_s、等待时间 W_q、忙期 T_b、服务强度 r、损失率 P_{lost} 等.

10.3　单服务台的排队模型与求解

设排队系统的输入过程服从于泊松流,服务时间服从于负指数分布,则下面对单服务台的排队模型的三种形式分别进行讨论.

10.3.1　标准型模型 M/M/1

排队模型 M/M/1 表示顾客源为无限的,顾客的到达相互独立,到达规律服从参数为 λ 的泊松分布;单服务台、队长无限制、先到先服务;各顾客的服务时间相互独立,且同服从于参数为 μ 的负指数分布.

1. 确定系统在任意时刻 t 的状态为 n 的概率

因为已知顾客的到达规律服从参数为 λ 的泊松分布,服务时间服从参数为 μ 的负指数分布,于是在时间间隔 $[t, t+\Delta t]$ (Δt 为很小的数)内有:

- 有一个顾客到达的概率为: $\lambda \Delta t + o(\Delta t)$;
- 没有一个顾客到达的概率为: $1 - \lambda \Delta t + o(\Delta t)$;
- 有一个顾客被服务完的概率为: $\mu \Delta t + o(\Delta t)$;
- 没有一个顾客被服务完的概率为: $1 - \mu \Delta t + o(\Delta t)$;
- 多于一个顾客到达或被服务完离去的概率为: $o(\Delta t)$.

现在考虑在 $t + \Delta t$ 时刻系统中有 n 个顾客(即系统状态为 n)的概率 $P_n(t+\Delta t)$,可能的情况如表 10-1 所示.

表 10-1　系统状态为 n 的变化规律

情况	时刻 t 的顾客数	在区间 $(t, t+\Delta t)$ 到达	在区间 $(t, t+\Delta t)$ 离去	在时刻 $t+\Delta t$ 的顾客数	$P_n(t+\Delta t)$
A	n	×	×	n	$P_n(t)(1-\lambda \Delta t)(1-\mu \Delta t)$
B	$n+1$	×	√	n	$P_{n+1}(t)(1-\lambda \Delta t)\mu \Delta t$
C	$n-1$	√	×	n	$P_{n-1}(t)(\lambda \Delta t)(1-\mu \Delta t)$
D	n	√	√	n	$P_n(t)(\lambda \Delta t)(\mu \Delta t)$

这是一个生灭过程,四种情况是相互独立的事件.则有

$$P_n(t+\Delta t) = P_n(t)(1-\lambda \Delta t - \mu \Delta t) + P_{n+1}(t)\mu \Delta t + P_{n-1}(t)\lambda \Delta t + o(\Delta t).$$

移项整理,两边同除以 Δt,并令 $\Delta t \to 0$,则得

$$\frac{\mathrm{d}P_n(t)}{\mathrm{d}t} = \lambda P_{n-1}(t) + \mu P_{n+1}(t) - (\lambda + \mu)P_n(t), \quad n = 1, 2, \cdots.$$

当 $n = 0$ 时,类似地有

$$\frac{\mathrm{d}P_0(t)}{\mathrm{d}t} = -\lambda P_0(t) + \mu P_1(t).$$

于是，一般地，有
$$\begin{cases} \dfrac{\mathrm{d}P_0(t)}{\mathrm{d}t} = -\lambda P_0(t) + \mu P_1(t), \\ \dfrac{\mathrm{d}P_n(t)}{\mathrm{d}t} = \lambda P_{n-1}(t) + \mu P_{n+1}(t) - (\lambda + \mu)P_n(t) \quad (n > 1). \end{cases}$$

此方程为差分微分方程，其解是贝塞尔(Bessell)函数，不便于应用，为此，我们只研究它的稳态解。假设当 $t \to \infty$ 时，极限存在，即 $P_n(t)$ 与 t 无关，记 $P_n(t)$ 为 P_n，于是有 $\dfrac{\mathrm{d}P_n(t)}{\mathrm{d}t} = 0$，则状态的平衡方程为

$$\begin{cases} -\lambda P_0 + \mu P_1 = 0, \\ \lambda P_{n-1} + \mu P_{n+1} - (\lambda + \mu)P_n = 0 \quad (n \geq 1). \end{cases}$$

即

$$\begin{cases} \lambda P_0 = \mu P_1, \\ \lambda P_{n-1} + \mu P_{n+1} = (\lambda + \mu)P_n \quad (n \geq 1). \end{cases}$$

这是关于 P_n 的差分方程，也反映出了系统状态的转移关系，即每一状态都是平衡的，如图 10-2 所示。

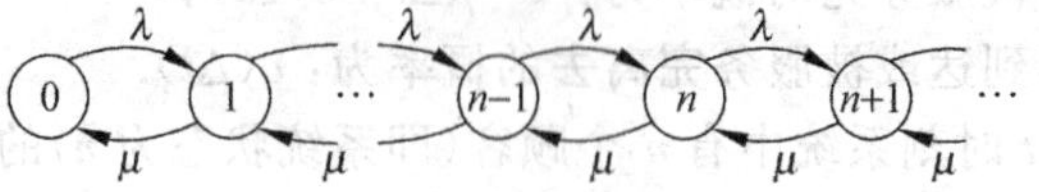

图 10-2　M/M/1 模型的状态转移关系图

求解状态的平衡方程得 $P_1 = \left(\dfrac{\lambda}{\mu}\right)P_0$，递推可有 $P_n = \left(\dfrac{\lambda}{\mu}\right)^n P_0 (n \geq 1)$。

令 $\rho = \dfrac{\lambda}{\mu} < 1$，称为**服务强度**，即为平均到达率与平均服务率之比，由概率的性质 $\sum\limits_{n=0}^{\infty} P_n = 1$ 有 $P_0 \sum\limits_{n=0}^{\infty} \rho^n = \dfrac{P_0}{1-\rho} = 1$，于是

$$\begin{cases} P_0 = 1 - \rho, \\ P_n = (1-\rho)\rho^n \quad (n \geq 1). \end{cases}$$

这就是所求模型 M/M/1 的系统状态为 n 的概率。

2. 系统的运行指标

（1）**队长（系统中的平均顾客数）**　因为系统的状态为 n，即系统中有 n 个顾客，由期望的定义得

$$L_S = \sum_{n=0}^{\infty} nP_n = \sum_{n=1}^{\infty} n(1-\rho)\rho^n = \dfrac{\rho}{1-\rho} = \dfrac{\lambda}{\mu - \lambda};$$

(2) **队列长**（系统中等待的平均顾客数）
$$L_q = \sum_{n=1}^{\infty}(n-1)P_n = L_S - \rho = \frac{\rho^2}{1-\rho} = \frac{\rho\lambda}{\mu-\lambda};$$

(3) **逗留时间** 事实上，系统中的一个顾客的逗留时间 W，服从于参数为 $\mu-\lambda$ 的负指数分布，分布函数和分布密度分别为
$$F(W) = 1 - e^{-(\mu-\lambda)W} \quad \text{和} \quad f(W) = (\mu-\lambda)e^{-(\mu-\lambda)W},$$
所以有 $W_S = E(W) = \dfrac{1}{\mu-\lambda}$；

(4) **等待时间** 等待时间＝逗留时间－被服务的时间，即
$$W_q = W_S - \frac{1}{\mu} = \frac{\rho}{\mu-\lambda}.$$
其中 $\dfrac{1}{\mu}$ 表示平均一个顾客的服务时间.

综上所述，排队模型 M/M/1 的系统主要运行指标为
$$L_S = \frac{\lambda}{\mu-\lambda}, \quad L_q = \frac{\rho\lambda}{\mu-\lambda}, \quad W_S = \frac{1}{\mu-\lambda}, \quad W_q = \frac{\rho}{\mu-\lambda}.$$

3. 系统运行指标之间的关系

排队模型 M/M/1 的系统运行指标之间有下面的关系：
$$L_S = \lambda W_S, \quad L_q = \lambda W_q, \quad W_S = W_q + \frac{1}{\mu}, \quad L_S = L_q + \frac{\lambda}{\mu}.$$

这些关系式称之为 Little 公式. 事实上，这些关系式对于一般的排队模型都成立.

10.3.2 系统的容量有限制的模型 M/M/1/N/∞

1. 系统的状态概率

类似于标准型的假设，不同的是队长有限制（$\leqslant N$），即系统中最多允许有 N 个顾客在排队，多了将被拒绝进入系统. 假设 λ 为平均到达率，μ 为平均服务率，则类似地可得状态转移关系图如图 10-3 所示.

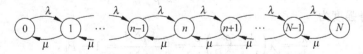

图 10-3 模型 M/M/1/N/∞ 的系统状态转移关系图

于是系统的状态（稳态）的平衡方程为
$$\begin{cases} \mu P_1 = \lambda P_0, \\ \mu P_{n+1} + \lambda P_{n-1} = (\lambda+\mu)P_n \quad (1 \leqslant n \leqslant N-1), \\ \mu P_N = \lambda P_{N-1}. \end{cases}$$

注意到 $\sum_{n=0}^{N} P_n = 1$，由递推关系不难求得系统的状态概率为

$$\begin{cases} P_0 = \dfrac{1-\rho}{1-\rho^{N+1}} & (\rho \neq 1), \\ P_n = \dfrac{1-\rho}{1-\rho^{N+1}}\rho^n & (1 \leqslant n \leqslant N). \end{cases}$$

注意，如果 $\rho=1$（即 $\lambda=\mu$），则有 $P_0 = P_1 = \cdots = P_N = \dfrac{1}{N+1}$，即平均到达率和平均服务率相等，在稳态情况下系统不会出现排队等待现象.

在这里，因为是有限项的和，所以不要求 $\rho<1$，但当 $\rho = \dfrac{\lambda}{\mu} > 1$，即 $\lambda > \mu$ 时，表示单位时间内的平均到达率比平均服务率大，系统的损失率会增加，即被拒绝排队的顾客数量会增大.

2. 系统的运行指标

(1) 队长

$$L_S = \sum_{n=0}^{N} n P_n = \dfrac{\rho}{1-\rho} - \dfrac{(N+1)\rho^{N+1}}{1-\rho^{N+1}} \quad (\rho \neq 1);$$

(2) 队列长

$$L_q = \sum_{n=1}^{N} (n-1) P_n = L_S - (1-P_0);$$

(3) **顾客逗留时间** 首先注意到一个事实，因为 W_S 与平均到达率 λ 有关，而 λ 表示系统的容量有空时的平均到达率，当系统满员（$n=N$）时，则到达率为 0，为此引入有效到达率 λ_e，表示有空时平均到达率 λ 减去满员后拒绝顾客的平均数 λP_N，即 $\lambda_e = \lambda(1-P_N)$.

由于

$$\lambda_e = \lambda(1-P_N) = \lambda\left(1 - \dfrac{1-\rho}{1-\rho^{N+1}}\rho^N\right) = \lambda \dfrac{1-\rho^N}{1-\rho^{N+1}}$$

和

$$\mu = \dfrac{\lambda P_0}{P_1} = \dfrac{1-\rho^{N+1}}{(1-\rho)\rho}\lambda P_0 = \dfrac{\lambda}{\rho},$$

所以有效服务强度为

$$\dfrac{\lambda_e}{\mu} = \lambda\left(\dfrac{1-\rho^N}{1-\rho^{N+1}}\right)\dfrac{\rho}{\lambda} = \dfrac{\rho - \rho^{N+1}}{1-\rho^{N+1}} = 1 - P_0,$$

于是顾客逗留时间为

$$W_S = \dfrac{L_S}{\lambda_e} = \dfrac{L_S}{\mu(1-P_0)} = \dfrac{L_q}{\lambda(1-P_N)} + \dfrac{1}{\mu}.$$

(4) 顾客等待时间

$$W_q = \dfrac{L_q}{\lambda_e} = \dfrac{L_q}{\lambda(1-P_N)} = W_S - \dfrac{1}{\mu}.$$

10.3.3 顾客源为有限的模型 M/M/1/∞/m

对该模型的顾客总体虽只有 m 个顾客,但每个顾客的到来并接受服务后,仍然回到顾客总体,即可以再次到来,所以对系统的容量是没有限制的,实际上系统中顾客数永远不会超过 m,即与模型 M/M/1/m/m 的意义相同.

假设每个顾客的到达率相同为 λ,在系统外的平均顾客数为 $m-L_s$,故系统的有效到达率为 $\lambda_e = \lambda(m-L_s)$. 考虑稳态的情况,则模型 M/M/1/∞/m 系统的状态转移关系如图 10-4 所示.

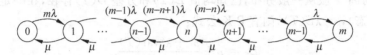

图 10-4 模型 M/M/1/∞/m 的系统状态转移关系图

于是可得系统状态概率的平衡方程为

$$\begin{cases} \mu P_1 = m\lambda P_0, \\ \mu P_{n+1} + (m-n+1)\lambda P_{n-1} = [(m-n)\lambda + \mu] P_n & (1 \leqslant n \leqslant m-1), \\ \mu P_m = \lambda P_{m-1}. \end{cases}$$

注意 $\sum_{n=0}^{m} P_n = 1$,由递推关系不难求得系统状态的概率为

$$\begin{cases} P_0 = \dfrac{1}{\sum_{i=0}^{m} \dfrac{m!}{(m-i)!} \left(\dfrac{\lambda}{\mu}\right)^i}, \\ P_n = \dfrac{m!}{(m-n)!} \left(\dfrac{\lambda}{\mu}\right)^n P_0 & (1 \leqslant n \leqslant m). \end{cases}$$

相应地,系统的运行指标为

$$L_S = \sum_{n=0}^{m} n P_n = m - \frac{\mu}{\lambda}(1-P_0), \quad W_S = \frac{m}{\mu(1-P_0)} - \frac{1}{\lambda}, \quad W_q = W_S - \frac{1}{\mu},$$

$$L_q = \sum_{n=1}^{m} (n-1) P_n = m - \frac{(\lambda+\mu)(1-P_0)}{\lambda} = L_S - (1-P_0).$$

10.3.4 一般服务时间的排队模型 M/G/1

假设顾客流为泊松流,服务时间服从于任意分布. 首先注意两个事实:对于任意分布都有下面的关系成立:

E[系统中的顾客数]$=E$[队列中的顾客数]$+E$[服务机构中的顾客数],

E[在系统中逗留时间]$=E$[排队等候时间]$+E$[服务时间].

即
$$L_S = L_q + L_{S_e}, \quad W_S = W_q + E[T].$$

其中随机变量 T 表示服务时间,均值 $E(T)$ 存在,当 T 服从负指数分布时,$E[T] = \frac{1}{\mu}$. 且有 Little 公式成立,即 $L_S = \lambda W_S, L_q = \lambda W_q$. 但当顾客源和系统容量为有限时,平均到达率 λ 应为有效到达率 λ_e,为此,所要研究的 7 个运行指标只要已知其中的 3 个,其余的都可以确定出来.

1. Pollaczek-Khintchine(P-K) 公式

设服务时间 T 服从一般分布,已知均值 $E(T)$ 和方差 $D(T)$ 存在,在一定的时候 $\rho < 1$(即可达到稳态),$\rho = \lambda E(T)$,则有 P-K 公式:

$$L_S = \rho + \frac{\rho^2 + \lambda^2 \text{var}(T)}{2(1-\rho)}.$$

于是,可由 $\lambda, E(T), \text{var}(T)$ 求出 L_S, L_q, W_S, W_q.

2. 确定型服务时间模型 M/D/1

当服务时间是确定的常数时,则

$$T = \frac{1}{\mu}, \quad \text{var}[T] = 0, \quad L_S = \rho + \frac{\rho^2}{2(1-\rho)},$$

相应的 L_S, L_q, W_S, W_q 也随之确定.

3. 埃尔朗分布服务时间模型 $M/E_k/1$

设每一个顾客必须经过 k 个(串列的)服务台,第 i 个服务台的服务时间为 T_i,且相互独立,并同服从于参数为 $k\mu$ 的负指数分布,则 $T = \sum_{i=1}^{k} T_i$ 服从于 k 阶埃尔朗分布,且

$$E[T_i] = \frac{1}{k\mu}, \quad \text{var}[T_i] = \frac{1}{k^2\mu^2}, \quad E[T] = \frac{1}{\mu}, \quad \text{var}[T] = \frac{1}{k\mu^2},$$

于是 P-K 公式为

$$L_S = \rho + \frac{\rho^2 + \frac{\lambda^2}{k\mu^2}}{2(1-\rho)} = \rho + \frac{(k+1)\rho^2}{2k(1-\rho)}, \quad L_q = \frac{(k+1)\rho^2}{2k(1-\rho)}, \quad W_S = \frac{L_S}{\lambda}, \quad W_q = \frac{L_q}{\lambda}.$$

10.4 多服务台的排队模型与求解

在这里主要研究单队、并列的 c 个服务台的情形,其模型有三种形式:

(1) 标准型模型:$M/M/c(M/M/c/\infty/\infty)$;

(2) 系统容量有限制的模型:$M/M/c/N/\infty$;

(3) 顾客源为有限的模型:$M/M/c/\infty/m$.

10.4.1 标准型模型 M/M/c/∞/∞

前提假设同 M/M/1/∞/∞,另外,假设顾客流为泊松流,平均到达率为 λ,各服务台的服务时间满足负指数分布,而各服务台的工作是相互独立的(不搞协作),单个服务台的平均服务率为 μ,则整个服务机构的平均服务率为 $c\mu$(当 $n \geqslant c$),或 $n\mu$(当 $n < c$),令 $\rho = \dfrac{\lambda}{c\mu}$,称为**系统的服务强度**(服务机构的平均利用率),当 $\rho > 1$ 时,系统就会出现排队现象,即有顾客在排队等待.

类似地,模型 M/M/c 的系统状态转移关系图如图 10-5 所示.

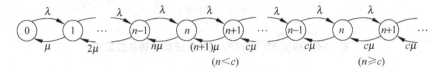

图 10-5 模型 M/M/c 的系统状态转移关系图

系统状态(稳态)的平衡方程为

$$\begin{cases} \mu P_1 = \lambda P_0, \\ (n+1)\mu P_{n+1} + \lambda P_{n-1} = (\lambda + n\mu) P_n \quad (1 \leqslant n \leqslant c), \\ c\mu P_{n+1} + \lambda P_{n-1} = (\lambda + c\mu) P_n \quad (n > c). \end{cases}$$

其中 $\sum\limits_{n=0}^{\infty} P_n = 1$,且 $\rho = \dfrac{\lambda}{c\mu} \leqslant 1$.由递推关系可以求得系统状态概率为

$$P_0 = \left[\sum_{k=0}^{c-1} \frac{1}{k!} \left(\frac{\lambda}{\mu}\right)^k + \frac{1}{c!} \frac{1}{1-\rho} \left(\frac{\lambda}{\mu}\right)^c \right]^{-1}, \quad P_n = \begin{cases} \dfrac{1}{n!} \left(\dfrac{\lambda}{\mu}\right)^n P_0 & (n \leqslant c); \\ \dfrac{1}{c!} \dfrac{1}{c^{n-c}} \left(\dfrac{\lambda}{\mu}\right)^n P_0 & (n > c). \end{cases}$$

相应地,系统的运行指标为

$$L_s = L_q + \frac{\lambda}{\mu}, \quad W_s = \frac{L_s}{\lambda} = \frac{(c\rho)^c \rho}{c!(1-\rho)^2 \lambda} P_0 + \frac{1}{\mu}, \quad W_q = \frac{L_q}{\lambda} = \frac{(c\rho)^c \rho}{c!(1-\rho)^2 \lambda} P_0,$$

$$L_q = \sum_{n=c+1}^{\infty} (n-c) P_n = \sum_{k=1}^{\infty} k P_{k+c} = \sum_{k=1}^{\infty} \frac{k}{c! c^k} (c\rho)^{k+c} P_0 = \frac{(c\rho)^c \rho}{c!(1-\rho)^2} P_0.$$

其中 $c\rho = \dfrac{\lambda}{\mu}, k = n - c$.

10.4.2 系统容量有限制的模型 M/M/c/N/∞

假设系统内有 c 个服务台,顾客流为泊松流,平均到达率为 λ.各服务台的服务时间服从负指数分布,而工作是相互独立的,平均服务率为 μ. 系统的最大容量为 $N(\geqslant c)$,当系统客满(即系统内有 N 个顾客)时,有 c 个接受服务,$N-c$ 个在排队,再有顾客到来将被拒绝而离去,系统将有损失率.

当系统的状态为 n 时,每个服务台的服务率为 μ,则系统的总服务率为:当 $0<n<c$ 时为 $n\mu$;当 $n\geqslant c$ 时为 $c\mu$. 令 $\rho=\dfrac{\lambda}{c\mu}$ 为系统的服务强度.

类似地,模型 M/M/c/N/∞ 的系统状态转移关系图如图 10-6 所示.

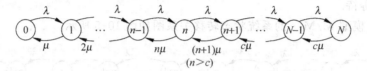

图 10-6 模型 M/M/c/N/∞ 的系统状态转移关系图

由此可以得到系统的状态(稳态)的平衡方程为

$$\begin{cases} \mu P_1 = \lambda P_0, \\ (n+1)\mu P_{n+1} + \lambda P_{n-1} = (\lambda + n\mu)P_n & (1 \leqslant n \leqslant c), \\ c\mu P_{n+1} + \lambda P_{n-1} = (\lambda + c\mu)P_n & (c \leqslant n < N), \\ \lambda P_{N-1} = c\mu P_N. \end{cases}$$

其中 $\sum\limits_{n=0}^{N} P_n = 1$,且 $\rho = \dfrac{\lambda}{c\mu} \leqslant 1$. 由递推关系可以求得系统状态概率为

$$P_0 = \begin{cases} \left[\sum\limits_{k=0}^{c-1}\dfrac{1}{k!}(c\rho)^k + \dfrac{c^c}{c!}\dfrac{\rho(\rho^c-\rho^N)}{1-\rho}\right]^{-1} & (\rho \neq 1), \\ \sum\limits_{k=0}^{c-1}\dfrac{1}{k!}(c)^k + \dfrac{c^c}{c!}(N-c+1) & (\rho = 1). \end{cases}$$

$$P_n = \begin{cases} \dfrac{1}{n!}(c\rho)^n P_0 & (0 \leqslant n \leqslant c), \\ \dfrac{c^c}{c!}\rho^n P_0 & (c < n \leqslant N). \end{cases}$$

系统的运行指标为

$$L_S = L_q + c\rho(1-P_N), \quad W_S = W_q + \dfrac{1}{\mu}, \quad W_q = \dfrac{L_q}{\lambda(1-P_N)},$$

$$L_q = \sum_{n=c+1}^{N}(n-c)P_n = \dfrac{(c\rho)^c \rho}{c!(1-\rho)^2} P_0 [1-\rho^{N-c}-(N-c)(1-\rho)\rho^{N-c}].$$

系统满圆的损失率为 $P_{\text{lost}} = P_N = \dfrac{c^c}{c!}\rho^N P_0$.

特别地，当 $N=c$ 时，即模型为 $M/M/c/c/\infty$，此时系统为即时制服务，不允许有顾客在系统内排队，亦即系统的状态概率为

$$P_0 = \left[\sum_{k=0}^{c-1} \frac{(c\rho)^k}{k!}\right]^{-1}, \quad P_n = \frac{(c\rho)^n}{c!} P_0.$$

相应地有运行指标为

$$L_q = W_q = 0, \quad W_S = \frac{1}{\mu}, \quad L_S = \sum_{n=1}^{c} n P_n = c\rho(1-P_c).$$

10.4.3 顾客源为有限的模型 $M/M/c/\infty/m$

假设与前面的模型相同，即 c, m, λ, μ, ρ 的意义也相同．则该模型的系统状态的转移关系图如图 10-7 所示．

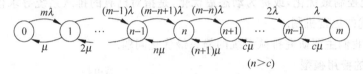

图 10-7 模型 $M/M/c/\infty/m$ 的系统状态转移关系图

系统状态（稳态）的平衡方程为

$$\begin{cases} \mu P_1 = m\lambda P_0, \\ (n+1)\mu P_{n+1} + (m-n+1)\lambda P_{n-1} = [(m-n)\lambda + n\mu] P_n & (1 \leqslant n \leqslant c), \\ c\mu P_{n+1} + (m-c+1)\lambda P_{n-1} = [(m-c)\lambda + c\mu] P_n & (c < n < m), \\ \lambda P_{m-1} = c\mu P_m. \end{cases}$$

由递推关系可以求得状态概率为

$$P_0 = \frac{1}{m!} \left[\sum_{k=0}^{c} \frac{1}{k!(m-k)!} \left(\frac{c\rho}{m}\right)^k + \frac{c^c}{c!} \sum_{k=0}^{c} \frac{1}{(m-k)!} \left(\frac{\rho}{m}\right)^k\right]^{-1}, \quad \rho = \frac{m\lambda}{c\mu},$$

$$P_n = \begin{cases} \dfrac{m!}{(m-n)!n!} \left(\dfrac{\lambda}{\mu}\right)^n P_0 & (0 \leqslant n \leqslant c); \\ \dfrac{m!}{(m-n)!c!c^{n-c}} \left(\dfrac{\lambda}{\mu}\right)^n P_0 & (c < n \leqslant m). \end{cases}$$

系统的运行指标为

$$L_S = \sum_{n=1}^{m} n P_n, \quad L_q = \sum_{n=c+1}^{m} (n-c) P_n, \quad W_S = \frac{L_S}{\lambda_e}, \quad W_q = \frac{L_q}{\lambda_e}.$$

系统的有效到达率为 $\lambda_e = \lambda(m - L_S)$，且有

$$L_S = L_q + \frac{\lambda_e}{\mu} = L_q + \frac{\lambda}{\mu}(m - L_S).$$

类似地,排队模型还有 M/M/c/N/m, M/M/c/m/m, M/M/c/c/m 等情况,可作相应的讨论.

10.5 排队系统的最优化问题

10.5.1 一般排队系统的最优化问题

1. 最优化问题的分类

(1) 系统设计最优化,或称为**静态最优化**,是指在服务系统设置以前根据一定的质量指标,找出参数的最优值,从而使系统设计最为经济.例如:服务机构的规模大小、服务台的个数、系统容量大小等.

(2) 系统控制最优化,或称为**动态最优化**,是指对已有的排队系统寻求使其某一目标函数达到最优的运营机制.

在这里,我们主要研究排队系统的静态最优化问题.

2. 系统的费用模型

通常所说的费用是指服务机构的服务费用和顾客等待的费用,一般说来,提高服务机构的服务水平(即增加了服务机构的成本),自然会降低顾客的等待费用(损失),最优化的目标之一是使二者费用之和为最小,另一个目标是使服务机构的纯收入(利润)为最大.如图 10-8 所示.

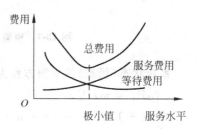

图 10-8 系统的费用模型

10.5.2 模型 M/M/1 中的最优服务率 μ

1. 标准型模型 M/M/1

设目标函数 $z = c_S \mu + c_W L_S$,即为单位时间服务成本与顾客等待费用之和的期望值,其中 c_S 表示当 $\mu=1$(单位时间内服务完一个顾客)时服务机构的服务费用, c_W 为每个顾客在系统中停留单位时间的费用,由 $L_S = \dfrac{\lambda}{\mu - \lambda}$,则 $z = c_S \mu + c_W \dfrac{\lambda}{\mu - \lambda}$. 求其极小值,即令 $\dfrac{dz}{d\mu} = 0$,则 $c_S - \dfrac{c_W \lambda}{(\mu - \lambda)^2} = 0$,解出最优解 $\mu^* = \lambda + \sqrt{\lambda c_W / c_S}$,即为最优服务率.

2. 系统容量有限的模型 M/M/1/N/∞

如果系统中已有 N 个顾客,则后来的顾客将被拒绝,于是可设 P_N 为被拒绝的概率, $1 - P_N$ 即为接受服务的概率. $\lambda(1 - P_N)$ 表示单位时间内实际进入服务机构的顾客数,在稳定状态下,即为单位时间内实际服务完成的顾客数.

设系统服务完 1 个顾客能收入 G 元,于是单位时间收入的期望值为 $\lambda(1 - P_N)G$,则

系统的纯利润为

$$z = \lambda(1-P_N)G - c_S\mu = \lambda G \frac{1-\rho^N}{1-\rho^{N+1}} - c_S\mu = \lambda G \frac{\mu^N - \lambda^N}{\mu^{N+1} - \lambda^{N+1}} - c_S\mu.$$

令 $\dfrac{\mathrm{d}z}{\mathrm{d}\mu} = 0$，可解得

$$\rho^{N+1} \frac{N - (N+1)\rho + \rho^{N+1}}{(1-\rho^{N+1})^2} = \frac{c_S}{G}.$$

其中 $P_N = \dfrac{\rho^N - \rho^{N+1}}{1-\rho^{N+1}}, \rho = \dfrac{\lambda}{\mu}$，而 c_S, G, λ, N 均为已知的，用数值方法求解出 μ^* 的数值解.

3. 系统的容量有限制的模型 M/M/1/∞/m

设顾客数为 m，单个服务台、服务时间服从负指数分布，当服务率为 $\mu=1$ 时，服务机构的成本费为 c_S，单位时间内服务完一个顾客的收入为 G 元，单位时间内服务完的顾客数为 $m - L_S$，则单位时间内的纯利润为

$$z = (m - L_S)G - c_S\mu = \frac{mG}{\rho} \cdot \frac{E_{m-1}\left(\dfrac{m}{\rho}\right)}{E_m\left(\dfrac{m}{\rho}\right)} - c_S\mu.$$

其中 $E_m\left(\dfrac{m}{\rho}\right) = \sum\limits_{k=1}^{m} \dfrac{\left(\dfrac{m}{\rho}\right)^k}{k!} \mathrm{e}^{-\frac{m}{\rho}}$ 为泊松和，$\rho = \dfrac{m\lambda}{\mu}$. 令 $\dfrac{\mathrm{d}z}{\mathrm{d}\mu} = 0$，则得

$$\frac{E_{m-1}\left(\dfrac{m}{\rho}\right)E_m\left(\dfrac{m}{\rho}\right) + \dfrac{m}{\rho}\left[E_m\left(\dfrac{m}{\rho}\right)E_{m-1}\left(\dfrac{m}{\rho}\right) - E_{m-1}^2\left(\dfrac{m}{\rho}\right)\right]}{E_m^2\left(\dfrac{m}{\rho}\right)} = \frac{c_S\lambda}{G}.$$

当给定 c_S, G, λ, m 后，利用泊松分布表和数值方法计算求解得最优服务率 μ^*.

10.5.3 模型 M/M/c 中的最优服务台数

在此仅对标准模型进行讨论. 在稳态的假设下，单位时间内每个服务台的成本费为 c_S，每个顾客在系统中停留单位时间的费用为 c_W，则单位时间内的费用（服务成本和等待的费用）的期望值为 $z = c_S c + c_W L_S$，其中 $L_S = L_S(c)$，即与服务台的个数 c 有关. 因此系统的总费用为 $z = z(c)$，记服务台数 c 的最优值为 c^*，则 $z(c^*)$ 是最小费用. 由于 c 只能取整数，即 $z(c)$ 是离散函数，所以在这里用边际分析方法求解.

事实上，根据 $z(c^*)$ 为最小值，则有

$$\begin{cases} z(c^*) \leqslant z(c^* - 1), \\ z(c^*) \leqslant z(c^* + 1). \end{cases}$$

由 $z = c_S c + c_W L_S$，可以得到

$$\begin{cases} c_S c^* + c_W L_S(c^*) \leqslant c_S(c^*-1) + c_W L_S(c^*-1), \\ c_S c^* + c_W L_S(c^*) \leqslant c_S(c^*+1) + c_W L_S(c^*+1). \end{cases}$$

化简整理可得

$$L_S(c^*) - L_S(c^*+1) \leqslant \frac{c_S}{c_W} \leqslant L(c^*-1) - L_S(c^*).$$

10.6 应用案例分析

例 10.1 自动提款机位置的设置问题

目前,各种银行信用卡极大地方便了广大客户的生活,特别是刷卡消费已成为现代生活的一种时尚.某商业银行拟在某市繁华的商业区设置一定数量的 ATM 机,为此,银行根据客户的需求分析研究在该市商业区安装 ATM 机的数量与客户的需求关系. 现在该商业区只有一台 ATM 机,根据历史的数据统计发现:使用 ATM 机的顾客到达过程为泊松流,平均到达率为 0.7 人/min,使用时间服从负指数分布,每个顾客的平均使用时间为 1.25min. 试研究银行是否需要在该商业区增加 ATM 机?

解 由题意可知,该问题属于单服务台标准型模型 M/M/1 的排队问题.已知顾客的到达过程为泊松流,且平均到达率为 $\lambda=0.7$ 人/min;平均服务率为 $\mu=0.8$ 人/min,每个顾客平均接受服务的时间为 $T=1.25$min. 那么根据该模型运行指标的计算公式可以得到:

(1) 系统的平均服务强度为 $\rho=\lambda/\mu=0.875$;

(2) 顾客的平均等待时间为 $W_q = P_{\text{wait}} \cdot \dfrac{T}{c-\rho} = \dfrac{P_{\text{wait}}}{c\mu-\lambda}$;

(3) 顾客的平均逗留时间为 $W_S = W_q + \dfrac{1}{\mu} = W_q + T$;

(4) 系统的队长 L_S 和排队长 L_q 分别为 $L_S = \lambda W_S, L_q = \lambda W_q$.

在这里服务台数目 $c=1$,并记 $L=\lambda=0.7, R=\rho=0.875$.利用 LINGO 中的内部函数 @peb 计算顾客平均等待的概率,即

$$P_{\text{wait}} = @\text{peb}(R,c).$$

于是,相应的 LINGO 程序如下:

```
MODEL:
c = 1; L = 0.7; T = 1.25; R = L*T;
P_wait = @peb(R,c);
W_Q = P_wait * T/(c - R);
L_Q = L * W_Q;
W_S = W_Q + T;
```

```
L_S = L * W_S;
End
```

运行该程序得到结果：P_wait=0.875,W_Q=8.75,L_Q=6.125,W_S=10,L_S=7. 即顾客平均等待的概率为 $P_{wait}=0.875$,顾客平均等待时间为 $W_q=8.75$min；系统排队长为 $L_q=6.125$ 人；顾客平均逗留时间为 $W_S=10$min；系统的队长为 $L_S=7$ 人.

由上述结果可知：显然一台 ATM 机是不能满足需求的，应该需要增加 ATM 机的数量，减少顾客排队等待的时间和排队长.

例 10.2 确定售后服务中心人员数量问题

售后服务是消费者的基本权利，也是生产厂家的责任. 售后服务质量的好坏，是关系到商家信誉的重要指标. 一般产品的生产厂家都会在产品的销售地区设置售后服务中心，任何一个售后服务中心都要根据客户的需求来确定服务人员的数量. 一般来说，周末来请求服务的顾客应该是最多的. 实际中，如果周末服务中心的人员数量能够满足服务要求，则平时也一定能够满足服务要求. 现在，某售后服务中心在周末安排了一名维修人员为顾客提供维修服务，如果顾客到达维修中心后已有顾客在接受服务，则后来的顾客需要排队等候. 假设顾客的到达过程为泊松流，平均到达率为 4 人/h，维修服务时间服从负指数分布，平均每位顾客需要接受服务 10min. 试研究该售后服务中心的各项指标，并说明该服务中心是否需要增加服务人员？

解 由题意知，该问题属于单服务台的标准型模型 M/M/1. 已知顾客的到达过程为泊松流，平均到达率为 $\lambda=4$ 人/h；维修服务时间服从负指数分布，平均每位顾客需要接受服务 $T=10$min$=1/6$h，平均服务率为 $\mu=60/10=6$ 人/h. 记 $L=\lambda=4,c=1$，平均服务强度 $R=\rho=\lambda/\mu=2/3$，则类似地利用 LINGO 可以求出相应的系统运行指标，程序如下：

```
MODEL:
c = 1; L = 4; T = 1/6; R = L * T;
P_wait = @peb(R,c);
W_q = P_wait * T/(c - R);
L_q = L * W_q;
W_s = W_q + T;
L_s = L * W_s;
End
```

运行该程序得 P_wait=0.6667,W_Q=0.3333,L_Q=1.3333,W_S=0.5,L_S=2. 即系统的平均服务强度为 $\rho=\dfrac{2}{3}$；平均等待（系统繁忙）的概率为 $P_{wait}=\dfrac{2}{3}$；顾客平均等待时间为 $W_q=\dfrac{1}{3}$h；排队长为 $L_q=\dfrac{4}{3}$ 人；顾客平均逗留时间为 $W_S=0.5$h；队长为 $L_S=2$ 人.

由计算结果可知，在周末该售后服务中心平均排队等待的顾客为 2 人，平均逗留时间为 0.5h,一般来讲是可以接受的. 即该服务中心现有的一名服务人员是可以满足实际需要的,因此该服务中心无需增加服务人员.

例 10.3　理发店的扩建问题

某个单人理发店内有 6 个座位接待前来等待理发的顾客,当 6 个座位坐满时,后来的顾客就将被拒绝进入而离去. 根据历史统计数据可知,顾客的到达过程服从泊松流,平均每小时到达 3 个顾客,每个人平均理发的时间为 15min. 试研究该理发店的运行情况,并分析该理发店是否需要扩建?

解　由题意知,该问题属于单服务台系统容量为有限的排队模型 $M/M/1/N/\infty$. 在此系统的最大容量为 $N=7$,平均到达率为 $\lambda=3$ 人/h,平均服务率 $\mu=4$ 人/h. 则这个排队系统的运行指标如下:

(1) 系统的平均服务强度为 $\rho=\dfrac{\lambda}{\mu}=3/4$;

(2) 顾客到达后立刻就能得到服务的概率,即理发店空闲没有顾客的概率为

$$P_0=\frac{1-\rho}{1-\rho^{N+1}};$$

(3) 系统的队长,即在理发店的顾客数为

$$L_S=\sum_{n=0}^{N}nP_n=\frac{\rho}{1-\rho}-\frac{(N+1)\rho^{N+1}}{1-\rho^{N+1}};$$

(4) 系统的排队长,即需要排队等待的顾客的数为 $L_q=L_S-(1-P_0)$;

(5) 系统的有效到达率为 $\lambda_e=\mu(1-P_0)$;

(6) 逗留的时间为 $W_S=\dfrac{L_S}{\lambda_e}=\dfrac{L_S}{\mu(1-P_0)}$;

(7) 系统满员的概率,即顾客被拒绝的概率为 $P_N=\rho^N\dfrac{1-\rho}{1-\rho^{N+1}}$.

在此,记服务台个数 $c=1$,系统最大容量 $N=7$,顾客的平均到达率为 $L=\lambda=3$ 人/h,平均每个顾客的服务时间为 $T=\dfrac{1}{4}$ h. 用 LINGO 进行解计算,其程序如下:

```
MODEL:
sets:
num_i/1..7/: P;
endsets
c = 1; N = 7; L = 3; T = 1/4;
P0 * L = (1/T) * p(1);
(L + 1/T) * p(1) = L * p0 + c/T * p(2);
@for(num_i(i)| i#gt#1#and#i#lt#N:
(L + c/T) * p(i) = L * p(i-1) + c/T * p(i+1));
```

```
L * p(N-1) = c/T * p(N);
P0 + @Sum(num_i(i)|i#le#N: p(i)) = 1;
Plost = p(N);
Q = 1 - p(N);
L_e = Q * L;
L_s = @Sum(num_i(i)|i#le#N: i*p(i));
L_q = L_S - L_e * T;
W_S = L_S/L_e;
W_q = W_S - T;
END
```

运行该程序得：P0＝0.2778,Plost＝0.03708,L_e＝2.8888,L_s＝2.11,L_q＝1.3878,W_s＝0.7304,W_q＝0.4804.其结果说明顾客到达理发店立刻得到服务的概率,即理发店空闲没有顾客的概率为 $P_0=0.2778$；系统的队长,即需要等待的顾客数为 $L_S=2.11$ 人；系统的排队长,即排队等待的顾客数为 $L_q=1.39$；系统的有效到达率为 $\lambda_e=2.89$ 人/h；逗留时间,即顾客在理发店的逗留时间为 $W_S=0.7304h=43.824min$；服务时间,即顾客在理发店接受服务的时间为 $W_q=0.4804h=28.848min$；系统满圆被拒绝的概率,即理发店满座被拒绝进入的概率为 $P_7=0.03708$.此结果说明,该理发店的座位设置还能满足需求,暂时不需要扩建.

例 10.4 机器设备维修管理问题

工厂为了保障机械设备正常运转,一般都配有专门的机械维修技术人员.工厂对维修技术人员提出的要求是：全厂所有机器设备都出现故障的概率要小于 10%,而且至少要保证有 80% 以上的机器设备正常运转.该工厂某个车间现有 5 台机器设备,机器设备连续运转的时间服从负指数分布,平均连续运转的时间为 15min,现配有一名修理技工,每次维修时间服从负指数分布,平均维修时间为 12min.试问该维修技工是否能够完成车间的维修任务,达到工厂的技术要求？

解 由题意可知,该问题符合单服务台顾客源为有限的排队模型 M/M/1/∞/m.已知顾客源数为 $m=5$,平均到达率为 $\lambda=1/15$,平均服务率为 $\mu=1/12$,平均服务强度为 $\rho=\lambda/\mu=0.8$,平均服务时间为 $T=1/\mu=12min$.则由排队模型 M/M/1/∞/m 的计算公式可以得到系统的运行指标如下：

(1) 维修技工空闲(没有机器出现故障)的概率为 $P_0 = \left[\sum_{i=0}^{m} \frac{m!}{(m-i)!} \rho^i\right]^{-1}$；

(2) 所有机器出现故障的平均数量 $L_S = m - \frac{\mu}{\lambda}(1-P_0)$；

(3) 车间 5 台机器都出现故障的概率 $P_5 = \frac{m!}{(m-n)!} \left(\frac{\lambda}{\mu}\right)^n P_0$；

(4) 平均等待修理的机器台数为 $L_q = L_s - (1 - P_0)$;

(5) 机器平均停工时间为 $W_s = \dfrac{m}{\mu(1-P_0)} - \dfrac{1}{\lambda}$;

(6) 机器平均等待修理时间为 $W_q = W_s - \dfrac{1}{m}$.

该问题的顾客数虽然是有限的,但因为机器设备可能会反复地出现故障需要维修服务,所以顾客一次接受服务后又回到了顾客总体. 对于这类问题 LINGO 软件提供了确定平均队长的函数

$$L_s = @\text{pfs}(\text{load}, c, m),$$

其中 load 为系统的负荷,即

系统负荷=系统的顾客数×顾客的到达率×顾客的服务时间,

所以 load$=m\lambda T$. 用 LINGO 软件求解,记 $c=1, L=\lambda=1/15, T=12$,则其相应的 LINGO 程序如下:

```
MODEL:
c = 1; m = 5; L = 1/15; T = 12;
L_s = @pfs(m * L * T,c,m);
L_e = L * (m - L_s);
P5 = (m - L_s)/m;
L_q = L_s - L_e * T;
W_s = L_s/L_e;
W_q = W_s - T;
Pwork = L_e/c * T;
p0 = 1 - Pwork;
end
```

运行该程序得:L_s = 3.7591,P5 = 0.2482,L_q = 2.7664,W_s = 45.4412,W_q = 33.4412,Pwork = 0.9927,P0 = 0.0073. 即机器设备出现故障的平均台数为 $L_s = 3.7591$,车间 5 台机器都出现故障的概率为 $P_5 = 0.2482$,平均等待维修机器的台数为 $L_q = 2.7664$;平均停工的时间为 $W_s = 45.4412\text{min}$;平均等待维修的时间为 $W_q = 33.4412\text{min}$;维修技工空闲(机器正常运转)的概率 $P_0 = 0.0073$.

由此可知,平均等待维修的机器台数超过了一半,机器都出现故障的概率达到了 0.2482,即两项指标都不符合工厂的要求,而维修人员的空闲率只有 0.0073,维修时间为 34min. 要使得维修技术人员满足工厂的要求,可以通过增加维修技术人员的数量和提高技术水平,缩短维修时间.

例 10.5 超市收银台个数设置问题

现在超市已成为大多数家庭的购物场所,在超市建设时,超市的经营者为了获得更好

的经济利益并满足消费者的需求,需要考虑收银台数量的设置问题.设有某一个超市根据历史经验数据预测分析,平均前来购物的顾客为 100 名/h,而收银员平均每小时能接待 40 名顾客.若该超市设置 3 个收银台,试分析该超市在运营中的主要参数指标,并说明收银台设置的合理性.

解 由题意可知,该问题符合于多服务台标准型排队模型 M/M/c.已知该排队模型的服务台个数为 $c=3$,顾客的平均到达率为 $\lambda=100$,平均服务率为 $\mu=40$,平均服务强度为 $\rho=\dfrac{\lambda}{c\mu}=\dfrac{5}{6}$.由模型 M/M/$c$ 的运行指标的计算公式得:

(1) 系统空闲的概率为 $P_0=\left[\sum\limits_{k=0}^{2}\dfrac{1}{k!}\left(\dfrac{\lambda}{\mu}\right)^k+\dfrac{1}{3!}\dfrac{1}{1-\rho}\left(\dfrac{\lambda}{\mu}\right)^3\right]^{-1}$;

(2) 系统的队长为 $L_s=L_q+\lambda/\mu$;

(3) 系统的排队长为 $L_q=\dfrac{(3\rho)^3\rho}{3!(1-\rho)^2}P_0$;

(4) 平均等待时间为 $W_q=\dfrac{L_q}{\lambda}=\dfrac{(3\rho)^3\rho}{3!(1-\rho)^2\lambda}P_0$;

(5) 平均逗留时间为 $W_s=\dfrac{L_s}{\lambda}=W_q+\dfrac{1}{\mu}$.

利用 LINGO 软件来求解,记有关参数为 $c=3, L=\lambda=100, T=1/\mu=1/40, R=\lambda/\mu=2.5$.则相应的编程如下:

```
MODEL:
c = 3; L = 100; T = 1/40; R = L * T;
Pwork = @peb(R,c);
W_q = Pwork * T/(c - R);
L_q = L * W_q;
W_s = W_q + T;
L_s = W_s * L;
End
```

运行该程序得:Pwork=0.7023,W_q=0.0351,L_q=3.5112,W_s=0.0601,L_s=6.0112.即收银台不空闲的概率为 0.7023,空闲的概率为 $P_0=0.2977$;顾客平均等待时间为 $W_q=0.0351\text{h}=2.11\text{min}$;系统平均等待人数为 $L_q=3.5$ 人;顾客平均逗留时间为 $W_s=0.0601\text{h}=3.6\text{min}$;系统平均队长为 $L_s=6$ 人.结果表明,该超市的 3 个收银台是能够满足实际需求的.

例 10.6 旅游区旅馆建设规模问题.

风景旅游区旅馆的建设规模要适当考虑实际的需求,太大了会造成资源的浪费,太小了既不能满足旅客住宿的需求,又会影响经济收益.某旅游公司拟在旅游风景区建造一个旅馆,决策者现根据已有旅馆的住宿情况来设计待建旅馆的规模大小. 已知顾客的到达服从泊松流,平均每天入住 60 人. 每天离开旅馆的顾客服从负指数分布,平均逗留时间为 2 天. 在现有条件下旅馆可建设的床位数量为 50,70,90,110,130,150,170,200. 试为决策者选择一种最优的建设方案.

解 旅馆建设方案选择的两个基本原则是满足游客的住宿需求和保证旅馆的经济效益,即主要考虑每天顾客满员的概率和旅馆客房占用率两项指标. 也就是既要求顾客抱怨(满员)的概率不能太大,又要求旅馆要有足够高的入住率,即旅馆的规模不能太大了,否则入住率太低,将造成资源的浪费,旅馆的利益受损. 注意到在旅馆客房满员的情况下,再有顾客到来将会被拒绝,是不允许排队等待的. 因此,这是一个多服务台、即时制服务的排队问题,即符合模型 M/M/c/N/∞.

由题意知:系统可能的服务台(床位)个数为 $c=50,70,90,110,130,150,170,200$;平均每天顾客到达率为 $\lambda=60$ 人,平均每天顾客离开的人数(服务率)为 $\mu=1/2$,平均服务强度为 $\rho=\dfrac{\lambda}{c\mu}$,在这里 $N=c$. 由模型 M/M/c/c/∞ 的运行指标求解得:

(1) 平均每天客房空闲的概率为 $P_0 = \left[\displaystyle\sum_{k=0}^{c}\dfrac{(c\rho)^k}{k!}\right]^{-1}$;

(2) 客房满员的概率为 $P_c = \dfrac{c^c}{c!}\rho^c P_0$;

(3) 平均每天客房的占用数为

$$L_S = L_q + c\rho(1-P_c) = \dfrac{P_0\rho(c\rho)^c}{c!(1-\rho)^2} + c\rho(1-P_c).$$

在这里利用 LINGO 软件来求解这个问题,记 $L=\lambda=60, R=\lambda T=120$,利用 LINGO 提供的函数求出系统满员(损失)的概率 $P_{\text{lost}}=@\text{pel}(R,c)$;单位时间内平均进入系统的顾客数(有效到达率)为 $L_e=\lambda_e=\lambda(1-P_{\text{lost}})$;系统相对通过能力($Q$)与绝对通过能力($A$)分别为 $Q=1-P_{\text{lost}}, A=\lambda_e Q=L(1-P_{\text{lost}})^2$. 于是系统在单位时间内服务台的利用率为

$$L_S = \lambda_e/\mu = L_e T.$$

当床位数即服务台的个数为 $c=50,70,90,110,130,150,170,200$ 时,可以得到每天床位平均占用数量和客房满员的概率,程序如下:

```
MODEL:
Sets:
num_i/1..8/: c,Plost,Q,L_e,L_s;
endsets
data:
c = 50,70,90,110,130,150,170,200;
enddata
```

```
L = 60; T = 2; R = L * T;
@for(num_i(i): Plost = @pel(R,c);
        Q = 1 - Plost;
        L_e = Q * L;
        L_s = L_e * T; );
END
```

运行该程序,求得结果如表 10-2 所示.

表 10-2 问题的求解结果数据

床位数 c	满员的概率 P_c	床位的占用数量 L_s
50	0.5890183	49.31780
70	0.4273888	68.71335
90	0.2705808	87.53030
110	0.1276765	104.6788
130	0.02803357	116.6360
150	0.00101508	119.8782
170	0.0000030528	119.9996
200	0	120

表中 P_c 是旅馆满员的概率,即顾客抱怨的概率. L_s 是每天床位的平均占用数量,即顾客入住的数量.

对其结果进行分析,该旅馆建设规模选择 130 个床位为最佳.这是因为 130 个床位基本可以满足旅客的需求,此时顾客满员的概率为 0.028,并且平均每天床位空闲量最多为 13 个.再多了造成床位的空闲率偏大,少了顾客抱怨的概率偏大.

例 10.7 校园网的设计和调节收费问题

1. 问题的提出

随着计算机技术的飞速发展,校园信息网已在全国高校中普及.某高校拟建一校园信息网,并与 Internet 连接,用户可以通过网络通信端口拨号上网,为此,需要根据用户的数量研究通信端口的设计规模.通常的通信端口分为 16 口、32 口、64 口、128 口等,实际中随着通信端口数量的增加,其成本费将成倍增加.如何根据实际情况在保证基本满足用户需求的条件下,确定合适的通信端口数,以减少费用开支和资源的浪费.

当网络建成后,为了保证用户有效地使用信息网,必须要通过适当的收取线路调节费来控制上网时间,一般认为采用分段计时收费较为合理,例如按上网时间长短分为:"免费→半费→全费→2 倍→3 倍→4 倍……"等时段.现在的问题是:

(1) 假设有 m 个用户,每个用户平均每天(按 16h 计)上网 1.5h,试确定通信端口数 n 与 m 之比 $\dfrac{n}{m}$;

(2) 假设 $m=150$,按所设定的通信端口数 n,试讨论平均每天每个用户上网 1h, 1.5h,2h,3h,4h,5h 的可能性,出现因线路忙用户想上网而上不去所产生抱怨的可能性和通信端口的平均使用率;

(3) 为了控制上网时间,学校要求适当收取线路调节费,试给出一种合理的分段计时收取线路调节费的方案.

2. 问题的分析与假设

根据问题中所给的信息,我们可以用排队理论来研究这一问题. 假设校园信息网络和用户构成一个排队系统,网络的通信端口为服务台,个数为 n,用户为顾客,顾客源数为 m,平均忙期(即一天连续工作时间)为 16h. 同时要注意到:实际中不限制用户上网的次数,虽然实际用户数为 m,但我们可以认为顾客总体是无限的.

另一方面,在同一时间当 n 个通信端口全部被占用(即系统满员)时,再有用户拨号上网,系统将会拒绝,使用户无法上网. 此时,这些用户会产生抱怨,只有在网上的用户下网后才能有新的用户上网,可以这样周而复始地进行下去. 也就是说,只要时间允许,系统不限制上网的人数,但不允许用户在系统内排队等候,即系统服务是即时制的. 为此,给出如下几点假设:

(1) 每个用户的上网是随机且相互独立,单位时间的平均到达(上网)率为 λ;

(2) n 个通信端口的使用是随机独立的,即任一用户可使用空闲的任一端口,单位时间的平均服务率(上网人数)为 μ;

(3) 不限制用户每天的上网次数,即顾客接受一次服务后仍回到顾客总体;

(4) 学校对用户一般要收取一定数量的线路基本费,在模型中不考虑此费用;

(5) 学校的收费不是以营利为目的,完全是为了调节线路,控制上网时间,为此,不需要追求经济利益.

3. 模型的建立与求解

由上面的分析,假设用户平均上网的人数(即顾客的平均到达率)服从于参数为 λ 的泊松分布,平均服务(上网)时间服从于参数为 μ 的负指数分布,故问题的排队模型为 $M/M/n/n/\infty$.

问题(1) 已知每个用户平均每天上网 1.5h,每天的总上网时间为 $T=1.5m$(h),一天按 16h 计算. 根据题意要在基本满足需要的条件下,为节省费用,通信端口数应尽量少为好,为此,设想让在所有端口满负荷运转的条件下,则每天平均每个通信端口的占用时间应为 $\frac{T}{n}=\frac{1.5m}{n}=16$(h),故 $\frac{n}{m}=\frac{1.5}{16}=\frac{1}{10.7}$,即通信端口数 n 与用户数 m 的比例为 $1:10.7$,可近似为 $1:10$. 这与实际中通常采用 $1:10$ 的比例是相符的.

问题(2) 由问题(1)的结果,当 $m=150$ 时,通信端口数 $n=16$. 由假设 1,用户的平均上网率为 $\lambda=\frac{150}{16}=\frac{75}{8}$(人/h). 由假设(2),各端口的平均服务率为 μ,即每个用户的平

均上网时间为 $t = \dfrac{1}{\mu}$ (h).

根据模型 M/M/n/n/∞,系统的状态为 k(即由 k 个用户在网上)的概率为

$$P_k = \dfrac{1}{k!}\left(\dfrac{\lambda}{\mu}\right)^k P_0, \quad 0 < k \leqslant n,$$

其中 $P_0 = \left[\sum\limits_{j=0}^{n}\dfrac{1}{j!}\left(\dfrac{\lambda}{\mu}\right)^j\right]^{-1}$ 表示系统空闲(即没有人上网)的概率. 而且,系统的队长(通信端口的平均使用数)为 $L_S = n\left(\dfrac{\lambda}{\mu}\right)(1 - P_n)$,系统满员(用户抱怨)的概率为 $P_n = \dfrac{1}{n!}\left(\dfrac{\lambda}{\mu}\right)^n P_0$. 于是,通信端口有空闲用户能上网的概率为 $\overline{P} = \sum\limits_{k=0}^{n-1} P_k = 1 - P_n$.

当 $\lambda = \dfrac{75}{8}$(人/h), $n = 16$,平均每天每个用户上网 1h,1.5h,2h,3h,4h,5h,即 $\mu = 1$, $\dfrac{2}{3}, \dfrac{1}{2}, \dfrac{1}{3}, \dfrac{1}{4}, \dfrac{1}{5}$ 时,用户能上网的概率 $\overline{P}$、因线路忙用户想上网而上不去产生抱怨的概率为 P_{16} 和单位时间端口的平均使用率为 L_S.

在这里利用 LINGO 软件求解,由题意可知相关参数为 $c = 16, N = 16, L = \lambda = 75/8$, $T = \dfrac{1}{\mu} = 1, 1.5, 2, 3, 4, 5$. 则相应的 LINGO 程序如下:

```
MODEL:
sets:
num_i/1..16/: P;
endsets
c = 16; N = 16; L = 75/8; T = 1;
P0 * L = 1/T * p(1);
(L + 1/T) * p(1) = L * P0 + 2/T * P(2);
@for(num_i(i)|i#gt#1 #and# i#lt# c:
(L + i/T) * P(i) = L * P(i-1) + (i+1)/T * P(i+1));
@for(num_i(i)|i#gt#c #and# i#lt#N:
(L + c/T) * P(i/T * P(i+1)));
L * P(N-1) = c/T * P(N); ) = L * P(i-1) + c
P0 + @sum(num_i(i)|i#le#N: P(i)) = 1;
Plost = P(N);
Q = 1 - P(N);
L_e = Q * L;
L_s = @sum(num_i(i)|i#le#N: i * P(i));
L_q = L_s - L_e * T;
W_s = L_s/L_e;
```

```
W_q = W_s - T;
END
```

对如上程序,分别取 $T=1,1.5,2,3,4,5$ 运行,结果如表 10-3 所示.

表 10-3 问题的求解结果

T	P_{16}	$\bar{P}$	L_s
1	0.01466671	0.985333	9.2375
1.5	0.116352	0.883648	12.4263
2	0.257403	0.742597	13.9237
3	0.467174	0.532826	14.9857
4	0.590668	0.409332	15.35
5	0.668793	0.331207	15.5253

问题(3) 根据问题的要求,采用分段计时收费方案,可分为"免费→半费→全费→2 倍→3 倍→4 倍……"等时段,为此,首先应确定免费时段.按 $m=150$ 人,$n=16$ 口,要保证平均每天每端口为 $\frac{150}{16}=9.375$ 人次,平均上网时间大约为 1.7h,即 1h42min.为了保证一定的可靠性,同时考虑到问题(1)中端口设计是按 1.5h 设计的,于是不妨可确定免费上网时间为 1.5h,相应的抱怨概率为 $P_{16}(1.5)=0.116352$,全天所有线路饱和的时间为 1.7h,且满员的概率为 $P_{16}(1.7)=0.173387$.随着 $t=\frac{1}{\mu}$ 的增加,$P_{16}(t)$ 也增加,为此,就按 $P_{16}(t)$ 随时间 t 对 $P_{16}(1.7)$ 增加的倍数来确定对应的上网时间段,即为分段加倍收费的时间.

事实上,由 $P_{16}(t)=\frac{P_0}{16!}\left(\frac{\lambda}{\mu}\right)^{16}$ 和 $P_0=\left[\sum_{j=0}^{16}\frac{1}{j!}\left(\frac{\lambda}{\mu}\right)^j\right]^{-1}$ 可以求出 $t=\frac{1}{\mu}$.为此根据问题(2)中的计算结果作数据拟合可得到 $P_{16}(t)$ 的近似表达式,于是有分段计费的时间段为:

$2P_{16}(1.7)=0.346774$,得 $t\approx 2.3837\approx 2.4$;
$3P_{16}(1.7)=0.520161$,得 $t\approx 3.35039\approx 3.4$;
$4P_{16}(1.7)=0.693548$,得 $t\approx 5.23768\approx 5.2$;
$5P_{16}(1.7)=0.866935$,得 $t\approx 6.10164\approx 6.1$.

于是,可以得到分段收费方案:当 $t<1.5$ 时,免费;当 $1.5\leqslant t<1.7$ 时,收半费 $\frac{d}{2}$;当 $1.7\leqslant t<2.4$ 时,收全费 d;当 $2.4\leqslant t<3.4$ 时,2 倍收费 $2d$;当 $3.4\leqslant t<5.2$ 时,3 倍收费 $3d$;当 $5.2\leqslant t<6.1$ 时,4 倍收费 $4d$;当 $t\geqslant 6.1$ 时,依此类推,其中 d 根据学校的实际情况确定.

4. 两点说明

(1) 实际中用户上网数量的多少一定与时间有关系,早晨、上午、中午、下午、晚上拨号上网的人数肯定是不均衡的. 为此,应在收费方案中考虑上网的时间因素,按照"忙时多收,闲时少收"的原则,将一天分成早晨、上午、中午、下午、晚上五个时段,分别付不同的权值 $\alpha_1,\alpha_2,\alpha_3,\alpha_4,\alpha_5$,在上面的分段计时收费的同时,还应考虑上网时段的权值,综合给出一种"分段计时加权"收费方案,这种方案可以更好、更有效地起到对通信端口的调节作用.

(2) 该问题是根据本校的信息网建设实际提出来的,该模型为网络的设计提供了一定的理论依据,实践证明该模型是符合实际的,结论是正确的,并有一定的应用和推广价值.

10.7 应用案例练习

练习 10.1 汽车维理站问题

某汽车维修站只有一名修理工,一天 8h 平均修理 10 辆汽车. 已知维修时间服从负指数分布,汽车的到来服从泊松流,平均每小时有 1 辆汽车到达维修站. 假如一位司机愿意在维修站等候,一旦汽车修复就立即开走,问司机平均需要等待多长时间. 如果假设每小时有 1.2 辆汽车去修理,试问该维修工每天的空闲时间有多少?这对维修站里的汽车数及修理后向顾客交货时间又有怎样的影响?结合以上所求得的数据,分析汽车维修站的服务质量水平.

练习 10.2 加油站问题

某一个加油站可以同时为 4 辆汽车加油,如果加油站没有空闲的车位,则汽车将到其他的加油站去加油,即不允许有顾客(汽车)排队等候. 假设待加油的汽车按泊松流到达,每辆汽车加油的平均时间为 4min. 若在一天中的不同时段,加油汽车的到达率是不同的:在高峰时段里,每分钟到达 2 辆汽车;其他正常情况,则 2 分钟来一辆汽车. 试问在这两个时间段里,被拒绝服务的顾客所占的百分比各为多少?根据以上数据试分析该加油站是否有扩建的必要.

练习 10.3 售票窗口管理问题

某公园售票处有两个售票窗口. 根据历史数据可以知道,节假日期间,顾客的到达服从泊松流,平均到达率为 $l=8$ 人/min,每个售票窗口的售票时间均服从参数为 $m=5$ 人/min 的负指数分布. 试比较以下两种排队方案的运行效率:

(1) 顾客到达后,以 0.5 的概率排成两列;

(2) 顾客到达后排成一列,发现哪个窗口空闲时,就到该窗口去购票.

试分析讨论,该公园在节假日期间采用哪种排队方案服务效率高.

练习 10.4 电话客户服务中心满意度问题

某一电话客户服务中心现有 6 名接线员,10 部电话机,根据统计该服务中心平均每小时有 60 次呼叫,呼叫规律服从泊松流.平均每次通话时间为 6min,且服从负指数分布.其他的条件符合标准的 M/M/c/N/∞ 模型.试求该电话客户服务中心的空闲率、顾客呼叫的抱怨率和电话接通后顾客等待的时间.并根据以上所得数据,简要分析顾客对电话服务中心的满意度.

练习 10.5 电话交换机中继线数量的设置问题

某单位有一台 300 门内线的交换机,已知在上班 8h 的时间内,有 30% 的内线分机平均每 30min 拨打一次外线电话,70% 的分机平均每隔 1h 拨打一次外线.又知外线打入内线的电话平均每分钟 2 次.假设与外线的通话平均时间为 3min,并且上述时间均服从负指数分布.如果要求电话的通话率为 95%,试问该单位交换机应设置多少条中继线?

练习 10.6 工厂检验员的配置问题

某检验中心为同行业的工厂做检验服务,要求需要做检验的工厂(顾客)的到来服从泊松流,平均到达率为每天 48 次,每次有顾客到来由于停工等原因中心要损失 150 元.服务(做检验)时间服从负指数分布,平均服务率为每天 25 次.每设置一名检验员服务成本(工资及设备消耗费)为每天 100 元,其他条件符合标准模型 M/M/c/∞/∞.试问该检验中心应该设置多少名检验员(及设备)才能使得总费用的期望值为最小?

练习 10.7 机床的最优服务率问题

设某车间的一个维修工负责维护 4 台自动化机床,机床运转时间(或各台机床损坏的相继时间)平均服从负指数分布,假设平均每周有一台机床损坏需要维修,机床运转单位时间内平均收入 100 元,而每增加 1 个单位 μ 的维修费用为 75 元.试求使总利益达到最大的 μ^*.

练习 10.8 矿石卸位数量优化问题

现有一露天矿山,为了满足生产的需要,正考虑修建矿石卸位的个数问题.根据历史的统计数据预测:运矿石的车辆将按泊松流到达,平均到达率 15 辆/h.卸矿石的时间服从负指数分布,平均卸一辆车需要 3min.已知每辆运矿石的卡车的售价是 8 万元,而修建一个卸位的投资是 14 万元.试问该矿应该修建多少个矿石卸位为最佳.

第 11 章

对 策 论

对策论(game theory)是研究具有斗争或竞争性质现象的一种数学理论和方法,它是运筹学的一个重要分支,所研究的典型问题是由两个或两个以上的参加者在某种对抗性或竞争性的场合下各自做出决策,使自己的一方得到最有利的结果.对策论在政治、经济、军事活动以及日常生活中都有广泛的应用.

11.1 对策问题与对策论的概念

11.1.1 对策问题的引入

为了让读者先有一个感性的认识,在这里先给出几个实例.

例 11.1 田忌赛马问题

战国时期,齐国国王齐王与一名叫田忌的大将赛马,双方各出三匹马,分为上等马、中等马和下等马.比赛时,双方各选一匹马来比,输者付给胜者 1000 两黄金,共赛三次,一匹马不能赛两次或两次以上.当时,三种等级的马实力相差非常悬殊,但同等级的马,齐王的要比田忌的强.田忌的谋士孙膑给他出了个主意:每次比赛让齐王先牵出他的马,然后用下等马对齐王的上等马,中等马对齐王的下等马,上等马对齐王的中等马.结果田忌两胜一负,赢得 1000 两黄金.

在这个问题中,看似对策问题,但事实上,由于田忌总在齐王出马后再决定出哪匹马,对于田忌来说,只是个决策问题.决策问题可以看成是一种特殊的对策,这类特殊的对策中,局中人的赢得仅取决于自己的策略,即可以视为与"天"斗.

假如齐王发现了田忌的秘密,决定要公平地与田忌赛马.齐王要求比赛双方在不知道对方策略时递交出马顺序表,一旦开始比赛顺序不允许改变,此时田忌还能赢吗?齐王和田忌各自如何递交出马顺序表才能使自己的收益最大?

在此问题中,双方都有选择自己策略的能力,并且任何一方的赢得不仅仅取决于自己的策略,还取决于竞争对手的策略,这是一个典型的对策问题.

例 11.2　攻城问题

在 A,B 两镇,红蓝两军交锋,蓝军进攻,红军防守.假设双方军力相等,均为 t,又设 B 镇的重要程度是 A 镇的 λ 倍,并且规定:如果蓝军在某镇的兵力强于红军,则蓝军进攻该镇的赢得为与防守兵力之差和该镇重要性的乘积;如果蓝军在某镇的兵力弱于红军,则蓝军不进攻该镇,试问红蓝两军的最优部署策略为何?

在这个问题中,同样存在相互对抗的双方,双方都有自主决定的能力,任何一方的赢得都不仅仅取决于自己的策略,还取决于对方的策略,因此这也是一个对策问题.

11.1.2　对策的要素

具有竞争或对抗性质的行为称为**对策行为**.刻画对策行为过程的模型称为**对策模型**或**对策**.其基本要素有如下几个方面.

1. 局中人

一个对策行为(或一局对策)中有权决定自己行动方案的参加者称为**局中人**,用 I 表示局中人的集合.如果有 $n(\geqslant 2)$ 个局中人,则记 $I=\{1,2,\cdots,n\}$.

一个对策至少需要两个局中人,局中人可以是具有自主决策行为的自然人,也可以是代表共同利益的集团,譬如可以为球队、公司、国家等.如例 11.1 中的局中人是田忌和齐王,例 11.2 中的局中人是红军和蓝军.

在对策论中,总是假设每个局中人都是"理智的",这里的"理智"定义为每个局中人都以当前个人利益最大化作为行动目标.

2. 策略与策略集

在一局对策中,可供局中人选择的一个实际可行的行动方案称为一个**策略**,每一个局中人都有一组策略,称为**策略集**,记第 i 个局中人的策略集为 $S_i(i\in I)$.

例 11.1 中田忌和齐王的一个具体出马顺序(例如:上-中-下)是他们的一个策略,他们的所有可行的出马顺序有:上-中-下,上-下-中,中-下-上,中-上-下,下-上-中,下-中-上,依次把田忌的策略记为 $\alpha_1,\alpha_2,\alpha_3,\alpha_4,\alpha_5,\alpha_6$,则 $S_1=\{\alpha_1,\alpha_2,\alpha_3,\alpha_4,\alpha_5,\alpha_6\}$ 为田忌的策略集;同样依次把齐王的策略记为 $\beta_1,\beta_2,\beta_3,\beta_4,\beta_5,\beta_6$,则 $S_2=\{\beta_1,\beta_2,\beta_3,\beta_4,\beta_5,\beta_6\}$ 为齐王的策略集.

例 11.2 中蓝军攻打两镇的兵力分别为 $\alpha_1,\alpha_2,\alpha_1+\alpha_2=t$,策略集为 $S_1=\{\alpha_1,\alpha_2|\alpha_1+\alpha_2=t\}$;而红军防守两镇的兵力分别为 $\beta_1,\beta_2,\beta_1+\beta_2=t$,策略集为 $S_2=\{\beta_1,\beta_2|\beta_1+\beta_2=t\}$.

这里要强调策略的完整性,必须是一组决定局中人赢得的完整行动方案.例如在象棋博弈过程,第一步走的"当头炮"不是策略,只是完整策略的一部分,整个象棋博弈过程的所有走步才构成一个策略;田忌赛马中,田忌第一次出马不能构成策略,而三次出马的顺序才算是策略,因为一次出马不能决定博弈结果.

3. 赢得函数(支付函数)

在一局对策中,每个局中人都选定一个策略形成一个策略组,称为一个**局势**.如果第 i 个局中人的一个策略为 $s_i \in S_i$,则 n 个局中人的策略组为 $s = (s_1, s_2, \cdots, s_n)$ 就是一个局势.全体局势组成的集合 S 表示为每个局中人的策略集的笛卡儿积,即 $S = S_1 \times S_2 \times \cdots \times S_n$.

对于任意局势 $s \in S$,每个局中人都可以得到一个赢得,如第 i 个局中人的赢得记 $H_i(s)$,则称为第 i 个局中人的**赢得函数**,$H_i(s)$ 可以为正,也可以为负.

在例 11.1 中,田忌采用"上-中-下"的出马顺序(即采用策略 α_1),齐王采用"中-下-上"的出马顺序(即采取策略 β_3),共同组成一个局势 $s = (\alpha_1, \beta_3)$.局势确定后,比赛结果就确定了,此时田忌可以赢得 1000 两黄金,记为 $H_1(s) = 1000$(两)黄金,齐王将输掉 1000 两黄金,记为 $H_2(s) = -1000$(两)黄金.

由局中人、策略集和赢得函数也就完全确定了对策模型.因此,局中人、策略集、赢得函数称为**对策的三要素**.

11.1.3 对策的分类

对策问题依据不同的原则可有不同分类(如图 11-1)。

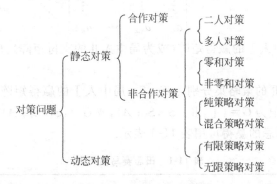

图 11-1 对策问题的分类

根据策略与时间的关系可分为静态对策和动态对策.静态对策可分为合作对策和非合作对策.其中非合作对策根据对策的局中人的数目可分为二人对策和多人对策;根据各局中人的赢得函数的代数和是否为零可分为零和对策与非零和对策;根据策略的概率特性可分为纯策略对策和混合策略对策;根据局中人策略集中的策略数可分为有限策略对策和无限策略对策.

例 11.1 属于二人有限零和静态对策;例 11.2 则属于二人有限非零和静态对策.

将对策问题抽象为数学模型,可分为矩阵对策、连续对策、微分对策、阵地对策、随机对策等.本章重点介绍矩阵对策模型.

11.2 矩阵对策模型

如果在一局对策中包含有两个局中人,二局中人都只有有限个策略可供选择,在任一个局势下,两个局中人的赢得之和总是等于 0,则称此对策为**矩阵对策**,又称**二人有限零和对策**.

11.2.1 矩阵对策的模型

如果用 Ⅰ,Ⅱ 分别表示两局中人,局中人 Ⅰ 有 m 个纯策略 $\alpha_1,\alpha_2,\cdots,\alpha_m$,局中人 Ⅱ 有 n 个纯策略 $\beta_1,\beta_2,\cdots,\beta_n$,则局中人 Ⅰ,Ⅱ 的策略集分别为 $S_1=\{\alpha_1,\alpha_2,\cdots,\alpha_m\}$,$S_2=\{\beta_1,\beta_2,\cdots,\beta_n\}$.当局中人 Ⅰ,Ⅱ 分别选择纯策略 α_i,β_j 时,形成了一个纯局势 $(\alpha_i,\beta_j)\in S=S_1\times S_2$,对任一个 $(\alpha_i,\beta_j)\in S$,记局中人 Ⅰ 的赢得值为 a_{ij},则局中人 Ⅱ 赢得值为 $-a_{ij}$ ($i=1,2,\cdots,m; j=1,2,\cdots,n$),故有

$$A=\begin{bmatrix} a_{11} & a_{12} & \cdots & a_{1n} \\ a_{21} & a_{22} & \cdots & a_{2n} \\ \vdots & \vdots & & \vdots \\ a_{m1} & a_{m2} & \cdots & a_{mn} \end{bmatrix},$$

此时矩阵 A 称为局中人 Ⅰ 的赢得矩阵(或为局中人 Ⅱ 的支付矩阵),即局中人 Ⅱ 的赢得矩阵为 $-A$.

如果局中人 Ⅰ,Ⅱ 的策略集分别为 S_1,S_2,局中人 Ⅰ 的赢得矩阵为 A,则此矩阵对策就可以确定,其模型记为 $G=\{Ⅰ,Ⅱ;S_1,S_2;A\}$,或 $G=\{S_1,S_2;A\}$.

在例 11.1 中,田忌的赢得可用表 11-1 表示.

表 11-1 田忌赛马赢得表

齐王＼田忌	上-中-下 α_1	上-下-中 α_2	中-下-上 α_3	中-上-下 α_4	下-上-中 α_5	下-中-上 α_6
上-中-下 β_1	-3	-1	-1	-1	1	-1
上-下-中 β_2	-1	-3	-1	-1	-1	1
中-下-上 β_3	1	-1	-3	-1	-1	-1
中-上-下 β_4	-1	-1	1	-3	-1	-1
下-上-中 β_5	-1	-1	1	-1	-3	-1
下-中-上 β_6	-1	-1	-1	1	-1	-3

将表格中的赢得值用矩阵表示为

$$A = \begin{bmatrix} -3 & -1 & -1 & -1 & 1 & -1 \\ -1 & -3 & -1 & -1 & -1 & 1 \\ 1 & -1 & -3 & -1 & -1 & -1 \\ -1 & 1 & -1 & -3 & -1 & -1 \\ -1 & -1 & 1 & -1 & -3 & -1 \\ -1 & -1 & -1 & 1 & -1 & -3 \end{bmatrix}.$$

由于该对策是零和对策,田忌所输掉的正是齐王所赢得的,因此齐王的赢得矩阵为 $B = -A$.

11.2.2 矩阵对策的最优策略

定义 11.1 设 $G = \{S_1, S_2; A\}$ 为矩阵对策,$S_1 = \{\alpha_1, \alpha_2, \cdots, \alpha_m\}$,$S_2 = \{\beta_1, \beta_2, \cdots, \beta_n\}$,$A = (a_{ij})_{m \times n}$,如果等式

$$\max_i \min_j a_{ij} = \min_j \max_i a_{ij} = a_{i^* j^*} \tag{11.1}$$

成立,记 $V_G = a_{i^* j^*}$,则称 $V_G = a_{i^* j^*}$ 为**矩阵对策 G 的值**,相应的纯局势 $(\alpha_{i^*}, \beta_{j^*})$ 为对策 G 在纯策略下的解,α_{i^*} 与 β_{j^*} 分别称为局中人 Ⅰ 与 Ⅱ 的**最优纯策略**.

定理 11.1(G 有解的充要条件) 矩阵对策 $G = \{S_1, S_2; A\}$ 在纯策略意义下有解的充要条件是:存在纯局势 $(\alpha_{i^*}, \beta_{j^*})$ 使得对一切 $i = 1, 2, \cdots, m$;$j = 1, 2, \cdots, n$ 均有

$$a_{ij^*} \leqslant a_{i^* j^*} \leqslant a_{i^* j}.$$

例 11.3 制导与反制导问题

在反导弹防御电子对抗作战中,敌方装备有三种制导方式的导弹,我方使用具有四种干扰方式的干扰装备,对敌实施电子干扰防御作战.假设在两种距离条件下的干扰成功概率如表 11-2 所示.

表 11-2 两种距离条件下我对敌实施电子干扰成功概率表

干扰方式 \ 制导方式	激光制导		雷达制导		红外制导	
	5~11km	11~20km	5~11km	11~20km	5~11km	11~20km
有源压制干扰	0.3	0.6	0.2	0.5	0.3	0.4
箔条冲淡干扰	0.5	0.2	0.4	0.3	0.1	0.1
红外干扰诱饵	0.1	0.1	0.3	0.3	0.4	0.4
有源欺骗干扰	0.1	0.1	0.1	0.1	0.2	0.2

在这种情况下,敌方最有可能采用何种制导方式,我方采用何种干扰方式进行干扰?

解 该对策有两个局中人:我方与敌方;我方策略集为{有源压制干扰,箔条冲淡干扰,红外干扰诱饵,有源欺骗干扰},记为 $S_1 = \{\alpha_1, \alpha_2, \alpha_3, \alpha_4\}$;敌方的策略集为{激光制导,雷达制导,红外制导},记为 $S_2 = \{\beta_1, \beta_2, \beta_3\}$.当干扰距离为 5~11km 时,我方赢得矩阵为

$$A = \begin{bmatrix} 0.3 & 0.2 & 0.3 \\ 0.5 & 0.4 & 0.1 \\ 0.1 & 0.3 & 0.4 \\ 0.1 & 0.1 & 0.2 \end{bmatrix}.$$

在该矩阵对策中,$\max\limits_{i}\min\limits_{j} a_{ij} = 0.2$,$\min\limits_{j}\max\limits_{i} a_{ij} = 0.4$,所以

$$\max_{i}\min_{j} a_{ij} \neq \min_{j}\max_{i} a_{ij},$$

即不存在 $a_{i^*j^*}$,$\forall i,j$ 使得 $a_{ij^*} \leqslant a_{i^*j^*} \leqslant a_{i^*j}$,所以该对策不存在纯策略解.

当干扰距离为 11~20km 时,我方赢得矩阵为

$$A = \begin{bmatrix} 0.6 & 0.5 & 0.4 \\ 0.5 & 0.3 & 0.1 \\ 0.1 & 0.3 & 0.4 \\ 0.1 & 0.1 & 0.2 \end{bmatrix},$$

且 $\max\limits_{i}\min\limits_{j} a_{ij} = \min\limits_{j}\max\limits_{i} a_{ij} = 0.4$,$a_{i3} \leqslant a_{13} \leqslant a_{1j}$,由定理 11.1 知,此时敌方最有可能采用红外制导方式,而我方的最佳策略为采用有源压制干扰.此时不论是敌方还是我方都不愿意改变该策略,一旦有一方改变自己策略只能使得自己的损失更大.

例 11.4 侦察与反侦察

红蓝两军交战,蓝军空军企图对红军进行侦察.侦察线路有两条,蓝军有 4 架侦察机.红军有 4 套防空导弹,假设如果侦察机飞临防空导弹防御区域,则一定能击落,且每套防空导弹只能击落 1 架侦察机.问题是蓝军如何部署 4 架侦察机的侦察路线,红军如何在两条线路上部署这 4 套防空导弹?

解 该对策问题的基本要素为:

局中人 红军和蓝军;

策略集 红军的策略为在两条线路上的防空导弹部署方案,用 (a,b) 表示红军在线路 I 上部署 a 套防空导弹,线路 II 上部署 b 套防空导弹,显然 $a+b=4$,此时红军的策略集为 $S_1 = \{(0,4),(1,3),(2,2),(3,1),(4,0)\}$,记为 $S_1 = \{\alpha_1,\alpha_2,\alpha_3,\alpha_4,\alpha_5\}$.

蓝军的策略为在两条线路上的侦察飞机部署方案,用 (c,d) 表示蓝军在线路 I 上部署 c 架侦察机,在线路 II 上部署 d 架侦察机,同样 $c+d=4$,此时蓝军的策略集为 $S_2 = \{(0,4),(1,3),(2,2),(3,1),(4,0)\}$,记为 $S_2 = \{\beta_1,\beta_2,\beta_3,\beta_4,\beta_5\}$.

赢得 以红军击落的飞机数作为红军的赢得,以蓝军损失的飞机数作为蓝军的损失,可知在给定局势下,红军的赢得正是蓝军的损失,因此该对策为零和对策.

由前面分析得红军的赢得矩阵为

$$A = \begin{bmatrix} 4 & 3 & 2 & 1 & 0 \\ 3 & 4 & 3 & 2 & 1 \\ 2 & 3 & 4 & 3 & 2 \\ 1 & 2 & 3 & 4 & 3 \\ 0 & 1 & 2 & 3 & 4 \end{bmatrix},$$

则相应的对策模型为 $G=\{S_1, S_2; A\}$，由矩阵 A，根据定理 11.1 的最小最大原则有表 11-3.

表 11-3 红军赢得表

	β_1	β_2	β_3	β_4	β_5	$\min_j a_{ij}$
α_1	4	3	2	1	0	0
α_2	3	4	3	2	1	1
α_3	2	3	4	3	2	2
α_4	1	2	3	4	3	1
α_5	0	1	2	3	4	0
$\max_i a_{ij}$	4	4	4	4	4	

于是有 $\max_i \min_j a_{ij} = 2$，$\min_j \max_i a_{ij} = 4$，所以不存在 $a_{i^*j^*}$ 使得不等式 $a_{ij^*} \leqslant a_{i^*j^*} \leqslant a_{i^*j}$ $(i,j=1,2,\cdots,5)$ 成立，所以该对策问题不存在纯策略意义下的解.

11.2.3 矩阵对策的鞍点

定义 11.2 设对策矩阵为 $A=(a_{ij})_{m \times n}$，如果存在 (i^*, j^*) 对任意 $i(1 \leqslant i \leqslant m)$ 和 $j(1 \leqslant j \leqslant n)$ 有 $a_{ij^*} \leqslant a_{i^*j^*} \leqslant a_{i^*j}$，则称 (i^*, j^*) 为矩阵 $A=(a_{ij})_{m \times n}$ 的一个**鞍点**(或称为**对策 G 的鞍点**).

由此可将定理 11.1 叙述为：**矩阵对策 G 在纯策略意义下有解 $V_G = a_{i^*j^*}$ 的充要条件是存在 (i^*, j^*) 为对策 G 的一个鞍点.**

对策鞍点的实际意义：对策的值 $V_G = a_{i^*j^*}$ 是矩阵 A 中第 i^* 行的最小值，第 j^* 列的最大值，(i^*, j^*) 为一个鞍点，相应的 $(\alpha_{i^*}, \beta_{j^*})$ 是对策的一个解，是一个平衡局势，即局中人 I 的赢得等于对策的值. 也就是说当局中人 I 选择最优策略 α_{i^*} 时，局中人 II 偏离其最优策略 β_{j^*}，则局中人 I 的赢得会增加，至少不会减少，即局中人 II 的支付会增加，除非他选择 β_{j^*}，才使支付最少.

同样的，当局中人 II 选择最优策略 β_{j^*} 时，局中人 I 偏离其最优策略 α_{i^*}，则局中人 I 的赢得会减少，至少不会增加，即局中人 II 的支付会减少，除非局中人 I 选择 α_{i^*}，才使赢得尽可能大.

在矩阵对策中，只有在局势 $(\alpha_{i^*}, \beta_{j^*})$ 下，才是双方最理智的选择，使竞争达到一个平衡状态. 例如例 11.3 中，当距离在 11～20km 时，我方选择有源压制干扰时，敌方的最佳策略是红外制导,否则损失更大;当敌方采用红外制导时,我方的最佳策略是有源压制干扰,否则不会有更多的赢得.注意到,如果我方采用红外干扰诱饵也能达到同样的效果,但是我方采用该策略,则敌方的策略可能不再是采用红外制导了,敌方将更倾向于采用激光制导,而此时我方将会损失更大,因此我方选择有源压制干扰是最合理的策略.

11.2.4 矩阵对策解的性质

在一个矩阵对策中可能存在多个鞍点,那么这些鞍点之间有什么样的性质呢?

无差别性 如果$(\alpha_{i_1},\beta_{j_1})$和$(\alpha_{i_2},\beta_{j_2})$都是对策$G$的解,则$a_{i_1j_1}=a_{i_2j_2}$.

该性质的实际意义在于如果矩阵对策有多个解,那么这些解对于两个局中人的赢得来说是无差别的,即局中人不论选择哪个鞍点对应的策略,其赢得是不变的.

可交换性 如果$(\alpha_{i_1},\beta_{j_1})$和$(\alpha_{i_2},\beta_{j_2})$都是对策$G$的解,则$(\alpha_{i_1},\beta_{j_2})$和$(\alpha_{i_2},\beta_{j_1})$也是$G$的解.

当矩阵对策有多个解时,两个局中人可以从中任意选择一个自己的策略,从而构成新的矩阵对策的解.

例 11.5 抢滩登陆问题

某国对一沿海国家进行抢滩登陆,登陆地点有三个,分别为A,B和C点.防守国军事参谋部门提出四种防守方案应对入侵,双方选择相应策略后形成的局势如表 11-4 所示.试问双方的最佳策略是什么?

表 11-4 抢滩登陆问题局势表

防守方案 \ 登陆地点	A点	B点	C点
Ⅰ	4	5	4
Ⅱ	3	2	2
Ⅲ	4	6	4
Ⅳ	1	2	2

解 该对策问题的基本要素是:

局中人 入侵国和防守国;

策略集 入侵国可以选择三个地点登陆,其策略集为$S_1=\{\alpha_1,\alpha_2,\alpha_3\}$,防守国有四种防守方案,策略集为$S_1=\{\beta_1,\beta_2,\beta_3,\beta_4\}$;

赢得 防守国的赢得矩阵为

$$A=\begin{bmatrix} 4 & 5 & 4 \\ 3 & 2 & 2 \\ 4 & 6 & 4 \\ 1 & 2 & 2 \end{bmatrix}.$$

根据鞍点的定义,该矩阵对策有四个鞍点,分别是$(\alpha_1,\beta_1),(\alpha_3,\beta_1),(\alpha_1,\beta_3),(\alpha_3,\beta_3)$,这四个鞍点对应防守国的赢得均为 4,满足无差别性;(α_1,β_1)和(α_3,β_3)是对策的解,同样,$(\alpha_3,\beta_1),(\alpha_1,\beta_3)$也是对策的解. 也就是说,不论入侵国采用哪个鞍点的策略,防守国选择防守方案Ⅰ或者Ⅲ都是自己的最优策略.

11.2.5 矩阵对策的混合策略

对于矩阵对策 $G=\{S_1,S_2;A\}$,局中人Ⅰ有把握的赢得至少为 $v_1=\max\limits_{i}\min\limits_{j}a_{ij}$,局中人Ⅱ有把握的支付至多为 $v_2=\min\limits_{j}\max\limits_{i}a_{ij}$. 一般情况有 $v_1\leqslant v_2$,特别地,当 $v_1=v_2$ 时,则称之为对策 G 在纯策略意义下的解,对策的值为 $V_G=v_1=v_2$. 即双方都采取了理智的策略,为 G 的一个平衡解,局中人Ⅰ的所得正是局中人Ⅱ的所失.

例 11.6 猜拳游戏问题

两个人玩猜拳游戏,两人同时出拳. 每个人可以从"石头"、"剪子"和"布"中选取一个,"石头"赢"剪子","剪子"赢"布","布"赢"石头",每次游戏赢方可以得到 1 元钱. 试问何种出拳策略是最佳的?

解 模型要素为:

局中人 两个猜拳者,不妨记为Ⅰ和Ⅱ;

策略集 局中人Ⅰ可以从"石头"、"剪子"和"布"中选取一个,分别记为 $\alpha_1,\alpha_2,\alpha_3$,策略集记为 $S_1=\{\alpha_1,\alpha_2,\alpha_3\}$,同样,记局中人Ⅱ的策略集为 $S_2=\{\beta_1,\beta_2,\beta_3\}$;

赢得矩阵 局中人Ⅰ的赢得矩阵为

$$A=\begin{bmatrix} 0 & 1 & -1 \\ -1 & 0 & 1 \\ 1 & -1 & 0 \end{bmatrix}.$$

在该问题中,$v_1=\max\limits_{i}\min\limits_{j}a_{ij}=-1$,$v_2=\min\limits_{j}\max\limits_{i}a_{ij}=1$,所以不存在纯策略解.

从上例中可以看出,局中人不存在具体指导每一步出拳策略,否则对方总有方法克制另一方. 他的最优策略是随机的选取各种策略,否则一旦有了规律,则可能被对方猜到,从而就可能输掉比赛.

对局中人Ⅰ来说所有可能的策略 $\alpha_1,\alpha_2,\cdots,\alpha_m$ 都有可能被采用,而且有一定的随机性,局中人Ⅱ可能采用所有可能的策略 $\beta_1,\beta_2,\cdots,\beta_n$ 与之相对. 局中人Ⅰ和Ⅱ在自己的策略集 S_1 和 S_2 中采取每一策略都有一定的可能性,即按一定的概率来确定相应的各个策略,则构成了混合策略.

定义 11.3 设矩阵对策 $G=\{S_1,S_2;A\}$,$S_1=\{\alpha_1,\alpha_2,\cdots,\alpha_m\}$,$S_2=\{\beta_1,\beta_2,\cdots,\beta_n\}$,$A=(a_{ij})_{m\times n}$,记

$$S_1^*=\left\{x\in E^m\mid x_i\geqslant 0,1\leqslant i\leqslant m,\sum_{i=1}^{m}x_i=1\right\}, \tag{11.2}$$

$$S_2^* = \left\{ y \in E^n \mid y_j \geqslant 0, 1 \leqslant j \leqslant n, \sum_{j=1}^n y_j = 1 \right\}. \tag{11.3}$$

则称 S_1^* 和 S_2^* 分别为局中人 I 和 II 的**混合策略集**(或**策略集**). 每一个 $x \in S_1^*$ 和 $y \in S_2^*$ 分别称为局中人 I 和 II 的**混合策略**(或**策略**). (x, y) 称为一个**混合局势**(或**局势**). 并称

$$E(x, y) = x^\mathrm{T} A y = \sum_{i=1}^m \sum_{j=1}^n a_{ij} x_i y_j \tag{11.4}$$

为局中人的**赢得函数**. 于是，构成一个新的对策 $G^* = \{S_1^*, S_2^*; E\}$, 称 G^* 为 G 的混合扩充.

事实上，对任意 $x = (x_1, x_2, \cdots, x_m)^\mathrm{T} \in S_1^*$ 是局中人 I 的一个混合策略，即意味着局中人 I 以概率 x_i 选用策略 α_i, 对任意 $y = (y_1, y_2, \cdots, y_n)^\mathrm{T} \in S_2^*$ 是局中人 II 的一个混合策略，即意味着局中人 II 以概率 y_j 选用策略 β_j, 并且局中人 I 的赢得为 a_{ij} 局势的概率为 $x_i y_j$. 则局中人 I 采用混合策略 x 的期望赢得为 $E(x, y) = x^\mathrm{T} A y$, 且希望此值越大越好，至少应是 $\min_{y \in S_2^*} E(x, y)$(即局中人 I 最不利，局中人 II 最有利的情况). 局中人 I 应选取 $x \in S_1^*$ 使得在最不利中取有利的情形，即保证自己的赢得不少于 $v_1 = \max_{x \in S_1^*} \min_{y \in S_2^*} E(x, y)$, 对局中人 II 来讲也力争保证自己的所失(支付)至多是 $v_2 = \min_{y \in S_2^*} \max_{x \in S_1^*} E(x, y)$, 显然可有 $v_1 \leqslant v_2$.

例 11.7 数字游戏问题

假设有两个人玩一种数字游戏，他们可以从 1~5 之间任意选择一个数字，并约定，如果两个人选出的数字之和为奇数，则甲赢得 1 元，如果数字之和为偶数，则乙赢得 1 元. 游戏双方各应该采用什么样的策略.

解 该对策问题的基本要素如下：

局中人 参加游戏的两个人，分别记为局中人 I 和局中人 II.

策略集 局中人 I 的纯策略集为 $S_1 = \{\alpha_1, \alpha_2, \cdots, \alpha_5\}$, 其混合策略集为

$$S_1^* = \left\{ x \in E^5 \mid x_i \geqslant 0, 1 \leqslant i \leqslant 5, \sum_{i=1}^5 x_i = 1 \right\}.$$

同样局中人 II 的纯策略集为 $S_2 = \{\beta_1, \beta_2, \cdots, \beta_5\}$, 其混合策略集为

$$S_2^* = \left\{ y \in E^5 \mid y_j \geqslant 0, 1 \leqslant j \leqslant 5, \sum_{j=1}^5 y_j = 1 \right\}.$$

赢得矩阵 局中人 I 的赢得矩阵为

$$A = \begin{bmatrix} -1 & 1 & -1 & 1 & -1 \\ 1 & -1 & 1 & -1 & 1 \\ -1 & 1 & -1 & 1 & -1 \\ 1 & -1 & 1 & -1 & 1 \\ -1 & 1 & -1 & 1 & -1 \end{bmatrix}.$$

赢得函数　在混合策略意义下局中人 Ⅰ 的赢得函数为
$$E(\boldsymbol{x},\boldsymbol{y}) = \boldsymbol{x}^\mathrm{T} \boldsymbol{A} \boldsymbol{y} = \sum_{i=1}^{5}\sum_{j=1}^{5} a_{ij} x_i y_j.$$

定义 11.4　设 $G^* = \{S_1^*, S_2^*; E\}$ 是矩阵对策 $G = \{S_1, S_2; \boldsymbol{A}\}$ 的混合扩充. 如果
$$\max_{\boldsymbol{x} \in S_1^*} \min_{\boldsymbol{y} \in S_2^*} E(\boldsymbol{x},\boldsymbol{y}) = \min_{\boldsymbol{y} \in S_2^*} \max_{\boldsymbol{x} \in S_1^*} E(\boldsymbol{x},\boldsymbol{y}),$$
记其值为 V_G,则称 V_G 为对策 G^* 的值,相应的混合局势 $(\boldsymbol{x}^*, \boldsymbol{y}^*)$ 为在混合策略意义下的解,$\boldsymbol{x}^*,\boldsymbol{y}^*$ 分别称为局中人 Ⅰ 和 Ⅱ 的**最优混合策略**(**最优策略**).

注意,当局中人 Ⅰ 取纯策略 α_k 时,等价于混合策略
$$\boldsymbol{x} = (x_1, x_2, \cdots, x_m)^\mathrm{T} \in S_1^*, \quad x_i = \begin{cases} 1 & (i=k), \\ 0 & (i \neq k). \end{cases}$$

即纯策略是混合策略的特例. 于是,规定 $G = \{S_1, S_2; \boldsymbol{A}\}$ 与 $G^* = \{S_1^*, S_2^*; E\}$ 不加区别,均用 $G = \{S_1, S_2; \boldsymbol{A}\}$ 表示,当 G 在纯策略意义下的解不存在时,自然认为是混合策略意义下的解,相应的赢得函数为 $E(\boldsymbol{x}, \boldsymbol{y})$,因此可得混合策略意义下有解的充要条件.

定理 11.2　对策 $G = \{S_1, S_2; \boldsymbol{A}\}$ 在混合策略意义下有解的充要条件是存在 $\boldsymbol{x}^* \in S_1^*$ 和 $\boldsymbol{y}^* \in S_2^*$ 使 $(\boldsymbol{x}^*, \boldsymbol{y}^*)$ 为 $E(\boldsymbol{x}, \boldsymbol{y})$ 的一个鞍点. 即对任意 $\boldsymbol{x} \in S_1^*$ 和 $\boldsymbol{y} \in S_2^*$ 有
$$E(\boldsymbol{x}, \boldsymbol{y}^*) \leqslant E(\boldsymbol{x}^*, \boldsymbol{y}^*) \leqslant E(\boldsymbol{x}^*, \boldsymbol{y}).$$

该定理说明,对策在混合意义下有解等价于存在任何局中人不再愿意改变自己的策略的局势.

在例 11.6 中,二局中人分别以 $\boldsymbol{x} = \left(\dfrac{1}{3}, \dfrac{1}{3}, \dfrac{1}{3}\right)^\mathrm{T}, \boldsymbol{y} = \left(\dfrac{1}{3}, \dfrac{1}{3}, \dfrac{1}{3}\right)^\mathrm{T}$ 的混合策略选取"石头"、"剪子"和"布"时,是对策在混合意义下的解(求解过程后面具体介绍). 此时两个局中人都不愿意改变自己的策略. 如果某个局中人偏离了这个策略,不妨设局中人 Ⅰ 的混合策略变为 $\bar{\boldsymbol{x}} = \left(\dfrac{1}{3} + a, \dfrac{1}{3} + b, \dfrac{1}{3} - a - b\right)^\mathrm{T}$,则局中人 Ⅰ 的赢得为

$$E(\bar{\boldsymbol{x}}, \boldsymbol{y}) = \bar{\boldsymbol{x}}^\mathrm{T} \begin{bmatrix} 0 & 1 & -1 \\ -1 & 0 & 1 \\ 1 & -1 & 0 \end{bmatrix} \boldsymbol{y} = (-a-2b, 2a+b, -a+b) \begin{Bmatrix} \dfrac{1}{3} \\ \dfrac{1}{3} \\ \dfrac{1}{3} \end{Bmatrix} = 0,$$

$$E(\boldsymbol{x}, \boldsymbol{y}) = \boldsymbol{x}^\mathrm{T} \begin{bmatrix} 0 & 1 & -1 \\ -1 & 0 & 1 \\ 1 & -1 & 0 \end{bmatrix} \boldsymbol{y} = 0.$$

从上式中可以看出,局中人 Ⅰ 通过改变自己策略并没有获得更多赢得,相反的,如果局中人 Ⅰ 偏离了最优策略,则局中人 Ⅱ 可以采用相应克制的策略赢得局中人 Ⅰ.

11.2.6 矩阵对策的基本定理

设当局中人 I 取纯策略 α_i 时,相应的赢得函数为 $E(i,\boldsymbol{y})$,即 $E(i,\boldsymbol{y}) = \sum_{j=1}^{n} a_{ij} y_j$. 当局中人 II 取纯策略 β_j 时,相应的赢得函数为 $E(\boldsymbol{x},j) = \sum_{i=1}^{m} a_{ij} x_i$. 于是有

$$E(\boldsymbol{x},\boldsymbol{y}) = \sum_{i=1}^{m}\sum_{j=1}^{n} a_{ij} x_i y_j = \sum_{i=1}^{m}\left(\sum_{j=1}^{n} a_{ij} y_j\right) x_i = \sum_{i=1}^{m} E(i,\boldsymbol{y}) x_i.$$

同理 $E(\boldsymbol{x},\boldsymbol{y}) = \sum_{j=1}^{n} E(\boldsymbol{x},j) y_j$.

定理 11.3 设 $\boldsymbol{x}^* \in S_1^*, \boldsymbol{y}^* \in S_2^*$,则 $(\boldsymbol{x}^*,\boldsymbol{y}^*)$ 是对策 G 的解的充要条件是对任意 $i=1,2,\cdots,m$ 和 $j=1,2,\cdots,n$ 有

$$E(i,\boldsymbol{y}^*) \leqslant E(\boldsymbol{x}^*,\boldsymbol{y}^*) \leqslant E(\boldsymbol{x}^*,j).$$

该定理说明,如果一个局中人单方面不论采用何种纯策略都不能增加自己的赢得,则该局势为对策的解;反之亦然.例如猜拳游戏中,在对方采用 $\left(\frac{1}{3},\frac{1}{3},\frac{1}{3}\right)^T$ 策略时,局中人 II 不论采用何种纯策略,其赢得仍然为 0,所以双方均应采用 $\left(\frac{1}{3},\frac{1}{3},\frac{1}{3}\right)^T$ 是对策的解.

定理 11.4 设 $\boldsymbol{x}^* \in S_1^*, \boldsymbol{y}^* \in S_2^*$,则 $(\boldsymbol{x}^*,\boldsymbol{y}^*)$ 是对策 G 的解的充要条件是存在正数 v 使得 $\boldsymbol{x}^*, \boldsymbol{y}^*$ 分别是不等式组

$$\begin{cases} \sum_{i=1}^{m} a_{ij} x_i \geqslant v & (j=1,2,\cdots,n), \\ \sum_{i=1}^{m} x_i = 1, \\ x_i \geqslant 0 & (i=1,2,\cdots,m) \end{cases} \quad \text{和} \quad \begin{cases} \sum_{j=1}^{n} a_{ij} y_j \leqslant v & (i=1,2,\cdots,m), \\ \sum_{j=1}^{n} y_j = 1, \\ y_j \geqslant 0 & (j=1,2,\cdots,n) \end{cases}$$

的解,且 $v = V_G$.

定理 11.5 对任一矩阵,对策 $G = \{S_1, S_2; \boldsymbol{A}\}$ 一定存在混合策略意义下的解.

定义 11.5 设 $G = \{S_1, S_2; \boldsymbol{A}\}, S_1 = \{\alpha_1, \alpha_2, \cdots, \alpha_m\}, S_2 = \{\beta_1, \beta_2, \cdots, \beta_n\}, \boldsymbol{A} = (a_{ij})$,如果对任意 $j = 1, 2, \cdots, n$ 有 $a_{i_0 j} \geqslant a_{k_0 j}$,则称局中人 I 纯策略 $\boldsymbol{\alpha}_{i_0}$ 优超于纯策略 $\boldsymbol{\alpha}_{k_0}$.

类似地,可以定义局中人 II 的纯策略 β_{j_0} 优超于 β_{l_0}.

定理 11.6 设 $G = \{S_1, S_2; \boldsymbol{A}\}$,如果纯策略 α_1 被其余的纯策略 $\alpha_2, \alpha_3, \cdots, \alpha_m$ 中之一所优超,由 G 可得一个新的矩阵对策 $G' = \{S_1', S_2; \boldsymbol{A}'\}$,其中 $S_1' = \{\alpha_2, \alpha_3, \cdots, \alpha_m\}, \boldsymbol{A}' = (a'_{ij})_{(m-1)\times n}, a'_{ij} = a_{ij} (i=2,3,\cdots,m; j=1,2,\cdots,n)$,则有

(1) $V_{G'} = V_G$;

(2) G' 中局中人 II 的最优策略就是在 G 中的最优策略;

(3) 若$(x_2^*, x_3^*, \cdots, x_m^*)^T$是$G'$中局中人Ⅰ的最优策略,则$\boldsymbol{x}^* = (0, x_2^*, x_3^*, \cdots, x_m^*)^T$就是局中人Ⅰ在$G$中的最优策略.

11.2.7 矩阵对策的解法

1. 线性方程组的方法

设有矩阵对策$G = \{S_1, S_2; \boldsymbol{A}\}$,由定理11.5知一定存在混合策略意义下的解$(\boldsymbol{x}^*, \boldsymbol{y}^*)$,又由定理11.4得$(\boldsymbol{x}^*, \boldsymbol{y}^*)$为$G$的解的充要条件是存在$v$使$\boldsymbol{x}^*, \boldsymbol{y}^*$分别为

$$\begin{cases} \sum_{i=1}^{m} a_{ij}x_i \geqslant v & (j=1,2,\cdots,n), \\ \sum_{i=1}^{m} x_i = 1, x_i \geqslant 0 & (i=1,2,\cdots,m) \end{cases} \quad \text{和} \quad \begin{cases} \sum_{j=1}^{n} a_{ij}y_j \leqslant v & (i=1,2,\cdots,m), \\ \sum_{j=1}^{n} y_j = 1, y_j \geqslant 0 & (j=1,2,\cdots,n) \end{cases}$$

的解,且$v = V_G$. 而且可以证明:当$x_i^* > 0, y_j^* > 0$时,$\boldsymbol{x}^*, \boldsymbol{y}^*$分别为

$$\begin{cases} \sum_{i=1}^{m} a_{ij}x_i = v & (j=1,2,\cdots,n), \\ \sum_{i=1}^{m} x_i = 1, x_i \geqslant 0 & (i=1,2,\cdots,m) \end{cases} \quad \text{和} \quad \begin{cases} \sum_{j=1}^{n} a_{ij}y_j = v & (i=1,2,\cdots,m), \\ \sum_{j=1}^{n} y_j = 1, y_j \geqslant 0 & (j=1,2,\cdots,n) \end{cases}$$

的解.

2. 线性规划的方法

设有矩阵对策$G = \{S_1, S_2; \boldsymbol{A}\}$,由定理11.4可以证明,求对策$G$在混合策略意义下的解等价于求两个相互对偶的线性规划问题:

$$(P) \quad \begin{array}{l} \max w \\ \text{s.t.} \end{array} \begin{cases} \sum_{i=1}^{m} a_{ij}x_i \geqslant w & (j=1,2,\cdots,n), \\ \sum_{i=1}^{m} x_i = 1, \\ x_i \geqslant 0 & (i=1,2,\cdots,m) \end{cases} \quad \text{和} \quad (D) \quad \begin{array}{l} \min v \\ \text{s.t.} \end{array} \begin{cases} \sum_{j=1}^{n} a_{ij}y_j \leqslant v & (i=1,2,\cdots,m), \\ \sum_{j=1}^{n} y_j = 1, \\ y_j \geqslant 0 & (j=1,2,\cdots,n) \end{cases}$$

的解.

实际中,不妨设$v > 0$,令$x_i' = \dfrac{x_i}{v} (i=1,2,\cdots,m), y_j' = \dfrac{y_j}{v} (j=1,2,\cdots,n)$分别代入问题(P)和(D)中,则线性规划问题(P)和(D)分别变为

$$(P') \quad \begin{array}{l} \min z = \sum_{i=1}^{m} x_i' \\ \text{s.t.} \end{array} \begin{cases} \sum_{i=1}^{m} a_{ij}x_i' \geqslant 1 & (j=1,2,\cdots,n), \\ x_i' \geqslant 0 & (i=1,2,\cdots,m) \end{cases} \quad \text{和} \quad (D') \quad \begin{array}{l} \max w = \sum_{j=1}^{n} y_j' \\ \text{s.t.} \end{array} \begin{cases} \sum_{j=1}^{n} a_{ij}y_j' \leqslant 1 & (i=1,2,\cdots,m), \\ y_j' \geqslant 0 & (j=1,2,\cdots,n) \end{cases}$$

则问题(P′)和(D′)也是相互对偶的线性规划问题,可以利用单纯形法或工具软件进行求解,对于所得结果 x'^* 和 y'^*,通过反变换 $x_i = x'_i v, y_j = y'_j v (i=1,2,\cdots,m; j=1,2,\cdots,n)$,即可得到 x^* 和 y^* 为矩阵对策的解和对策的值 V_G.

11.3 双矩阵对策模型

在矩阵对策中,局中人 Ⅰ 的所得就是局中人 Ⅱ 的所失,对策结果可用一个矩阵表示.而在非零和的对策中就不同了,若局中人 Ⅰ 选择策略 $\alpha_i \in S_1$,而局中人 Ⅱ 选择策略 $\beta_j \in S_2$,则对策局势为 $(\alpha_i, \beta_j) \in S$,相应的局中人 Ⅰ 的赢得为 a_{ij},局中人 Ⅱ 的赢得不再是 $-a_{ij}$,而是 b_{ij},即对策结果为 (a_{ij}, b_{ij}). 这种对策通常记为 $G = \{S_1, S_2; A, B\}$,其中 $A = (a_{ij}), B = (b_{ij})$ 分别是局中人 Ⅰ 和 Ⅱ 的赢得矩阵,故称为**二人有限非零和对策**,或**双矩阵对策**.

在非零和矩阵对策中,二局中人并不是完全对立的,即局中人 Ⅰ 的所得不再是局中人 Ⅱ 的所失,因此二局中人既可以合作,也可以不合作. 在不合作时,假设二局中人之间不能互通信息,也没有任何形式的联合或协商,即双方是直接对抗的. 在合作的时候,对策双方则可能有共同的认识,譬如,双方都认为某种结果比其他的结果对自己有利. 下面分两种情况讨论.

11.3.1 非合作的双矩阵对策概念

1. 引例

例 11.8 囚犯困境问题(20 世纪 50 年代德雷歇(Dresher)和弗拉德(Flood))

设有两个人因藏被盗物品而被捕,现分别关押受审. 二人都明白,如果都拒不承认,现有的证据不足以证明他们偷盗,而只能以窝赃罪判处一年监禁;两人要是都承认了将各判 9 年;但如果一人招认而另一人拒不承认,那么坦白者将会从宽处理获得释放,而抗拒者从严被判 10 年. 这两个囚犯该选择什么策略?是坦白交代,还是拒不承认呢?

假设囚犯 Ⅰ 与 Ⅱ 的第一个策略都是坦白认罪,第二个策略则是拒不交代,以对他们判处监禁的年数表示他们的赢得,则他们的赢得矩阵为

$$\text{I}: \begin{array}{c} \\ \alpha_1 \\ \alpha_2 \end{array} \overset{\displaystyle \text{II}:}{\begin{bmatrix} (-9,-9) & (0,-15) \\ (-15,0) & (-1,-1) \end{bmatrix}}.$$

在此对策中,二囚犯是隔离受审,因此,他们不能合作,只有各自为自己的前途考虑,总是被监禁的年数越少越好,故他们的最优策略均为坦白交代,且对策值对各自来讲为 $v = -9$,但实际上 $(-9, -9)$ 对二人来说都不是最好的,相比之下结果 $(-1, -1)$ 更好. 这个问题之所以称为难题,主要体现在两方面:

(1) 二局中人应该选什么作为目标？他们作为独立的个体，同时又是集体中的一员，应该怎样做最好？即在个体的合理性和集体的合理性之间有冲突.

(2) 把这个问题看成一次性对策还是可以重复进行下去的多次对策？即是一次审讯还是多次审讯？若是一次审讯，当然是坦白好，因为没有理由相信另一个囚犯会为你着想. 但是，若可重复审讯下去，结果就会不同了.

这个问题也用于模拟各类带有冲突性的问题，例如裁军、谈判、价格大战等问题.

注意，如果把双矩阵对策分解为两个矩阵对策，其中一个只考虑局中人Ⅰ的赢得，另一个只考虑局中人Ⅱ的赢得，则这两个对策总是有解的. 各自按照最大最小原则都可以得到最优策略，其对策值分别为 v_1 和 v_2，但当局中人Ⅰ与Ⅱ均理性地来参加对策时，对策的结果 (v_1, v_2) 不一定是最佳的结果. 上面的例子也说明了这一点，为此，对于非零和对策问题，不能用零和对策的方法来求解. 下面引入新的平衡局势和解的概念.

2. 纳什(Nash)平衡点

在非零和对策 $G = \{S_1, S_2; \boldsymbol{A}, \boldsymbol{B}\}$ 中，对任意的 $\boldsymbol{x} = (x_1, x_2, \cdots, x_m)^\mathrm{T} \in S_1$, $\boldsymbol{y} = (y_1, y_2, \cdots, y_n)^\mathrm{T} \in S_2$，定义

$$E_1(\boldsymbol{x}, \boldsymbol{y}) = \boldsymbol{x}^\mathrm{T} \boldsymbol{A} \boldsymbol{y} = \sum_{i=1}^m \sum_{j=1}^n a_{ij} x_i y_j \quad \text{和} \quad E_2(\boldsymbol{x}, \boldsymbol{y}) = \boldsymbol{x}^\mathrm{T} \boldsymbol{B} \boldsymbol{y} = \sum_{i=1}^m \sum_{j=1}^n b_{ij} x_i y_j$$

分别表示局中人Ⅰ和Ⅱ的赢得函数.

定义 11.6 如果存在一对策略 $\boldsymbol{x}^* \in S_1, \boldsymbol{y}^* \in S_2$ 使得对任意 $\boldsymbol{x} \in S_1, \boldsymbol{y} \in S_2$ 都有

$$E_1(\boldsymbol{x}, \boldsymbol{y}^*) \leqslant E_1(\boldsymbol{x}^*, \boldsymbol{y}^*) \quad \text{和} \quad E_2(\boldsymbol{x}^*, \boldsymbol{y}) \leqslant E_2(\boldsymbol{x}^*, \boldsymbol{y}^*)$$

成立，则称策略对 $(\boldsymbol{x}^*, \boldsymbol{y}^*)$ 为对策的一个**平衡点**，或称**纳什平衡点**.

纳什平衡的意义在于任何局中人都不能通过改变自己的策略来获取更大的赢得，否则改变策略一方将会有更大的损失.

纳什(Nash，美国数学家)1951年证明了平衡点的存在性定理.

定理 11.7(Nash) 任何具有有限个纯策略的二人对策(包括零和对策与非零和对策)至少存在一个平衡点.

纳什定理仅说明了平衡点的存在性，并没有说明平衡点的求解方法，而且，平衡点不是唯一的. 一般说来求解平衡点是困难的，已有的方法计算量很大，这一问题仍是需要进一步研究的问题之一.

11.3.2 非合作的双矩阵对策的解

1. 非合作零和对策解的概念

定义 11.7 如果对策的每一对平衡点都是可交换的，即若 (x_1, y_1) 与 (x_2, y_2) 是平衡点，则 (x_1, y_2) 与 (x_2, y_1) 也是平衡点，此时称**对策存在纳什意义下的解**. 其解就是所有可交换的平衡点的集合.

下面先把策略优超的概念进行推广,即所谓的策略对(x_2,y_2)优超(x_1,y_1)的概念.

如果对于两个策略对(x_1,y_1)和(x_2,y_2)有

$$E_1(x_2,y_2) \geqslant E_1(x_1,y_1) \quad 和 \quad E_2(x_2,y_2) \geqslant E_2(x_1,y_1)$$

成立,并且其中至少有一个不等式是严格成立的,则称策略对(x_2,y_2)优超(x_1,y_1).

如果策略对(x,y)优超所有的策略对(即没有优超于(x,y)的策略对),则称(x,y)是**帕雷托(Pareto)最优策略对**.

定义 11.8 如果对策满足下列条件:

(1) 在帕雷托最优策略对中有平衡点;

(2) 所有帕雷托最优平衡点都是可交换的,并且有相同的赢得.

则称帕雷托最优平衡点的集合为对策**在严格意义下的解**.

对于囚犯困境问题,因为策略对$((0,1),(0,1))$的赢得为$(-1,-1)$,它优超于该对策中唯一的平衡点$((1,0),(1,0))$,但由于$((0,1),(0,1))$不是平衡点,所以囚犯困境问题没有严格意义下的解.

针对没有严格意义下的解的情况,利用优超的概念来减弱上述严格意义下的解的定义.首先根据局中人Ⅰ的赢得,从S_1中删去那些针对S_2却又被其他策略优超的策略,并把剩下的策略记为S_1^1;然后根据局中人Ⅱ的赢得从S_2中删除那些针对S_1^1却又被优超的策略,把剩下的记为S_2^1.如此继续下去,可以得到$S_1^2,S_2^2;S_1^3,S_2^3;\cdots$,直到没有可删除的策略为止,记最后得到的策略集为$S_1^i,S_2^i$.由此可以给出完全弱意义下的定义.

定义 11.9 若以S_1^i,S_2^i为策略集的简化对策在严格意义下是可解的,则称以S_1,S_2为策略集的对策在**完全弱意义下是可解的**.而且简化对策在严格意义下的解的集合就是原来对策的解的集合.

对于囚犯困境问题,$S_1=\{\alpha_1,\alpha_2\},S_2=\{\beta_1,\beta_2\}$,按优超原则可简化为$S_1^i=\{\alpha_1\},S_2^i=\{\beta_1\}$,则简化对策为$G=\{S_1^i,S_2^i;A,B\}$,二人的赢得为$(-9,-9)$,所以平衡点为$(\alpha_1,\beta_1)$,故简化对策在严格意义下有解,即囚犯问题在完全弱意义下有解,其解为(α_1,β_1),对策的值为$(-9,-9)$.

综上给出了三种解的定义,共同的不足之处是不能使所有的对策问题在同一个解的意义下都有解.实际中还有一些其他形式的解的定义,虽然能使所有对策问题可解,但平衡点的数目却不能显著减少,因而使计算难度不减,这些仍是需要研究的课题.

2. 非合作双矩阵对策的求解

求解非合作对策问题始终回避不了求解纳什平衡点的问题,此处主要针对纳什平衡点的求解进行探讨.

定理 11.8 在非零和对策$G=\{S_1,S_2;A,B\}$中,混合策略(x^*,y^*)是对策的一个平衡点的充要条件是

$$\begin{cases} \sum_{j=1}^{m} A_{ij} y_j^* \leqslant E_1(\boldsymbol{x}^*, \boldsymbol{y}^*) \quad (i=1,2,\cdots,m), \\ \sum_{i=1}^{m} B_{ij} x_i^* \leqslant E_1(\boldsymbol{x}^*, \boldsymbol{y}^*) \quad (j=1,2,\cdots,n). \end{cases} \quad (11.5)$$

定理 11.8 说明了不论局中人采取什么纯策略,其赢得都不优于采用纳什平衡点时的混合策略.(11.5)式也简化了求解纳什平衡点的过程,此时求解纳什平衡点实际上转化为求解(11.5)式的可行解问题.

11.3.3 合作的双矩阵对策

这里所说的合作是指在对策之前,二人就对策问题的协商,互通信息,确定双方的联合策略,即一致同意局中人Ⅰ采用策略 $\boldsymbol{x} \in S_1$,局中人Ⅱ采用策略 $\boldsymbol{y} \in S_2$.然而,这种协商(即合作)应该对双方有一定的约束作用.但实际中可能有某个人出现违约的情况.这里要研究的问题是:当两局中人能够合作时,他们可能采取什么策略?这只要确定赢得区域.

在双矩阵对策中,因为双方的赢得函数为

$$E_1(\boldsymbol{x},\boldsymbol{y}) = \sum_{i=1}^{m}\sum_{j=1}^{n} a_{ij} x_i y_j \quad \text{和} \quad E_2(\boldsymbol{x},\boldsymbol{y}) = \sum_{i=1}^{m}\sum_{j=1}^{n} b_{ij} x_i y_j,$$

所谓的赢得区域就是双方对任意的 $\boldsymbol{x} \in S_1, \boldsymbol{y} \in S_2$ 所有可能的赢得值,即 E_1, E_2 的变化区域.

注意这样一个事实,合作对策的赢得区域一定比非合作的赢得区域大,这是因为在合作对策中,可以采用联合的随机策略,所有可能的策略要比非合作的策略多得多.例如,如果非合作对策的赢得为 (u_1, v_1) 与 (u_2, v_2),那么在合作的情况下,以概率 λ 采用赢得为 (u_1, v_1) 的策略,以概率 $1-\lambda$ 采用赢得为 (u_2, v_2) 的策略,于是双方的期望赢得为

$$\lambda(u_1, v_1) + (1-\lambda)(u_2, v_2).$$

由此可知,合作对策的赢得区域 R 是非合作对策赢得区域的凸闭包,即把端点在非合作对策赢得区域内的所有线段都包含在内的最小闭区域 R.其顶点是双方都采用纯策略时的赢得值,但并非是所有纯策略对的赢得都必定在 R 的顶点上,即也可能在 R 内部.据此,可以很容易确定出赢得区域 R.

更一般的问题需要研究纳什谈判集和纳什谈判定理,从而可求出纳什谈判解.

11.4 应用案例分析

例 11.9 田忌赛马问题的求解

在例 11.1 中分析过田忌赛马之所以能赢齐王,主要是因为田忌总在齐王出马之后出

马. 如果双方同时出马,则他们各自的最佳出马策略如何?

解 由上可知,该对策问题不存在纯策略意义下的解,只存在混合策略意义下的解. 此例采用解线性方程组的方法求解对策问题.

该对策模型的赢得矩阵为

$$A = \begin{bmatrix} -3 & -1 & -1 & -1 & 1 & -1 \\ -1 & -3 & -1 & -1 & -1 & 1 \\ 1 & -1 & -3 & -1 & -1 & -1 \\ -1 & 1 & -1 & -3 & -1 & -1 \\ -1 & -1 & 1 & -1 & -3 & -1 \\ -1 & -1 & -1 & 1 & -1 & -3 \end{bmatrix},$$

注意,将赢得矩阵进行严格单调变换不影响各局中人的策略,因此令 $\widetilde{A} = \frac{1}{2}(A+E)$,则

$$\widetilde{A} = \begin{bmatrix} -1 & 0 & 0 & 0 & 1 & 0 \\ 0 & -1 & 0 & 0 & 0 & 1 \\ 1 & 0 & -1 & 0 & 0 & 0 \\ 0 & 1 & 0 & -1 & 0 & 0 \\ 0 & 0 & 1 & 0 & -1 & 0 \\ 0 & 0 & 0 & 1 & 0 & -1 \end{bmatrix}.$$

于是,对矩阵对策 G 的求解转化为对矩阵对策 $\widetilde{G}$ 的求解. 采用求解线性方程组的方法求解该矩阵对策问题,即有下面的线性方程组:

$$\begin{cases} -\alpha_1 + \alpha_3 = \omega, \\ -\alpha_2 + \alpha_4 = \omega, \\ -\alpha_3 + \alpha_5 = \omega, \\ -\alpha_4 + \alpha_6 = \omega, \\ -\alpha_5 + \alpha_1 = \omega, \\ -\alpha_6 + \alpha_2 = \omega, \\ \sum_{i=1}^{6} \alpha_i = 1, \\ \alpha_i \geqslant 0 \quad (i=1,2,\cdots,6). \end{cases}$$

和

$$\begin{cases} -\beta_1 + \beta_5 = \omega, \\ -\beta_2 + \beta_6 = \omega, \\ -\beta_3 + \beta_1 = \omega, \\ -\beta_4 + \beta_2 = \omega, \\ -\beta_5 + \beta_3 = \omega, \\ -\beta_6 + \beta_4 = \omega, \\ \sum_{j=1}^{6} \beta_j = 1, \\ \beta_j \geqslant 0 \quad (j = 1, 2, \cdots, 6). \end{cases}$$

求解这两个线性方程得到

$$\alpha_1 = \alpha_3 = \alpha_5 = \alpha', \quad \alpha_2 = \alpha_4 = \alpha_6 = \alpha'', \quad \beta_1 = \beta_3 = \beta_5 = \beta', \quad \beta_2 = \beta_4 = \beta_6 = \beta'',$$

其中

$$\alpha' + \alpha'' = \frac{1}{3}, \quad \beta' + \beta'' = \frac{1}{3}, \quad \alpha' \geqslant 0, \quad \alpha'' \geqslant 0, \quad \beta' \geqslant 0, \quad \beta'' \geqslant 0.$$

于是这两个线性方程组有无穷多组解,对策值为 $V_{\tilde{G}} = 0$.

将其解代入到原对策赢得矩阵 A 中,可以得到原对策的值 $V_G = 2V_{\tilde{G}} - 1 = -1$,即在公平对策时,结局是齐王赢田忌,期望赢得为 1000 两黄金.

在例 11.1 中,田忌赢了齐王 1000 两黄金的原因在于他知道了齐王的出马顺序,对于田忌来说,只是一个决策过程,所以有可能赢得 1000 两黄金. 因此在这类对策时,竞争的双方应该对自己的策略保密,否则不保密的一方将吃亏.

例 11.10 猜拳游戏问题的求解

解 对于例 11.6 中的二人猜拳游戏问题,局中人 I 的赢得矩阵为

$$A = \begin{bmatrix} 0 & 1 & -1 \\ -1 & 0 & 1 \\ 1 & -1 & 0 \end{bmatrix}.$$

令 $\tilde{A} = A + E$,则有

$$\tilde{A} = \begin{bmatrix} 1 & 2 & 0 \\ 0 & 1 & 2 \\ 2 & 0 & 1 \end{bmatrix}.$$

于是问题转化为求解以 $\tilde{A}$ 为赢得矩阵的矩阵对策 $\tilde{G}$,即求解两个互为对偶的线性规划问题

$$\min X = x_1 + x_2 + x_3$$
$$\text{s. t.} \begin{cases} x_1 \quad\ + 2x_3 \geqslant 1, \\ 2x_1 + x_2 \quad\ \geqslant 1, \\ \quad\ 2x_2 + x_3 \geqslant 1, \\ x_1, x_2, x_3 \geqslant 0 \end{cases}$$

和

$$\max Y = y_1 + y_2 + y_3$$
$$\text{s. t.} \begin{cases} y_1 + 2y_2 \quad\ \leqslant 1, \\ \quad\ y_2 + 2y_3 \leqslant 1, \\ 2y_1 \quad\ + y_3 \leqslant 1, \\ y_1, y_2, y_3 \geqslant 0. \end{cases}$$

求解这两个线性规划得到最优解为

$$x_1 = x_2 = x_3 = \frac{1}{3}, \quad y_1 = y_2 = y_3 = \frac{1}{3},$$

最优值为 $X^* = 1, Y^* = 1$,对策的值为 $V_{\tilde{G}} = 1$. 则还原到原对策 G 的值为 $V_G = V_{\tilde{G}} - 1 = 0$. 即游戏双方都以相同的概率出"石头"、"剪子"和"布"时是最佳的选择.

在这里也可用 LINGO 软件来求解这个问题,LINGO 求解程序如下:

```
model:
sets:
player_I/1..3/: x;              ! 局中人 I 的策略
player_II/1..3/: y;             ! 局中人 II 的策略
game(player_I,player_II): G;
endsets
data:
G = 0,1 -1, -1,0,1 , 1, -1,0;   ! 局中人 I 的赢得矩阵
enddata
max = value_I;
@free(value_I);
@for(player_II(j): @sum(player_I(i): G(i,j) * x(i)) >= value_I);
@sum(player_I: x) = 1;
END
```

运行该程序所得到结果与上面的结果相同.

例 11.11 军备竞赛问题

假设有两个国家,国家 A 和国家 B(也可称为局中人 I 和 II)有两种策略,扩军(策略 1)和裁军(策略 2),无论是扩军还是裁军对双方的收益都是不同的,因此赢得矩阵为

$$\begin{bmatrix} (2,2) & (5,0) \\ (0,5) & (4,4) \end{bmatrix},$$

其中用(a,b)表示国家 A 和国家 B 的赢得值a和b. 试研究两个国家军备发展策略.

解 这是一个双矩阵对策问题,局中人Ⅰ(国家 A)的赢得矩阵记为R_{I},局中人Ⅱ(国家 B)的赢得矩阵记为R_{II},即

$$R_{\mathrm{I}} = \begin{bmatrix} 2 & 5 \\ 0 & 4 \end{bmatrix}, \quad R_{\mathrm{II}} = \begin{bmatrix} 2 & 0 \\ 5 & 4 \end{bmatrix}.$$

根据定理 11.8,用 LINGO 软件编程求解该双矩阵对策问题,其程序如下:

```
MODEL:
sets:
str_I/1..2/: x;                      ! 局中人Ⅰ的策略集
str_II/1..2/: y;                     ! 局中人Ⅱ的策略集
rew(str_I,str_II): R_I,R_II;
endsets
data:
R_I = 2 5,0 4;                       ! R_I 局中人Ⅰ的赢得矩阵
R_II = 2 0,5 4;                      ! R_II 局中人Ⅱ的赢得矩阵
enddata
V_I = @sum(rew(i,j): R_I(i,j) * x(i) * y(j));
V_II = @sum(rew(i,j): R_II(i,j) * x(i) * y(j));
@free(V_I); @free(V_II);
@for(str_I(i): @sum(str_II(j): R_I(i,j) * y(j)) <= V_I);
@for(str_II(j): @sum(str_I(i): R_II(i,j) * x(i)) <= V_II);
@sum(str_I: x) = 1; @sum(str_II: y) = 1;
END
```

运行该程序可以得到结果:V_I = 2,V_II = 2; X(1) = 1,X(2) = 0; Y(1) = 1,Y(2) = 0. 结果说明若两国都采用纯策略$(1,0)$,即都扩军,双方可以达到一个战略平衡,而任何一个国家单方面改变策略(即裁军)都是不利的,也说明单方面裁军也是不会长久的. 这个问题的解实际上也是该问题的一个纳什平衡解.

例 11.12 囚犯困境问题的求解

求解囚徒困境问题.

解 对例 11.8 的囚犯困境问题,设局中人Ⅰ(囚徒Ⅰ)的赢得矩阵为R_{I},局中人Ⅱ(囚徒Ⅱ)的赢得矩阵为R_{II},即

$$R_{\mathrm{I}} = \begin{bmatrix} -9 & 0 \\ -10 & -1 \end{bmatrix}, \quad R_{\mathrm{II}} = \begin{bmatrix} -9 & -10 \\ 0 & -1 \end{bmatrix},$$

则要寻求二囚犯的最优策略的问题,也就是求该对策问题的纳什平衡点的问题. 在此用 LINGO 软件来求解,其 LINGO 编程如下:

```
MODEL:
sets:
    str_I/1..2/: x;
    str_II/1..2/: y;
    rew(str_I,str_II): R_I,R_II;
endsets
data:
    R_I = -9,0,-15,-1;
    R_II = -9,-15,0,-1;
enddata
V_I = @sum(rew(i,j): R_I(i,j) * x(i) * y(j));
V_II = @sum(rew(i,j): R_II(i,j) * x(i) * y(j));
@free(V_I); @free(V_II);
@for(str_I(i):    @sum(str_II(j): R_I(i,j) * y(j)) <= V_I);
@for(str_II(j):   @sum(str_I(i): R_II(i,j) * x(i)) <= V_II);
@sum(str_I: x) = 1; @sum(str_II: y) = 1;
END
```

运行该程序可得结果:$V\_I = -9, V\_II = -9, X(1) = 1, X(2) = 0, Y(1) = 1, Y(2) = 0$. 其结果显示,两个囚徒的最佳策略都是坦白自己的罪行. 也就是说,通过一定的体制,可以促使犯罪分子坦白. 这也被有效的应用于市场竞争体制控制上,通过制定一定的市场规则,促使市场行为人自觉遵守市场规则.

例 11.13 夫妻爱好的争执问题

由于夫妻双方的爱好不同,经常会有一些争执出现. 例如一个新婚家庭中的丈夫(局中人 I)业余时间爱好看足球赛(策略 1),而妻子(局中人 II)业余时间喜欢看电视大片(策略 2),在一段时间里,每个周末体育场都有精彩的足球赛,同时电视台也正上映妻子最喜欢的每周一次的精彩大片. 由于新婚夫妇都希望在一起度周末,但各自的喜好不同,这就发生了争执. 夫妻双方究竟是一起去看足球赛,还是一起在家看大片,只要在一起就比分开好,对二人来说在一起看自己喜欢的比看不喜欢的好. 夫妻双方的赢得矩阵为

$$\begin{bmatrix} (3,1) & (-1,-1) \\ (-1,-1) & (1,3) \end{bmatrix}.$$

如果两人每次选择决策都不事先商量,则这对夫妻应该如何来选择,即怎样度过周末?

解 该问题是一个双矩阵对策问题,设局中人Ⅰ(丈夫)的赢得矩阵为 R_I,局中人Ⅱ(妻子)的赢得矩阵为 R_II,即

$$R_\mathrm{I} = \begin{bmatrix} 3 & -1 \\ -1 & 1 \end{bmatrix}, \quad R_\mathrm{II} = \begin{bmatrix} 1 & -1 \\ -1 & 3 \end{bmatrix}.$$

下面用 LINGO 软件来求解这个问题,其 LINGO 程序如下:

```
MODEL:
sets:
    str_I/1..2/: x;
    str_II/1..2/: y;
    rew(str_I,str_II): R_I,R_II;
endsets
data:
    R_I = 3,-1,-1,1;
    R_II = 1,-1,-1,3;
enddata
    V_I = @sum(rew(i,j): R_I(i,j)*x(i)*y(j));
    V_II = @sum(rew(i,j): R_II(i,j)*x(i)*y(j));
    @free(V_I); @free(V_II);
    @for(str_I(i): @sum(str_II(j): R_I(i,j)*y(j)) <= V_I);
    @for(str_II(j): @sum(str_I(i): R_II(i,j)*x(i)) <= V_II);
    @sum(str_I: x) = 1; @sum(str_II: y) = 1;
END
```

运行该程序可得结果:V_I = 0.3333335,V_II = 0.3333335,X(1) = 0.6666668,X(2) = 0.3333332,Y(1) = 0.3333332,Y(2) = 0.6666668.结果显示,这段时间丈夫要以 2/3 的概率选择看足球,1/3 的概率选择看电视剧;妻子则以 1/3 的概率选择看足球,2/3 的概率选择看电视剧.

11.5 应用案例练习

练习 11.1 猜硬币问题

甲、乙两人玩猜硬币的游戏,要求二人各出一枚硬币,如果两个硬币都呈正面,或者反面,则甲得 1 分,同时乙付出 1 分;反之,甲付出 1 分,乙得 1 分.试问甲和乙各自的最优策略是什么?

练习 11.2 市场竞争问题

设有同行业的甲、乙两家工厂竞争 A,B 两种产品的市场,目前甲厂这两种产品的销

量都只是乙厂销量的三分之一. 两家工厂都已完成这两种产品更新换代的研制, 但要投产上市则还需要一段时间.

若同时投产两种新产品上市, 每厂都需一年; 若只投产一种抢先上市, 则甲厂需要 10 个月, 乙厂需要 9 个月, 而另一种产品对每个工厂都再需要 9 个月才能上市.

对于任一种新产品, 若两家工厂的产品同时上市, 估计甲厂的该产品市场占有率将增加 8 个百分点(即由 25% 增加至 33%); 若甲厂的产品抢先 2 或 6 个月上市, 则其市场占有率将分别增加 20 或 30 个百分点; 若甲厂的产品落后 1, 3 或 7 个月上市, 则其市场占有率将分别下降 4, 10 或 12 个百分点.

假设每家工厂都以其这两种产品的市场占有率增加的百分点数之和的一半作为赢得指标, 试建立这个问题的对策模型, 并求解给出两家工厂的最优策略.

练习 11.3 猜花色游戏问题

设有两个小孩玩猜扑克牌花色游戏, 游戏规定: 由小孩甲每次从 4 种花色的牌中拿出一张牌给小孩乙猜, 如果猜对花色, 则甲付给乙三个小石子; 否则, 即小孩乙猜不对, 则乙付给甲一个石子, 试求解这个对策问题, 即这两个小孩各应选取什么策略.

练习 11.4 市场垄断问题

设想一个垄断企业已占领了市场(称为在位者), 另一个企业很想进入市场(称为进入者). 在位者想保持其垄断地位, 就要阻挠进入者进入. 假定进入者进入之前在位者的垄断利润为 300 万元, 进入后两者的利润合为 100 万元(各得 50 万元), 进入成本为 10 万元. 试建立这个问题的对策模型, 并分析求解两者的最优策略.

练习 11.5 智猪争食问题

猪圈里有一大一小两头猪, 猪圈的一边有个踏板, 每踩一下踏板, 在远离踏板的猪圈另一边的投食口就会落下少量的食物. 如果有一头猪去踩踏板, 另一头猪就有机会抢先吃到另一边落下的食物. 当小猪踩动踏板时, 大猪会在小猪跑到食槽之前吃光所有的食物; 若是大猪踩动了踏板, 则还有机会在小猪吃完落下的食物之前跑到食槽, 争吃一点残羹. 在这种情况下, 两头猪各会采取什么策略呢?

练习 11.6 "三个和尚没水吃"的问题

试用对策论的理论解释为什么"三个和尚没水吃".

练习 11.7 餐馆的经营问题

设有两个相邻的餐馆都能做甜早点和咸早点, 如果它们做的早点是一样的, 则可能卖不出去而各亏本 100 元, 如果两个餐馆做的早点不同, 则做咸早餐的餐馆可以赚到 400 元, 而做甜早餐的餐馆可以赚到 200 元. 如果他们不协商, 试问这两个餐馆各自的最优策略为何?

练习 11.8　扩军与裁军问题

敌对的两个国家都面临着两种选择：扩充军备或裁减军备．如果双方进行军备竞赛（扩军），都将为此付出 3000 亿美元的代价；如果双方都裁军，则可以省下这笔钱．但是倘若有一方裁军，另一方扩军，则扩军一方发动侵略战争，占领对方领土，从而可获益 1 万亿美元．裁军一方由于军事失败而又丧失国土则可以认为损失无限．试建立该问题的对策模型，并求该问题的纳什平衡解．

练习 11.9　两军的攻防问题

蓝军有两架飞机攻击红军的重要目标，红军有 4 个连的兵力防护通向该目标的 4 条路线．如果飞机沿一条线路进攻，则防护该条线路的连队必定击落一架飞机，但由于装弹时间较长，所以仅能击落一架飞机．如果有飞机突防进而摧毁目标，蓝军赢得为 1，否则赢得为 0．将蓝军和红军的攻防视为二人对策，试建立这个问题的对策模型，求对策的解，并说明双方的最优攻防策略．

第 12 章

决 策 分 析

人们在实际工作中,经常会遇到需要作出判断和决定的问题,也就是决策问题. 所谓的决策(decision)是为了达到某个目的,从多种不同的方案中选择某个确定的行动方案. 例如,人们在日常生活中、企业在经营活动中、社会团体和国家政府在政治活动中都有许多需要作出决策的问题. 具体地讲,像股民在购买股票时,选择购买哪一支股票好,什么时候卖出? 出行选择什么样的交通工具和行驶路线? 企业生产计划如何制订及经营方案怎样选择? 体育比赛时选择什么样的排兵布阵策略? 国家政府年度计划制定、军事、外交活动的决策等问题. 要解决这一类问题,就是决策分析要研究的问题.

所谓的决策分析(decision analysis)是指研究从多种可供选择的方案中选择最优方案的一种有效解决方法.

决策分析的内容非常丰富,在本章中,利用较少的篇幅简要介绍确定型决策、不确定型决策和风险决策,重点介绍多目标决策的有关内容.

12.1 决策的基本概念

虽然决策问题的形式多种多样,涉及领域广泛,但其问题的结构是基本一致的. 下面首先介绍有关决策的基本概念.

12.1.1 决策问题的三要素

实际中,一般的决策问题主要由状态集、决策集和效益函数三个要素构成.

(1) **状态集** 把决策的对象称为一个系统,系统所处的不同情况称为状态. 将其数量化后得到状态变量. 所有状态构成的集合称为状态集,记为 $S=\{s_1,s_2,\cdots,s_m\}$,其中 s_i 是第 i 种状态的状态变量;$P(S)=\{p(s_1),p(s_2),\cdots,p(s_m)\}$ 表示各种状态出现的概率,其中 $p(s_i)$ 表示第 i 种状态 $s_i(i=1,2,\cdots,m)$ 发生的概率.

(2) **决策集** 为达到某种目的而选择的行动方案称为方案；将其数量化后称为决策变量，记为 a. 决策变量的集合称为决策集，记为 $A=\{a_1,a_2,\cdots,a_n\}$.

(3) **效益函数** 定义在 $A\times S$ 上的一个二元函数 $R(a_i,s_j)$，它表示在状态 s_j 出现时，决策者采取方案 $a_i(i=1,2,\cdots,n;j=1,2,\cdots,m)$ 所得到的收益或损失值，即称为**效益**. 对所有的状态和所有可能的方案所对应效益的全体构成的集合称为**效益函数**，记为 $R=\{R(a_i,s_j)\}$.

对于实际问题，如果决策的三要素确定了，则相应问题的决策模型也就确定了，在这里记为 $D=\{A,P(S),R\}$.

例如，某房地产开发公司打算投资几处楼盘，不同地段的楼盘其升值潜力是不同的，在决策时需要考虑方方面面的因素. 该公司应该如何根据实际情况做出选择决策？这就是一个决策问题，该问题的三要素如下：

状态集 各处地价；升值潜力；预期的销售情况、银行利率、税率等影响成本和收入的因素，以及相应的发生概率.

决策集 在各处的投资强度；开发户型；销售定价等.

效益函数 根据状态集的各因素，采用不同策略下可获得的盈利.

再例如，二战期间，盟军打算在诺曼底登陆作战，但由于受多种不确定因素的影响，具体的登陆时间不便于提早确定. 这也是一个决策问题，根据不同的具体情况，选择不同的时间，可能的作战结果是不同的. 该决策问题的三要素如下：

状态集 不同时间登陆诺曼底可能存在的各种影响成败的因素. 例如天气状况、双方部署情况、双方装备情况、双方情报情况等.

决策集 决定于何时登陆.

效益函数 不同时间登陆所获得的作战效能.

12.1.2 决策的分类

依据决策问题的三要素，从不同角度可以将决策问题进行分类.

(1) **按照决策的环境分类** 可将决策问题分为确定型决策、风险型决策和不确定型决策三类. 确定型决策就是指决策环境是完全确定的，作出的决策方案的效益也是确定的. 风险决策是指问题的环境不是完全确定的，但各种可能的结果发生的概率是已知的. 不确定型决策是指决策环境是不确定的，决策者对各种可能的结果发生的概率是未知的.

(2) **按照决策的重要性分类** 可将决策分为战略决策、策略决策和执行决策三类，或称为战略计划、管理控制和运行控制三个等级. 战略决策是涉及某组织发展生存的全局性和长远性问题的决策. 策略决策是为完成战略决策所规定的目的而进行的决策. 执行决策是根据策略决策的要求对行为方案的选择决策.

(3) **按决策的结构分类** 可将决策分为程序决策和非程序决策. 程序决策是一种有

章可循的决策,一般是可以重复进行的;而非程序决策一般是无章可循的决策,只能凭决策者的经验直觉地作出相应的决策,通常是不可重复进行的.

(4) 按决策指标的性质分类　可将决策问题分为定量决策、定性决策、模糊决策和灰色决策. 如果描述决策对象的指标都可以量化,则称为定量决策;否则称为定性决策. 如果描述决策对象的指标是模糊的,则称为模糊决策. 如果描述决策对象的指标是灰色的,则称为灰色决策. 对于实际中的问题,应尽可能地将其化为定量决策问题来解决.

(5) 按决策的过程分类　可将决策分为单项决策和序贯决策. 单项决策是指整个决策过程只作一次决策就可以得到决策结果. 序贯决策是指整个决策过程由一系列的单项决策组成,只有完成这一系列的单项决策后,才能够最终得到整个决策的结果.

(6) 按决策目标的分类　按照决策目标的个数可将其分为单目标决策和多目标决策;按照目标函数的形式又可分为显式决策和隐式决策.

例如,上述某房地产公司开发楼盘的问题,其决策指标既有确定的(各处地价),也有不完全确定的(升值潜力和预期销售效果),还有完全不确定的(银行利率和税率等). 从决策目标的角度来看,开发商既要关心经济利益,又要兼顾社会效益,因此这是一个多目标决策问题. 其中经济利益可以定量给出,即是一个定量决策问题;社会效益包括对城市景观的影响,小区的配套设施建设情况等. 如果这些因素只能用定性的方法进行描述,则这部分就是定性决策问题. 如果要将以上因素进行量化,即采用模糊的方法进行刻画,则该问题又属于模糊决策问题.

12.1.3　决策过程

决策作为一个过程,通常是通过调查研究,在了解客观实际和预测今后发展的基础上,明确提出各种可供选择的方案,以及各种方案的效应,然后从中选定某个最优方案. 实际中的决策问题整个过程分为下列的步骤:

(1) 明确问题　根据决策所提出的问题,找出症结点,明确问题的实质.

(2) 确定目标　目标是决策所要达到的结果. 如果目标不明确,则往往可能会造成决策失误. 当有多个目标时,则应分清主次,统筹兼顾,同时要注意目标的先进性和可靠性.

(3) 制定方案　在确定目标之后,要对决策的状态进行分析,收集相关信息,建立相应的模型,提出实现决策目标的各种可行方案.

(4) 方案评估　对各种可能方案的效果进行评估,尽可能地通过科学计算,用定量分析的方法来比较其优劣和得失.

(5) 选择方案　决策者应从总体角度,对各种可能方案的目的性、可行性和时效性进行综合的系统分析,选取使目标达到最优的方案.

(6) 组织实施　为了保证最优方案的实施,需要制定实施措施,落实执行单位,明确具体责任和要求.

（7）反馈调整　在决策实施过程中,可能会产生这样或那样偏离目标的情况,因此,实际中必须及时地收集决策执行中的反馈信息,分析即定决策方案是否可以实现预定决策目标.

12.1.4　决策模型

根据决策问题的三个要素进行分析,构造出决策者决策行为的模型,即为决策模型.不同类型的决策问题,可以构建不同类型的决策模型.构造决策模型的方法主要有两种：一种是针对决策结果的方法；另一种是针对决策过程的方法.如果决策者能够正确地预见到决策的结果,其核心是决策结果的准确性和正确性的预测,则这种方法属于针对决策结果的方法.通常的单目标决策和多目标决策问题都属于这种类型.如果决策者已了解了决策过程,掌握了决策的全过程,并且通过控制这一过程,能够正确地预见决策的结果,则这种方法属于针对决策过程的方法.

12.2　确定型决策

确定型决策问题广泛地应用于生产实践和日常生活当中.例如,寻找最短路线问题,可预计的投资组合问题,物品采购问题等.

12.2.1　确定型决策的构成

所谓的确定型决策是指：决策环境是完全可知的,所作出的决策结果也是确定的.确定型决策的特点是结果可预见性,因此,通过建立确定型的数学模型就可以得到准确、可靠的决策结果.确定型决策模型的特点是有一个明确的目标,针对该目标的所有状态都是确定的,决策者可以通过求解模型得出各种方案在确定状态下的目标(效益),从而可以确定选择出最佳的策略(方案).确定型的决策问题用符号描述为

$$D = \{X, S, R\},$$

其中 X 为决策空间,S 为状态变量,R 为目标值,它由 X 和 S 共同确定.

12.2.2　确定型决策的过程

根据确定型决策的特点,按照一般决策问题的过程分步进行.主要的步骤为明确决策问题、收集相关信息、确定决策目标、分析制定决策方案、依据决策准则对决策方案进行评估、建立相应的数学模型确定选择最佳的决策方案、对模型的求解结果进行组织实施(即对结果进行检验),然后根据检验效果的反馈信息,对决策方案和相应的模型进行调整,一

般过程的流程图如图 12-1 所示.

12.2.3 确定型决策的数学模型

对于一般确定型的决策问题,决策者都是希望得到最大的效益(或收益、价值等),即目标函数有最大值.此时确定型决策问题的数学模型可表示为

$$\max R(x, S);$$
$$\text{s.t.} \ x \in X.$$

也就是说只要目标函数确定了,在决策空间中来选择一个能使目标函数(效益)有最大值的策略,即可得到决策问题的解.

事实上,确定型决策问题的数学模型是一个数学规划模型,求解该规划模型可以使用 LINGO 软件来实现求解.

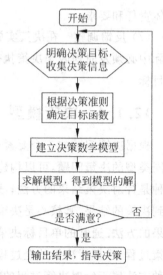

图 12-1 确定型决策的过程流程图

12.3 不确定型决策

所谓的不确定型决策是指决策者对决策环境情况一无所知,即决策环境是不确定的,决策的效益也是不确定的,甚至对各种可能的方案发生的概率也是未知的.决策者只能根据自己的主观倾向进行判断,按照一定的准则作出选择决策.由于决策者的主观态度的差异,则一般可遵守的准则也不相同,基本可以分为五种:悲观决策准则、乐观决策准则、等可能性决策准则、最小机会损失决策准则和折中决策准则.

12.3.1 悲观决策准则

悲观决策准则又称为保守决策准则.当决策者面对所有可能的方案发生的概率都未知时,他就会更多地考虑决策结果不确定的影响,即会更多地顾及由于决策失误所造成重大损失(政治、军事、经济等方面的).这主要是因为决策者的实力比较脆弱,在处理这样的决策问题时就比较谨慎,从而对于问题可能风险的态度就比较保守.通常情况下,决策者总是分析各种可能最坏的结果,从中选择出认为最好的结果,以此对应的方案作为该决策问题的策略.这种准则亦称为"最小最大准则",用符号"max min 准则"表示.在效益矩阵(效益函数)$A = (a_{ij})_{m \times n}$中,先从每一种策略所对应的各行动方案的效益中选出最小值,然后再从各策略的最小值中选出最大值,以此对应的策略作为问题的决策策略.即取

$$a_{i^* j^*} = \max_{1 \leq i \leq m} \min_{1 \leq j \leq n} a_{ij}$$

所对应的策略为悲观决策准则下的最优策略.

12.3.2 乐观决策准则

乐观决策准则与悲观决策准则正好完全相反,即决策者对待因决策失误可能造成的损失风险的态度是完全不同的.当决策者面对决策环境不确定的决策问题时,决不会轻易放弃任何一个可以获得最大效益的机会,会千方百计地争取好中求好的结果,用这种乐观的态度(喜好风险的态度)来选择相应的决策策略.即先从每一策略所对应的各行动方案的效益中选出最大值,然后再从各策略的最大值中选出最大值,故又称为"最大最大准则",用符号"max max 准则"表示.以此对应的策略作为问题的决策策略,即取

$$a_{i^*j^*} = \max_{1 \leqslant i \leqslant m} \max_{1 \leqslant j \leqslant n} a_{ij}$$

所对应的策略为乐观决策准则下的最优策略.

12.3.3 等可能性决策准则

等可能性决策准则就是在不确定的决策问题中,假设问题的事件(状态)集合中,各事件发生的概率是均等的,由此确定出最佳的决策.即当决策者面对问题的事件集合中的各事件不能确定一个事件的发生比其他事件的发生机会多的时候,就可以假设各事件发生的概率是均等的.如果事件集中共有 n 个事件,即事件集合为 $S = \{s_1, s_2, \cdots, s_n\}$,则每一个事件 s_i 发生的概率为 $p_i = \dfrac{1}{n}$.由此可以计算出各种状态下效益的期望值 $E(s_i)(i = 1, 2, \cdots, n)$,然后在所有可能策略的期望值中选择最大者,即

$$E(s_{i^*}) = \max_{1 \leqslant i \leqslant n} \{E(s_i)\}$$

所对应的策略为等可能性决策准则下的最优策略.

12.3.4 最小机会损失决策准则

最小机会损失决策准则就是在将由于策略的选择所造成的损失机会控制在最小的前提下,来追求最大效益,由此确定相应的决策策略.即先将效益矩阵 $A = (a_{ij})_{m \times n}$ 中的各元素转换为每一策略下各事件(状态)的发生的机会所造成的损失值.其具体的含义是:当某一事件发生后,由于决策者没有选用效益最大的策略而造成的损失值.譬如,如果第 k 个事件 s_k 发生,相应各策略的效益为 $a_{ik}(i=1,2,\cdots,m)$,其中最大值为

$$a_{i^*k} = \max_{1 \leqslant i \leqslant m} \{a_{ik}\} \quad (1 \leqslant k \leqslant n),$$

此时各策略的机会损失值为

$$a'_{ik} = a_{i^*k} - a_{ik} \quad (i = 1, 2, \cdots, m; 1 \leqslant k \leqslant n).$$

从所有最大机会损失值中选取最小者,即取

$$a'_{i^*j^*} = \min_{1\leqslant i\leqslant n}\max_{1\leqslant j\leqslant m}\{a'_{ij}\} \quad (1\leqslant i^*\leqslant n; 1\leqslant j^*\leqslant m),$$

所对应的策略为最小机会损失决策准则下的最优策略.

12.3.5 折中决策准则

在某些情况下,对有些决策者来说,可能会觉得悲观决策准则和乐观决策准则都太极端了. 于是就可以把二者综合起来考虑,则可以取在这种决策准则下的最佳效益值的凸组合作为决策策略的效益值,即取乐观决策系数为 $\alpha(0\leqslant\alpha\leqslant 1)$,对于每一个策略 s_i,令

$$b_i = \alpha a_{i\max} + (1-\alpha)a_{i\min} = \alpha\max_{1\leqslant j\leqslant n}\{a_{ij}\} + (1-\alpha)\min_{1\leqslant j\leqslant n}\{a_{ij}\} \quad (i=1,2,\cdots,m),$$

取 $b_{i^*} = \max_{1\leqslant i\leqslant m}\{b_i\}(1\leqslant i^*\leqslant m)$,则对应的策略即为折中决策准则下的最优策略.

12.4 风险决策

对于确定型决策问题的所有决策环境都是确定的,而且是已知的. 事实上,实际中很多问题并非如此. 现实生活中存在着大量的决策环境不确定情况的问题,例如风险投资问题(购买股票、基金、彩票、期货等),虽然投资的预期收益是未知的,但不同的投资项目其升值的概率根据历史数据是可以基本确定的,即认为是已知的. 对于此类问题,如何来选择决策策略就属于风险决策问题,本节将讨论这类问题的决策方法.

12.4.1 风险决策的概念

如果决策者对于决策问题的客观情况不甚了解,但对于将要发生的各事件(状态)发生的概率是已知的,则这类问题称为**风险决策问题**. 决策人针对风险决策问题,往往是通过调查研究,依据过去的经验和数据进行计算或主观估计确定各事件发生的概率. 由于概率的客观存在性,致使决策者必须要承担一定的风险.

由于问题状态的不确定性,必然会导致决策效益的不确定性,此时决策人必须要为自己的决策策略承担一定的风险. 由此,依照效益函数期望的大小作为决策准则来指导决策者的行动,以获得最佳的决策方案,称该准则为**最优期望效益决策准则**. 实际中,依据在这种决策准则所得到的决策策略,使决策人可以获得最大的期望效益.

12.4.2 最大期望效益决策准则

根据一般决策问题的三要素,假设风险决策模型为

$$D = \{A, P(S), R\},$$

其中 $S=\{s_1, s_2, \cdots, s_m\}$ 为状态集,$P(S)=\{p(s_1), p(s_2), \cdots, p(s_m)\}$ 为各种状态发生的概率,$A=\{a_1, a_2, \cdots, a_n\}$ 为决策集,$R=\{r(a_i, s_j) | i=1,2,\cdots,n; j=1,2,\cdots,m\}$ 为效益函数,

$r(a_i, s_j)$ 表示在状态 s_j 出现时,决策者采取方案 a_i 所得到的效益(收益或损失)值.

此时决策者采取方案 a_i 的期望收益为

$$R(a_i, S) = \sum_{j=1}^{m} r(a_i, s_j) p(s_j). \tag{12.1}$$

按照最优期望效益决策原则,则得规划模型为

$$\max \sum_{j=1}^{m} r(a_i, s_j) p(s_j) \tag{12.2}$$
$$\text{s.t.} a_i \in A \quad (i = 1, 2, \cdots, m).$$

此时将风险决策问题转化为规划问题,求解该规划问题可得到风险决策在最优期望效益决策准则下的最优策略.

一般情况下,规划模型(12.2)可以采用 LINGO 软件直接求解得到相应的最优策略.

12.4.3 最大期望效用决策准则

在某些实际决策问题中,有时按照最大期望效益决策准则得到的决策策略实际上未必是最好的. 有些时候,虽然问题的效益最大,但实际效果不是最好.

(1) 效用与边际效用

效用的概念最早是由伯努利在研究人们对其钱财的真实价值时提出的. 所谓**效用**是衡量人们对某些事物的主观价值、态度、偏好和倾向的指标. 例如在存在风险的情况下进行决策时,决策者对待风险的态度是不同的,用效用来量化决策者对待风险的态度,可以给每个决策者测定其对待风险态度的变化规律,即效用函数.

这里所说的效用,不仅依存于事物本身具有的满足人们某种欲望的、客观的物质属性,而且事物有无效用和效用大小,还依存于消费者的主观感受. 也就是说,效用不具有客观标准. 例如 100 元钱对于百万富翁的效用要比对一个乞丐的效用低得多. 效用是一个无量纲的指标,一般情况下,规定最大效用其值为 **1**,没有效用其值为 **0**.

总效用是指决策者对某些事物(多项事物)的总效用. 而**边际效用**是指某个事物的效益每增加(或减少)一个单位所引起的总效用的增加(或减少)量. 即边际效用为(见图 12-2)

$$MU = \frac{\Delta TU}{\Delta Q}, \tag{12.3}$$

其中,ΔTU 是总效用的增加(或减少)量;ΔQ 是某个事物的增加(或减少)量. 或者说,边际效用是指某种事物经济指标量每增加(或减少)一个单位所增加(减少)的总效用.

(2) 最大期望效用决策准则及应用

事实上,决策人对于实际中的决策问题作出决策的目的不完全在于追求最大的"效益(或报酬)",而主要是在追求最大的"满足感(即效用)". 当状态集为随机事件时,即追求期望效用为最大. 为此,依照期望效用的大小作为决策准则指导决策者的行动,从而获得最

优的决策策略,则称该准则为**最优期望效用值决策准则**. 在这种决策准则下,决策人可以获得最大的期望效用.

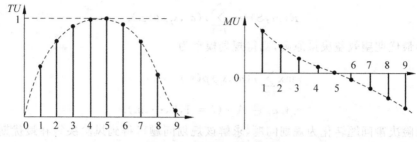

图 12-2　效用与边际效用

例 12.1　马拉松的决策问题

马拉松是古希腊的一个地名,在公元前 490 年,波斯远征军入侵希腊,在马拉松战场上,雅典人孤军奋战,结果反而以少胜多,打败了波斯人. 有位名叫裴里匹底斯的信使,带着胜利的喜讯,从马拉松跑到雅典城中央广场(连续跑了 42.195km),向雅典公民高呼:"我们胜利了! 来庆贺吧!"随即倒地身亡."马拉松长跑"就是为纪念这件事而设立的.

裴里匹底斯的死亡原因是因为体力透支、饥饿造成的. 我们设想裴里匹底斯在行进途中有一个食品店,能够在途中补充一些食物,他也就可能不会死亡了. 为此,我们假设行进途中有一个面包店,而面包店的店主是一个赌徒,在裴里匹底斯需要买面包的时候,店主对裴里匹底斯说:"我可以低价卖给你一个面包,或者你和我赌一把,你就有 1/4 的可能性赢到 5 个面包,你选择哪一种策略?"如果裴里匹底斯只需要一个面包就可以让他跑完全程,并能保住性命,5 个面包能够让他吃饱. 请你为裴里匹底斯作出一种选择策略.

事实上,如果选择买一个面包的策略,则他所得到的期望就是一个面包. 如果选择赌一把,则他所得到的期望值是 5/4 个面包. 此时,如果按照最大期望效益决策准则,则裴里匹底斯似乎应该选择赌一把更有利. 从另一个角度来看,如果他选择低价买一个面包的话,则他可以确定能够保住自己的性命;但是,如果选择赌一把,则他就有 3/4 的可能性会死亡. 因此,似乎此时裴里匹底斯更应该选择低价买一个面包. 其原因在于 5 个面包带给他生存的期望并不是一个面包的 5 倍,后面 4 个面包给裴里匹底斯增加的满足感对于他的生命而言是微乎其微的. 如果 5 个面包给裴里匹底斯的效用是"1"的话,那么第一个面包的效用应该是在 0.9 以上. 此时按最大期望效用决策准则,则选择一个面包的期望效用是大于 $0.9 \times 1 = 0.9$,而选择 5 个面包的期望效用是 $1 \times 0.25 = 0.25$,故在最大期望效用决策准则下,裴里匹底斯应该选择低价购买一个面包的策略是最佳的.

另一方面,裴里匹底斯在饥饿的时候,吃第一个面包给他带来的效用是很大的,随着他吃的面包数量的持续增加,虽然开始时他会越来越满足,即总效用不断增加,但每一面包给他带来的效用增量即边际效用却是递减的. 当他完全吃饱的时候,面包的总效用达到最大值,而边际效用却降为零. 如果他还继续吃面包,就会感到不适,这意味着面包的边际效用进一步降为负值,总效用也开始下降,其变化规律如图12-2所示.

这种现象不仅仅是在马拉松的决策问题中存在,而且是在实际中普遍存在的一个经济规律. 例如,如果公司老板把一名职员的薪水从1000元涨到1500元,另一个是从10000元涨到10500元. 增加额都是500元,但前者的500元的意义要远远大于后者的500元的意义. 对于前者,这名职员会感觉老板给他大幅加薪了,会很满足,即加薪的效用很大. 而对于后者,该职员会感觉老板只是象征性地加了点工资而已,不会太满意,即加薪的效用不大.

12.5 多目标决策

实际中,许多决策问题都有两个或两个以上的决策目标,这类问题就属于多目标决策问题,即具有两个和两个以上决策目标的决策问题统称为**多目标决策问题**. 多目标决策在工程技术、经济、社会、军事等领域都有广泛的应用. 例如,某公司(或企业)要确定下一年度的组合投资方案问题,在可供选择的多个候选方案中,往往都是收益与风险并存,而且收益越高,风险也就越大. 如何选择合适的组合投资方案,使其收益最高,风险最小? 这是一类典型的双目标决策问题. 又例如,在人才的选拔使用、招聘录用、选优评先等活动中,由于每个人都有各自的特长、优势和不足,决策部门总是要综合考虑各方面的条件,作出选择决策使得各方面的条件优势最大,劣势最小,这一般是一个多目标决策问题.

12.5.1 多目标决策问题的概念与模型

(1) 多目标决策问题的基本要素

任何一个多目标决策问题都包含有五个基本要素:决策单元、目标集、属性集、决策情况和决策规则.

决策单元是指制订决策的人,可以是一个人,也可以是一群人.

目标集是关于决策人所研究问题的"要求"或"愿望",决策人可以有若干个不同的目标,即构成一个目标集. 通常情况下,目标集可以表示为一个递阶结构.

属性集是指实现决策目标程度的一个度量,即每一个目标都可以设定一个或若干个属性,构成一个属性集. 目标的属性是可度量的,它反映了特定目标所达到目的的程度.

决策情况是指决策问题的结构和决策环境,即说明决策问题的决策变量、属性,以及度量决策变量与属性的标度、决策变量与属性之间的因果关系等.

决策规则是指用于排列方案优劣次序的规则,而方案的优劣是依据所有目标的属性值来衡量的.

(2) 多目标决策问题的解决过程

多目标决策问题的求解过程主要可分为四个步骤：

第一步　问题的构成，即对所需要解决的实际问题进行分析，明确问题中的主要因素、界限和所处的环境等，从而确定问题的目标集。

第二步　建立数学模型，即根据第一步的结果，建立与问题相适宜的数学模型。

第三步　对该数学模型进行分析和评价，即对各种可行的方案进行比较，从而可以对每一个目标标定一个（或几个）属性（称为**目标函数**），这些属性的值可以作为采用某方案时各个目标的一种度量。

第四步　确定实施方案，即依据每一个目标的属性值和预先规定的决策规则比较各种可行的方案，按优劣次序将所有的方案排序，从而确定出最好的可实施方案。

(3) 多目标决策问题的数学模型

设 X 为方案集，它是决策变量 $x=(x_1,x_2,\cdots,x_N)$ 的集合，$f_1(x),f_2(x),\cdots,f_n(x)$ 为目标函数。对于每一个给定的方案 $x \in X$，由目标函数可以确定各个属性的一组值 $f_1,f_2,\cdots,f_n$。实际中，方案集 X 可以是有限的，也可以是无限的。在这里不妨假设决策变量 x 的所有约束都能用不等式表示出来，即

$$g_i(x) \leqslant 0 \quad (i=1,2,\cdots,m), \tag{12.4}$$

其中 $g_i(x)(i=1,2,\cdots,m)$ 均为决策变量 x 的实值函数。则方案集 X（又称决策空间中的可行域）可以表示为

$$X = \{x \in E^N \mid g_i(x) \leqslant 0, i=1,2,\cdots,m\}. \tag{12.5}$$

于是，一般的多目标决策问题的数学模型可以表示为

$$\begin{cases} \mathop{\mathrm{DR}}\limits_{x \in X}[f_1(x),f_2(x),\cdots,f_n(x)]; \\ \text{s.t. } X = \{x \in E^N \mid g_i(x) \leqslant 0, i=1,2,\cdots,m\}. \end{cases} \tag{12.6}$$

其中 DR(decision rule) 表示决策规则，即上式的意义是运用决策规则 DR，依据属性 $f_1,f_2,\cdots,f_n$ 的值，在 X 中选择一个最优的决策方案。

12.5.2　多目标决策方法

对于多目标决策问题，最主要的特点是各目标间的"矛盾性"和"不可公度性"。所谓目标间的矛盾性是指：如果试图通过某一种方案去改进一个目标的指标值，则可能会使另一个目标的值变劣。而目标间的不可公度性是指：各目标间一般没有统一的度量标准，因而一般不能直接进行比较。

实际中，对于目标间的不可公度性可以通过各目标的效用来解决。将问题的各个目标都采用相应的效用（各属性对于决策者欲望的满足程度）来刻画。即各目标的效用函数为

$$v_i(x) = V(f_i(x)) \quad (i=1,2,\cdots,n).$$

这样就解决了各目标之间的不可公度性问题.

对于目标间的矛盾性,类似地可以采用多属性效用函数来解决. 多属性效用函数理论是单属性效用理论的推广,其定义为多属性综合作用的结果对人们欲望的满足程度,它是各属性效用函数的函数,即定义为
$$V(\boldsymbol{x}) = F(v_1(\boldsymbol{x}), v_2(\boldsymbol{x}), \cdots, v_n(\boldsymbol{x})).$$

由此,对于一般的多目标决策问题的数学模型为
$$\max f_1(\boldsymbol{x}),$$
$$\max f_2(\boldsymbol{x}),$$
$$\vdots$$
$$\max f_n(\boldsymbol{x});$$
$$\text{s. t.} \begin{cases} \boldsymbol{x} \in X, \\ g_i(\boldsymbol{x}) \leqslant 0 \quad (i=1,2,\cdots,m). \end{cases}$$

利用多属性效用函数就可以转化为
$$\max V(\boldsymbol{x}) = F(v_1(\boldsymbol{x}), v_1(\boldsymbol{x}), \cdots, v_n(\boldsymbol{x}))$$
$$\text{s. t.} \begin{cases} \boldsymbol{x} \in X, \\ g_i(\boldsymbol{x}) \leqslant 0 \quad (i=1,2,\cdots,m). \end{cases} \tag{12.7}$$

这样就可以将多目标决策的多目标规划模型转化为单目标的规划模型来解决了.

通过模型(12.7)式,把不可公度的各个属性通过效用函数的方法将多目标规划问题转化为单目标规划问题. 值得注意的是,对于不同的多属性效用函数可能会得到不同的决策结果,在实际应用时,应根据具体的情况,来定义符合实际情况的多属性效用函数. 在实际应用中,按照多属性效用函数的不同,衍生出了多种多目标决策的方法,下面介绍常用的几种方法.

(1) **线性加权法**

在实际中的许多情况下,多属性效用函数 $v(\boldsymbol{x})$ 可以用各个属性的效用函数加性表示,即
$$v(\boldsymbol{x}) = k_1 v_1(x_1) + k_2 v_2(x_2) + \cdots + k_n v_n(x_n), \tag{12.8}$$

其中 $k_i (i=1,2,\cdots,n)$ 为标量常数,且 $\sum_{i=1}^{n} k_i = 1$.

实际上,可以证明:如果每一个 x_i 独立于其他的属性,则多属性效用函数可以用加性表示,即(12.8)式成立.

(2) **变权加权法**

在线性加权方法中,一旦多属性效用函数确定了,则其权值就确定了,而不依赖于各属性的效用. 有些时候,权值是随着其相应属性效用的变化而变化的,此时可以用变权的加权形式,即

$$v(\boldsymbol{x}) = K_1(v_1(x_1))v_1(x_1) + K_2(v_2(x_2))v_2(x_2) + \cdots + K_n(v_n(x_n))v_n(x_n). \tag{12.9}$$

特别地,当 $K_i(v_i(x_i)) = k_i v_i^{m_i-1}(x_i)$ 时,则(12.9)式可表示为

$$v(\boldsymbol{x}) = k_1 v_1^{m_1}(x_1) + k_2 v_2^{m_2}(x_2) + \cdots + k_n v_n^{m_n}(x_n). \tag{12.10}$$

当 $m_i = 1$ 时,则称为拟加性变权,对于拟加性变权形式等价于线性加权形式;当 $m_i < 1$ 时,则是突出低效用因素的影响,而忽略高效用因素的影响;当 $m_i > 1$ 时,则是突出高效用因素影响,而忽略低效用因素作用.

(3) 指数加权法

在有些问题中,各个属性的效用是环环相扣的,缺一不可,只要有一个效用为 0,则总体效用为 0,此时可采用指数加权法.即取

$$v(\boldsymbol{x}) = v_1^{k_1}(x_1) v_2^{k_2}(x_2) \cdots v_n^{k_n}(x_n). \tag{12.11}$$

指数加权方法可以解决属性串行结构的问题,通过指数 $k_i (i=1,2,\cdots,n)$ 的大小来区分不同属性的差异.

(4) 逼近理想解方法(TOPSIS)

在多目标决策问题的决策过程中,决策人总是希望找到所有属性指标都为最优的解,即希望尽可能地远离各属性指标都最劣的解.基于这种思想,Hwang C. L. 和 Yoon K. S. 在 1981 年提出了逼近理想解的排序方法(technique for order preference by similarity to ideal solution,TOPSIS).这种方法的基本思想是定义一个测度来刻画备选方案与正负理想解的关系.所谓正理想解就是所有的属性指标都处于最优的解,负理想解就是所有的属性指标都处于最劣的解.从几何上来看,若一个方案在某种测试下,最靠近正理想解,而且又最远离负理想解,则该方案就认为是决策问题的最优解.

设问题有 n 个方案 $v_1, v_2, \cdots v_n$,每个方案都有 m 个属性,则对每一个方案定义测度为

$$C(v_i) = \frac{S^-(v_i)}{S^+(v_i) + S^-(v_i)} \quad (i=1,2,\cdots,n), \tag{12.12}$$

其中

$$S^+(v_i) = \Big(\sum_{j=1}^m (v_i^+ - v_i(x_j))^k\Big)^{\frac{1}{k}}, \quad S^-(v_i) = \Big(\sum_{j=1}^n (v_i(x_j) - v_i^-)^k\Big)^{\frac{1}{k}},$$

$$v_i^+ = \max_{1 \leqslant j \leqslant m} v_i(x_j), v_i^- = \min_{1 \leqslant j \leqslant m} v_i(x_j) \quad (i=1,2,\cdots,n).$$

特别地,当 $k=1$ 时,则 TOPSIS 方法等价于线性加权法,当 $k=2$ 时,TOPSIS 方法中的测度是欧氏距离,即为传统的 TOPSIS 方法,对于 $n=2$ 的情况其几何意义如图 12-3 所示.

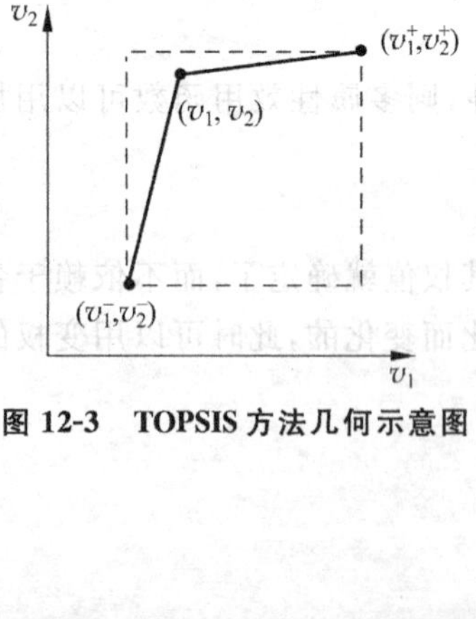

一般 TOPSIS 方法的算法步骤可以归纳如下:

第一步 为每个属性构造效用函数,对方案集构造

图 12-3 TOPSIS 方法几何示意图

决策矩阵. 针对 n 个方案, m 个属性, 则方案集的决策矩阵为

$$A = \begin{bmatrix} v_1(x_1) & v_2(x_1) & \cdots & v_n(x_1) \\ v_1(x_2) & v_2(x_2) & \cdots & v_n(x_2) \\ \vdots & \vdots & & \vdots \\ v_1(x_m) & v_2(x_m) & \cdots & v_n(x_m) \end{bmatrix}.$$

第二步 构造加权规范化决策矩阵, 即为

$$A' = \begin{bmatrix} w_1 v_1(x_1) & w_2 v_2(x_1) & \cdots & w_n v_n(x_1) \\ w_1 v_1(x_2) & w_2 v_2(x_2) & \cdots & w_n v_n(x_2) \\ \vdots & \vdots & & \vdots \\ w_1 v_1(x_m) & w_2 v_2(x_m) & \cdots & w_n v_n(x_m) \end{bmatrix},$$

其中 $\sum_{i=1}^{n} w_i = 1$.

第三步 计算正负理想解, 即有

$$v_i^+ = \max_{1 \leqslant j \leqslant m} \{v_i(x_j)\}, \quad v_i^- = \min_{1 \leqslant j \leqslant m} \{v_i(x_j)\}, \quad (i = 1, 2, \cdots, n).$$

第四步 计算距离, 即分别求所有可能方案到正负理想解的距离. 不妨取欧氏距离为

$$S^+(v_i) = \Big(\sum_{j=1}^{m} (v_i^+ - v_i(x_j))^2 \Big)^{\frac{1}{2}}, \quad S^-(v_i) = \Big(\sum_{j=1}^{m} (v_i(x_j) - v_i^-)^2 \Big)^{\frac{1}{2}}.$$

第五步 计算各方案的测度(度量指标值). 即为

$$C(v_i) = \frac{S^-(v_i)}{S^+(v_i) + S^-(v_i)}.$$

第六步 求解最大测度值. 即求解

$$\max_{1 \leqslant i \leqslant n} C(v_i), \tag{12.13}$$

并以此解作为多目标决策问题的最优解, 即最优的决策方案.

12.5.3 层次分析法

对于求解多目标决策问题的很多方法都会涉及加权的问题, 通过加权将多目标的问题转化为单目标的问题来解决. 如何来确定相应的权值使得问题的结果更合理, 这正是本节层次分析法要解决的问题. 层次分析法(analytic hierarchy process, AHP)是由美国的数学家 T. L. Saaty 于 20 世纪 70 年代提出的, 这是一种定性分析与定量计算相结合的分析方法, 在目标对象属性复杂的时候, 采用层次分析方法往往能够得到较好的结果.

在实际中, 当问题的属性数量不太多时, 人们容易判断出各属性之间的关系和差异. 但是, 当问题的属性数量较多时, 人的直观判断就可能出现偏差和错误. 层次分析法是通过两两比较各属性之间的关系和差异, 来判断确定各属性的重要程度. 层次分析法解决问

题的基本思想与人们对一个多层次、多因素、复杂的决策问题的思维过程基本一致,最突出的特点是分层比较、综合优化.其解决问题的基本步骤如下:

第一步 分析系统中各因素之间的关系,建立系统的递阶层次结构,一般层次结构分为三层:第一层为目标层,第二层为准则层,第三层为方案层.

第二步 构造两两比较矩阵(判断矩阵),对于同一层次的各因素关于上一层中某一准则(目标)的重要程度进行两两比较,构造出两两比较的判断矩阵.

第三步 由比较矩阵计算被比较因素对每一准则的相对权重,并进行判断矩阵的一致性检验.

第四步 计算方案层对目标层的组合权重和组合一致性检验,并进行排序.

AHP方法的具体步骤如下.

(1) **层次结构图**

利用层次分析法研究多目标决策问题时,首先要把与问题有关的各因素(属性)层次化,然后构造出一个树状结构的层次结构模型,称为**层次结构图**.一般问题的层次结构图分为三层,如图12-4所示.

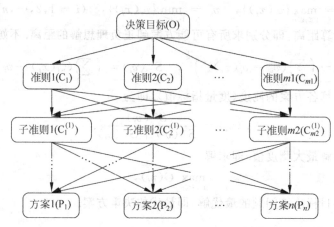

图 12-4 层次结构图

最高层为目标层(O):问题决策的目标或理想结果,只有一个元素.

中间层为准则层(C):包括为实现目标所涉及的中间环节各因素,每一因素为一准则,当准则多于9个时可分为若干个子层.

最低层为方案层(P):方案层是为实现目标而供选择的各种措施,即为决策方案.一般说来,各层次之间的各因素,有的相关联,有的不一定相关联;各层次的因素个数也未必一定相同.实际中,主要是根据问题的性质和各相关因素的类别来确定.

(2) **构造比较矩阵**

构造比较矩阵主要是通过比较同一层次上的各因素对上一层相关因素的影响作用.

而不是把所有因素放在一起比较,即将同一层的各因素进行两两对比.比较时采用相对尺度标准度量,尽可能地避免不同性质的因素之间相互比较的困难.同时,要尽量依据实际问题的具体情况,减少由于决策人主观因素对结果造成的影响.

设要比较 n 个因素 $C_1, C_2, \cdots, C_n$ 对上一层(如目标层)O 的影响程度,即要确定它在 O 中所占的比重.对任意两个因素 C_i 和 C_j,用 a_{ij} 表示 C_i 和 C_j 对 O 的影响程度之比,按 1～9 的比例标度来度量 $a_{ij}(i,j=1,2,\cdots,n)$.于是,可得到两两成对的**比较矩阵 $A =(a_{ij})_{n \times n}$**,又称为**判断矩阵**,显然

$$a_{ij} > 0, \quad a_{ji} = \frac{1}{a_{ij}}, \quad a_{ii} = 1, \quad (i,j=1,2,\cdots,n).$$

因此,又称判断矩阵为**正互反矩阵**.

比例标度的确定:a_{ij} 取 1～9 的 9 个等级,而 a_{ji} 取为 a_{ij} 的倒数,具体的如表 12-1 所示.

表 12-1　比例标度值

标度 a_{ij}	含　义
1	C_i 与 C_j 的影响相同
3	C_i 比 C_j 的影响稍强
5	C_i 比 C_j 的影响强
7	C_i 比 C_j 的影响明显地强
9	C_i 比 C_j 的影响绝对地强
2,4,6,8	C_i 与 C_j 的影响之比在上述两个相邻等级之间
$\frac{1}{2}, \cdots, \frac{1}{9}$	C_j 与 C_i 的影响之比为上面 a_{ij} 的互反数

在特殊情况下,如果判断矩阵 A 的元素具有传递性,即满足

$$a_{ik} a_{kj} = a_{ij} \quad (i,j,k=1,2,\cdots,n),$$

则称 A 为**一致性矩阵**,简称为**一致阵**.

(3) 相对权重向量确定

设想把一大石头 Z 分成 n 个小块 $c_1, c_2, \cdots, c_n$,其重量分别为 $w_1, w_2, \cdots, w_n$,则将 n 块小石头作两两比较,记 c_i, c_j 的相对重量为 $a_{ij} = \frac{w_i}{w_j}(i,j=1,2,\cdots,n)$,于是可得到比较矩阵

$$A = \begin{bmatrix} \frac{w_1}{w_1} & \frac{w_1}{w_2} & \cdots & \frac{w_1}{w_n} \\ \frac{w_2}{w_1} & \frac{w_2}{w_2} & \cdots & \frac{w_2}{w_n} \\ \vdots & \vdots & & \vdots \\ \frac{w_n}{w_1} & \frac{w_n}{w_2} & \cdots & \frac{w_n}{w_n} \end{bmatrix}.$$

显然,A 为一致性正互反矩阵,记 $w=(w_1,w_2,\cdots,w_n)^{\mathrm{T}}$,即为权重向量. 且

$$A = w\left(\frac{1}{w_1},\frac{1}{w_2},\cdots,\frac{1}{w_n}\right),$$

则

$$Aw = w\left(\frac{1}{w_1},\frac{1}{w_2},\cdots,\frac{1}{w_n}\right)w = nw.$$

这表明 w 为矩阵 A 的特征向量,且 n 为特征根.

事实上,对于一般的判断矩阵 A 有 $Aw=\lambda_{\max}w$,这里 $\lambda_{\max}(=n)$ 是 A 的最大特征根,w 为 $\lambda_{\max}$ 对应的特征向量.

将 w 作归一化后可近似地作为 A 的权重向量,这种方法称为**特征根法**.

(4) **一致性检验**

通常情况下,由实际得到的判断矩阵不一定是一致的,即不一定满足传递性. 实际中,也不必要求一致性绝对成立,但要求大体上是一致的,即不一致的程度应在容许的范围内. 主要考查以下指标:

一致性指标　$CI=\dfrac{\lambda_{\max}-n}{n-1}$.

随机一致性指标　RI 通常由实际经验给定,如表 12-2 所示.

表 12-2　随机一致性指标

n	2	3	4	5	6	7	8	9	10	11	12	13	14	15
RI	0	0.58	0.90	1.12	1.24	1.32	1.41	1.45	1.49	1.51	1.54	1.56	1.58	1.59

一致性比率指标　$CR=\dfrac{CI}{RI}$,当 $CR<0.10$ 时,认为判断矩阵的一致性是可以接受的,则 $\lambda_{\max}$ 对应的特征向量可以作为决策的权重向量.

(5) **计算组合权重和组合一致性检验**

首先来确定组合权重向量. 设第 $k-1$ 层上 n_{k-1} 个元素对总目标(最高层)的权重向量为

$$w^{(k-1)} = \left(w_1^{(k-1)},w_2^{(k-1)},\cdots,w_{n_{k-1}}^{(k-1)}\right)^{\mathrm{T}},$$

则第 k 层上 n_k 个元素对上一层($k-1$ 层)上第 j 个元素的权重向量为

$$p_j^{(k-1)} = \left(p_{1j}^{(k)},p_{2j}^{(k)},\cdots,p_{n_k j}^{(k)}\right)^{\mathrm{T}} \quad (j=1,2,\cdots,n_{k-1}),$$

则矩阵

$$P^{(k)} = \left[p_1^{(k)},p_2^{(k)},\cdots,p_{n_{k-1}}^{(k)}\right]$$

是 $n_k \times n_{k-1}$ 矩阵,表示第 k 层上的元素对第 $k-1$ 层各元素的权向量.那么第 k 层上的元素对目标层(最高层)总决策权重向量为

$$w^{(k)} = P^{(k)} w^{(k-1)} = \left[p_1^{(k)}, p_2^{(k)}, \cdots, p_{n_{k-1}}^{(k)} \right] w^{(k-1)}$$
$$= \left(w_1^{(k)}, w_2^{(k)}, \cdots, w_{n_k}^{(k)} \right)^T,$$

或

$$w_i^{(k)} = \sum_{j=1}^{n_{k-1}} p_{ij}^{(k)} w_j^{(k-1)} \quad (i = 1, 2, \cdots, n_k).$$

对任意的 $k > 2$ 有一般公式

$$w^{(k)} = P^{(k)} P^{(k-1)} \cdots P^{(3)} w^{(2)} \quad (k > 2),$$

其中 $w^{(2)}$ 是第二层上各元素对目标层的总决策向量.

然后进行组合一致性检验.设 k 层的一致性指标为 $CI_1^{(k)}, CI_2^{(k)}, \cdots, CI_{n_k}^{(k)}$,随机一致性指标为 $RI_1^{(k)}, RI_2^{(k)}, \cdots, RI_{n_{k-1}}^{(k)}$.则第 k 层对目标层的(最高层)的组合一致性指标为

$$CI^{(k)} = \left(CI_1^{(k)}, CI_2^{(k)}, \cdots, CI_{n_{k-1}}^{(k)} \right) w^{(k-1)};$$

组合随机一致性指标为

$$RI^{(k)} = \left(RI_1^{(k)}, RI_2^{(k)}, \cdots, RI_{n_{k-1}}^{(k)} \right) w^{(k-1)};$$

组合一致性比率指标为

$$CR^{(k)} = CR^{(k-1)} + \frac{CI^{(k)}}{RI^{(k)}} \quad (k \geqslant 3).$$

当 $CR^{(k)} < 0.10$ 时,则认为整个层次的比较判断矩阵通过一致性检验.

12.6 应用案例分析

例 12.2 汽车配置的决策问题

某汽车公司拟生产一款新型轿车,初步确定有以下几种配置方案供选择(括号内为成本价).

发动机 E 2.0L($e_1 = 2.0$ 万元),1.8L($e_2 = 1.6$ 万元);

天窗 S 无天窗($s_1 = 0$ 万元),手动天窗($s_2 = 0.3$ 万元),电动天窗($s_3 = 0.5$ 万元);

换挡 D 手动($d_1 = 1.2$ 万元),自动换挡($d_2 = 2.1$ 万元);

整车的其他成本为 $W = 7$ 万元.

各种版本车型的预计售价和销量如表 12-3 所示.

表 12-3　各配置车型预计售价和销量表

型号	发动机	天窗	换挡	售价 P/万元	预计销量 Q/辆
Nh20	2.0L	无天窗	手动挡	13	1500
Na20	2.0L	无天窗	自动挡	14	1450
Hh20	2.0L	手动天窗	手动挡	13.4	1400
Ha20	2.0L	手动天窗	自动挡	14.4	1500
Eh20	2.0L	电动天窗	手动挡	13.6	1480
Ea20	2.0L	电动天窗	自动挡	15.6	1350
Nh18	1.8L	无天窗	手动挡	12.5	1410
Na18	1.8L	无天窗	自动挡	13.5	1380
Hh18	1.8L	手动天窗	手动挡	12.9	1460
Ha18	1.8L	手动天窗	自动挡	13.9	1500
Eh18	1.8L	电动天窗	手动挡	13.1	1390
Ea18	1.8L	电动天窗	自动挡	15.1	1480

由于同时开发两种或两种以上配置轿车的成本较高,因此只能选择一种配置车型.此时该公司应如何选择确定最佳的轿车配置方案,使得获得利润最大.

解　根据题意,该问题为确定型决策问题,按照确定型决策分析方法的一般步骤则有:

步骤 1　明确决策目标,收集与决策问题有关的信息.

事实上,问题中所给出的信息已可以指导决策,决策的目标是公司的收益有最大值.

步骤 2　明确自然状态.该问题的自然状态就是各种配件的生产成本、预期的销售量和预期的销售价格.

步骤 3　列出可供选择的方案.由题意知,各种配置的组合方案总共有 12 种,如表 12-4 所示.公司可以根据需要依据决策准则,从中选择最佳的方案.

步骤 4　确定效益函数.由问题要求和决策目标,确定效益函数为某种配置方案对应的收益,即为总销售价减去总成本.即

$$R = Q[P - (W + E + S + D)].$$

表 12-4　新型轿车的销售额、销售量、成本

配置型号	E/万元	S/万元	D/万元	P/万元	Q/辆	R/万元
Nh20	2	0	1.2	13	1500	4200
Na20	2	0	2.1	14	1450	4205
Hh20	2	0.3	1.2	13.4	1400	4060
Ha20	2	0.3	2.1	14.4	1500	4500
Eh20	2	0.5	1.2	13.6	1480	4292

续表

配置型号	E/万元	S/万元	D/万元	P/万元	Q/辆	R/万元
Ea20	2	0.5	2.1	15.6	1350	5400
Nh18	1.6	0	1.2	12.5	1410	3807
Na18	1.6	0	2.1	13.5	1380	3864
Hh18	1.6	0.3	1.2	12.9	1460	4088
Ha18	1.6	0.3	2.1	13.9	1500	4350
Eh18	1.6	0.5	1.2	13.1	1390	3892
Ea18	1.6	0.5	2.1	15.1	1480	5772

步骤 5 确定决策准则,找出最优方案.按照最大效益准则,可以确定出最佳的轿车配置方案为 Ea18,则公司相应的最大总收益为 5772 万元.

例 12.3 汽车配置的风险决策问题

对于例 12.2 所提出的汽车配置决策问题,主要是在预期的销售量作为确定的值来考虑的,实际上这是一个预测值,对未来的实际销售量未必一定是确定的,随着市场行情的变化可能会与该值有一定的误差.为此,上面按此作出的决策可能存在着一定的风险因素,进一步地考虑预期市场的销售量是按一定的概率分布来实现的.具体的概率分布如表 12-5 所示.在这种情况下,按照最大期望效益决策准则的最佳决策策略为何?

表 12-5 新型轿车的预期销售量与概率分布

型号	1350	1400	1450	1500	1550
Nh20	0.1	0.1	0.2	0.5	0.2
Na20	0.1	0.1	0.5	0.2	0.1
Hh20	0.2	0.4	0.2	0.1	0.1
Ha20	0.1	0.1	0.1	0.6	0.1
Eh20	0.1	0.1	0.3	0.4	0.1
Ea20	0.6	0.3	0.1	0	0
Nh18	0.1	0.5	0.1	0.1	0.1
Na18	0.3	0.4	0.1	0.1	0.1
Hh18	0	0.1	0.5	0.3	0.1
Ha18	0.1	0.1	0.2	0.4	0.2
Eh18	0.2	0.5	0.2	0.1	0
Ea18	0.2	0.7	0.1	0	0

解 根据题意,将此问题视为一个风险决策问题来考虑.基本的变量符号与例 12.2 相同.则采取配置方案 a_i 的期望收益为

$$R(a_i,S) = \sum_{j=1}^{5} r(a_i)p(s_j).$$

其中 $p(s_j)$ 为销售量为 s_j 时的概率,$r(a_i)=p_i-(w_i+s_i+e_i+d_i)$ 表示确定配置方案 a_i 时的收益.按照最大期望效益决策准则,则问题转化为求解下面的最优化问题:

$$\max_{1\leqslant i\leqslant 12} R(a_i,S)$$
$$\text{s.t.} a_i \in A \quad (i=1,2,\cdots,12).$$

由表 12-4 和表 12-5 中的实际数据,求解该模型可以得到最佳的决策策略为选择 $Ea20$ 型汽车的配置方案(2.0L/电动天窗/自动挡/15.6 万元),公司可获得最大利润为 5500 万元.

例 12.4 考试复习时间的安排问题

张强是一位在校大学生,本学期他将参加三门主要课程的期末考试,由于时间比较紧张,他能够专门用来复习这三门考试课程的时间只有 6 天.根据经验分析预测,每门功课的考试成绩与他所投入的时间成正比,但不同课程的成绩与所投入时间的不同而不同.具体的投入复习时间和相应课程的成绩如表 12-6 所示.

表 12-6 三门课程的复习效果

天数	0	1	2	3	4	5	6
运筹学分数	30	44	65	75	83	88	90
管理学分数	40	52	62	70	77	83	98
统计学分数	70	80	88	90	91	92	93

试运用决策分析的理论,帮助张强制订一个最佳的复习时间安排表,即他该怎样分配复习时间,才能够使这三门课程的总成绩为最高.

解 安排方案的优劣主要取决于张强最后考试分数的高低,即张强的满意程度.最后的考试分数越高,他就会越满意,相应的安排方案就越好,即决策方案的效用也就越高.因此可以把张强的考试总分作为决策方案的效用值,于是可以得到决策方案与边际效用值如表 12-7 所示.

表 12-7 决策方案的边际效用值

天数	0	1	2	3	4	5	6
运筹学 MU_O	30	14	11	10	8	5	2
管理学 MU_A	40	12	10	8	7	6	5
统计学 MU_S	70	10	8	2	1	1	1

从表 12-7 中可以看出，边际效用随复习时间呈递减趋势，即对于一门课程而言并不是用的时间越多效用越大。在此不妨用 x,y,z 分别表示复习运筹学、管理学、统计学的天数，其边际效用分别为 $MU_O(x),MU_A(y),MU_S(z)$。按照最大期望效用决策准则，建立该决策问题的数学模型为

$$\max \sum_{i=0}^{x} MU_O(i) + \sum_{j=0}^{y} MU_A(j) + \sum_{k=0}^{z} MU_S(k)$$

$$\text{s. t.} \begin{cases} x+y+z=6, \\ x,y,z \geqslant 0, \\ x,y,z \in \mathbb{Z}. \end{cases}$$

直接求解该规划模型得 $x=3,y=2,z=1$。即张强的复习时间安排计划为：运筹学用 3 天，管理学用二天，统计学用一天，能够使得张强有最佳的成绩。即运筹学为 75 分，管理学 62 分，统计学 80 分，总成绩为 217 分。

例 12.5 选购电脑的决策问题

某品牌电脑公司，针对不同消费人群的不同需求，推出了五种不同配置的个人电脑，不同的配置有不同的价格。具体的情况如表 12-8 所示。

表 12-8 市场销售某种品牌电脑配置

型号	CPU	内存 R	显卡 G	硬盘 H	主板 B	显示器 M	网卡 N	价格 P/元
E670C	E6700	512M	7300LE	160G	945G	17 寸 LCD	100M	6999
E630T	E6300	1G	7600LE	160G	975G	17 寸 LCD	100M	6888
E630M	E6300	512M	6200LE	160G	945G	19 寸 LCD	100M	6999
E630H	E6100	512M	6200LE	300G	945G	19 寸 LCD	100M	6666
E670W	E6700	1G	7600LE	250G	975G	19 寸 LCD	100M	7666

青年小刘拟购置一台该品牌的电脑，他用电脑性能测试软件 3D Mark 对各种配置的电脑进行了测试，E670C，E630T，E630M，E630H，E670W 这五款电脑的测试值分别为 5048，5124，4688，4315，5898，其数值越高电脑的性能就越高。

小刘为了购置这种电脑，提出了以下几点要求：

(1) 电脑的运行稳定性要好；

(2) 平时主要是用于上网和文字处理工作；

(3) 喜欢下载收集好的影片；

(4) 偶尔玩玩游戏，但都是单机小游戏；

(5) 预算尽量不超过 7000 元；

(6) 价格尽量便宜适用，不要浪费。

请帮助小刘选择一台该品牌的最佳配置的电脑，即给出选购决策方案。

解 根据题意,该问题是一个多目标的决策问题,问题的方案集为
$$X = \{E670C, E630T, E630M, E630H, E670W\},$$
决策变量是各种配置组成的向量.例如:
$$E670C = (E6700, 512M, 7300LE, 160G, 945, 17LCD),$$
其他的类似.下面对小刘所提出的要求(即决策目标)进行分析.

(1) 电脑的运行稳定性要好.

将该目标值记为 $f_1(x)$,相应的取值越高,运行稳定性就越好.即由测试值得 $f_1(E670C) = 5048, f_1(E630T) = 5124, f_1(E630M) = 4688, f_1(E630H) = 4315, f_1(E670W) = 5898.$

为了便于比较各目标的优劣,对该目标的取值进行标准化处理,即
$$f_1'(x) = \frac{f_1(x) - \min f_1(x)}{\max f_1(x) - \min f_1(x)},$$
则有 $f_1'(E670C) = 0.4630, f_1'(E630T) = 0.5111, f_1'(E630M) = 0.2356, f_1'(E670W) = 1.$

(2) 平时主要是用于上网和文字处理工作.

这五款电脑的上网卡都是 100M,同时其他配置都远远超过了 Office 推荐运行标准,在上网速度和文档处理速度方面都能够满足要求,并且不相上下.在此定义如下两个函数:

$$g_1(x) = \begin{cases} -1, & \text{能够流畅上网}, \\ 1, & \text{不能流畅上网}, \end{cases}$$

$$g_2(x) = \begin{cases} -1, & \text{能够流畅文档处理}, \\ 1, & \text{不能流畅文档处理}. \end{cases}$$

显然有
$$g_1(E670C) = -1, \quad g_1(E630T) = -1, \quad g_1(E630M) = -1,$$
$$g_1(E630H) = -1, \quad g_1(E670W) = -1;$$
$$g_2(E670C) = -1, \quad g_2(E630T) = -1, \quad g_2(E630M) = -1,$$
$$g_2(E630H) = -1, \quad g_2(E670W) = -1.$$

(3) 喜欢下载收集好的影片.

由于小刘喜欢下载收集好的影片,则应需要一个较大的硬盘和显示器,设硬盘容量函数为
$$f_2(E670C) = 160, \quad f_2(E630T) = 160, \quad f_2(E630M) = 160,$$
$$f_2(E630H) = 300, \quad f_2(E670W) = 250.$$

将其作标准化处理,令
$$f_2'(x) = \frac{f_2(x) - \min f_2(x)}{\max f_2(x) - \min f_2(x)},$$

则有
$$f_2'(E670C) = 0, \quad f_2'(E630T) = 0, \quad f_2'(E630M) = 0,$$
$$f_2'(E630H) = 1, \quad f_2'(E670W) = 0.6429.$$

类似地,设显示器尺寸函数为
$$f_3(E670C) = 17, \quad f_3(E630T) = 17, \quad f_3(E630M) = 19,$$
$$f_3(E630H) = 19, \quad f_3(E670W) = 19.$$

将其作标准化处理,令
$$f_3'(x) = \frac{f_3(x) - \min f_3(x)}{\max f_3(x) - \min f_3(x)},$$

则得
$$f_3'(E670C) = 0, \quad f_3'(E630T) = 0, \quad f_3'(E630M) = 0,$$
$$f_3'(E630H) = 1, \quad f_3'(E670W) = 1.$$

(4) 偶尔玩玩游戏,但都是单机小游戏.

由于小刘是偶尔玩玩游戏,但都是单机小游戏,所以小刘对电脑的 3D 性能要求并不高,现有的五款电脑对于小游戏均能满足需求.在此定义函数:
$$g_3(x) = \begin{cases} -1, & \text{能够玩小游戏}, \\ 1, & \text{不能够玩小游戏}. \end{cases}$$

这五款电脑都能够玩小游戏,所以相应的函数值均为 -1.

(5) 预算尽量不超过 7000 元.

根据对电脑价格的要求,定义价格函数:
$$g_4(x) = \begin{cases} -1, & x \leqslant 7000, \\ 1, & x > 7000. \end{cases}$$

则有
$$g_4(E670C) = g_4(E630T) = g_4(E630M) = g_4(E630H) = -1, \quad g_4(E670W) = 1.$$
即只有 E670W 不满足要求的条件.

(6) 价格尽量便宜适用,不要浪费.

根据已知的各款电脑的价格,定义价格函数:
$$f_4(E670C) = 6999, \quad f_4(E630T) = 6888, \quad f_4(E630M) = 6999,$$
$$f_4(E630H) = 6666, \quad f_4(E630H) = 6666, \quad f_4(E670W) = 7666.$$

将其作标准化处理,即令
$$f_4'(x) = \frac{\max f_4(x) - f_4(x)}{\max f_4(x) - \min f_4(x)},$$

则有
$$f_4'(E670C) = 0.667, \quad f_4'(E630T) = 0.778, \quad f_4'(E630M) = 0.667,$$
$$f_4'(E630H) = 1, \quad f_4'(E670W) = 0.$$

综上所述，根据问题的要求可以得到：

问题的目标 为运行稳定性好；硬盘尽可能大；屏幕尽可能大；价格尽可能低. 即 $\max f_1(x), \max f_2(x), \max f_3(x), \min f_4(x)$.

问题的约束条件 为能够上网；能够处理文档；能够玩小游戏；价格不超过 7000 元. 即 $g_1(x)<0, g_2(x)<0, g_3(x)<0, g_4(x)<0$.

于是可以得到问题的多目标规划数学模型：

$$\begin{cases} \max f_1(x), \\ \max f_2(x), \\ \max f_3(x), \\ \min f_4(x); \\ x \in X, \\ g_i(x) < 0 \quad (i=1,2,3,4). \end{cases}$$

在这里采用线性加权的方法，将多目标规划转化为单目标规划来求解，并利用层次分析法来设定各目标的权重系数.

根据小刘对电脑的实际需求，对四个目标作两两比较，可以得到比较矩阵为

$$\boldsymbol{A} = \begin{bmatrix} 1 & \frac{1}{2} & \frac{1}{3} & \frac{1}{5} \\ 2 & 1 & \frac{1}{2} & \frac{1}{3} \\ 3 & 2 & 1 & \frac{1}{2} \\ 5 & 3 & 2 & 1 \end{bmatrix},$$

则最大特征根及其对应的特征向量规范化后分别为

$$\lambda_{\max} = 4.0145, \quad \boldsymbol{v}^{\max} = (0.0882, 0.1570, 0.2720, 0.4829)^{\mathrm{T}}.$$

一致性检验指标为 $CI = \dfrac{4.0145-4}{3} = 0.00483, RI = 0.96, CR = \dfrac{CI}{RI} = 0.05 < 0.1$，即通过一致性检验. 故将多目标规划问题转化为单目标规划问题：

$$\begin{cases} \max D(x) = 0.0882 f_1(x) + 0.1570 f_2(x) + 0.2720 f_3(x) + 0.4829 f_4(x) \\ x \in X, \\ g_i(x) < 0 \quad (i=1,2,3,4). \end{cases}$$

将已知的五款电脑相应的 $f_i(x)(i=1,2,3,4)$ 的取值分别代入，求解该规划得到五款电脑的综合评价值为 $D(\mathrm{E670C})=0.3630, D(\mathrm{E630T})=0.4208, D(\mathrm{E630M})=0.3429, D(\mathrm{E630H})=0.9120, D(\mathrm{E670W})=0.4611$. 于是，得到最佳的决策方案，即小刘应该购买 E630H 型电脑，这款电脑各方面都较好地满足了小刘的实际需求.

例 12.6 导弹突防能力的评价问题

在军事领域中，为了更有效地增强防御能力和攻击能力，需要对不同型号的机动导弹

的突防能力进行评价. 在实际评价中, 主要有三个因素是需要重点考虑的, 即反拦截能力、机动能力和反识别能力. 某导弹部队现有三种型号的导弹, 分别是机动弹头导弹、加速滑翔导弹和末端加速导弹, 它们在各方面能力的评分如表 12-9 所示. 如何评价这三种型号的导弹在一定条件下的突防能力.

表 12-9 导弹突防能力评分表

	机动弹头	加速滑翔	末端加速
反拦截能力	0.8	0.6	0.7
机动能力	0.9	0.4	0.6
反识别能力	0.4	0.9	0.5

解 由题意可知, 这是一个较简单的多因素的综合评价问题, 在这里采用层次分析法来研究这个问题.

首先建立层次结构关系, 如图 12-5 所示.

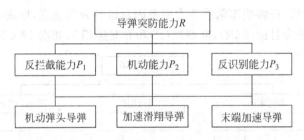

图 12-5 导弹突防能力的层次结构

根据各因素之间的关系, 对同层次各因素作两两比较, 可得到判断矩阵为

$$A = \begin{bmatrix} 1 & 2 & 2 \\ 1/2 & 1 & 2 \\ 1/2 & 1/2 & 1 \end{bmatrix},$$

求其最大特征根及其对应的特征向量分别为

$$\lambda_{\max} = 3.0536, \quad v^{\max} = (0.8021, 0.5053, 0.3183)^T.$$

相应的一致性检验指标为

$$CI = \frac{3.0536 - 3}{2} = 0.0268, \quad RI = 0.58, \quad CR = \frac{CI}{RI} = 0.0462 < 0.1,$$

即通过一致性检验. 将其特征向量作归一化得到各属性的权重向量为

$$w = \frac{v^{\max}}{\sum_{i=1}^{3} v_i^{\max}} = (0.4934, 0.3108, 0.1958)^T.$$

根据三种型号的导弹三个方面的能力得分, 进行综合比较, 计算三种型号导弹突防能

力的综合指标分别为 0.7528, 0.5966, 0.6298, 即机动弹头导弹为 0.7528, 加速滑翔导弹为 0.5966, 末端加速导弹 0.6298. 于是, 机动弹头导弹的突防能力最强.

例 12.7 军队战斗力评估问题

军队的战斗力是衡量一支军队强弱的根本标准, 也是平时加强国防和军队建设, 战时计划使用兵力、进行战斗编组、组织实施作战的基本依据. 对于军队战斗力的评估研究, 历来都是各个国家和军队十分关注的问题之一. 现在的问题是如何评估一支军队的战斗力?

解 实际中, 一支军队的战斗力是受多种因素的影响和制约的. 从物态方面有人员和武器装备等因素; 从质态方面有战斗、保障、指挥、编制、作战思想等因素; 从能态方面有火力、机动力、防护力、补给力等因素. 另外, 军队战斗力的外在表现也是多种多样的, 既有宏观的和微观的, 又有功能的和效率的, 还有平时的和战时的等. 而且, 在以上诸多因素中, 有一些是确定的因素. 但多数是模糊的或灰色的. 因此, 完全用定量的方法进行描述和研究往往是困难的, 在这里用一种定量与定性相结合的方法(即层次分析法)来进行研究这个问题, 它适用于军队作战能力系统的宏观度量.

通过如上的分析, 将影响军队战斗力的各因素进行分类整理, 形成一个递阶层次结构模型, 该层次模型分为目标层(R), 准则层(P)和方案层(T), 如图 12-6 所示.

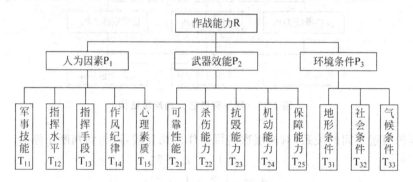

图 12-6 军队战斗力评估层次结构模型

军队战斗力评估层次结构模型简明地表述了军队战斗力相关各因素及其相互之间的关系. 但每个因素对战斗力的影响程度不同. 因此, 首先应确定它们各自的权重, 即构造两两比较矩阵.

按照层次分析法的标度准则, 分别给出各层次相关因素的两两比较矩阵.

首先给出准则层对目标的比较矩阵为

$$A = \begin{bmatrix} 1 & 1 & 3 \\ 1 & 1 & 3 \\ 1/3 & 1/3 & 1 \end{bmatrix},$$

求其最大特征值和相应的特征向量分别为

$\lambda_{\max} = 3$, $\boldsymbol{w}^{(1)} = (w_1^{(1)}, w_2^{(1)}, w_3^{(1)})^T = (0.4286, 0.4286, 0.1429)^T$,
对应的一致性指标为 $CI=0, RI=0.58, CR=0$, 即通过一致性检验, 特征向量即可作为准则层对目标层的权重.

方案层对准则层三个因素的两两比较矩阵分别为

$$\boldsymbol{B}_1 = \begin{bmatrix} 1 & 1 & 3 & 1 & 1 \\ 1 & 1 & 3 & 1 & 1 \\ 1/3 & 1/3 & 1 & 1/3 & 1/3 \\ 1 & 1 & 3 & 1 & 1 \\ 1 & 1 & 3 & 1 & 1 \end{bmatrix}, \quad \boldsymbol{B}_2 = \begin{bmatrix} 1 & 1/3 & 1 & 1/4 & 2 \\ 3 & 1 & 3 & 1 & 5 \\ 1 & 1/3 & 1 & 1/3 & 2 \\ 4 & 1 & 3 & 1 & 7 \\ 1/2 & 1/5 & 1/2 & 1/7 & 1 \end{bmatrix},$$

$$\boldsymbol{B}_3 = \begin{bmatrix} 1 & 1/3 & 3 \\ 3 & 1 & 7 \\ 1/3 & 1/7 & 1 \end{bmatrix}.$$

然后分别求最大特征值和相应的特征向量, 并作一致性检验, 则有

$\lambda_1^{\max} = 5$, $\boldsymbol{w}_1^{(2)} = (w_{11}^{(2)}, w_{12}^{(2)}, w_{13}^{(2)}, w_{14}^{(2)}, w_{15}^{(2)})^T = (0.2308, 0.2308, 0.0769, 0.2308, 0.2308)^T$; $CI(1)=0, RI(1)=1.12, CR(1)=0$; 即矩阵 $\boldsymbol{B}_1$ 通过一致性检验.

$\lambda_2^{\max} = 5.0155$; $\boldsymbol{w}_2^{(2)} = (w_{21}^{(2)}, w_{22}^{(2)}, w_{23}^{(2)}, w_{24}^{(2)}, w_{25}^{(2)})^T = (0.1094, 0.3357, 0.1158, 0.3808, 0.0583)^T$; $CI(2)=0.039, RI(2)=1.12, CR(2)=0.035<0.1$; 即矩阵 $\boldsymbol{B}_2$ 通过一致性检验.

$\lambda_3^{\max} = 3.007$; $\boldsymbol{w}_3^{(2)} = (w_{31}^{(2)}, w_{32}^{(2)}, w_{33}^{(2)})^T = (0.2426, 0.6694, 0.0879)^T$; $CI(3)=0.035$, $RI(3)=0.58, CR(3)=0.061<0.1$; 即矩阵 $\boldsymbol{B}_3$ 通过一致性检验.

最后, 确定组合权重和相应的组合一致性检验. 方案层对目标层的组合权重为

$$w_{ij} = w_i^{(1)} w_{ij}^{(2)} \quad (i=1,2,3),$$

具体的权值如表 12-10 所示.

表 12-10 组合权值表

指标	w_{11}	w_{12}	w_{13}	w_{14}	w_{15}	w_{21}	w_{22}	w_{23}	w_{24}	w_{25}	w_{31}	w_{32}	w_{33}
权重	0.0989	0.0989	0.0330	0.0989	0.0989	0.0469	0.1439	0.0496	0.1632	0.0250	0.0347	0.0957	0.0126

组合一致性检验指标为

$$CR = \frac{\sum_{j=1}^{3} CI(j) w_j^{(1)}}{\sum_{j=1}^{3} RI(j) w_j^{(1)}} = 0.028 < 0.1,$$

即通过组合一致性检验, 则所得到组合权重可以作为综合评估的权值.

假设已知部队各项评估指标的得分, 并将其归一化记为 t_{ij} ($0 \leqslant t_{ij} \leqslant 1$), 其某项指标值

越大,则说明该项能力就越强. 这里采用综合线性加权方法来构造综合评估指标函数,
即令

$$W = \sum_{i=1}^{2}\sum_{j=1}^{5} w_{ij}t_{ij} + \sum_{j=1}^{3} w_{3j}t_{3j}.$$

实际中,由综合评估指标函数,如果已知某部队的相关各项指标的得分值,就可计算
出相应的战斗力综合评估指标值,依据其值的大小对所属部队的战斗力给出评价.

例 12.8 武器装备配件采购问题

随着现代武器装备日趋复杂和高科技成分的增加,可靠性和保障能力越来越成为影响武器装备系统效能的重要因素. 保障能力是武器装备系统的设计特性指标之一,即设计用最少的保障资源能够保障武器装备的完好,特别是保障战时能够充分发挥其战斗能力.

为了保障某种武器装备系统的作战效能,某部队拟采购一批该系统的备用件,用以必要时替换出现故障的零部件,判别是否采购某种备件的主要因素有:功能指标、可靠性指标、可维修性指标和经济指标. 表 12-11 给出了 5 种主要部件的指标值. 现在的问题是在有限的资金条件下,怎样确定各种配件的采购方案.

表 12-11 某武器装备备件参数表

备件 i	功能指标 K_i	可靠性指标 R_i	可维修性指标 M_i	价格 P_i/万元
1	0.8	0.91	0.77	0.52
2	0.4	0.65	0.54	0.45
3	0.6	0.97	0.67	0.78
4	0.5	0.81	0.72	1.11
5	0.4	0.75	0.85	0.98

解 根据题意,该问题是一个多目标决策问题,在此采用 TOPSIS 方法来研究.

按照 TOPSIS 方法解决问题的基本步骤,首先计算各属性的效用值. 将各指标的指标值转化为效用值,记指标 $K_i, R_i, M_i, P_i (i=1,2,\cdots,5)$ 的效用值分别为 $U_i^K, U_i^R, U_i^M, U_i^P (i=1,2,\cdots,5)$. 在此,采用极差变换公式来确定,即

$$U_i^K = \frac{K_i - K_{\min}}{K_{\max} - K_{\min}}, \quad U_i^R = \frac{R_i - R_{\min}}{R_{\max} - R_{\min}},$$

$$U_i^M = \frac{M_i - M_{\min}}{M_{\max} - M_{\min}}, \quad U_i^P = \frac{P_{\max} - P_i}{P_{\max} - P_{\min}} \quad (i=1,2,\cdots,5).$$

其中 $K_{\max} = \max_{1 \leqslant i \leqslant 5}\{K_i\}, K_{\min} = \min_{1 \leqslant i \leqslant 5}\{K_i\}$,其他的类似. 对表 12-11 中的各指标值进行计算可得到相应的效用值,如表 12-12 所示.

利用 AHP 可以确定四项因素指标的权值(具体过程详略),在此取 $w = (0.35, 0.25, 0.25, 0.15)$. 根据各因素指标的效用值,显然各属性的正负理想解分别为

$$U^{K+} = 1, \quad U^{K-} = 0; \quad U^{R+} = 1, \quad U^{R-} = 0; \quad U^{M+} = 1, \quad U^{M-} = 0; \quad U^{P+} = 1, \quad U^{P-} = 0.$$

表 12-12　各指标值对应的属性效用值

备件 i	功能指标 U_i^K	可靠性指标 U_i^R	可维修性指标 U_i^M	价格指标 U_i^P
1	1.0000	0.8125	0.7419	0.8939
2	0	0	0	1.0000
3	0.5000	1.0000	0.4194	0.5000
4	0.2500	0.5000	0.5806	0
5	0	0.3125	1.0000	0.1970

于是可以计算各因素指标的效用值与正负理想解的距离,在此用欧氏距离来度量,即与正负理想解的距离分别为

$$L_i^+ = [0.35(U^{K+}-U_i^K)^2 + 0.25(U^{R+}-U_i^R)^2 + 0.25(U^{M+}-U_i^M)^2 + 0.15(U^{P+}-U_i^P)^2]^{\frac{1}{2}},$$

$$L_i^- = [0.35(U_i^K-U^{K-})^2 + 0.25(U_i^R-U^{R-})^2 + 0.25(U_i^M-U^{M-})^2 + 0.15(U_i^P-U^{P-})^2]^{\frac{1}{2}}.$$

利用表 12-12 中的数值计算得到

$$L^+ = (0.1647, 0.9220, 0.4575, 0.6733, 0.7516),$$
$$L^- = (0.8789, 0.3873, 0.6473, 0.4107, 0.5294).$$

因此,问题的解与正负理想解接近的程度为

$$C_i = \frac{L_i^-}{L_i^+ + L_i^-} \quad (i=1,2,\cdots,5),$$

经计算,则可得 $c = (0.8422, 0.2958, 0.5859, 0.3789, 0.4133)$.

由此可以看出,备件 1 的综合效用指标最高,即应首选采购备件 1;其次是备件 3,也具有较高的综合效用;接着是备件 5 和备件 4,最后是备件 2.实际中可以根据经济情况来确定合适的采购决策方案.

12.7　应用案例练习

练习 12.1　货轮租用遮雨帆布问题

一艘小型货轮要出海运送货物,根据天气的情况,要判断选择是否携带备用遮雨帆布.这里有两种可供选择的行动方案(决策),即携带和不携带遮雨帆布两种方案.同时也有两种可能的自然状态,即航行期间下雨和不下雨两种状态.若货轮携带遮雨帆布,则需要花费 1 万元租用遮雨帆布;若天气下雨而没有遮雨帆布,则货物会被淋湿产生 10 万元的损失.根据天气预报判断,在出海期间天气下雨与不下雨的概率分别为 0.15 和 0.85.试问该货轮应该如何作出决策使损失最小,即应该选择租用遮雨帆布,还是不租用遮雨帆布?

练习 12.2 训练计划安排问题

某部队计划安排下一周的训练任务,根据训练要求初步确定三种训练科目(即方案) A_1,A_2,A_3.每一种科目训练效果的好坏都与天气情况密切相关,天气状况可分为好、一般、较差三种状态,这三种天气状况发生的概率分别为 0.3,0.4,0.3.第 i 种训练方案 A_i 在第 j 种方案状态下的训练效果为 S_{ij},具体数值如表 12-13 所示.

表 12-13 部队训练科目在不同天气下的训练效果

天气状态及概率 科目(方案)	T_1(好) $P(T_1)=0.3$	T_2(一般) $P(T_2)=0.4$	T_3(较差) $P(T_3)=0.3$
A_1(第 1 种方案)	50	30	15
A_2(第 2 种方案)	40	35	25
A_3(第 3 种方案)	30	30	28

试问部队应该如何安排下一周的训练计划,使得总的训练效果最佳?

练习 12.3 柑橘采摘问题

某柑橘果园,每年最后一个季度都将面临大量柑橘的采摘问题.正常情况下,他们在每年的最后一个季度应该采摘所有的柑橘,然后销售出去这些柑橘,将可以得到 120 万元的收入.如果将这些柑橘晚采摘一个月,即让它多长一个月再采摘,则可以将这些柑橘卖得更高的价格,会得到 140 万元的收入.当然,在这段期间有 25% 可能性会发生霜害.如果发生了霜害,则这些柑橘将会全部被毁坏,对果园将造成巨大的损失.在这种情况下,试问柑橘果园应该采用什么样的采摘策略,使得果园的收入最多? 进一步考虑,当出现霜害的概率增到 35% 时又该如何? 或出现霜害的概率降到 10% 时又会如何选择采摘策略?

练习 12.4 生产合同问题

某汽车配件厂在当年的 6 月份接到一份订货合同意向书,该意向书的合作方希望与该汽车配件厂正式签订一份生产一种新型汽车零部件的合同,合作方要求该厂在一个星期内作出能否合作的答复.合同意向书的主要内容如下:

订货数量 20 套或者 40 套,现在还不能完全确定,要到下一年初才能确定下来,但估计订货数量为 40 件的概率为 0.4;

订货价格 10000 元/套;

交货时间 下一年的 3 月.

现在该汽车配件厂初步确定有如下的四种方案:

(1) **不签订合同** 即不生产这批汽车零部件,也不会有收益.

(2) **签订合同后,再转包出去** 即现在签订合同,转包的成本为 7000 元/套;

(3) **签订合同,使用方案 1 组织生产** 即由于该厂的其他生产任务的限制,这批汽车零部件必须在当年的 12 月 31 日前完成生产任务,生产成本费为 6000 元/套.

(4) 签订合同, 使用方案 2 组织生产 即由于该厂的其他生产任务的限制, 这批汽车零部件必须在当年的 12 月 31 日前生产完成. 同时, 对该厂来说这种零部件是新产品, 正式生产前要经过试验过程. 但试验不一定能保证成功, 试验结果要到当年的 9 月份才能知道, 估计成功与不成功的概率各为 0.5. 试验成本费(含设备费等)为 20000 元. 如果试验成功, 则生产成本费为 4000 元/套; 如果试验不成功, 则还有时间再使用方案 1 组织生产或者转包出去. 但这时的试验成本费已经支出了, 并且转包成本费也会提高为 9000 元/套; 而方案 1 和生产成本费不变, 仍为 6000 元/套.

另外, 如果生产数量为 20 套, 而最后实际订货数量为 40 套, 那么, 这时不足部分无法再由自己生产, 而只能转包出去, 转包的成本费为 9000 元/套.

如果生产数量为 40 套, 而最后实际订货数量为 20 套, 那么, 剩余部分只能降价处理, 价格为 2000 元/套.

现在的问题是该汽车配件厂应该如何作出决策?

练习 12.5 面包的订购与销售问题

某面包销售店, 每天从面包加工厂批发一定数量的新鲜面包销售, 每卖出一个面包可以获得利润 0.5 元. 但若卖不出去剩余的面包可以退回工厂, 但销售店每退回一个面包要损失 0.2 元. 根据以往的销售经验, 每天销售需求量大体上服从正态分布 $N(300, 20)$. 试问该面包店每天应订购多少个面包, 使其获得利润的期望值最大?

练习 12.6 油料供应站的扩建问题

某集团军下设 6 个油料供应站, 专为军内所属部队提供油料保障. 随着军事训练任务的加重, 现有的油料供应站的设施已力不从心, 不能很好保障所属部队的军事训练任务, 集团军拟扩建这 6 个油料供应站中的一个. 通过分析论证, 确定选择扩建油料供应站的主要有两个因素: 费用和平均距离, 即决策目标的两个属性, 6 个油料供应站的具体的属性值如表 12-14 所示. 最佳的选择方案应该是费用和平均距离均愈小愈好.

表 12-14 油料供应站扩建费用和平均距离

油料供应站	1	2	3	4	5	6
扩建费用/万元	60	50	44	36	44	30
平均距离/km	1.0	0.8	1.2	2.0	1.5	2.4

(1) 试用加权和法分析应扩建哪个加油站, 并讨论权重的选择对决策方案的影响.

(2) 如果取两个目标的权重满足关系 $w_1 = 2w_2$, 试用 TOPSIS 方法求解该问题, 给出决策方案.

练习 12.7 设备的采购问题

某工厂因发展生产的需要, 拟采购一种大型的设备. 经了解现在市场上有 6 种不同型号的该种设备, 这 6 种设备的价格、重量、维护费用和性能四项指标(即四个属性)各不相同,具体的如表 12-15 所示.假设在确定采购方案时,所考虑的四个属性的影响(即四个目标)的重要性相同.试问该工厂应该如何作出决策,即应该选择哪一种设备？

表 12-15　各种设备属性指标值

设备序号	价格/万元	重量/kg	维护费用/(元/天)	性能评分
1	101.8	740	80	342
2	85.0	800	75	330
3	89.2	720	80	334
4	112.8	630	80	354
5	109.4	530	90	387
6	119.0	500	90	405

练习 12.8　自来水定价问题

中国许多大中城市,由于水资源不足,自来水供应紧张.请根据边际效用递减原理,解释中国某些大城市采用阶梯式水价政策可以有效地缓解用水浪费的原因和效果.

练习 12.9　煤矿安全生产能力评估问题

煤矿安全是国家安全生产工作的重中之重,加强煤矿的安全生产管理与监督,提高煤矿安全生产能力已成为全社会广泛关注的热点问题之一.在煤矿安全生产管理的基础性工作中,如何评估煤矿的安全生产能力是需要研究的重要内容之一.煤矿的安全生产能力所涉及的因素有很多,图 12-7 给出了通常认为主要的一些相关因素.试给出煤矿安全生产能力评估方法,并针对某个矿实际情况,对其安全生产能力进行评估分析.

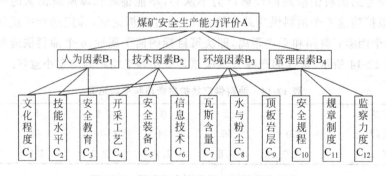

图 12-7　煤矿安全生产能力评估层次结构

附录A

LINGO 使用简介

LINGO 软件是美国的 LINGO 系统公司开发的一套专门用于求解最优化问题的软件包. LINGO 除了能够用于求解线性规划和二次规划外,还可以用于非线性规划求解以及一些线性和非线性方程(组)的求解等. LINGO 软件的最大特色在于它允许优化模型中的决策变量为整数,即可以求解整数规划,而且执行速度快. LINGO 是用来求解线性和非线性优化问题的简易工具. LINGO 内置了一种建立最优化模型的语言,可以简便地表达大规模问题,利用 LINGO 高效的求解器可快速求解并分析结果. 在这里仅介绍 LINGO 的使用方法.

LINGO(Linear INteractive and General Optimizer)的基本含义是交互式的线性和离散优化求解器. 它是美国芝加哥大学的 Linus Schrage 教授于 1980 年开发的一套用于求解最优化问题的工具包,后来经过完善、扩充,并成立了 LINDO 系统公司. 这套软件主要产品有：LINDO,LINGO,LINDO API 和 What's Best. 它们在求解最优化问题上,与同类软件相比有着绝对的优势. 软件有演示版和正式版,正式版包括：求解包(solver suite)、高级版(super)、超级版(hyper)、工业版(industrial)、扩展版(extended). 不同版本的 LINGO 对求解问题的规模有限制,具体见附表 A-1.

附表 A-1 不同版本 LINGO 对求解规模的限制

版本类型	总变量数	整数变量数	非线性变量数	约束数
演示版	300	30	30	150
求解包	500	50	50	250
高级版	2000	200	200	1000
超级版	8000	800	800	4000
工业版	32000	3200	32000	16000
扩展版	无限	无限	无限	无限

A.1 LINGO 程序框架

LINGO 可以求解线性规划、二次规划、非线性规划、整数规划、图论及网络最优化和最大最小求解问题,以及排队论模型中的最优化问题等.

一个 LINGO 程序一般会包括以下几个部分:

(1) 集合段 **集部分**是 LINGO 模型的一个可选部分. 在 LINGO 模型中使用集之前,必须在集部分事先定义. 集部分以关键字"sets:"开始,以"endsets"结束. 一个模型可以没有集部分,或有一个简单的集部分,或有多个集部分. 一个集部分可以放置于模型的任何地方,但是一个集及其属性在模型约束中被引用之前必须事先定义.

(2) 数据输入段 在处理模型的数据时,需要为集指派一些成员并且在 LINGO 求解模型之前为集的某些属性指定值. 数据部分以关键字"data:"开始,以关键字"enddata"结束.

(3) 优化目标和约束段 这部分用来定义目标函数、约束条件等. 该部分没有开始和结束的标记. 主要是要用到 LINGO 的内部函数,尤其是与集合有关的求和与循环函数等.

(4) 初始段 这个部分要以"INIT:"开始,以"ENDINIT"结束,它的作用是对集合的属性定义一个初值. 在一般的迭代算法中,如果可以给一个接近最优解的初始值,会大大减少程序运行的时间. 关于它的一些具体应用,下面会详细讲解.

(5) 数据预处理段 该部分是以"CALC:"开始,以"ENDCALC"结束. 它的作用是把原始数据处理成程序模型需要的数据. 它的处理是在数据段输入完以后、开始正式求解模型之前进行的. 在这个段中,程序语句是顺序执行的.

A.2 LINGO 中集合的概念

在对实际问题建模的时候,总会遇到一群或多群相联系的对象,比如工厂、消费者群体、交通工具和雇工等. LINGO 允许把这些相联系的对象聚合成**集**(sets). 一旦把对象聚合成集,就可以利用集来最大限度地发挥 LINGO 建模语言的优势.

现在将深入介绍如何创建集,并用数据初始化集的属性.

A.2.1 为什么使用集

集是 LINGO 建模语言的基础,是程序设计最强有力的基本构件. 借助于集能够用一个单一的、简明的复合公式表示一系列相似的约束,从而可以快速方便地表达规模较大的模型.

A.2.2 什么是集

集是一群相联系的对象,这些对象也称为集的**成员**.一个集可能是一系列产品、卡车或雇工.每个集的成员可能有一个或多个与之有关联的特征,把这些特征称为**属性**.属性值可以预先给定,也可以是未知的,有待于 LINGO 求解的.

LINGO 有两种类型的集:**原始集**(primitive set)和**派生集**(derived set).

一个原始集是由一些最基本的对象组成的.

一个派生集是用一个或多个其他集来定义的,也就是说,它的成员来自于其他已存在的集.

A.2.3 模型的集部分

集部分在程序中又称为集合段,它是 LINGO 模型的一个可选部分.在 LINGO 模型中使用集之前,必须在集部分事先定义.集部分以关键字"sets:"开始,以"endsets"结束.一个模型可以没有集部分,或有一个简单的集部分,或有多个集部分.一个集部分可以放置于模型的任何地方,但是一个集及其属性在模型约束中被引用之前必须事先定义.

(1) 原始集的定义

为了定义一个原始集,必须详细声明集的名字,而集的成员和相应的属性是可选的.

定义一个原始集,用下面的语法:

```
setname[/member_list/][:attribute_list];
```

注意:用"[ ]"表示该部分内容可选.下同,不再赘述.

Setname 是用来标记集的名字,最好具有较强的可读性.

集名字必须严格符合标准命名规则:以拉丁字母或下划线(_)为首字符,其后由拉丁字母(A~Z)、下划线、阿拉伯数字(0,1,…,9)构成的字符串,其总长度不超过 32 个字符,且不区分大小写.

注意,该命名规则同样适用于集成员名和属性名等的命名.

Member_list 是集成员列表.如果集成员放在集定义中,那么对它们可采取显式罗列和隐式罗列两种方式.如果集成员不放在集定义中,那么可以在随后的数据部分定义它们.

① 当显式罗列成员时,必须为每个成员输入一个不同的名字,中间用空格或逗号隔开,允许混合使用.

例 A.1 定义一个名为 friends 的原始集,它具有成员 John、Jill、Rose 和 Mike,属性有 sex 和 age.

```
sets:
friends/John Jill,Rose Mike/: sex,age;
endsets
```

② 当隐式罗列成员时,不必罗列出每个集成员.可采用如下语法:

```
setname/member1..memberN/[: attribute_list];
```

这里的 member1 是集的第一个成员名, memberN 是集的最末一个成员名. LINGO 将自动产生中间的所有成员名. LINGO 也接受一些特定的首成员名和末成员名, 用于创建一些特殊的集. 如附表 A-2 所示.

附表 A-2 集的成员格式

隐式成员列表格式	示 例	所产生集成员
1..n	1..5	1,2,3,4,5
StringM..StringN	Car2..Car14	Car2,Car3,Car4,...,Car14
DayM..DayN	Mon..Fri	Mon,Tue,Wed,Thu,Fri
MonthM..MonthN	Oct..Jan	Oct,Nov,Dec,Jan
MonthYearM..MonthYearN	Oct2001..Jan2002	Oct2001,Nov2001,Dec2001,Jan2002

③ 集成员不放在集定义中,而在随后的数据部分来定义.

例 A.2

```
! 集部分;
sets:
friends: sex,age;
endsets
! 数据部分;
data:
friends,sex,age = John 1 16
Jill 0 14
Rose 0 17
Mike 1 13;
enddata
```

注意,开头用感叹号(!),末尾用分号(;)表示注释,可跨多行.

在集部分只定义了一个集 friends,并未指定成员. 在数据部分罗列了集成员 John, Jill, Rose 和 Mike, 并对属性 sex 和 age 分别给出了值.

集成员无论用何种字符标记, 它的索引都是从 1 开始连续计数. 在 attribute_list 可以指定一个或多个集成员的属性, 属性之间必须用逗号隔开.

LINGO 内置的建模语言是一种描述性语言, 用它可以描述现实世界中的一些问题,然后再借助于 LINGO 求解器求解. 因此, 集属性的值一旦在模型中被确定, 就不可能再更改. 只有在**初始部分**中给出的集属性值在以后的求解中可更改. 这与前面并不矛盾, 初始部分是 LINGO 求解器的需要, 并不是描述问题所必需的.

(2) **定义派生集**

为了定义一个派生集, 必须详细说明集的名字和父集的名字, 而集成员和集成员的属性是可选的.

可用下面的语法定义一个派生集:

setname(parent_set_list)[/member_list/][:attribute_list];

setname 是集的名字. parent_set_list 是已定义的集的列表, 多个时要用逗号隔开. 如果没有指定成员列表, 那么 LINGO 会自动创建父集成员的所有组合作为派生集的成员. 派生集的父集既可以是原始集, 也可以是其他的派生集.

例 A.3

```
sets:
product/A B/;
machine/M N/;
week/1..2/;
allowed(product,machine,week): x;
endsets
```

LINGO 生成了三个父集的所有组合共 8 组作为 allowed 集的成员. 列表如下:

编号	成员
1	(A,M,1)
2	(A,M,2)
3	(A,N,1)
4	(A,N,2)
5	(B,M,1)
6	(B,M,2)
7	(B,N,1)
8	(B,N,2)

成员列表被忽略时, 派生集成员由父集成员的所有组合构成, 这样的派生集成为**稠密集**. 如果限制派生集的成员, 使它为父集成员所有组合构成的集合的一个子集, 这样的派生集成为**稀疏集**. 同原始集一样, 派生集成员的声明也可以放在数据部分. 一个派生集的成员列表有两种方式生成: ①显式罗列; ②设置成员资格过滤器. 当采用方式①时, 必须显式罗列出所有要包含在派生集中的成员, 并且罗列的每个成员要属于稠密集. 使用前

面的例子,显式罗列派生集的成员:

```
allowed(product,machine,week)/A M 1,A N 2,B N 1/;
```

如果需要生成一个大的、稀疏的集,那么显式罗列就十分麻烦.但是许多稀疏集的成员都满足一些条件以和非成员相区分.可以把这些逻辑条件看作过滤器,在 LINGO 生成派生集的成员时把使逻辑条件为假的成员从稠密集中过滤掉.

例 A. 4

```
sets:
! 学生集:性别属性 sex,1 表示男性,0 表示女性;年龄属性 age.;
students/John,Jill,Rose,Mike/: sex,age;
! 男学生和女学生的联系集:友好程度属性 friend![0,1]之间的数.;
linkmf(students,students)|sex(&1) #eq# 1 #and# sex(&2) #eq# 0: friend;
! 男学生和女学生的友好程度大于 0.5 的集;
linkmf2(linkmf) | friend(&1,&2) #ge# 0.5: x;
endsets
data:
sex,age = 1 16
0 14
0 17
0 13;
friend = 0.3 0.5 0.6;
enddata
```

用竖线"|"来标记一个成员资格过滤器的开始. #eq# 是逻辑运算符,用来判断是否"相等". &1 可看作派生集的第一个原始父集的索引,它取遍该原始父集的所有成员; &2 可看作派生集的第二个原始父集的索引,它取遍该原始父集的所有成员; &3,&4,…,依此类推.注意如果派生集 B 的父集是另外的派生集 A,那么上面所说的原始父集是集 A 向前回溯到最终的原始集,其顺序保持不变,并且派生集 A 的过滤器对派生集 B 仍然有效.因此,派生集的索引个数是最终原始父集的个数,索引的取值是从原始父集到当前派生集所作限制的总和.

总的来说,LINGO 可识别的集只有两种类型:原始集和派生集.

在一个模型中,原始集是基本的对象,不能再被拆分成更小的组分.原始集可以由显式罗列和隐式罗列两种方式来定义.当用显式罗列方式时,需在集成员列表中逐个输入每个成员.当用隐式罗列方式时,只需在集成员列表中输入首成员和末成员,而中间的成员由 LINGO 产生.

另一方面,派生集是由其他的集来创建.这些集被称为该派生集的父集(原始集或其他的派生集).一个派生集既可以是稀疏的,也可以是稠密的.稠密集包含了父集成员的所有组合(有时也称为父集的笛卡儿乘积).稀疏集仅包含了父集的笛卡儿乘积的一个子集,可通过显式罗列和成员资格过滤器这两种方式来定义.显式罗列方法就是逐个罗列稀疏集的成员.成员资格过滤器方法通过使用稀疏集成员必须满足的逻辑条件从稠密集成员中过滤出稀疏集的成员.不同集类型的关系见附图 A-1 所示.

附图 A-1　LINGO 集合关系图

A.3　LINGO 数据部分和初始部分

在处理模型的数据时,需要为集指派一些成员并且在 LINGO 求解模型之前为集的某些属性指定值.为此,LINGO 为用户提供了两个可选部分:输入集成员数据的数据部分(data section)和为决策变量设置初始值的初始部分(init section).

A.3.1　模型的数据部分

(1) 数据部分入门

数据部分提供了模型相对静止部分和数据分离的可能性.显然,这对模型的维护和维数的缩放非常便利.

数据部分以关键字"data:"开始,"enddata"结束.在这里,可以指定集成员、集的属性.其语法如下:

object_list = value_list;

对象列(object_list)包含要指定值的属性名、要设置集成员的集名,用逗号或空格隔开.一个对象列中只能有一个集名,而属性名可以有任意多个.如果对象列中有多个属性名,那么它们的类型必须一致.

数值列(value_list)包含要分配给对象列中对象的值,用逗号或空格隔开.注意属性值的个数必须等于集成员的个数.

例 A.5

```
sets:
SET0/A,B,C/: X,Y;
endsets
data:
```

```
X = 1,2,3;
Y = 4,5,6;
enddata
```

在集 SET0 中定义了两个属性 X 和 Y. X 的三个值是 1,2,3, Y 的三个值是 4,5,6. 也可采用如下例子中的复合**数据声明**(data statement)实现同样的功能.

例 A.6

```
sets:
SET0/A,B,C/: X,Y;
endsets
data:
X,Y = 1 4
      2 5
      3 6;
enddata
```

例 A.6 可能会认为 X 被指定了 1,4 和 2 三个值,因为它们是数值列中的前三个,而正确的答案是 1,2,3. 假设对象列有 n 个对象,LINGO 在为对象指定值时,首先在 n 个对象的第一个索引处依次分配数值列中的前 n 个对象,然后在 n 个对象的第二个索引处依次分配数值列中紧接着的 n 个对象,……,依此类推.

(2) **参数输入**

数据部分也可以指定一些**标量变量**(scalar variables). 当一个标量变量在数据部分确定时,称之为**参数**. 例如,假设模型中用利率 9% 作为一个参数,就可以输入一个利率作为参数.

例 A.7

```
data:
interest_rate = .09;
enddata
```

实际中也可以同时指定多个参数.

例 A.8

```
data:
interest_rate,inflation_rate = .09 .025;
enddata
```

(3) **实时数据处理**

在某些情况下,模型中的某些数据并不是定值. 譬如模型中有一个通货膨胀率的参数,如果在 2% 至 6% 范围内,对不同的值求解模型,观察模型的结果对通货膨胀的依赖程度,那么把这种情况称为**实时数据处理**.

在该语句的数值后面输入一个问号(?).

例 A.9

```
data:
interest_rate,inflation_rate = .09 ?;
enddata
```

每一次求解模型时,LINGO 都会提示为参数 inflation_rate 输入一个值. 在 Windows 操作系统下,将会接收到一个类似下面的对话框:

直接输入一个值再点击 OK 按钮,LINGO 就会把输入的值指定给 inflation_rate,然后继续求解模型.

除了参数之外,也可以实时输入集的属性值,但不允许实时输入集成员名.

(4) 指定属性为一个值

可以在数据定义的右边输入一个值来把所有的成员的该属性指定为一个值. 看下面的例子.

例 A.10

```
sets:
days /MO,TU,WE,TH,FR,SA,SU/: needs;
endsets
data:
needs = 40;
enddata
```

LINGO 将用 40 指定 days 集的所有成员的 needs 属性. 对于多个属性的情形,见下例.

例 A.11

```
sets:
days /MO,TU,WE,TH,FR,SA,SU/: needs,cost;
endsets
```

```
data:
needs cost = 40 90;
enddata
```

(5) 数据部分的未知数值表示

有时只想为一个集的部分成员的某个属性指定值,而让其余成员的该属性保持未知,以便让 LINGO 去求出它们的最优值. 在数据定义中输入两个相连的逗号表示该位置对应的集成员的属性值未知. 两个逗号间可以有空格.

例 A.12

```
sets:
years/1..6/: capacity;
endsets
data:
capacity = ,24,40,,,;
enddata
```

属性 capacity 的第 2 个和第 3 个值分别为 24 和 40,其余的未知.

A.3.2 模型的初始部分

初始部分是 LINGO 提供的另一个可选部分. 在初始部分中,与数据部分的数据定义相同,可以输入**初始定义**(initialization statement). 在对实际问题的建模时,初始部分并不起描述模型的作用,初始部分输入的值仅被 LINGO 求解器当作初始点来用,并且仅仅对非线性模型有用. 这与数据部分指定变量的值不同,LINGO 求解器可以自由改变初始部分初始化变量的值.

一个初始部分以"init:"开始,以"endinit"结束. 初始部分的初始定义规则和数据部分的数据定义规则相同. 也就是说,我们可以在定义的左边同时初始化多个集属性,可以把集属性初始化为一个值,也可以用问号实现实时数据处理,还可以用逗号指定未知数值.

例 A.13

```
init:
X,Y = 0,1;
endinit
Y = @log(X);
X^2 + Y^2 <= 1;
```

A.4 LINGO 函数

A.4.1 运算符及其优先级

LINGO 中的运算符可以分为三类：算数运算符、逻辑运算符和关系运算符.

(1) 算数运算符

可以分为以下 5 种：+(加法)，-(减法)，*(乘法)，/(除法)，^(求幂).

(2) 逻辑运算符

这类运算符分为两类：#AND#(与)，#OR#(或)，#NOT#(非)是参与逻辑值之间的运算符，其结果还是逻辑值；#EQ#(等于)，#NE#(不等于)，#GT#(大于)，#GE#(大于等于)，#LT#(小于)，#LE#(小于等于)是数与数之间的比较运算符，其结果为逻辑值.

(3) 关系运算符

LINGO 中有 3 种关系运算符：<(小于等于)，>(大于等于)，=(等于).

注意 LINGO 中优化模型的约束一般没有严格大于、严格小于，要和 6 个逻辑运算符区分开. 运算符的优先级如附表 A-3 所示.

附表 A-3 运算符的优先级

优先级	运算符
高级	#NOT# -(负号)
	^
	*/
	+-
	#EQ#,#NE#,#GT#,#GE#,#LT#,
	#LE#,#AND#,#OR#
最低	<=>

A.4.2 LINGO 数学函数简介

(1) 基本数学函数

LINGO 中有相当丰富的数学函数，这些函数的用法简单. 下面列表对各个函数的用法做简单的介绍，具体情况如附表 A-4 所示.

附表 A-4 基本数学函数

函数调用格式	含 义
@ABS(X)	返回 X 的绝对值
@COS(X)	返回 X 的余弦值（X 单位是弧度）
@SIN(X)	返回 X 的正弦值（X 单位是弧度）
@FLOOR(X)	返回 X 的整数部分
@LGM(X)	返回 X 的伽马(Gamma)函数的自然对数值
@LOG(X)	返回 X 的自然对数值
@MOD(X,Y)	返回 X 对 Y 取模的结果
@POW(X,Y)	返回 X^Y 的值
@SIGN(X)	返回 X 的符号值
@EXP(X)	返回 e^x 的值
@SMAX(LIST)	返回一列数的最大值
@SMIN(LIST)	返回一列数的最小值
@SQR(X)	返回 X 的平方
@SQRT(X)	返回 X 的正的平方根值
@TAN(X)	返回 X 的正切值

(2) 集合循环函数

集合循环是指对集合上的元素（下标）进行循环操作的函数，它的一般用法如下：

@function(setname[(set_index_list)[|condition]]: expression_list);

其中：function 是集合函数名，是 FOR,MAX,MIN,PROD,SUM 五种之一；

setname 是集合名；

set_index_list 是集合索引列表（可以省略）；

condition 是实用逻辑表达式描述的过滤条件（通常含有索引，可以省略）；

expression_list 是一个表达式（对@FOR 可以是一组表达式）.

下面对集合函数的含义作如下解释：

@FOR(集合元素的循环函数)：对集合 setname 的每个元素独立生成表达式，表达式由 expression_list 描述；

@MAX(集合属性的最大值)：返回集合 setname 上的表达式的最大值；

@MIN(集合属性的最小值)：返回集合 setname 上的表达式的最小值；

@PROD(集合元素的乘积函数)：返回集合 setname 上的表达式的积；

@SUM(集合元素的求和函数)：返回集合 setname 上的表达式的和.

(3) 集合操作函数

集合操作函数是对集合进行操作的函数，主要有 4 种，下面分别介绍它们的一般用法.

① @INDEX([set_name,]primitive_set_element)

这个函数给出元素 primitive_set_element 在集合 set_name 中的索引值(即按定义集合时元素出现顺序的位置编号). 如果省略编号 set_name, LINGO 按模型中定义的集合顺序找到第一个含有元素 primitive_set_element 的集合, 并返回索引值. 通过下面例子解释函数的使用方法.

例如, 假设定义一个女孩的姓名集合和一个男孩的姓名集合如下:

```
SETS:
GIRLS/DEBBLE,SUE,ALICE/;
BOYS/BOB,JOE,SUE,FRED/;
ENDSETS
```

可以看到女孩和男孩中都有一个为 SUE 的小孩. 这时调用此函数@INDEX(SUE), 得到的值是 2. 因为集合 GIRLS 在集合 BOYS 之前, 索引函数只对集合 GIRLS 检索. 如果想查找男孩中的 SUE, 应该使用@INDEX(BOYS,SUE), 此时得到的索引值是 3.

② @IN(set_name,primitive_index_1[,primitive_index_2...])

这个函数用于判断一个集合中是否含有某个索引值. 它的返回值是 1(逻辑值"真") 或是 0(逻辑值"假").

例 A.14 全集为 I, B 是 I 的一个子集, C 是 B 的补集.

```
sets:
I/x1..x4/;
B(I)/x2/;
C(I)|#not#@in(B,&1);;
endsets
```

③ @wrap(index,limit)

该函数返回 j=index-k*limit, 其中 k 是一个整数, 取适当值保证 j 落在区间[1, limit]内. 该函数相当于 index 模 limit 再加 1. 该函数在循环、多阶段计划编制中特别有用.

④ @size(set_name)

该函数返回集 set_name 的成员个数. 在模型中, 如果没有明确给出集的大小, 使用该函数能够使模型中的数据和集的大小改变更加方便.

(4) 变量定界函数

变量界定函数能够实现对变量取值范围的附加限制, 共 4 种:

@bin(x)　　　　限制 x 为 0 或 1;

@bnd(L,x,U)　　限制 L≤x≤U;

@free(x)　　　　　取消对变量 x 的默认下界为 0 的限制,即 x 可以取任意实数;
@gin(x)　　　　　限制 x 为整数.

在默认情况下,LINGO 规定变量是非负的,也就是说下界为 0,上界为 $+\infty$. @free 取消了默认的下界为 0 的限制,使变量也可以取负值. @bnd 用于设定一个变量的上下界,它也可以取消默认下界为 0 的约束.

(5) **与概率论相关的函数**

① @pbn(p,n,x)

二项分布的分布函数. 当 n 和(或)x 不是整数时,用线性插值法进行计算.

② @pcx(n,x)

自由度为 n 的 χ^2 分布的分布函数在 x 点的取值.

③ @peb(load,x)

当到达负荷(平均服务强度)为 load,服务系统有 x 个服务台且系统容量为无穷时的埃尔朗繁忙概率.

④ @pel(load,x)

当到达负荷(平均服务强度)为 load,服务系统有 x 个服务台且系统容量为有限时的埃尔朗繁忙概率.

⑤ @pfd(n,d,x)

自由度为 n 和 d 的 F 分布的分布函数在 x 点的取值.

⑥ @pfs(load,x,c)

当负荷上限为 load,顾客数为 c,平行服务台数量为 x 时,有限源的泊松(Poisson)服务系统的等待或有返回顾客数的期望值. load 是顾客数乘以平均服务时间,再除以平均返回时间. 当 c 和(或)x 不是整数时,采用线性插值进行计算.

⑦ @phg(pop,g,n,x)

超几何(hypergeometric)分布的分布函数. pop 表示产品总数,g 是正品数. 从所有产品中任意取出 n(n≤pop)件. pop,g,n 和 x 都可以是非整数,这时采用线性插值进行计算.

⑧ @ppl(a,x)

泊松分布的线性损失函数,即返回 max{0,z−x}的期望值,其中随机变量 z 服从均值为 a 的泊松分布.

⑨ @pps(a,x)

均值为 a 的泊松分布的分布函数在 x 点的取值. 当 x 不是整数时,采用线性插值进行计算.

⑩ @psl(x)

单位正态线性损失函数,即返回 max{0,z−x}的期望值,其中随机变量 z 服从标准正态分布.

⑪ @psn(x)

标准正态分布的分布函数在 x 点的取值.

⑫ @ptd(n,x)

自由度为 n 的 t 分布的分布函数在 x 点的取值.

⑬ @qrand(seed)

产生(0,1)区间的拟随机数. @qrand 只允许在模型的数据部分使用, 它将用拟随机数填满集属性. 通常定义一个 m×n 的二维表, m 表示运行实验的次数, n 表示每次实验所需的随机数的个数. 在行内, 随机数是独立分布的; 在行间, 随机数是非均匀的. 这些随机数是用"分层取样"的方法产生的.

(6) **金融函数**

目前 LINGO 提供了两个金融函数.

① @fpa(I,n)

返回如下情形的净现值: 单位时段利率为 I, 连续 n 个时段支付, 每个时段支付单位费用. 若每个时段支付 x 单位的费用, 则净现值可用 x 乘以 @fpa(I,n) 得到. @fpa 的计算公式为

$$\sum_{k=1}^{n} \frac{1}{(1+I)^k} = \frac{1-(1+I)^{-n}}{I}.$$

净现值就是在一定时期内为了获得一定收益在该时期初所支付的实际费用.

② @fpl(I,n)

返回如下情形的净现值: 单位时段利率为 I, 第 n 个时段支付单位费用. @fpl(I,n) 的计算公式为

$$(1+I)^{-n}.$$

这两个函数间的关系为

$$@fpa(I,n) = \sum_{k=1}^{n} @fpl(I,k).$$

(7) **输入和输出函数**

输入和输出函数可以把模型与外部数据, 比如文本文件、数据库和电子表格等连接起来.

① @file 函数

该函数用于从外部文件中输入数据, 它可以放在模型中的任何地方. 该函数的语法格式为 @file('filename'). 这里 filename 是文件名, 可以采用相对路径和绝对路径两种表示方式.

记录结束标记(~)之间的数据文件部分称为**记录**. 如果数据文件中没有记录结束标记, 那么整个文件被看作单个记录. 注意到除了记录结束标记外, 从模型外部调用的文本和数据同在模型里是一样的.

下面介绍一下在数据文件中的记录结束标记连同模型中@file函数调用是如何工作的.

当在模型中第一次调用@file函数时,LINGO打开数据文件,然后读取第一个记录;第二次调用@file函数时,LINGO读取第二个记录,等等.文件的最后一条记录可以没有记录结束标记,当遇到文件结束标记时,LINGO会读取最后一条记录,然后关闭文件.如果最后一条记录有记录结束标记,那么直到LINGO求解完当前模型后才关闭该文件.如果多个文件保持打开状态,可能就会导致一些问题,因为这会使同时打开的文件总数超过LINGO允许同时打开文件的上限16.

当使用@file函数时,可把记录的内容(除了一些记录结束标记外)看作是替代模型中@file('filename')位置的文本.这也就是说,一条记录可以是定义的一部分,或整个定义,或一系列定义.在数据文件中注释被忽略.注意在LINGO中不允许嵌套调用@file函数.

② @text函数

该函数被用在数据部分,用来把求解结果输出至文本文件中.它可以输出集成员和集属性值.其语法为

@text(['filename'])

这里filename是文件名,可以采用相对路径和绝对路径两种表示方式.如果忽略filename,那么数据就被输出到标准输出设备(大多数情形都是屏幕).@text函数仅能出现在模型数据部分的一条语句的左边,右边是集名(用来输出该集的所有成员名)或集属性名(用来输出该集属性的值).

用接口函数产生输出的数据定义称为**输出操作**.输出操作仅当求解器求解完模型后才执行,执行次序取决于其在模型中出现的先后.

③ @ole函数

@ole是从Excel中引入或输出数据的接口函数,它是基于传输的ole技术.ole传输直接在内存中传输数据,并不借助于中间文件.当使用@ole时,LINGO先装载Excel,再通知Excel装载指定的电子数据表,最后从电子数据表中获得Ranges.为了使用@ole函数,必须有Excel 5及其以上版本.@ole函数可在数据部分和初始部分引入数据.

@ole可以同时读集成员和集属性,集成员最好用文本格式,集属性最好用数值格式.原始集每个集成员需要一个单元(cell),而对于n元的派生集每个集成员需要n个单元,这里第一行的n个单元对应派生集的第一个集成员,第二行的n个单元对应派生集的第二个集成员,依此类推.

④ @ranged(variable_or_row_name)

为了保持最优基不变,变量的费用系数或约束行的右端项允许减少的量.

⑤ @rangeu(variable_or_row_name)

为了保持最优基不变,变量的费用系数或约束行的右端项允许增加的量.

⑥ @status()

返回 LINGO 求解模型后的结束状态：

0 Global Optimum(全局最优)
1 Infeasible(不可行)
2 Unbounded(无界)
3 Undetermined(不确定)
4 Feasible(可行)
5 Infeasible or Unbounded(通常需要关闭"预处理"选项后重新求解模型,以确定模型究竟是不可行还是无界)
6 Local Optimum(局部最优)
7 Locally Infeasible(局部不可行,尽管可行解可能存在,但是 LINGO 并没有找到一个)
8 Cutoff(目标函数的截断值被达到)
9 Numeric Error(求解器因在某约束中遇到无定义的算术运算而停止)

通常,如果返回值不是 0,4 或 6 时,那么解将不可信,几乎不能用.该函数仅被用在模型的数据部分来输出数据.

⑦ @dual

@dual(variable_or_row_name)返回变量的判别数(检验数)或约束行的对偶(影子)价格(dual prices).

(8) **辅助函数**

① @if(logical_condition,true_result,false_result)

@if 函数将评价一个逻辑表达式 logical_condition,如果为真,返回 true_result,否则返回 false_result.

② @warn('text',logical_condition)

如果逻辑条件 logical_condition 为真,则产生一个内容为'text'的信息框.

③ @user(user_determined_arguments)

该函数允许用户自己编写函数,可以用 C 语言等编写,返回值为用户函数计算的结果.

A.5 LINGO 程序出错信息

在 LINGO 模型求解时,系统会对程序进行编译、求解或是执行于程序相关的命令,这都有可能出现一些语法或运行的错误.当错误出现时,系统会弹出一个出错报告框,显示错误代码,并且大致指出错误的所在位置.这些错误信息报告对于用户发现及改正程序中的错误,有很大帮助.附表 A-5 就出错提示信息进行了说明(没有说明的错误编号目前还没有使用).

附表 A-5　LINGO 错误报告编号及含义对照表

错误信息代码	含义及调试
0	LINGO 模型生成器的内存已经用尽
1	模型中行数太多
2	模型中字符数太多
3	模型中某行的字符数太多(每行不应超过 200 个字符)
4	指定的行号超出了模型中实际具有的最大行号
5	当前内存中没有模型
6	脚本文件中 TAKE 命令的嵌套重数太多(LINGO 中限定 TAKE 命令最多嵌套 10 次)
7	无法打开指定的文件(通常是指定的文件名拼写错误)
8	脚本文件中的错误太多,因此直接返回到命令模式(不再继续处理这个脚本文件)
11	模型的语句出现语法错误(不符合 LINGO 语法)
12	模型中的括号不匹配
13	在电子表格文件中找不到指定的单元范围名称
14	运算所需要的临时堆栈空间不够(模型中的表达式太长)
15	找不到关系运算符(缺少"<""="或">")
16	输入输出时不同对象的大小不一样(使用集合方式输入输出时,集合的大小应该相同)
17	集合元素的索引的内存堆栈空间不够
18	集合的内存堆栈空间不够
19	索引函数@INDEX 使用不当
20	集合名使用不当
21	属性名使用不当
22	不等式或等式关系太多(多个不等式不允许连写.比如 1<x<5 的写法是不允许的)
23	参数的个数不符
24	集合名不合法
25	函数@WKX()的参数非法(注:在 LINGO9.0 中已经没有该函数)
26	集合的索引变量的不符
27	在电子表格单元中指定的单元范围不连续
28	行名不合法
29	数据段或初始段的数据不符
30	连接到 Excel 时出现错误
31	使用@TEXT 函数时参数不合法
32	使用了空的集合成员名
33	使用@OLET 函数时参数不合法
34	用电子表格文件中指定的多个单元范围生成的派生集时,单元的大小范围不一致
35	输出时用了不可识别的变量名
36	基本集合的元素名不合法
37	集合名已经被使用过

续表

错误信息代码	含义及调试
38	ODBC 服务返回了错误信息
39	派生集合的分量元素(下标)不在原来的父集合中
40	派生集合的索引元素的个数不符
41	定义派生集合时所使用的基本集合的个数太多
42	集合过滤条件的表达式中出现了取值不固定的变量
43	集合过滤条件的表达式运算出错
44	过滤条件的表达式没有结束(即没有":"标志)
45	@ODBC 函数的参数列表错误
46	文件名不合法
47	打开的文件太多
48	不能打开文件
49	读文件时发生错误
50	@FOR 函数使用不当
51	编译时 LINGO 模型生成器的内存不足
52	@IN 函数使用不当
53	在电子表格文件中找不到指定的单元范围名称
54	读取电子表格文件时出现错误
55	@TEXT 函数不能打开文件
56	@TEXT 函数读文件时发生错误
57	@TEXT 函数读文件时出现非法输入数据
58	@TEXT 函数读取文件时发现输入数据比实际所需要的少
59	@TEXT 函数读取文件时发现输入数据比实际所需要的多
60	用@TEXT 函数输入数据时,没有指定文件名
61	行命令拼写错误
62	LINGO 生成模型时,工作内存不足
63	模型的定义不正确
64	@FOR 函数嵌套太多
65	@WARN 函数使用不当
66	警告;固定变量取值不唯一
67	模型中非零的系数过多,导致内存耗尽
68	对字符串进行非法的算术运算
69	约束中的运算符非法
70	属性的下标越界
71	变量定界函数((@GIN,@BIN,@FREE,@BND)使用错误
72	不能从固定约束中(只含有固定变量的约束)求出固定变量的值(无解或者是迭代求解算法不收敛)

续表

错误信息代码	含义及调试
73	在LINGO生成模型时,用户中断了模型的生成过程
74	变量越界(超出了10^{32})
75	对变量的定界相互冲突
76	LINGO生成模型时出现错误,不能将模型转化给优化求解程序
77	无定义的算术运算
80	生成LINGO模型时,系统内存已经耗尽
81	找不到可行解
82	最优值无界
84	模型中非零系数过多
85	表达式过于复杂导致堆栈溢出
86	算术运算错误
87	@IN函数使用不当
88	当前内存中没有存放任何解
89	LINGO运行时出现了意想不到的错误
90	在LINGO生成模型时,用户中断了模型的生成过程
91	当在数据段有"变量=?"语句时,LINGO运行中将要求拥护输入这个变量的值,如果这个值输入错误,将显示这个错误代码
92	警告:当前解可能不是可行的/最优的
93	命令行中的转换修饰词错误
95	模型求解完成前,用户中断了求解的过程
97	用TAKE命令输入模型时,出现了不可识别的语法
98	用TAKE命令输入模型时,出现了语法错误
99	语法错误,缺少变量
100	语法错误,缺少常量
102	指定的输出变量名不存在
104	模型还没有求解,或模型是空的
106	行宽的最小最大值分别为68和200
107	函数@POINTER指定的索引值无效
108	模型的规模超出了当前LINGO版本的限制
109	达到了迭代上限,所以LINGO停止继续求解模型(迭代上限可以通过LINGO|Options命令对General Solver选项卡中的"Iteration"选项进行修改)
110	HIDE(隐藏)对命令指定的密码超出8个字符的限制
111	模型是隐藏的,所以当前命令不能使用
112	恢复隐藏模型时输入的密码错误
113	因为一行内容太长,导致LOOK或SAVE命令失败
114	HIDE(隐藏)命令指定的两次密码不一致,命令失败

续表

错误信息代码	含义及调试
115	参数列表过长
116	文件名(包括路径名)太长
117	无效命令
118	命令不明确(可能输入的是命令的缩写,而有多个命令和这个缩写对应)
119	命令脚本文件中的错误太多,LINGO放弃对它继续处理
120	LINGO无法将配置文件(LINGO.CNF)写入启动目录或工作目录(可能是权限问题)
121	整数规划没有敏感性分析
122	敏感性分析选项没有激活,敏感性分析不能进行(可通过"LINGO|Options"命令对"General|Solver"选项卡中的"Dual Computation"选项进行修改)
123	测试命令只能对线性模型、且模型不可行或无界时才能使用
124	对一个空集合的属性进行初始化
125	集合中没有元素
126	使用ODBC连接输出时,指定的输出变量名不存在
127	使用ODBC连接输出时,同时输出的变量维数必须相同
128	使用SET命令时指定的参数索引无效
129	使用SET命令时指定的参数的取值无效
130	使用SET命令时指定的参数名无效
131	FREEZE命令无法保存配置文件LINGO.CNF(可能是权限问题)
132	LINGO读配置文件时出现错误
133	LINGO无法通过OLE连接电子文档表格
134	输出时出现错误,不能完成所有输出操作
135	求解时间超出了限制(可通过"LINGO|Options"命令对"General Solver"选项卡中的"Time"进行修改)
136	使用@TEXT函数输出时出现错误操作
138	DIVERT(输出从新定向)命令的嵌套太多(嵌套最多不能超过10次)
139	DIVERT命令不能打开指定文件
140	只求原始最优解时,无法给出敏感性信息分析(可通过"LINGO|Options"命令对"Genera |Solver"选项卡中的"Dual Computation"选项进行修改)
141	对某行约束的敏感性分析无法进行,因为这一行已经是固定约束(即该行的所有变量都已经在直接求解程序进行预处理时固定下来了)
142	出现了意想不到的错误
143	数用接口函数输出时,同时输出的对象的维数必须相同
144	@POINTER函数的参数列表无效
145	@POINTER函数出错:2－输出变量无效;3－内存耗尽;4－只求原始最优解时无法给出敏感性分析信息;5－对固定行无法给出敏感性分析信息;6－意想不到的错误

续表

错误信息代码	含义及调试
146	基本集合的元素名和模型中的变量名重名
147	@WARN 函数中的条件表达式中只能包含固定变量
148	@OLE 函数在当前操作系统下不能使用(只有在 Windows 操作系统下可以使用)
150	@ODBC 函数在当前操作系统下不能使用(只有在 Windows 操作系统下才可以使用)
151	@POINTER 函数在当前操作系统下不能使用(只有在 Windows 操作系统下才可以使用)
152	输入的命令在当前操作系统下不能使用
153	集合的初始化(定义元素)不能在初始段中进行,只能在集合段或数据段进行
154	集合名只能被定义一次
155	在数据段对集合进行初始化(定义元素)时,必须显示地列出所有元素,不能省略元素
156	在数据段对集合进行初始化(定义元素)时,给出的参数个数不符
157	@INDEX 函数引用的集合名不存在
158	当前函数需要集合的成员名作为参数
159	派生集合中的一个成员(分量)不是对应的父集合的成员
160	数据段中的一个语句不能对两个(或是更多)集合进行初始化
162	电子表格文件中指定的单元范围内存在不同类型的数据,LINGO 无法通过这些单元同时输入不同类型的数据
163	在初始段对变量进行初始化时,给出的参数个数不符
164	模型中输入的符号不符合 LINGO 命名规则
165	当前输出函数不能按集合进行输出
166	不同长度的输出对象无法同时输出到表格型的文件
167	在通过 Excel 进行输入输出时,一次指定了多个单元范围
168	@DUAL,@RANGEU,@RANGED 函数不能对文本数据使用,只能对变量和约束行使用
169	运行模型时才输入集合成员是不允许的
170	LINGO 系统的密码输入错误,请重新输入
171	LINGO 系统的密码输入错误,系统将以演示版方式运行
172	LINGO 内部求解程序发生了意想不到的错误
173	内存求解程序时发生了数值计算方面的错误
174	LINGO 预处理阶段内存不足
175	系统的虚拟内存不足
176	LINGO 后处理阶段内存不足
177	为集合分配内存时出错
178	为集合分配内存时堆栈溢出
179	将 MPS 格式的模型文件转化为 LINGO 模型文件时出现错误(如变量名冲突)

续表

错误信息代码	含义及调试
180	将 MPS 格式的模型文件转化为 LINGO 模型文件时,不能分配内存(如内存不足)
181	将 MPS 格式的模型文件转化为 LINGO 模型文件时,不能生成模型(通常是内存不足)
182	将 MPS 格式的模型文件转化为 LINGO 模型文件时出现错误,通常会给出错误的行号
183	LINGO 目前不支持 MPS 格式的二次规划模型文件
184	敏感性分析选项没有激活(可通过"LINGO|Options"命令对"General Solver"选项卡中的"Dual Computation"选项进行修改)
185	没有使用内点法的权限(LINGO 中内点法是选件,需要购买)
186	不能用@QRAND 函数对集合进行初始化
187	@QRAND 函数对属性进行初始化时,一次只能对一个属性进行处理
188	@QRAND 函数对属性进行初始化时,只能对稠密集合对应的属性进行处理
189	随机函数中指定的种子无效
190	用隐式方法进行定义集合时,定义方式不正确
191	LINGO API 返回了错误
192	LINGO 不再支持@WKX 函数,请改用@OLE 函数
193	内存中没有当前模型的解(模型可能还没有求解或是求解的错误)
194	无法生成 LINGO 的内部环境变量(通常是内存不足)
195	写文件时出现错误
196	无法为当前模型计算对偶解
197	调试程序目前不能处理整数规划模型
198	当前二次规划模型不是凸的,不能使用内点法,请通过"LINGO|Options"命令方式取消对二次规划的判别
199	求解二次规划需用内点法,但您使用的版本没有这个权限,请通过"LINGO|Options"命令方式取消对二次规划的判别
200	无法对当前模型计算对偶解,请通过"LINGO|Options"命令方式取消对对偶结算的要求
201	模型是局部不可行的
202	全局优化时,模型中非线性变量的个数超出了全局优化求解程序的上限
203	无权使用全局优化求解程序
204	无权使用多初始点求解程序
205	模型中数据不平衡(数量级别差距大)
206	"线性化"和"全局化"两个选项不能同时存在
207	缺少左括号
208	@WRITEFOR 函数只能在数据段中出现
209	@WRITEFOR 函数不允许出现关系运算符

续表

错误信息代码	含义及调试
210	@WRITEFOR 函数使用不当
211	输出操作中出现了算术运算错误
212	集合的下标越界
213	当前操作参数不应该是文本,但模型中指定的是文本
214	多次对同一个变量进行初始化
215	@DUAL,@RANGEU,@RANGED 函数不能在此使用(参考错误代码 168)
216	这个函数应该需要输入文本作为参数
217	这个函数应该需要输入数值作为参数
218	这个函数应该需要输入行名或变量名作为参数
219	无法找到指定的行
220	没有定义的文本操作
221	@WRITE 或 @WRITEFOR 函数的参数溢出
222	需要指定行名或变量名作为参数
223	向 Excel 文件中写数据时,动态接收单元超出了限制
224	向 Excel 文件中写数据时,需要写的数据个数大于接收单元的个数
225	计算段的表达式不正确
226	不存在默认电子表格文件,请为@OLE 函数指定一个电子表格文件
227	为 APISET 命令指定的参数索引不正确
228	通过 Excel 输入输出数据时,如果 LINGO 中的多个对象对应于 Excel 中的一个单元范围名,则列数应该一致
229	为 APISET 命令指定的参数类型不正确
230	为 APISET 命令指定的参数值不正确
231	APISET 命令无法完成
1000	(错误编号 1000 以上的,只对 Windows 系统有效)
1001	LINGO 找不到与指定括号匹配的括号
1002	当前内存中没有模型,不能求解
1003	LINGO 正忙,不能相应你的要求
1004	LINGO 不能写 LOG 文件,也许磁盘已满
1005	LINGO 不能打开指定的 LOG 文件
1006	不能打开文件
1007	没有足够的内存空间生成解答报告
1008	不能打开新窗口
1009	没有足够的内存生成解答报告
1010	不能打开 Excel 文件的连接(系统资源不足)
1011	LINGO 不能完成对图形的要求
1012	LINGO 与 ODBC 连接时出现错误

续表

错误信息代码	含义及调试
1013	通过 ODBC 传递数据时不能完成初始化
1014	向 Excel 文件传递数据时,指定的参数不够
1015	不能保存文件
1016	Windows 环境下不支持 Edit 命令,可使用 File|Open 菜单命令
9999	由于出现严重错误,优化求解程序运行失败(最可能的原因是数学函数出错)

附录B

MATLAB优化工具箱的使用简介

MATLAB(MATrix LABoratory)的基本含义是矩阵实验室,它是由美国MathWorks公司研制开发的一套高性能的集数值计算、信息处理、图形显示等于一体的可视化数学工具软件.它是建立在向量、数组和矩阵基础之上的,除了基本的数值计算、数据处理、图形显示等功能之外,还包含功能强大的多个"工具箱",如优化工具箱(optimization toolbox)、统计工具箱、样条函数工具箱、数据拟合工具箱等都是优化计算的有力工具.在这里仅简要介绍MATLAB 6.5优化工具箱主要功能的使用方法.

B.1 优化工具箱的功能及应用步骤

B.1.1 基本功能

(1) 求解线性规划和二次规划问题;
(2) 求解无约束条件非线性规划的极小值问题;
(3) 求解带约束条件非线性规划的极小值问题;
(4) 求解非线性方程组;
(5) 求解带约束的线性最小二乘问题;
(6) 求解非线性最小二乘逼近和曲线拟合问题.

B.1.2 应用步骤

(1) 根据所提出的最优化问题,建立最优化问题的数学模型,确定变量、约束条件和目标函数;
(2) 对数学模型进行分析研究,选择合适的最优求解方法;
(3) 根据最优化方法的算法,选择优化函数,编程计算.

B.2 优化工具箱的函数使用方法

B.2.1 求解单变量函数(方程)的根(解)

(1) 基本模型

$$f(x) = 0, \quad x \in \mathbb{R}.$$

其中 x 为标量,$f(x)$ 为一元函数.

(2) 函数 fzero 的调用格式

```
x = fzero(fun,x0);                    % 由 x = x0 开始求方程的解.
x = fzero(fun,x0,opt);                % 设置可选参数值,而不是采用缺省值.
x = fzero(fun,x0,opt,P1,P2,...);      % 传递附加参数 P1,P2,....
[x,fv] = fzero(...);                  % 要求在迭代中同时返回函数值.
[x,fv,ef] = fzero(...);               % 要求返回程序结束标志.
[x,fv,ef,out] = fzero(...);           % 要求返回程序的优化信息.
```

(3) 参数说明

fun 为函数名;x0 为迭代初值;opt(options)是一个系统控制参数,现有 30 多个元素组成,每个元素都有确定的缺省值,实际中可以根据需要改变定义;P1,P2,… 为需要直接传给函数 fun 的参数表;fv(fval)为要求返回函数值;ef(exitflag)为要求返回程序结束标志;out(output)为一个结构变量,返回程序中的一些优化信息,包括迭代次数、函数求值次数、使用的算法、最终的计算步数和优化尺度等.

B.2.2 求非线性方程组的解

(1) 基本模型

$$F(x) = 0, \quad x \in \mathbb{R}^n.$$

其中 x 为 n 维向量,$F(x)$ 为向量函数.

(2) 函数 fsolve 调用格式

```
x = fsolve(fun,x0);                   % 由 x = x0 开始求方程的解.
x = fsolve(fun,x0,opt);               % 设置可选参数值,而不是采用缺省值.
x = fsolve(fun,x0,opt,P1,P2,...);     % 传递附加参数 P1,P2,....
[x,fv] = fsolve(...);                 % 要求在迭代中同时返回函数值.
[x,fv,ef] = fsolve(...);              % 要求返回程序结束标志.
[x,fv,ef,out] = fsolve(...);          % 要求返回程序的优化信息.
```

```
[x,fv,ef,out,jac] = fsolve(...);    % 要求返回函数的雅可比矩阵.
```

(3) 参数说明

fun 为向量函数名；x0 为方程组解的迭代初值；jac(jacobian)要求返回函数在 x 处的雅可比矩阵值；其他参数同前.

B.2.3 求解单变量函数的最小值

(1) 基本模型

$$\min f(x), \quad x \in \mathbb{R},$$
$$x_1 \leqslant x \leqslant x_2.$$

其中 $x \in [x_1, x_2]$ 为一维变量，$f(x)$ 为一元标量(非线性)函数.

(2) 函数 fminbnd 的调用格式

```
x = fminbnd(fun,x1,x2);             % 在区间[x1,x2]上求目标函数的最小值.
x = fminbnd(fun,x1,x2,opt);         % 设置可选参数值,而不是采用缺省值.
x = fminbnd(fun,x1,x2,opt,P1,P2,...); % 传递附加参数 P1,P2,....
[x,fv] = fminbnd(...);              % 要求在迭代中同时返回目标函数值.
[x,fv,ef] = fminbnd(...);           % 要求返回程序结束标志.
[x,fv,ef,out] = fminbnd(...);       % 要求返回程序的优化信息.
```

(3) 参数说明

fun 为定义的目标函数名；x1,x2 为变量 x 的变化区间下界,上界；其他参数同前.

B.2.4 求解无约束非线性规划问题

(1) 基本模型

$$\min f(x), \quad x \in \mathbb{R}^n.$$

其中 x 为一个向量，$f(x)$ 为一个向量(非线性)函数.

(2) 函数 fminunc 调用格式

```
x = fminunc(fun,x0);                    % 从初值 x0 开始迭代求目标函数的最小值.
x = fminunc(fun,x0,opt);                % 设置可选参数值,而不是采用缺省值.
x = fminunc(fun,x0,opt,P1,P2,...);      % 传递附加参数 P1,P2,....
[x,fv] = fminunc(...);                  % 要求在迭代中同时返回目标函数值.
[x,fv,ef] = fminunc(...);               % 要求返回程序结束标志.
[x,fv,ef,out] = fminunc(...);           % 要求返回程序的优化信息.
[x,fv,ef,out,grad] = fminunc(...);      % 要求返回函数在 x 处的梯度.
[x,fv,ef,out,grad,hess] = fminunc(...); % 要求返回函数在 x 处的海赛矩阵.
```

(3) 函数 fminsearch 调用格式

```
x = fminsearch(fun,x0);              % 从初值 x0 开始迭代求目标函数的最小值.
x = fminsearch(fun,x0,opt);          % 设置可选参数值,而不是采用缺省值.
x = fminsearch(fun,x0,opt,P1,P2,...);% 传递附加参数 P1,P2,....
[x,fv] = fminsearch(...);            % 要求在迭代中同时返回目标函数值.
[x,fv,ef] = fminsearch(...);         % 要求返回程序结束标志.
[x,fv,ef,out] = fminsearch(...);     % 要求返回程序的优化信息.
```

(4) 参数说明

fun 为定义的目标(向量)函数名;x0 为迭代初值,可以是标量,也可以是向量,或者是矩阵;grads 要求输出目标函数在 x 处的梯度向量;hess(Hessian)要求输出目标函数在 x 处的海赛矩阵;其他参数同前.

注意,fminunc 是用拟牛顿法或置信域方法实现的,需要用到函数的导数,而 fminsearch 是用单纯形搜索法实现的,不需要用函数的导数.

B.2.5 求解线性规划问题

(1) 基本模型

$$\min \boldsymbol{c}^\mathrm{T}\boldsymbol{x}$$
$$\text{s.t.} \begin{cases} \boldsymbol{A}_1\boldsymbol{x} \leqslant \boldsymbol{b}_1, \\ \boldsymbol{A}_2\boldsymbol{x} = \boldsymbol{b}_2, \\ \boldsymbol{x}_1 \leqslant \boldsymbol{x} \leqslant \boldsymbol{x}_2. \end{cases}$$

其中 $\boldsymbol{x},\boldsymbol{x}_1,\boldsymbol{x}_2$ 均为向量,$\boldsymbol{A}_1,\boldsymbol{A}_2$ 为常数矩阵,$\boldsymbol{c},\boldsymbol{b}_1,\boldsymbol{b}_2$ 为常数向量.

(2) 函数 linprog 调用格式

```
x = linprog(c,A1,b1,A2,b2);              % 决策变量无上下界约束.
x = linprog(c,A1,b1,A2,b2,x1,x2);        % 决策变量有上下界约束.
x = linprog(c,A1,b1,A2,b2,x1,x2,opt);    % 设置可选参数值,而不是采用缺省值.
x = linprog(c,A1,b1,A2,b2,x1,x2,x0,opt); % x0 为初始解,缺省值为 0.
[x,fv] = linprog(...);                   % 要求在迭代中同时返回目标函数值.
[x,fv,ef] = linprog(...);                % 要求返回程序结束标志.
[x,fv,ef,out] = linprog(...);            % 要求返回程序的优化信息.
[x,fv,ef,out,lambda] = linprog(...);     % 要求返回在程序停止时的拉格朗日乘子.
```

(3) 参数说明

c 为目标函数的系数向量;A1,A2 分别为不等式约束和等式约束条件的系数矩阵;b1,b2 分别为不等式约束和等式约束条件的常数向量;x1,x2 分别为决策变量的下界和上界;x0 为初始解,可以是标量,也可以是向量,或者是矩阵,省略此项默认为 0 值;

lambda 是一个结构变量，包含四个字段，分别表示对应于程序终止时相应约束的拉格朗日乘子，即表明相应的约束是否为有效约束；其他参数同前。

B.2.6　求解二次规划问题

(1) 基本模型

$$\min \frac{1}{2} \boldsymbol{x}^\mathrm{T} \boldsymbol{H} \boldsymbol{x} + \boldsymbol{c}^\mathrm{T} \boldsymbol{x}$$

$$\text{s.t.} \begin{cases} \boldsymbol{A}_1 \boldsymbol{x} \leqslant \boldsymbol{b}_1, \\ \boldsymbol{A}_2 \boldsymbol{x} = \boldsymbol{b}_2, \\ \boldsymbol{x}_1 \leqslant \boldsymbol{x} \leqslant \boldsymbol{x}_2. \end{cases}$$

其中 $\boldsymbol{x}, \boldsymbol{x}_1, \boldsymbol{x}_2$ 均为向量，$\boldsymbol{H}, \boldsymbol{A}_1, \boldsymbol{A}_2$ 为常数矩阵，$\boldsymbol{c}, \boldsymbol{b}_1, \boldsymbol{b}_2$ 为常数向量。

(2) 函数 quadprog 调用格式

```
x = quadprog(H,c,A1,b1,A2,b2);                        %决策变量无上下界约束.
x = quadprog(H,c,A1,b1,A2,b2,x1,x2);                  %决策变量有上下界约束.
x = quadprog(H,c,A1,b1,A2,b2,x1,x2,opt);              %设置可选参数值,而不是采用缺省值.
x = quadprog(H,c,A1,b1,A2,b2,x1,x2,x0,opt);           %x0 为初始解,缺省值为 0.
x = quadprog(H,c,A1,b1,A2,b2,x1,x2,x0,opt,P1,P2,...);
                                                      %传递附加参数 P1,P2,....
[x,fv] = quadprog(...);                               %要求在迭代中同时返回目标函数值.
[x,fv,ef] = quadprog(...);                            %要求返回程序结束标志.
[x,fv,ef,out] = quadprog(...);                        %要求返回程序的优化信息.
[x,fv,ef,out,lambda] = quadprog(...);                 %要求返回在程序停止时的拉格朗日乘子.
```

(3) 参数说明

H 为目标函数中二次项的系数矩阵；c 为目标函数中一次项的系数向量；其他参数同前。

B.2.7　求解有约束非线性规划问题

(1) 基本模型

$$\min f(\boldsymbol{x}), \quad \boldsymbol{x} \in \mathbb{R}^n$$

$$\text{s.t.} \begin{cases} \boldsymbol{C}_1(\boldsymbol{x}) \leqslant \boldsymbol{0}, \\ \boldsymbol{C}_2(\boldsymbol{x}) = \boldsymbol{0}, \\ \boldsymbol{A}_1 \boldsymbol{x} \leqslant \boldsymbol{b}_1, \\ \boldsymbol{A}_2 \boldsymbol{x} = \boldsymbol{b}_2, \\ \boldsymbol{x}_1 \leqslant \boldsymbol{x} \leqslant \boldsymbol{x}_2. \end{cases}$$

其中 $\boldsymbol{x}, \boldsymbol{x}_1, \boldsymbol{x}_2$ 为一个向量，$f(\boldsymbol{x})$ 为一个向量(非线性)函数，$\boldsymbol{C}_1(\boldsymbol{x}), \boldsymbol{C}_2(\boldsymbol{x})$ 为非线性函数，$\boldsymbol{A}_1, \boldsymbol{A}_2$ 为常数矩阵，$\boldsymbol{b}_1, \boldsymbol{b}_2$ 为常数向量。

（2）函数 fmincon 调用格式

```
x = fmincon(fun,x0,A1,b1,A2,b2);                    % 从初值 x0 开始迭代求目标函数的最小值.
x = fmincon(fun,x0,A1,b1,A2,b2,x1,x2);              % 决策变量有上下界约束的情况.
x = fmincon(fun,x0,A1,b1,A2,b2,x1,x2,nonlcon);
                                                    % 在非线性约束 C₁(x)≤0,C₂(x)=0 的条件下求目标函数的最小值.
x = fmincon(fun,x0,A1,b1,A2,b2,x1,x2,nonlcon,opt);  % 设置可选参数值.
x = fmincon(fun,x0,A1,b1,A2,b2,x1,x2,nonlcon,opt,P1,P2,...);
                                                    % 传递附加参数 P1,P2,....
[x,fv] = fmincon(...);                              % 要求在迭代中同时返回目标函数值.
[x,fv,ef] = fmincon(...);                           % 要求返回程序结束标志.
[x,fv,ef,out] = fmincon(...);                       % 要求返回程序的优化信息.
[x,fv,ef,out,lambda] = fmincon(...);                % 要求返回在程序停止时的拉格朗日乘子.
[x,fv,ef,out,lambda,grad] = fmincon(...);           % 要求返回目标函数在 x 处的梯度.
[x,fv,ef,out,lambda,grad,hess] = fmincon(...);      % 要求返回目标函数的海赛矩阵.
```

（3）参数说明

fun 为定义的目标（向量）函数名；x0 为迭代初值，可以是标量，也可以是向量，或者是矩阵；nonlcon 为非线性约束条件中的函数 $C_1(x),C_2(x)$ 的定义函数名；其他参数同前.

B.2.8 求解最小最大问题

（1）基本模型

$$\min_x \max_i \{F_i(x)\}, \quad x \in \mathbb{R}^n$$

$$\text{s.t.} \begin{cases} C_1(x) \leq 0, \\ C_2(x) = 0, \\ A_1 x \leq b_1, \\ A_2 x = b_2, \\ x_1 \leq x \leq x_2. \end{cases}$$

其中 x,x_1,x_2 为一个向量，$F_i(x)$ 为向量（非线性）函数，$C_1(x),C_2(x)$ 为非线性函数，A_1,A_2 为常数矩阵，b_1,b_2 为常数向量.

（2）函数 fminimax 调用格式

```
x = fminimax(fun,x0);                               % 无约束的情况,从初值 x0 开始求解.
x = fminimax(fun,x0,A1,b1);                         % 只有在线性不等式约束的情况下求解.
x = fminimax(fun,x0,A1,b1,A2,b2);                   % 在包含有线性不等式和等式约束的情况下求解.
x = fminimax(fun,x0,A1,b1,A2,b2,x1,x2);             % 在决策变量有上下界约束的情况下求解.
x = fminimax(fun,x0,A1,b1,A2,b2,x1,x2,nonlcon);
                                                    % 在非线性约束 C₁(x)≤0,C₂(x)=0 的条件下求解.
```

```
x = fminimax(fun,x0,A1,b1,A2,b2,x1,x2,nonlcon,opt);
                                        %设置可选参数值.
x = fminimax(fun,x0,A1,b1,A2,b2,x1,x2,nonlcon,opt,P1,P2,...)   %传递附加参数 P1,P2,....
[x,fv] = fmincon(...);                  %要求在迭代中同时返回目标函数值.
[x,fv,maxfv] = fmincon(...);            %要求在求解 x 时返回目标函数的最大值.
[x,fv,maxfv,ef] = fmincon(...);         %要求返回程序结束标志.
[x,fv,maxfv,ef,out] = fmincon(...);     %要求返回程序的优化信息.
[x,fv,maxfv,ef,out,lambda] = fmincon(...);      %返回在程序停止时的拉格朗日乘子.
[x,fv,maxfv,ef,out,lambda,grad] = fmincon(...); %返回目标函数在 x 处的梯度.
[x,fv,maxfv,ef,out,lambda,grad,hess] = fmincon(...);  %返回函数的海赛矩阵.
```

(3) 参数说明

所有参数的含义均同前.

B.2.9　求解线性约束最小二乘问题

(1) 基本模型

$$\min_x \frac{1}{2}\|Cx-d\|_2^2$$

$$\text{s.t.} \begin{cases} A_1x \leqslant b_1, \\ A_2x = b_2, \\ x_1 \leqslant x \leqslant x_2. \end{cases}$$

其中 x, x_1, x_2, d, b_1, b_2 均为向量,C, A_1, A_2 为常数矩阵.

(2) 函数 lsqlin 调用格式

```
x = lsqlin(C,d,A1,b1);                  %只在不等式约束下,求解最小二乘问题.
x = lsqlin(C,d,A1,b1,A2,b2);            %在包含有不等式和等式约束下求解最小二乘问题.
x = lsqlin(C,d,A1,b1,A2,b2,x1,x2);      %在决策变量有上下界约束的情况下求解.
x = lsqlin(C,d,A1,b1,A2,b2,x1,x2,x0);   %指定初值 x0 求解.
x = lsqlin(C,d,A1,b1,A2,b2,x1,x2,x0,opt);     %设置可选参数值.
x = lsqlin(C,d,A1,b1,A2,b2,x1,x2,x0,opt,P1,P2,...)   %传递附加参数 P1,P2,....
[x,norm] = lsqlin(...);                 %要求返回误差的平方和 $\|Cx-d\|^2$.
[x,norm,res] = lsqlin(...);             %要求返回误差向量 Cx−d.
[x,norm,res,ef] = lsqlin(...);          %要求返回程序结束标志.
[x,norm,res,ef,out] = lsqlin(...);      %要求返回程序的优化信息.
[x,norm,res,ef,out,lambda] = lsqlin(...);  %返回在程序停止时的拉格朗日乘子.
```

(3) 参数说明

C 为线性系统 Cx=d 的系统矩阵;d 为常数向量;norm(resnorm)为要输出最小二乘线性拟合下的误差平方和;res(residual)为要输出最小二乘线性拟合下的误差向量;x0 为迭代初值,可以是标量,也可以是向量,或者是矩阵;其他参数同前.

B.2.10 求解非负线性最小二乘问题

(1) 基本模型

$$\min_x \frac{1}{2}\|Cx-d\|_2^2$$
$$\text{s.t.} \quad x \geqslant 0.$$

其中 x, d 均为向量,且 x 为非负的,C 为常数矩阵.

(2) 函数 lsqnonneg 调用格式

```
x = lsqnonneg(C,d);
x = lsqnonneg(C,d,x0);                          % 指定初值 x0 求解相应的问题.
x = lsqnonneg(C,d,x0,opt);                      % 设置可选参数值,不采用缺省值.
[x,norm] = lsqnonneg(...);                      % 要求返回误差的平方和 ‖Cx-d‖².
[x,norm,res] = lsqnonneg(...);                  % 要求返回误差向量 Cx-d.
[x,norm,res,ef] = lsqnonneg(...);               % 要求返回程序结束标志.
[x,norm,res,ef,out] = lsqnonneg(...);           % 要求返回程序的优化信息.
[x,norm,res,ef,out,lambda] = lsqnonneg(...);    % 返回在程序停止时拉格朗日乘子.
```

(3) 参数说明

所有参数均同前.

B.2.11 求解非线性最小二乘问题

(1) 基本模型

$$\min_x \frac{1}{2}\|F(x)\|_2^2$$
$$\text{s.t.} \quad x_1 \leqslant x \leqslant x_2.$$

其中 x, x_1, x_2 均为向量,$F(x)$ 为非线性(向量)函数.

(2) 函数 lsqnonlin 调用格式

```
x = lsqnonlin(fun,x0);                              % 在无约束时,由 x0 开始迭代求解最小二乘问题.
x = lsqnonlin(fun,x0,x1,x2);                        % 在决策变量有上下界约束的情况下求解.
x = lsqnonlin(fun,x0,x1,x2,opt);                    % 设置可选参数值.
x = lsqnonlin(fun,x0,x1,x2,opt,P1,P2,...);          % 传递附加参数 % P1,P2,....
[x,norm] = lsqnonlin(...);                          % 要求返回误差的平方和.
[x,norm,res] = lsqnonlin(...);                      % 要求返回误差向量.
[x,norm,res,ef] = lsqnonlin(...);                   % 要求返回程序结束标志.
[x,norm,res,ef,out] = lsqnonlin(...);               % 要求返回程序的优化信息.
[x,norm,res,ef,out,lambda] = lsqnonlin(...);        % 返回在程序停止时拉格朗日乘子.
[x,norm,res,ef,out,lambda,jac] = lsqnonlin(...);    % 返回函数的雅可比矩阵.
```

(3) 参数说明

fun 为自定义的目标函数名；其他参数均同前．

B.2.12 求解非线性最小二乘拟合问题

(1) 基本模型

$$\min_x \frac{1}{2} \| F(x,t) - y \|_2^2$$

$$\text{s.t. } x_1 \leqslant x \leqslant x_2.$$

其中 x,t,y,x_1,x_2 均为向量，$F(x,t)$ 为非线性(向量)函数．

(2) 函数 lsqcurvefit 调用格式

```
x = lsqlscurfit(fun,x0,t,y);                              % 在无约束时,由 x0 开始迭代求解最小二乘问题.
x = lsqlscurfit(fun,x0,t,y,x1,x2);                        % 在已知 x 的上下界约束的情况下求解.
x = lsqlscurfit(fun,x0,t,y,x1,x2,opt);                    % 设置可选参数值.
x = lsqlscurfit(fun,x0,t,y,x1,x2,opt,P1,P2,...)           % 传递附加参数 P1,P2,….
[x,norm] = lsqlscurfit(...);                              % 要求返回误差的平方和.
[x,norm,res] = lsqlscurfit(...);                          % 要求返回误差向量.
[x,norm,res,ef] = lsqlscurfit(...);                       % 要求返回程序结束标志.
[x,norm,res,ef,out] = lsqlscurfit(...);                   % 要求返回程序的优化信息.
[x,norm,res,ef,out,lambda] = lsqlscurfit(...);            % 返回在程序停止时拉格朗日乘子.
[x,norm,res,ef,out,lambda,jac] = lsqlscurfit(...);        % 返回函数的雅可比矩阵.
```

(3) 参数说明

t,y 为已知的输入数据向量；其他参数均同前．

B.2.13 求解多目标规划问题

(1) 基本模型

$$\min \gamma$$

$$\text{s.t.} \begin{cases} F(x) - w\gamma \leqslant g, \\ C_1(x) \leqslant 0, \\ C_2(x) = 0, \\ A_1 x \leqslant b_1, \\ A_2 x = b_2, \\ x_1 \leqslant x \leqslant x_2. \end{cases}$$

其中 x,w,x_1,x_2,g 均为向量，$F(x),C_1(x),C_2(x)$ 为向量函数，一般为非线性的，A_1,A_2 为常数矩阵，b_1,b_2 为常数向量．

(2) 函数 fgoalattain 调用格式

```
x = fgoalattain(fun,x0,g,w);                % 由初值 x0,目标函数值 g 和权值 w 求问题的最小值.
x = fgoalattain(fun,x0,g,w,A1,b1);          % 在只有线性不等式约束下求问题的解.
x = fgoalattain(fun,x0,g,w,A1,b1,A2,b2);    % 在包含线性等式约束下求问题的解.
x = fgoalattain(fun,x0,g,w,A1,b1,A2,b2,x1,x2);    % 决策变量有上下界约束下求解.
x = fgoalattain(fun,x0,g,w,A1,b1,A2,b2,x1,x2,nonlcon);
                                            % 在非线性约束 $C_1(x) \leqslant 0, C_2(x) = 0$ 的条件下求解.
x = fgoalattain(fun,x0,g,w,A1,b1,A2,b2,x1,x2,nonlcon,opt);    % 设置可选参数值.
x = fgoalattain(fun,x0,g,w,A1,b1,A2,b2,x1,x2,nonlcon,opt,P1,P2,...);
                                            % 传递附加参数 P1,P2,....
[x,fv] = fmincon(...);                      % 要求在迭代中同时返回目标函数值.
[x,fv,attf] = fmincon(...);                 % 要求返回与 x 对应的目标向量.
[x,fv,attf,ef] = fmincon(...);              % 要求返回程序结束标志.
[x,fv,attf,ef,out] = fmincon(...);          % 要求返回程序的优化信息.
[x,fv,attf,ef,out,lambda] = fmincon(...);   % 返回在程序停止时的拉格朗日乘子.
```

(3) 参数说明

fun 为定义的目标(向量)函数名;nonlcon 为非线性约束条件中的函数 $C_1(x), C_2(x)$ 的定义函数名;g 为目标函数值向量;w 为目标的权值向量;attf(attainfactor)为返回与 x 对应的目标向量;其他参数同前.

参 考 文 献

[1] 教材编写组.运筹学.修订版.北京：清华大学出版社,1990
[2] 胡运权,等.运筹学基础及应用.第四版.北京：高等教育出版社,2004
[3] 韩伯棠.管理运筹学.第2版.北京：高等教育出版社,2005
[4] 徐玖平,等.运筹学(Ⅱ类).北京：科学出版社,2005
[5] 何坚勇.运筹学基础.北京：清华大学出版社,1999
[6] 谢金星,等.优化模型与LINDO/LINGO软件.北京：清华大学出版社,2005
[7] 杨超,等.运筹学.北京：科学出版社,2004
[8] 岳超源.决策理论与方法.北京：科学出版社,2003
[9] 宋学峰.运筹学.南京：东南大学出版社,2003
[10] 朱德通.最优化模型与实验.上海：同济大学出版社,2003
[11] 刁在筠,等.运筹学.第2版.北京：高等教育出版社,2001
[12] 胡运权,等.运筹学教程.第2版.北京：清华大学出版社,2003
[13] 牛映武,等.运筹学.第2版.西安：西安交通大学出版社,2006
[14] 孙麟平.运筹学.北京：科学出版社,2005
[15] 吴祈宗.运筹学.北京：机械工业出版社,2005
[16] 徐玖平,等.运筹学——数据·模型·决策.北京：科学出版社,2006
[17] 姜启源,等.数学模型.第3版.北京：高等教育出版社,2004
[18] 谭永基,等.经济管理数学模型案例教程.北京：高等教育出版社,2006
[19] 韩中庚.数学建模方法及其应用.北京：高等教育出版社,2005
[20] 姜启源,等.大学数学实验.北京：清华大学出版社,2005